含典型故障的航空发动机
整机振动分析

陈　果　尉询楷　王海飞
冯国全　李成刚　王德友　　著

科学出版社
北京

内 容 简 介

航空发动机整机振动问题严重影响现役飞机的安全性和可靠性，也制约在研发动机的研制目标和周期。在发动机结构可靠性的故障中，整机振动方面的故障占相当高的比例，主要表现为转子不平衡、转子联轴器不对中、转子叶片-机匣碰摩、滚动轴承配合松动及滚动轴承疲劳剥落等典型故障。本书针对现代航空发动机在研制、生产和使用过程中所出现的典型故障展开研究，首先，引入耦合动力学思想，建立航空发动机转子-支承-机匣整机振动耦合动力学模型，并利用 Newmark-β 法与翟方法相结合的数值积分法进行模型求解；然后，针对各种典型故障建立故障动力学模型，并导入航空发动机整机振动模型中，利用时域数值积分方法获取机匣测点的振动信号，并进行故障特征分析；最后，建立考虑航空发动机实际结构特征的转子试验器进行故障模拟，并以此验证航空发动机整机振动建模方法和典型故障动力学模型的正确有效性。

本书可以作为航空宇航推进理论与工程学科、航空发动机维修专业的本科生、研究生和具有一定专业知识的科技工作者的参考书。

图书在版编目 (CIP) 数据

含典型故障的航空发动机整机振动分析 / 陈果等著. —北京：科学出版社，2024.6

ISBN 978-7-03-078037-9

Ⅰ. ①含… Ⅱ. ①陈… Ⅲ. ①航空发动机-故障诊断 Ⅳ. ①V263.6

中国国家版本馆 CIP 数据核字 (2024) 第 009960 号

责任编辑：张海娜　赵微微 / 责任校对：任苗苗
责任印制：肖　兴 / 封面设计：图阅社

科学出版社 出版
北京东黄城根北街 16 号
邮政编码：100717
http://www.sciencep.com

北京建宏印刷有限公司印刷
科学出版社发行　各地新华书店经销

*

2024 年 6 月第 一 版　开本：720×1000 1/16
2024 年 6 月第一次印刷　印张：28
字数：562 000

定价：258.00 元
（如有印装质量问题，我社负责调换）

前　言

　　转子动力学作为动力学的经典分支，早在 20 世纪末就已经研究得非常深入，取得了许多重要研究成果，在国内形成了诸多有影响力的研究团队，并有多部相关著作出版。作者第一次接触航空发动机整机振动与转子动力学概念是在 2005 年，当时通过学科建设项目引进了中国航空工业第一集团沈阳发动机设计研究所(现中国航空发动机集团有限公司沈阳发动机研究所)设计制造的带机匣的航空发动机转子试验器，该试验器在结构特征上与航空发动机非常相似，是研究航空发动机整机振动和故障模拟的重要试验平台，为作者后续的研究工作奠定了重要的基础。在此期间，作者有缘结识了沈阳发动机设计研究所的王德友副总师，在他的指导下，开始阅读国内外许多著名学者的著作和论文，尤其是《航空发动机设计手册(第 19 册)——转子动力学及整机振动》这本书对作者的影响最大，书中严谨的公式推导和详细的理论阐述使作者获益匪浅，让作者对前辈们严谨的治学态度和工作作风肃然起敬。从此，作者开启了在航空发动机整机振动与转子动力学领域的研究工作。

　　在研究方向的选择上，作者注意到当时该领域的研究工作存在几个薄弱环节，主要体现在：①大部分研究工作主要集中在转子动力学本身，而忽略了转子-支承-机匣的耦合作用和一体化建模与分析。②转子系统故障动力学建模与分析重点探讨的是故障非线性振动机理，由于所建立的转子动力学模型过于简单，无法模拟实际航空发动机的固有特性。在故障信号的振动分析中，不能直接针对机匣加速度信号进行分析并提取故障特征，而实际发动机的故障分析往往仅能依靠机匣测点的振动加速度，从而导致故障仿真结果难以应用于工程实际。③含典型故障的航空发动机整机振动分析很少有相关商用软件，通用的有限元商用软件对于航空发动机典型故障的非线性建模非常复杂，且计算效率极低，普通工程技术人员很难掌握和使用，因此，针对含典型故障的航空发动机整机振动分析，亟须开发具有自主知识产权的工程化软件。④典型故障模型未能很好地与实际航空发动机结构特征结合，研究工作偏于理论探讨，缺乏试验验证环节，难以解释航空发动机整机振动故障原因。

　　鉴于此，作者利用近二十年时间，针对上述几方面的问题展开了详细研究，主要如下。

　　(1)针对整机振动建模方法问题，将著名车辆动力学专家翟婉明院士的耦合动力学思想引入航空发动机整机振动，并利用 Newmark-β 法与翟方法[①]相结合的数值积分方法，在时域直接进行模型求解，最终实现了航空发动机整机振动响应的快速计算。原因是在车辆动力学领域，将车辆和轨道作为一个耦合系统建立耦合动力学模型，与在航空发动机整机振动领域将转子、支承、机匣以及安装节作为一个耦合系统建立航空发动机整机耦合动力学模型，从理论上是相通的。该思路来源于作者在师从翟院士的攻博期间所汲取到的耦合动力学建模思想和精髓，以及翟院士提出的高效显式数值积分方法——翟方法，在此谨向恩师表示衷心的感激和由衷的敬意。

（2）针对模型真实性问题，作者在建立航空发动机整机模型的过程先后经历了四个阶段。第一阶段为 2005～2009 年建立整机集中质量模型，该模型将转子和机匣均简化为集中质量、惯量、刚度和阻尼，同时，考虑了滚动轴承的非线性作用力，该模型主要用于转子典型故障的非线性动力学仿真，但是难以模拟实际发动机的振动特性。第二阶段为 2009～2011 年建立整机连续梁模型，该模型的主要特点是将转子按等截面自由梁连续模型进行构建，并利用模态截断法进行响应求解，其主要目的是更加逼近真实的转子系统，然而，该模型不仅建模复杂，而且很难模拟真实发动机的固有特性。第三阶段为 2011～2017 年建立整机 4 自由度梁单元有限元模型，该模型利用 4 自由度梁单元将转子和机匣进行离散，从而建立有限元模型，将支承系统建成含轴承外圈和轴承座的集总参数多自由度模型，最后利用 Newmark-β 法与翟方法相结合的数值积分方法进行耦合系统动力学仿真，该模型不仅能够模拟航空发动机整机振动固有特性，而且也能进行多种典型故障的导入和仿真。但是，由于该模型不能考虑轴向振动和绕轴向的扭转转动，难以研究航空发动机主轴承的复杂载荷，以及由转子不对中、弯扭耦合等故障所导致的轴向振动和扭转振动等复杂动力学行为。第四阶段为 2017 年建立综合考虑复杂滚动轴承模型的整机 6 自由度梁单元有限元模型，该模型对滚动轴承进行了详细建模。首先，建立了 5 自由度球轴承动力学模型，推导了在 5 自由度复杂变形下的轴承力和力矩表达式；然后，针对圆柱滚子轴承，利用"切片法"推导了考虑轴承径向变形、圆柱转子凸度、轴承间隙及轴承倾斜引起的角向变形等复杂因素作用下的圆柱滚子轴承的作用力；最后，将复杂的球轴承模型和滚珠轴承模型与 6 自由度的转子和机匣有限元梁模型结合，建立了含复杂滚动轴承建模的航空发动机整机振动模型，并利用数值积分方法进行了动力学方程求解，该模型不仅能够模拟航空发动机整机振动固有特性，而且能进行多种典型故障的导入和仿真，同时，也可以用于研究由转子和轴承典型故障所引发的轴向、径向和扭转振动，以及由

---

① Zhai W M. Two simple fast integration methods for large-scale dynamic problems in engineering. International Journal for Numerical Methods in Engineering, 1996, 39(24): 4199-4214.

机动飞行导致的主轴承非平稳冲击载荷等。

纵观整个建模过程，通过不断地迭代和更新，模型逐渐趋于复杂和真实，最后形成的航空发动机整机耦合动力学模型不仅能够很好地模拟实际航空发动机系统的整机固有特性，而且能够将典型故障模型导入整机模型，直接利用时域数值积分法实现整机故障动力学仿真，并且能够很方便地模拟实际航空发动机的测试场景，获取机匣测点的振动响应，并对故障信号进行模拟仿真和分析。当然，随着动力学建模方法的改进、计算能力的提升，模型的复杂程度可以进一步提高以更加逼近真实航空发动机，例如，在转子叶片建模、机匣建模、轴承力建模、附件传动齿轮箱建模等方面均有很大的拓展空间。

(3)针对典型故障未能很好地与实际发动机结构结合，以及试验验证环节薄弱的问题，在沈阳发动机研究所王德友副总师和李成刚研究员的帮助下，设计制造了多个考虑发动机实际结构特点的转子试验器，其中包括能够模拟实际航空发动机结构特征的带机匣的航空发动机转子试验器、能够模拟高压转子盘鼓式连接结构的多螺栓连接面转子试验器、能够模拟低压转子套齿连接结构的带套齿联轴器的转子不对中试验器、能够模拟叶片振动的带局部机匣-叶片的转子试验器，以及能够模拟发动机发附与飞附连接的带膜盘联轴器的转子不对中试验器等。利用这些试验器进行了转子不平衡、不对中、碰摩、叶片振动及滚动轴承损伤等故障模拟，并将故障仿真结果与试验结果进行比较，以此验证故障模型的有效性，同时，也可以利用这些试验器进行模态试验和临界转速试验，来验证整机振动建模方法的有效性和模型的真实性。

(4)针对含典型故障的航空发动机整机振动分析软件开发问题，采用Microsoft Visual C++ 6.0语言，基于Windows平台开发了航空发动机整机振动分析软件EVDYNA。该软件界面美观，便于操作，能够很方便地实现转子、机匣和支承的建模，能够模拟转子不平衡、不对中、碰摩、支承松动、滚动轴承疲劳剥落等多种故障模式，并能够很方便地实现各种故障模型的导入，最后模拟航空发动机实际测试场景，实现整机振动的仿真模拟测试，获取包括转子、支承、机匣在内的所有节点的振动响应，一方面为故障信号分析提供仿真数据，另一方面为故障诊断提供仿真样本。该软件于2015年取得了软件著作权，随着研究工作的进一步开展，软件功能正在不断地发展和扩充。

本书是在国家安全重大基础研究计划(国防973)项目、国家科技重大专项项目、装备预研项目和国家自然科学基金项目等的支持下，在总结多年研究成果的基础上，提炼出含典型故障的航空发动机整机振动建模和故障分析方法，并结合工程应用撰写而成的。

全书由陈果负责撰写和统稿，北京航空工程技术研究中心尉询楷高工参与了

第 9 章的撰写；南京航空航天大学王海飞副教授参与了第 7 章、第 8 章的撰写；沈阳发动机研究所冯国全研究员参与了第 3 章的撰写；太行国家实验室李成刚研究员参与了第 5 章的撰写；沈阳发动机研究所王德友副总师参与了第 7 章的撰写。

　　作者近年来作为专题负责人参与了中国航空发动机集团有限公司沈阳发动机研究所主持的国防 973 计划项目、哈尔滨工业大学主持的国家科技重大专项("两机"专项第一期)课题，以及北京航空工程技术研究中心主持的国家科技重大专项("两机"专项第二期)课题，主持了 4 项国家自然科学基金项目、3 项装备预研项目，以及 1 项航空基金项目等。在项目研究过程中，结识了行业内的许多著名专家和学者，他们分别是中国航空发动机集团有限公司沈阳发动机研究所的刘永泉院士、王德友副总师、杜少辉副总师、吴法勇副总师、冯国全研究员、李成刚研究员、姜广义研究员、胡伟研究员、黄海研究员、吴英祥高工等，北京航空工程技术研究中心的尉询楷高工、赵雪红高工，中国航发商用航空发动机有限责任公司的曹明研究员、宋会英高工，中国航天科工集团第三研究院三十一研究所的廖仲坤研究员、邵伏勇研究员、张华高工，北京航空航天大学的洪杰教授、马艳红教授、张大义教授等，西北工业大学的廖明夫教授、王四季副教授，哈尔滨工业大学的陈予恕院士、刘占生教授、王黎钦教授、曹登庆教授、张广辉教授、侯磊教授、张传伟教授，东北大学的韩清凯教授、马辉教授、罗忠教授等，天津大学的曹树谦教授等，西安交通大学的陈雪峰教授、曹宏瑞教授，以及南京航空航天大学的罗贵火副教授、臧朝平教授、李舜酩教授等。各位专家的学术观点和学术思想，使作者茅塞顿开，受益匪浅，在此表示衷心感谢！

　　最后还要感谢作者的研究生所做的一些创新性的研究成果，其中硕士研究生有：2006 级的周海仑和李兴阳、2011 级的乔保栋、2012 级的赵文涛、2013 级的赵斌、2014 级的宋培培、2015 级的谢阶栋、2018 级的杨默晗、2019 级的李伦绪，博士研究生有：2011 级的于明月、2013 级的王海飞、2015 级的屈美娇。另外，还要特别感谢 2022 级硕士研究生刘富海同学对本书做出的大量校对和修订工作！

　　由于水平有限，本书难免存在诸多疏漏和不足之处，恳请读者批评指正！

陈　果

2023 年 8 月于南京

目　　录

前言
第1章　绪论 ··· 1
1.1　航空发动机整机振动研究的意义 ·································· 1
1.2　航空发动机整机振动故障建模与分析研究现状 ··················· 2
　　1.2.1　航空发动机整机振动建模与分析 ························ 2
　　1.2.2　故障转子-滚动轴承系统动力学分析 ·················· 4
1.3　航空发动机整机振动故障建模与分析主要问题 ················ 5
1.4　本书主要内容 ··· 7
参考文献 ··· 9
第2章　航空发动机整机振动耦合动力学模型 ············· 14
2.1　航空发动机转子-支承-机匣整机耦合动力学模型 ············ 14
　　2.1.1　转子模型 ··· 15
　　2.1.2　机匣模型 ··· 19
　　2.1.3　离散支承模型 ··· 20
　　2.1.4　多自由度复杂滚动轴承模型 ·························· 26
　　2.1.5　时域数值仿真求解方法 ······························ 33
2.2　航空发动机整机振动分析软件 EVDYNA ················· 35
2.3　本章小结 ··· 36
参考文献 ··· 36
第3章　几种典型的转子-支承-机匣耦合动力学模型 ········ 38
3.1　转子-滚动轴承试验器整机振动模型 ······················ 38
　　3.1.1　试验器动力学建模 ···································· 38
　　3.1.2　基于模态试验的模型验证 ···························· 40
3.2　多螺栓连接面高压转子模拟试验器整机振动模型 ·········· 42
　　3.2.1　试验器动力学建模 ···································· 42
　　3.2.2　基于模态试验的模型验证 ···························· 45
3.3　含套齿联轴器的三支点转子试验器有限元模型 ············ 49
　　3.3.1　试验器简介 ··· 49
　　3.3.2　转子试验器的套齿联轴器刚度计算 ·················· 50
　　3.3.3　转子试验器有限元模型 ······························ 52

　　　　3.3.4　基于模态试验的模型验证 ·· 54
　　3.4　带机匣的航空发动机转子试验器整机振动模型 ·················· 57
　　　　3.4.1　试验器简介 ·· 57
　　　　3.4.2　转子-支承-机匣耦合动力学模型 ··· 58
　　　　3.4.3　基于模态试验的模型验证 ·· 62
　　3.5　某型高推重比双转子航空发动机整机振动模型 ·················· 65
　　　　3.5.1　发动机简介 ·· 65
　　　　3.5.2　发动机整机振动有限元动力学参数 ···································· 66
　　　　3.5.3　某型双转子航空发动机整机建模仿真验证 ······················ 72
　　3.6　某型无人飞行器用小型发动机整机振动模型 ······················ 86
　　　　3.6.1　发动机简介 ·· 86
　　　　3.6.2　转子-支承-机匣耦合动力学模型 ··· 87
　　　　3.6.3　发动机临界转速分析 ·· 92
　　3.7　本章小结 ·· 94
　　参考文献 ··· 95

第4章　转子不平衡(质量偏心)故障建模与分析 ······························ 96
　　4.1　转子不平衡(质量偏心)故障概述 ·· 96
　　4.2　转子质量偏心导致的不平衡故障建模与验证 ······················ 97
　　　　4.2.1　转子质量偏心导致的不平衡故障建模 ······························ 97
　　　　4.2.2　转子质量偏心导致的不平衡故障模型试验验证 ··············· 99
　　　　4.2.3　转子质量偏心导致的不平衡故障现象和特征 ················ 102
　　4.3　航空发动机转子不平衡故障敏感度分析 ···························· 103
　　　　4.3.1　计算条件 ·· 103
　　　　4.3.2　基于不平衡位置的响应不平衡敏感度分析 ···················· 104
　　　　4.3.3　机匣测点的响应不平衡敏感度分析 ································ 117
　　　　4.3.4　基于发动机整机振型的不平衡敏感度分析 ···················· 118
　　4.4　本章小结 ·· 121
　　参考文献 ·· 121

第5章　转子不平衡(转子不同心)故障建模与分析 ······················ 122
　　5.1　转子不平衡(转子不同心)故障概述 ···································· 122
　　5.2　转子不同心故障建模方法 ·· 125
　　　　5.2.1　含初始弯曲的单盘转子系统振动机理分析 ···················· 125
　　　　5.2.2　具有初始弯曲的有限元转子系统运动方程 ···················· 127
　　5.3　转子-滚动轴承试验器弯曲故障特征仿真分析 ·················· 127
　　　　5.3.1　仿真分析研究对象 ·· 127
　　　　5.3.2　仿真计算结果分析 ·· 127

5.4 转子不同心测试方法 ··· 130
　　5.4.1 测量原理 ··· 130
　　5.4.2 基于电涡流位移传感器测量转子弯曲试验方案 ············· 131
　　5.4.3 转子弯曲量测试系统开发构想 ·························· 132
　　5.4.4 转子弯曲量测试系统介绍 ······························ 134
　　5.4.5 转子弯曲量测试试验分析 ······························ 137
5.5 转子不同心故障的仿真及试验研究 ························· 147
　　5.5.1 多螺栓连接面的高压转子模拟试验器简介 ················ 147
　　5.5.2 转子不同心故障装配仿真分析 ························· 148
　　5.5.3 转子不同心故障装配变形试验研究 ······················ 154
　　5.5.4 转子不同心故障振动响应仿真分析及试验验证 ··········· 160
5.6 某型高推重比双转子涡扇发动机高压转子不同心故障仿真分析 ···174
　　5.6.1 某型高推重比双转子涡扇发动机高压转子的不同心量概述 ···174
　　5.6.2 含高压转子不同心故障的航空发动机整机振动仿真计算条件 ·····174
　　5.6.3 不同心故障的相位对发动机整机振动响应的影响分析 ·······176
　　5.6.4 不同心量的大小对航空发动机整机振动响应的影响分析 ·······176
　　5.6.5 转子质量偏心与转子不同心对于整机振动的影响分析 ·······179
5.7 本章小结 ··· 186
参考文献 ··· 186

第6章 转子联轴器不对中故障建模与分析 ················· 188
6.1 转子联轴器不对中故障概述 ····························· 188
6.2 转子联轴器不对中故障分类 ····························· 189
　　6.2.1 制造误差 ··· 189
　　6.2.2 安装误差及其他因素 ·································· 189
6.3 联轴器制造误差产生的转子不对中故障建模 ················· 190
　　6.3.1 平行不对中 ·· 190
　　6.3.2 角度不对中 ·· 193
　　6.3.3 柔性联轴器的情形 ···································· 193
6.4 安装误差等产生的转子不对中故障建模 ··················· 194
　　6.4.1 转子支承不对中故障统一模型 ························ 194
　　6.4.2 转子支承不对中故障仿真分析及机理研究 ················ 201
6.5 某型高推重比双转子航空发动机低压转子不对中故障仿真分析 ···221
　　6.5.1 某型高推重比双转子航空发动机低压转子的套齿连接结构特点 ···221
　　6.5.2 联轴器制造误差导致的转子不对中故障仿真分析 ··········· 222
　　6.5.3 安装误差等因素导致的转子不对中仿真 ················ 230
6.6 本章小结 ··· 240

参考文献 ·· 241

第7章 转子叶片-机匣碰摩故障建模与分析 ······························· 242

7.1 转子叶片-机匣碰摩故障概述 ······································ 242

7.2 新型叶片-机匣碰摩模型 ··· 243

    7.2.1 碰摩力模拟 ·· 243

    7.2.2 转静间隙模拟 ··· 244

    7.2.3 碰摩故障的时域仿真计算方法 ································· 245

    7.2.4 机匣单点-转子全周的叶片-机匣碰摩故障仿真与试验验证 ···· 245

7.3 某型高推重比双转子航空发动机碰摩故障仿真分析 ····· 256

    7.3.1 计算条件 ··· 256

    7.3.2 高压涡轮叶片-机匣碰摩仿真 ································· 257

    7.3.3 高压压气机第4级叶片-机匣碰摩仿真 ··················· 271

    7.3.4 仿真分析结论 ··· 284

7.4 本章小结 ··· 285

参考文献 ·· 285

第8章 滚动轴承配合松动故障建模与分析 ······························· 286

8.1 滚动轴承外圈与轴承座配合松动故障建模 ··················· 286

    8.1.1 配合松动故障模型 ··· 286

    8.1.2 滚动轴承配合松动故障在整机耦合动力学模型中的导入 ···· 288

8.2 基于转子-滚动轴承试验器的滚动轴承配合松动故障分析 ···· 289

    8.2.1 仿真计算条件 ··· 289

    8.2.2 不同配合间隙下的故障仿真分析 ····························· 290

    8.2.3 轴承外圈与轴承座相对运动轨迹分析 ····················· 291

    8.2.4 轴承外圈与轴承座之间的摩擦效应影响分析 ············ 294

    8.2.5 转子不平衡量对轴承外圈与轴承座配合松动故障的影响分析 ··· 294

    8.2.6 拧紧力矩对轴承外圈与轴承座配合松动故障的影响分析 ···· 295

    8.2.7 试验验证 ··· 296

8.3 某型无人飞行器用小型发动机滚动轴承配合松动故障分析 ···· 300

    8.3.1 发动机支点轴承配合松动故障仿真分析 ················· 300

    8.3.2 发动机试车数据分析 ··· 306

    8.3.3 仿真结果与试车数据分析结论 ································· 309

8.4 某型高推重比双转子航空发动机滚动轴承配合松动故障仿真分析 ···· 310

    8.4.1 计算条件 ··· 310

    8.4.2 支点1配合松动故障特征分析 ································· 311

    8.4.3 支点2配合松动故障特征分析 ································· 321

    8.4.4 支点3配合松动故障特征分析 ································· 330

　　　8.4.5　支点 4 配合松动故障特征分析 ·······················340
　　　8.4.6　支点 5 配合松动故障特征分析 ·······················349
　8.5　本章小结 ··359
　参考文献 ··360
第 9 章　滚动轴承早期表面损伤的故障建模与分析 ················361
　9.1　滚动轴承振动产生原理与特点 ·······························361
　9.2　滚动轴承故障的不同发展阶段及其频率特征 ···················362
　9.3　滚动轴承特征频率 ···364
　9.4　滚动轴承早期疲劳剥落故障诊断原理 ·······················366
　　　9.4.1　滚动轴承早期疲劳剥落故障信号形成机理 ···············366
　　　9.4.2　小波包络分析方法 ·····························367
　9.5　滚动轴承故障早期表面疲劳剥落损伤建模 ···················373
　　　9.5.1　滚动轴承外圈故障建模 ·····························373
　　　9.5.2　滚动轴承内圈故障建模 ·····························375
　　　9.5.3　滚动轴承滚动体故障建模 ·························376
　　　9.5.4　滚动轴承故障导入 ·····························377
　　　9.5.5　基于转子-滚动轴承试验器的滚动轴承故障模型验证 ········378
　9.6　带机匣的航空发动机转子试验器滚动轴承故障仿真分析 ·········383
　　　9.6.1　带机匣的航空发动机转子试验器简介 ···············383
　　　9.6.2　外圈故障仿真 ·································383
　　　9.6.3　内圈故障仿真 ·································386
　　　9.6.4　滚动体故障仿真 ·································388
　9.7　某型高推重比双转子航空发动机滚动轴承故障仿真分析 ·········391
　　　9.7.1　某型高推重比双转子航空发动机简介 ···············391
　　　9.7.2　支点 1 滚动轴承故障仿真分析 ·····················392
　　　9.7.3　支点 2 滚动轴承故障仿真分析 ·····················400
　　　9.7.4　支点 3 滚动轴承故障仿真分析 ·····················408
　　　9.7.5　支点 4 滚动轴承故障仿真分析 ·····················417
　　　9.7.6　支点 5 滚动轴承故障仿真分析 ·····················426
　9.8　本章小结 ··434
　参考文献 ··434

第1章 绪 论

1.1 航空发动机整机振动研究的意义

航空发动机是飞机的心脏，它直接影响飞机的性能、可靠性及经济性，是飞机的核心部件，被誉为制造业"皇冠上的明珠"。独立研制发动机是一个国家成为航空强国的重要标志，大力发展航空发动机技术，研制航空发动机是实现我国强国之梦的必由之路。"十二五"期间，航空发动机研制得到国家重视，已经被列入国家重大科技专项。2016年8月，中国航空发动机集团有限公司挂牌成立，标志着我国航空发动机产业将形成全新格局，对我国航空工业未来发展具有重要意义。加强基础理论研究，探索科学的研制方法，摆脱对工程经验的过度依赖，为实际工程应用提供理论依据和技术支撑，真正实现航空发动机关键技术突破，走出一条自主创新研制的发展道路，是当前航空发动机技术发展的必由之路。

在航空发动机研制和使用过程中，结构带来的整机振动故障一直是制约航空发动机安全性和可靠性的关键因素。据统计，在飞机机械故障中，由发动机引起的故障约占一半；在发动机故障中，结构振动故障占70%。据统计，20世纪50～80年代发生的一、二等飞行事故中与发动机有关的大约也占一半，其中，由于设计制造质量原因发生的故障，发动机占50%；由于使用维护质量原因发生的故障，发动机占41.9%；由于修理质量原因发生的故障，发动机占74.8%；尚未查清原因的故障，与发动机有关的占44.1%。在1962～1976年的417百万次飞行小时中10.2%的发动机转子事故是由转子与静子部件的碰摩引起的。1994～1995年，由发动机碰摩故障导致4架某型战斗机失事，而另外339架次直接或间接因发动机碰摩故障而被迫停飞。近年来，发动机全部空中停车事故中约有40%是由发动机结构故障所致。据报道，某型新机列装后累计发生数十起主轴承损伤故障，由此导致多次空中停车和数起二等重大飞行事故或飞机迫降，直接经济损失达数十亿元。

据统计，造成航空发动机整机振动故障的直接原因主要包括转子的残余不平衡、转子初始弯曲、转子不对中、转静碰摩、支承松动和轴承损伤等，而导致这些直接原因发生的根源则在于航空发动机的制造、装配和使用环节的失控。因此，诊断航空发动机振动故障，查明航空发动机振动超标原因，为航空发动机制造、装配和使用提供控制依据，是最终解决航空发动机结构振动超标的重要途径[1]。

1.2 航空发动机整机振动故障建模与分析研究现状

随着现代航空发动机技术的不断发展,大推力高推重比的航空发动机屡见不鲜,已经成为航空发动机发展的必然趋势。在此背景下,薄壁机匣结构和弹性支承结构被广泛采用,同时安装节的安装刚度并非完全刚性,且安装节的水平和垂直刚度不对称,导致航空发动机转子和静子结构的耦合振动问题日益突出。目前,航空发动机的整机结构振动,尤其是转子和静子结构的耦合振动问题已经引起了很多学者的关注和重视。

由于航空发动机转子轴承系统结构复杂,带故障的振动部件具有很强的非线性,故障表现出的特征既具有严重的不确定性,又具有微弱性和频率成分的多样性,因此,航空发动整机振动故障分析和诊断具有很大的难度。目前,国内外学者对航空发动机整机振动分析、故障转子动力学建模、转子与轴承振动信号分析与故障诊断等方面进行了详细研究[2-4]。

1.2.1 航空发动机整机振动建模与分析

计算转子-支承系统的临界转速和不平衡稳态响应的主要方法有常规的传递矩阵法、Riccati 传递矩阵法以及各种改进的传递矩阵法,如子结构传递矩阵法、传递矩阵-阻抗耦合法、传递矩阵-直接积分法等,有限元法和子结构模态综合法也可以有效地计算不平衡稳态响应。转子系统的瞬态响应分析方法有传递矩阵-直接积分法、模态综合法(包括传递矩阵-模态综合法和有限元-模态综合法),其中模态综合法是当今应用最广泛、最有效的方法[2]。文献[5]利用子结构传递矩阵法进行了航空发动机整机振动计算和分析。文献[6]应用整体传递矩阵法对某型发动机转子-支承-机匣-安装节系统进行了整机临界转速及应变能分布的计算与分析,并与整机振动的测试结果进行了对比分析,其计算结果与测试结果基本一致。文献[7]将模态综合法与有限元法相结合,对发动机转子-支承-机匣系统的整机振动特性进行分析。采用状态空间广义模态综合法计算轴对称转子与机匣间的耦合振动,用复模态综合法计算非轴对称转子与机匣间的耦合振动。子结构分析采用有限元法。转子采用具有黏性阻尼、考虑剪切变形的有限转子元素,用承受非轴对称载荷的截锥壳元素离散机匣。文献[8]采用 8 节点实体单元对发动机整机建模,对发动机机匣的前、后支承进行了动刚度计算,利用基于 Nastran 有限元软件编制的能够考虑陀螺力矩影响的计算程序,分析了支承动刚度、盘轴耦合以及转子-机匣耦合等对转子动力特性的影响。文献[9]依据动力分析中的刚度、质量等效原则,研究了机匣系统中的空心幅板结构、孔类零部件和附件机匣的简化处理方法,并将其应用于某型涡扇发动机的动力特性分析。文献[10]针对转子支承动刚度对转子动力特性的影响，分别运用静刚度、动刚度和整机有限元模型对某型发动机进行了转子动力特性计算，并对各种计算结果进行了比较和分析；分析了转子支承动刚度剧烈变化的原因，同时，指出运用整机模型能够分析支承动刚度和各种机匣的局部振动对整机振动的影响。文献[11]建立了双转子航空发动机整机有限元模型，计算了发动机机匣的振动模态及其各主支承处的静刚度和动刚度，研究了双转子航空发动机临界转速的影响因素。文献[12]提出了一个详细考虑滚动轴承和挤压油膜阻尼器非线性的柔性双转子有限元模型，进行了叶片丢失的瞬态响应模拟。文献[13]提出了一个双转子燃气涡轮发动机有限元模型，利用数值积分方法计算了叶片丢失下产生的突加不平衡响应，考虑了滚动轴承的接触非线性、挤压油膜力的非线性以及在叶片丢失期间轴承部件的热增长效应。文献[14]建立了一个带非线性挤压油膜阻尼器轴承的双转子动力学模型，提出了一种直接在时域计算发动机整机振动的新方法，其基本思想是首先利用 Nastran 有限元软件求取线性无阻尼系统的模态参数，然后用 MATLAB 软件进行非线性数值仿真分析，其计算速度与传统方法相比，提高了约 40 倍。文献[15]研究了三转子航空发动机的多频激励响应。文献[16]针对航空发动机整机振动，建立了一种新型的转子-滚动轴承-机匣耦合动力学模型。该模型考虑了实际航空发动机的弹性支承及挤压油膜阻尼效应、滚动轴承非线性以及碰摩故障，将转子考虑为等截面自由欧拉梁模型，运用模态截断法进行分析，最后利用数值积分方法获取了系统响应，研究了航空发动机的整机振动规律。文献[17]提出了两种反向旋转双转子系统的振动特性分析方法。基于 Nastran 有限元分析软件开发了反向旋转双转子系统振动特性分析求解序列。利用两种方法，对某反向旋转双转子航空发动机转子系统的振动特性进行研究，并与传递矩阵方法及发动机整机试验结果进行对比。文献[18]使用两自由度动力学模型对航空发动机中转、静子的振动耦合机理进行解释，并给出整机动力学模型的建立方法和功能。文献[19]基于切比雪夫多项式展开，建立了转子系统临界转速和稳态响应区间分析方法，针对临界转速区间分析问题，将支承刚度、密度和弹性模量视为区间变量，建立了转子系统固有频率的切比雪夫多项式表达式，最终获得临界转速区间，临界转速误差不超过 0.07%。文献[20]建立了发动机整机振动系统模型，对影响整机振动响应的不同结构挤压油膜阻尼器(squeeze oil film damper, SFD)建模方法进行重点分析。文献[21]以某型航空发动机双转子试验器为研究对象，采用 Newmark-β 数值积分方法求解系统的动力学响应，在考虑高低压转子中介轴承的耦合和机匣的弹性变形及其运动的基础上，建立了碰摩故障双转子-支承-机匣耦合系统动力学模型，理论分析了转速、转子偏心量和碰摩刚度对转子系统动力学特性的影响并进行了相关试验。文献[22]以机匣-双转子实验台为研究对象，基于 ANSYS 软件建立了可表征复杂结构的高精度实体有限元模型，应用 Craig-Bampton 模态综合方法实现了子模型维度缩减与整机动力学模型的组装。通过对比临界转速和振型验证了缩减模型的有效性，借助三维频谱图和轴心轨迹，分析了系统稳态响应特征，进行了实验验证。文献[23]针对航空发动机整机振动问题的复杂性和多样性，以整机振动的振源分析为出发点，总结国内外关于转子系统故障、气流激振、轴承故障、齿轮故障和结构局部共振等引起的整机振动的研究情况，结合航空发动机整机结构动力学、支承动刚度和连接结构刚度动力学设计的国内外研究情况，从整机振动的装配工艺参数分析、转子不同心量控制和转子不平衡量控制等几个方面，总结航空发动机整机振动的控制方法。文献[24]回顾了应用在航空发动机中组合支承转子系统的支承方案及其应用情况，系统地介绍了五种组合支承转子系统模型、现有的建模方法、应用在组合支承转子系统高维非线性动力学中的降维方法、非线性动力学微分方程的求解方法、组合支承非线性问题的机理研究以及对转子系统振动特性的影响等，最后提出了在组合支承转子系统研究中值得关注的问题。文献[25]借助有限元软件和自由界面模态综合法，建立了含碰摩故障的高维双转子系统非线性动力学模型。随后利用单位脉冲响应和 Duhamel 积分的方法进行了数值求解，在考虑挤压油膜非线性力和中介轴承非线性力的基础上，研究了含碰摩故障的反向旋转双转子系统的动力响应特性。文献[26]建立了航空发动机高压转子的动力学模型，该模型包含所有的结构动力学设计参数，揭示了设计参数与转子振动特性间的关系，提出了转子临界转速的估计方法，并予以理论证明，建立了基于两阶临界响应的支承刚度设计准则。

1.2.2　故障转子-滚动轴承系统动力学分析

转子系统最常见的故障有不平衡、不对中、转轴裂纹、基座松动及碰摩等，除了单一故障之外，还出现了各种类型的耦合故障，如裂纹与基座松动、基座松动与碰摩、裂纹与碰摩、不对中与碰摩等。近十年来，国内外对转子故障的机理和诊断技术的研究均给予了充分的重视。转子-滚动轴承系统本身存在如轴承力、变刚度、密封力、气流激振力及许多强非线性的激振力源，导致转子系统存在许多非线性问题；而且在转子系统发生故障，如转子碰摩、裂纹、基础松动等，以及由上述故障组合而成的耦合故障时，非线性问题就会更加突出。对于单自由度非线性系统，可能产生多解、跳跃、亚谐共振和超谐共振、拟周期解、周期解分岔、动态分岔及混沌运动等。多自由度非线性系统除上述现象外，还会发生内共振、组合共振、模态耦合等动力行为。目前，在转子动力学模型中，进行了不对中转子运动分析[27-33]、裂纹转子运动分析[34-37]、碰摩转子运动分析[38-50]、基础松动转子运动分析[51-55]等单一故障机理分析。对故障转子的分岔现象、混沌、分形等非线性特征进行了详细的研究并取得了重要的进展。旋转机械除了出现单一故障外，还常常会出现两种或两种以上的故障同时存在的情况，近几年国内外学者将较大的注意力转向对耦合故障机理的研究。耦合故障转子的动力学行为较单一的故障转子更加复杂，而且相互影响，如松动与转静碰摩故障的耦合[56,57]，裂纹及碰摩故障的耦合[58]，不对中与碰摩故障的耦合[59-61]，裂纹与支座松动故障的耦合[62]，不平衡、松动与碰摩故障的耦合[63-65]。

在滚动轴承损伤建模方面，Sène 等[66]建立了包含滚动轴承滚道表面局部损伤的 2 自由度滚动轴承模型。袁茹等[67]在考虑滚动轴承变柔度(varying compliance, VC)振动效应的情况下，进行了滚动轴承-转子非线性动力学分析。Chen[68]建立了考虑滚动轴承间隙、VC 振动和转子不平衡力的动力学模型，研究了转速及间隙对系统响应的影响，在模型中，转子不平衡力随转速变化而变化。在此基础上，基于 Jeffcott 转子模型建立了转子-滚动轴承-机匣耦合系统,建立了滚动轴承内圈、外圈、滚动体局部损伤模型，对滚动轴承故障进行了动力学仿真，并进行了故障特征频率分析和验证[69]。邓四二等[70,71]建立了某航空发动机双转子-滚动轴承耦合系统的非线性动力学数学模型，采用数值积分法，就转子转速、中介轴承的游隙和滚动体个数以及支承轴承参数对双转子系统动力特性的影响进行了分析并加以试验验证。Kappaganthu 等[72]建立了含间隙的转子-滚动轴承动力学模型，并考虑了滚动轴承内外圈不同心的情况，研究了该系统的非线性特征，得到了系统的混沌响应区域。张学宁等[73]考虑有限数目滚动体和转子不平衡力引起的滚动轴承刚度的周期时变性，建立了含双频时变滚动轴承刚度的三自由度转子-轴承系统动力学模型，指出了含双频时变参数的动力学系统响应的频率构成规律：双频参数激励系统自由响应中出现的频率是系统等效固有频率分别和两个参数频率的组合，以及等效固有频率同时和两个参数频率的组合，强迫响应中的频率除了包含自由响应中的频率成分之外，还包含外激励频率分别和两个参数频率的组合，以及其同时和两个参数频率的组合。

1.3　航空发动机整机振动故障建模与分析主要问题

综上所述，目前国内外在航空发动机整机振动分析、转子故障动力学分析以及转子和滚动轴承故障信号分析和诊断方面进行了广泛研究，并取得了丰硕的成果，但是，对航空发动机整机振动故障分析而言，仍然存在如下问题需要深入研究。

1. 航空发动机整机振动建模与求解效率问题

目前，研究故障转子轴承系统的非线性特征基本上是针对简单的 Jeffcott 转子模型，其优点是计算效率高，能够模拟故障的定性特征，其缺点在于模型参数与实际转子系统相差较大，无法定量分析航空发动机整机振动。对实际航空发动机整机进行建模的方法目前主要有传递矩阵法和有限元法，然而传递矩阵法难于计算含故障的强非线性转子系统响应，有限元法则存在计算效率和计算精度的协调问题，且利用有限元法求解含故障的强非线性动力学问题尚不多见。由此可见，简单的 Jeffcott 转子模型常被用来研究强非线性转子动力学问题，计算效率较高，但是无法定量模拟整机振动；而复杂的真实整机模型通常被用来研究临界转速和不平衡响应、能够定量分析实际的航空发动机整机振动，但是其计算效率很低，且难于处理非线性问题。显然，航空发动机的整机振动分析陷入了模型真实性、复杂性、非线性及计算效率之间的难以协调的矛盾之中，因此，寻找一种既能够定量分析航空发动机整机振动，又能够有效地模拟系统故障非线性特征，同时还具有很高的计算效率的动力学模型，具有重要的理论意义和工程实用价值。

2. 航空发动机典型故障模型改进和完善问题

航空发动机整机振动典型故障主要包括不平衡、不对中、松动和转静碰摩、滚动轴承故障等，除不平衡故障机理简单、建模容易外，其他故障在航空发动机中出现的机理还很不清楚，故障模型亟待改进和完善，具体表现如下：

（1）航空发动机的转子系统通常由多段轴、连接结构组成，拥有多个支点，受制造、装配和长时间工作的影响，转子支承结构的中心往往会发生一定程度的偏移，造成转子轴线不能精确地在一条直线上，航空发动机套齿连接、螺栓连接、轴承支承刚度以及过盈配合的紧度均与支承不同心相关联，目前对由支点不同心引发的不对中故障机理研究还很不成熟，实际航空发动机通过控制同心度即可有效控制整机振动，但是现有不对中模型尚无法解释实际航空发动机出现的由支点不同心引起的振动现象。

（2）对于松动故障，在航空发动机上，松动故障可能出现在转子件和静子件上，其中转子件的松动包括联轴器松动和滚动轴承间隙；静子件的松动主要包括螺栓连接松动和过盈配合松动等。而目前对这些类型的松动故障的建模尚不完善，划分也不很明确。

（3）滚动轴承故障是目前航空发动机的多发故障，尤其是双转子航空发动机的中介轴承、止推轴承(球轴承)极易磨损失效，如何对滚动轴承故障建模才能真实模拟实际航空发动机出现的滚动轴承故障？由滚动轴承故障引发的机匣测点振动响应是否对轴承故障灵敏？能否从机匣信号中提取出故障特征信息？回答这些问题，对于有效诊断航空发动机整机振动故障具有重要意义，而目前对此研究尚不多见。

（4）对于转静碰摩故障，在航空发动机中主要表现为叶片-机匣碰摩，目前的碰摩模型主要体现在碰摩力的计算上，现有的局部碰摩模型中碰摩刚度的确定还很困难，而实际的碰摩刚度与转子和机匣的结构和材料均相关，因此基于赫兹

(Hertz)接触的碰摩刚度计算方法显然不适合薄壁结构特性的机匣；另外，现有的碰摩模型也无法计算由转子多个叶片和机匣多个点参与的局部碰摩现象，未考虑叶片-机匣的耦合振动，仿真结果难以解释实际航空发动机的碰摩现象。

由此可见，基于实际航空发动机结构特点，改进现有转子和滚动轴承故障模型，对于准确模拟航空发动机整机振动故障、有效实施故障诊断和振动控制具有重要意义。

3. 航空发动机整机振动故障分析传递路径问题

航空发动机制造和装配往往是引起发动机振动超标和转静碰摩的重要因素，这些误差需要控制在多少范围以内，由其产生的整机振动值才能够达到设计规范，这就属于典型的振动控制问题，它需要研究从故障部位到机匣测试部位的传递特性，并进行相应的灵敏度分析。众所周知，由于结构形式和现实安装条件的限制，航空发动机的整机振动信号通常是通过机匣测得的，而不同类型不同部位的故障发生后，提取其在机匣振动信号中所表现出的特征，对于有效实施发动机故障诊断，具有重要的指导意义。

然而，目前的航空发动机整机振动故障分析中，存在如下重要问题。

(1)机匣模型建立困难，过于详细的有限元模型将导致很低的计算效率，而且较少考虑故障，因此很难解决该问题，而现有的故障转子动力学模型，由于机匣和转子模型均过于简单，自然难以反映航空发动机的真实振动特征。

(2)现有振动分析往往是基于转子振动位移的特征提取，而未直接研究在各种故障激励下所引发的机匣振动加速度响应特征，因此，无法建立振动故障与测试信号特征的关联性，从而导致振动分析无法直接应用于实际故障诊断和振动抑制。

(3)机匣振动信号是转子系统所激振动经过多层结构传递以及与系统内其他激振源所激振动相互调制后的综合反应，加之机匣质量分布和各部分连接刚性的不同，转子-机匣系统的振动信号一方面呈现出强烈的非线性和非平稳性，另一方面经过多层结构的传递后部分故障信息衰减较为严重。因此，基于传统的线性理论对航空发动机实测振动信号进行分析难以有效提取故障信息。

1.4 本书主要内容

本书针对目前航空发动机整机振动典型故障建模与分析存在的主要问题，建立了含典型故障的航空发动机整机振动耦合动力学模型，利用时域数值积分方法得到了在典型故障激励下的航空发动机机匣振动响应，分析了故障特征和机理，并利用考虑发动机实际结构特征的试验器进行了模型和方法的验证。本书的内容安排如下。

第 1 章介绍航空发动机整机振动研究意义，以及典型故障建模与分析研究现状，并指出目前研究工作尚存的主要问题。

第 2 章首先将转子、滚动轴承、支承及机匣作为一个耦合系统进行动力学建模，建立 6 自由度的转子梁单元模型、5 自由度球轴承动力学模型，推导在 5 自由度复杂变形下的轴承力和力矩表达式；然后，针对圆柱滚子轴承，利用"切片法"，推导考虑轴承径向变形、圆柱转子凸度、轴承间隙及轴承倾斜引起的角向变形等复杂因素作用下的圆柱滚子轴承的作用力，将复杂的球轴承模型和圆柱滚子轴承模型与 6 自由度的转子和机匣有限元梁模型结合，建立含复杂滚动轴承模型的航空发动机整机振动模型，并利用 Newmark-β 法与翟方法相结合的数值积分方法进行动力学方程求解；最后，介绍航空发动机整机振动分析软件 EVDYNA（Aero-engine Vibration Dynamic Analysis）。

第 3 章介绍几种典型的转子-支承-机匣耦合动力学模型，其中包括转子-滚动轴承试验器、多螺栓连接面高压转子模拟试验器、含套齿联轴器的三支点转子试验器、带机匣的航空发动机转子试验器、某型高推重比双转子航空发动机、某型无人飞行器用小型发动机。这几种典型的转子-支承-机匣耦合动力学模型，一方面用来验证第 2 章所提出的航空发动机整机振动建模新方法的正确合理性，另一方面为后续章节的转子系统故障建模和仿真分析提供研究对象。

第 4 章在阐述航空发动机质量偏心导致的不平衡故障的原因、影响及排故方法的基础上，着重分析转子质量偏心导致的不平衡故障模型及其振动特征，并利用转子-滚动轴承试验器验证故障模型的正确有效性，最后利用质量偏心的不平衡故障模型进行某高推重比双转子航空发动机转子不平衡灵敏度分析。

第 5 章针对航空发动机转子不同心故障，建立转子不同心故障模型，分析其振动机理，利用多螺栓连接面的高压转子模拟试验器对故障动力学模型进行试验验证。将其与整机模型进行结合，建立含转子不同心故障的航空发动机整机振动模型。在此基础上，建立含高压转子不同心故障的某双转子航空发动机整机振动模型，模拟高压转子不同心故障，进行转子不同心故障特征分析，研究转子不同心相位和幅值对机匣振动响应的影响规律，为进一步控制航空发动机转子不同心故障提供理论依据。

第 6 章分别针对由联轴器制造误差和轴系安装误差及其他因素所导致的转子联轴器不对中故障，分析联轴器不对中故障机理，建立相应的故障动力学模型，并利用带套齿联轴器的转子不对中试验器进行故障模型的试验验证。针对某型双转子航空发动机，进行由联轴器不对中导致的低压转子不对中故障对整机振动响应的影响分析，得出具有工程应用价值的结论。

第 7 章主要介绍一种新型的转子叶片-机匣碰摩故障模型建模方法，利用带机匣的转子试验器对故障模型进行试验验证，将碰摩故障模型导入某型高推重比双转子航空发动机整机模型中，进行转静碰摩故障激励下的发动机整机振动响应，为实际航空发动机碰摩故障诊断提供理论指导。

第 8 章建立滚动轴承外圈与轴承座之间的配合松动故障模型，并将其导入转子-支承-机匣整机耦合动力学模型进行故障仿真分析。首先，基于转子-滚动轴承试验器进行故障模拟试验和仿真分析；然后，基于某型无人飞行器用小型发动机整机模型进行轴承配合松动故障仿真，并结合试车数据进行故障特征分析和验证；最后，基于某型双转子涡扇发动机，针对各支承的轴承外圈和轴承座之间的间隙配合松动故障，进行建模和仿真分析，得到配合松动故障的振动特征，分析各支承处配合松动故障对机匣测点响应的灵敏度。

第 9 章研究滚动轴承外圈、内圈、滚动体疲劳剥落故障模型，分析滚动轴承疲劳剥落故障特征和动力学机理，并利用转子-滚动轴承试验器进行滚动轴承故障模型的验证。将滚动轴承故障模型导入整机模型，针对带机匣的航空发动机转子试验器和某型双转子航空发动机，建立含滚动轴承故障的整机振动模型，进行滚动轴承激励下的整机振动故障仿真，利用机匣振动加速度信号分析滚动轴承故障特征和规律，为实际的航空发动机主轴承故障诊断提供理论指导。

参 考 文 献

[1] 刘永泉, 王德友, 洪杰, 等. 航空发动机整机振动控制技术分析[J]. 航空发动机, 2013, 39(5): 1-8, 13.

[2] 航空发动机设计手册总编委会. 航空发动机设计手册(第 19 册)——转子动力学及整机振动[M]. 北京: 航空工业出版社, 2000.

[3] 闻邦椿, 武新华, 丁千, 等. 故障旋转机械非线性动力学的理论与试验[M]. 北京: 科学出版社, 2004.

[4] 陈予恕, 张华彪. 航空发动机整机动力学研究进展与展望[J]. 航空学报, 2011, 32(8): 1371-1391.

[5] 苏民, 戴远建. 复杂转子整机振动计算[J]. 热能与动力工程, 1988, 3(6): 44-50.

[6] 郑旭东, 张连祥, 刘廷毅. 航空发动机整机振动特性及应变能计算与分析[J]. 航空发动机, 2000, (2): 42-46.

[7] 欧园霞, 李平. 用模态综合法分析发动机整机振动特性[J]. 航空动力学报, 1987, 2(3): 209-214, 280-281.

[8] 陈萌, 马艳红, 刘书国, 等. 航空发动机整机有限元模型转子动力学分析[J]. 北京航空航天大学学报, 2007, 33(9): 1013-1016.

[9] 高金海, 洪杰. 航空发动机整机动力特性建模技术研究[J]. 战术导弹技术, 2006, (3): 29-35.

[10] 洪杰, 王华, 肖大为, 等. 转子支承动刚度对转子动力特性的影响分析[J]. 航空发动机, 2008, 34(1): 23-27.

[11] 王海涛. 某型航空发动机整机振动特性分析[D]. 南京: 南京航空航天大学, 2010.

[12] Sun G, Kaushik N, Palazzolo A, et al. An effective algorithm for blade loss simulations using a high fidelity ball bearing and damper model[C]. Proceedings of ASME 2003 International Design Engineering Technical Conference and Computers and Information in Engineering, Chicago, 2008: 1011-1020.

[13] Sun G, Palazzolo A, Provenza A, et al. Long duration blade loss simulations including thermal growths dual-rotor gas turbine engine[J]. Journal of Sound and Vibration, 2008, 316(1-5): 147-163.

[14] Hai P M, Bonello P. An impulsive receptance technique for the time domain computation of the vibration of a whole aero-engine model with nonlinear bearings[J]. Journal of Sound and Vibration, 2008, 318(3): 592-605.

[15] Hai P M, Bonello P. A computational parametric analysis of the vibration of a three-spool aero-engine under multifrequency unbalance excitation[J]. Journal of Engineering for Gas Turbines and Power, 2011, 133(7): 0725041-0725049.

[16] Chen G. A new rotor-ball bearing-stator coupling dynamics model for whole aero-engine vibration[J]. ASME Journal of Vibration and Acoustics, 2009, 131(6): 061009.

[17] 冯国全, 周柏卓, 罗贵火. 反向旋转双转子发动机振动特性的分析方法[J]. 南京航空航天大学学报, 2012, 29(1): 33-39.

[18] 张大义, 刘烨辉, 洪杰, 等. 航空发动机整机动力学模型建立与振动特性分析[J]. 推进技术, 2015, 36(5): 768-773.

[19] 王存. 基于切比雪夫多项式展开的转子动力特性区间分析[J]. 航空动力学报, 2020, 35(4): 757-765.

[20] 林学森, 李本威, 黄帅, 等. 基于整机振动响应模型的转子支承阻尼分析与试验[J]. 航空动力学报, 2021, 36(6): 1273-1285.

[21] 秦海勤, 张耀涛, 徐可君. 双转子-支承-机匣耦合系统碰摩振动响应分析及试验验证[J]. 机械工程学报, 2019, 55(19): 75-83.

[22] 孙传宗, 杨瑞, 陈予恕, 等. 机匣-双转子高维系统建模与实验验证[J]. 振动与冲击, 2018, 37(18): 152-157.

[23] 艾延廷, 周海仑, 孙丹, 等. 航空发动机整机振动分析与控制[J]. 沈阳航空航天大学学报, 2015, 32(5): 1-25.

[24] 罗忠, 王晋雯, 韩清凯, 等. 组合支承转子系统动力学的研究进展[J]. 机械工程学报, 2021, 57(7): 44-60.

[25] 罗贵火, 杨喜关, 王飞. 高维双转子系统的碰摩响应特性研究[J]. 振动工程学报, 2015, 28(1): 100-107.

[26] 廖明夫, 谭大力, 耿建明, 等. 航空发动机高压转子的结构动力学设计方法[J]. 航空动力学报, 2014, 29(7): 1505-1519.

[27] Xu M, Marangoni R D. Vibration analysis of a motor-flexible coupling-rotor system subject to misalignment and unbalance, part I: Theoretical model and analysis[J]. Journal of Sound and Vibration, 1994, 176(5): 663-679.

[28] Xu M, Marangoni R D. Vibration analysis of a motor-flexible coupling-rotor system subject to misalignment and unbalance, part II: Experimental validation[J]. Journal of Sound and Vibration, 1994, 176(5): 681-691.

[29] Al-Hussain K M, Redmond I. Dynamic response of two rotors connected by rigid mechanical coupling with parallel misalignment[J]. Journal of Sound and Vibration, 2002, 249(3): 483-498.

[30] Lees A W. Misalignment in rigidly coupled rotors[J]. Journal of Sound and Vibration, 2007, 305(1-2): 261-271.

[31] 李明. 平行不对中转子系统的非线性动力学行为[J]. 机械强度, 2005, 27(5): 580-585.

[32] 张振波, 马艳红, 李骏, 等. 带有支承不同心转子系统的动力响应[J]. 航空动力学报, 2012, 27(10): 2321-2328.

[33] 甄满, 田拥胜, 孙涛, 等. 具有不对中故障的双跨转子系统非线性动力学特性[J]. 机械工程学报, 2020, 56(16): 109-117.

[34] Meng G, Gasch R. The nonlinear influence of whirl speed on the stability and response of a cracked rotor[J]. Journal of Machine Vibration, 1992, 1: 216-230.

[35] Tsai T C, Wang Y Z. The vibration of a multi-crack rotor[J]. International Journal of Mechanical Sciences, 1997, 39(9): 1037-1053.

[36] Patel T H, Darpe A K. Vibration response of a cracked rotor in presence of rotor-stator rub[J]. Journal of Sound and Vibration, 2008, 317(3-5): 841-865.

[37] Patel T H, Darpe A K. Coupled bending-torsional vibration analysis of rotor with rub and crack[J]. Journal of Sound and Vibration, 2009, 326(3-5): 740-752.

[38] Muszynska A. Rotor-to-stationary element rub-related vibration phenomena in rotating machinery: Literature suryey[J]. The Shock and Vibration Digest, 1989, 21(3): 3-11.

[39] 晏砺堂, 王德友. 航空双转子发动机动静件碰摩振动特征研究[J]. 航空动力学报, 1998, 13(2): 173-176.

[40] 刘献栋, 李其汉, 王德友. 具有转静件碰摩故障双转子系统的动力学模型及其小波变换特征[J]. 航空动力学报, 2000, 15(2): 187-190.

[41] Chu F L, Lu W X. Experimental observation of nonlinear vibrations in a rub-impact rotor system[J]. Journal of Sound and Vibration, 2005, 283(3-5): 621-643.

[42] 李振平, 张金换, 金志浩, 等. 碰摩转子-轴承系统非线性动力学行为研究[J]. 航空动力学报, 2004, 19(2): 179-183.

[43] 袁惠群, 闻邦椿, 王德友, 等. 滚动轴承-转子-定子系统的碰摩故障分析[J]. 东北大学学报(自然科学版), 2003, 24(3): 244-247.

[44] 高艳蕾, 李勇, 王德友. 转子-机匣系统碰摩故障特征试验研究[J]. 航空发动机, 2002, 28(4): 16-21.

[45] 单颖春, 刘献栋, 何田, 等. 双转子系统碰摩有限元接触分析模型及故障诊断[J]. 航空动力学报, 2005, 20(5): 789-794.

[46] Bachschmid N, Pennacchi P, Vania A. Thermally induced vibrations due to rub in real rotors[J]. Journal of Sound and Vibration, 2007, 299(4-5): 683-719.

[47] 陈果. 含碰摩故障的新型转子-滚动轴承-机匣耦合动力学模型[J]. 振动工程学报, 2009, 22(5): 538-545.

[48] 马辉, 杨健, 宋溶泽, 等. 转子系统碰摩故障实验研究进展与展望[J]. 振动与冲击, 2014, 33(6): 1-12.

[49] 王南飞, 蒋东翔, 韩特, 等. 双转子系统动静碰摩动力学研究与基于振动加速度的实验验证[J]. 振动与冲击, 2017, 36(14): 71-76, 97.

[50] 袁惠群, 贺威, 韩清凯. 发动机双转子-机匣耦合系统碰摩故障分析[J]. 航空动力学报, 2011, 26(11): 2401-2408.

[51] Goldman P, Muszynska A. Analytical and experimental simulation of loose pedestal dynamic effects on a rotating machine vibrational response[C]. Proceedings of ASME 1991 Design Technical Conferences, Miami, 2021: 11-17.

[52] Ji Z, Zu J W. Methods of multiple scales for vibration analysis of rotor shaft systems with non-linear bearing pedestal model[J]. Journal of Sound and Vibration, 1998, 218(2): 293-305.

[53] 张靖, 闻邦椿. 带有两端支座松动故障的转子系统的振动分析[J]. 应用力学学报, 2004, 21(3): 67-71.

[54] 陈恩利, 何田, 郑猛, 等. 滚动轴承-转子系统支承松动时的复杂运动研究[J]. 动力学与控制学报, 2004, 2(4): 49-55, 162.

[55] 李志农, 刘杰, 卢文秀, 等. 转子系统盘轴松动故障动力学建模和仿真研究[J]. 机械工程学报, 2020, 56(7): 60-71.

[56] 罗跃纲, 曾海泉, 李振平, 等. 基础松动-碰摩转子系统的混沌特性研究[J]. 振动工程学报, 2003, 16(2): 184-188.

[57] 刘杨, 李炎臻, 太兴宇, 等. 转子-滑动轴承系统松动-碰摩耦合故障分析[J]. 振动工程学报, 2016, 29(3): 549-554.

[58] 李振平, 罗跃纲, 姚红良, 等. 具有裂纹-碰摩耦合故障转子-轴承系统的动力学研究[J]. 应用力学学报, 2003, 20(3): 136-140, 166.

[59] 刘献栋, 李其汉. 转静件碰摩模型及不对中转子局部碰摩的混沌特性[J]. 航空动力学报, 1998, 13(4): 361-365.

[60] 陈果, 李兴阳. 航空发动机整机振动中的不平衡-不对中-碰摩耦合故障研究[J]. 航空动力学报, 2009, 24(10): 2277-2284.

[61] 张俊红, 马梁, 马文朋, 等. 基于弹流润滑转子-滚动轴承系统碰摩-不对中耦合故障的动力学分析[J]. 航空动力学报, 2014, 29(8): 1940-1952.

[62] 刘元峰, 赵玫, 朱厚军. 裂纹转子在支承松动时的振动特性研究[J]. 应用力学学报, 2003, 20(3): 118-121,165.

[63] 陈果. 含不平衡-碰摩-基础松动耦合故障的转子-滚动轴承系统非线性动力响应分析[J]. 振动与冲击, 2008, 27(9): 100-104,186.

[64] 刘杨, 太兴宇, 马辉, 等. 双盘三支撑转子轴承系统松动/碰摩耦合故障分析[J]. 航空动力学报, 2013, 28(5): 977-982.

[65] 马辉, 太兴宇, 汪博, 等. 松动-碰摩耦合故障转子系统动力学特性分析[J]. 机械工程学报, 2012, 48(19): 80-86.

[66] Sène M, Barret M, Madani K. Bearing's behavior modeling for mechanical defects' detection and diagnosis[C]. The 6th International Conference on Computer Information Systems and Industrial Management Applications, Elk City, 2007: 109-114.

[67] 袁茹, 赵凌燕, 王三民. 滚动轴承-转子系统的非线性动力学特性分析[J]. 机械科学与技术, 2004, 23(10): 1175-1177,1233.

[68] Chen G. Study on nonlinear dynamic response of an unbalanced rotor supported on ball bearing[J]. ASME Journal of Vibration and Acoustics, 2009, 131(6): 061001.

[69] 陈果. 转子-滚动轴承-机匣耦合系统中滚动轴承故障的动力学分析[J]. 振动工程学报, 2008, 21(6): 577-587.

[70] 邓四二, 贺凤祥, 杨海生, 等. 航空发动机双转子-滚动轴承耦合系统的动力特性分析[J]. 航空动力学报, 2010, 25(10): 2386-2395.

[71] 邓四二, 付金辉, 王燕霜, 等. 航空发动机滚动轴承-双转子系统动态特性分析[J]. 航空动力学报, 2013, 28(1): 195-204.

[72] Kappaganthu K, Nataraj C. Nonlinear modeling and analysis of a rolling element bearing with clearance[J]. Communications in Nonlinear Science and Numerical Number Simulation, 2011, 16(10): 4134-4145.

[73] 张学宁, 韩勤锴, 褚福磊. 含双频时变滚动轴承刚度的转子-轴承系统响应特征研究[J]. 振动与冲击, 2017, 36(13): 116-121.

第 2 章　航空发动机整机振动耦合动力学模型

为了进行含故障的航空发动机整机振动仿真计算，需要将转子、滚动轴承、支承及机匣作为一个耦合系统进行动力学建模，建立航空发动机整机振动耦合动力学模型。本章首先建立 6 自由度转子梁单元模型、5 自由度球轴承动力学模型，推导在 5 自由度复杂变形下的轴承力和力矩表达式；然后，针对圆柱滚子轴承，利用"切片法"，推导考虑轴承径向变形、圆柱转子凸度、轴承间隙及轴承倾斜引起的角向变形等复杂因素作用下的圆柱滚子轴承的作用力，将复杂的球轴承模型和圆柱滚子轴承模型与 6 自由度的转子和机匣有限元梁模型结合，建立含复杂滚动轴承模型的航空发动机整机振动模型，并利用数值积分方法进行动力学方程求解；最后，介绍根据航空发动机整机振动耦合动力学建模方法开发的航空发动机整机振动分析软件EVDYNA。

2.1　航空发动机转子-支承-机匣整机耦合动力学模型

通常，航空发动机的转子系统通过滚动轴承等支撑结构支承在静子机匣上，而机匣支承在基础上或悬挂在飞机上。为了减少转子系统的振动以及调整发动机临界转速，往往在滚动轴承与轴承座之间加有弹性支承和挤压油膜阻尼器，因此，转子、静子及支承结构之间的运动相互耦合、相互影响，从而在结构和动力学上构成了转子-轴承-机匣耦合系统。建立航空发动机整机振动耦合动力学模型，充分考虑转子、支承及机匣之间的耦合振动，能够深入研究各个部件之间的振动传递路径，对于研究整机固有振动特性及故障激励下的整机振动响应具有重要意义。

目前，在整机振动中重点研究径向振动，因此所建立的梁单元有限元模型，其节点自由度仅为径向水平和垂直以及绕径向水平和绕垂直 4 个自由度[1-4]，这种模型不能分析转子的轴向振动和扭转振动，难以研究故障激励下更为复杂的整机振动现象。因此，有必要建立 6 自由度梁单元有限元整机振动模型[5]。

建立坐标系如图 2-1 所示，其中 $OXYZ$ 为固定坐标系。变形状态下，任意截面

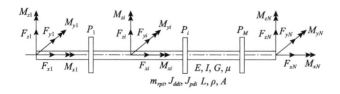 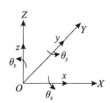

图 2-1　有限元转子动力学模型

相对于固定坐标系的位置按以下方法确定：横截面沿转子轴向 X 向位移 x，沿径向 Y 向位移 y，沿径向 Z 向位移 z，绕 X 向旋转 θ_x，绕 Y 向转角 θ_y，绕 Z 向转角 θ_z。

2.1.1　转子模型

转子考虑为由若干支承和转盘组成的系统，利用有限元方法离散为普通梁单元，考虑转子系统的剪切变形、陀螺力矩及转动惯量。转子与其他转子、机匣及支承之间通过非线性力和力矩耦合。另外，转子节点上还将承受来自外部的激励力。图 2-1 为建立的 6 自由度有限元转子动力学模型。

转子由分布质量、弹性轴和离散的刚性盘组成。设转子有 N 个节点和 M 个盘，如图 2-1 所示：对每个转轴单元，E、I、G、μ、L、ρ、A 分别为转轴单元的弹性模量、截面惯性矩、剪切模量、泊松比、转轴长度、转轴密度、转轴截面积；对于圆盘 P_i，m_{rpi}、J_{ddi}、J_{pdi} 为第 i 个圆盘质量、赤道转动惯量、极转动惯量；F_{xi}、F_{yi}、F_{zi} 为转子第 i 个节点所受力；M_{xi}、M_{yi}、M_{zi} 为转子第 i 个节点所受力矩。

1. 刚性盘单元运动方程

设盘的质量为 m_p，赤道转动惯量为 J_{dd}，极转动惯量为 J_{pd}，ω 为盘的转动角速度。利用拉格朗日方程可得刚性盘相对于固定坐标系的运动方程为

$$(\boldsymbol{M}_{Td} + \boldsymbol{M}_{Rd})\ddot{\boldsymbol{q}}_d - \omega\boldsymbol{G}_d\dot{\boldsymbol{q}}_d = \boldsymbol{Q}_d \tag{2-1}$$

式中，$\boldsymbol{Q}_d$ 为刚性盘广义外力向量；$\boldsymbol{M}_{Td}$ 和 $\boldsymbol{M}_{Rd}$ 分别为刚性盘质量矩阵和质量惯性矩阵；$\boldsymbol{G}_d$ 为刚性盘陀螺矩阵；$\dot{\boldsymbol{q}}_d$ 为刚性盘广义位移向量，$\boldsymbol{q}_d = [x, y, z, \theta_x, \theta_y, \theta_z]$。且有

$$\boldsymbol{M}_{Td} = \begin{bmatrix} m_p & & & & & \\ 0 & m_p & & 对 & & \\ 0 & 0 & m_p & & 称 & \\ 0 & 0 & 0 & 0 & & \\ 0 & 0 & 0 & 0 & 0 & \\ 0 & 0 & 0 & 0 & 0 & 0 \end{bmatrix}, \quad \boldsymbol{M}_{Rd} = \begin{bmatrix} 0 & & & & & \\ 0 & 0 & & 对 & & \\ 0 & 0 & 0 & & 称 & \\ 0 & 0 & 0 & J_{pd} & & \\ 0 & 0 & 0 & 0 & J_{dd} & \\ 0 & 0 & 0 & 0 & 0 & J_{dd} \end{bmatrix}$$

$$\boldsymbol{G}_d = \begin{bmatrix} 0 & & & & & \\ 0 & 0 & & 反 & & \\ 0 & 0 & 0 & & 对 & \\ 0 & 0 & 0 & 0 & & 称 \\ 0 & 0 & 0 & 0 & 0 & \\ 0 & 0 & 0 & 0 & J_{pd} & 0 \end{bmatrix}$$

2. 普通梁单元运动方程

设单元弹性模量为 E，剪切模量为 G，泊松比为 μ，内直径为 d，外直径为 D，长度为 L，则截面惯性矩 $I = \dfrac{\pi}{64}(D^4 - d^4)$，截面极惯性矩 $J = 2I = \dfrac{\pi}{32}(D^4 - d^4)$；剪切变形系数 $\phi_s = \dfrac{12EI}{GA_sL^2}$；横截面面积 $A = \dfrac{\pi}{4}(D^2 - d^2)$；有效抗剪面积

$$A_s = \frac{A}{\dfrac{10}{9}\left(1 + \dfrac{1.6Dd}{D^2 + d^2}\right)} \quad \text{或} \quad A_s = \frac{A}{\dfrac{7 + 6\mu}{6(1 + \mu)}\left[1 + \dfrac{20 + 12\mu}{7 + 6\mu}\left(\dfrac{Dd}{D^2 + d^2}\right)^2\right]}$$

每个梁单元具有两个节点，12 个自由度。每个节点具有 6 个自由度，即 X、Y、Z 方向及绕它们的转角。由拉格朗日方程，可得梁单元相对于固定坐标的运动方程：

$$(\boldsymbol{M}_{Te} + \boldsymbol{M}_{Re})\ddot{\boldsymbol{q}}_e + (-\omega\boldsymbol{G}_e)\dot{\boldsymbol{q}}_e + (\boldsymbol{K}_{Be} - \boldsymbol{K}_{Ae})\boldsymbol{q}_e = \boldsymbol{Q}_e \tag{2-2}$$

式中，$\boldsymbol{Q}_e$ 为梁广义外力向量；$\boldsymbol{M}_{Te}$ 和 $\boldsymbol{M}_{Re}$ 分别为梁质量矩阵和质量惯性矩阵；$\boldsymbol{G}_e$ 为梁陀螺矩阵；$\boldsymbol{K}_{Be}$ 为梁单元弯曲和剪切刚度矩阵；$\boldsymbol{K}_{Ae}$ 为梁单元拉伸刚度矩阵；$\boldsymbol{q}_e$ 为梁广义位移向量，由梁单元两个节点的广义位移组成，即 $\boldsymbol{q}_e = [x_1, y_1, z_1, \theta_{1x},\allowbreak \theta_{1y}, \theta_{1z}, x_2, y_2, z_2, \theta_{2x}, \theta_{2y}, \theta_{2z}]$。且有

$$\boldsymbol{M}_{Te} = \frac{\rho L}{(1 + \phi_s)^2}$$

$$\times \begin{bmatrix}
M_{Z1} & & & & & & & & & & & \\
0 & M_{T1} & & & & & & & & & & \\
0 & 0 & M_{T1} & & & & \text{对} & & & & & \\
0 & 0 & 0 & M_{Z2} & & & & & & & & \\
0 & 0 & -M_{T4} & 0 & M_{T2} & & & \text{称} & & & & \\
0 & M_{T4} & 0 & 0 & 0 & M_{T2} & & & & & & \\
M_{Z3} & 0 & 0 & 0 & 0 & 0 & M_{Z1} & & & & & \\
0 & M_{T3} & 0 & 0 & 0 & M_{T5} & 0 & M_{T1} & & & & \\
0 & 0 & M_{T3} & 0 & -M_{T5} & 0 & 0 & 0 & M_{T1} & & & \\
0 & 0 & 0 & M_{Z4} & 0 & 0 & 0 & 0 & 0 & M_{Z2} & & \\
0 & 0 & M_{T5} & 0 & M_{T6} & 0 & 0 & 0 & M_{T4} & 0 & M_{T2} & \\
0 & -M_{T5} & 0 & 0 & 0 & M_{T6} & 0 & -M_{T4} & 0 & 0 & 0 & M_{T2}
\end{bmatrix}$$

$$\tag{2-3}$$

式中，

$$M_{Z1}=\frac{1}{3}(1+\phi_s)^2,\quad M_{Z2}=\frac{J}{3A}(1+\phi_s)^2,\quad M_{Z3}=\frac{1}{6}(1+\phi_s)^2,\quad M_{Z4}=\frac{J}{6A}(1+\phi_s)^2$$

$$M_{T1}=\frac{13}{35}+\frac{7}{10}\phi_s+\frac{1}{3}\phi_s^2,\quad M_{T2}=\left(\frac{1}{105}+\frac{1}{60}\phi_s+\frac{1}{120}\phi_s^2\right)L^2$$

$$M_{T3}=\frac{9}{70}+\frac{3}{10}\phi_s+\frac{1}{6}\phi_s^2,\quad M_{T4}=\left(\frac{11}{210}+\frac{11}{120}\phi_s+\frac{1}{24}\phi_s^2\right)L$$

$$M_{T5}=\left(\frac{13}{420}+\frac{3}{40}\phi_s+\frac{1}{24}\phi_s^2\right)L,\quad M_{T6}=-\left(\frac{1}{140}+\frac{1}{60}\phi_s+\frac{1}{120}\phi_s^2\right)L^2$$

$$\boldsymbol{M}_{Re}=\frac{\rho L}{(1+\phi_s)^2}\left(\frac{r_\rho}{L}\right)^2$$

$$\times\begin{bmatrix}
0 & & & & & & & & & & & \\
0 & M_{R1} & & & & 对 & & & & & & \\
0 & 0 & M_{R1} & & & & & & & & & \\
0 & 0 & 0 & 0 & & & & & & & & \\
0 & 0 & -M_{R4} & 0 & M_{R2} & & 称 & & & & & \\
0 & M_{R4} & 0 & 0 & 0 & M_{R2} & & & & & & \\
0 & 0 & 0 & 0 & 0 & 0 & 0 & & & & & \\
0 & -M_{R1} & 0 & 0 & 0 & -M_{R4} & 0 & M_{R1} & & & & \\
0 & 0 & -M_{R1} & 0 & M_{R4} & 0 & 0 & 0 & M_{R1} & & & \\
0 & 0 & 0 & 0 & 0 & 0 & 0 & 0 & 0 & 0 & & \\
0 & 0 & -M_{R4} & 0 & M_{R3} & 0 & 0 & 0 & M_{R4} & 0 & M_{R2} & \\
0 & M_{R4} & 0 & 0 & 0 & M_{R3} & 0 & -M_{R4} & 0 & 0 & 0 & M_{R2}
\end{bmatrix}$$

$$(2\text{-}4)$$

式中，

$$M_{R1}=\frac{6}{5},\quad M_{R2}=\left(\frac{2}{15}+\frac{1}{6}\phi_s+\frac{1}{3}\phi_s^2\right)L^2,\quad M_{R3}=\left(-\frac{1}{30}-\frac{1}{6}\phi_s+\frac{1}{6}\phi_s^2\right)L^2$$

$$M_{R4}=\left(\frac{1}{10}-\frac{1}{2}\phi_s\right)L,\quad r_\rho=\sqrt{\frac{I}{A}}$$

$$
\boldsymbol{G}_e = \frac{\rho}{15L}\left(\frac{r_\rho}{1+\phi_s}\right)^2
\begin{bmatrix}
0 & & & & & & & & & & & \\
0 & 0 & & & & & & & & & & \\
0 & G_1 & 0 & & & \text{反} & & & & & & \\
0 & 0 & 0 & 0 & & & & & & & & \\
0 & -G_2 & 0 & 0 & 0 & & \text{对} & & & & & \\
0 & 0 & -G_2 & 0 & G_4 & 0 & & & & & & \\
0 & 0 & 0 & 0 & 0 & 0 & 0 & \text{称} & & & & \\
0 & 0 & G_1 & 0 & -G_2 & 0 & 0 & 0 & & & & \\
0 & -G_1 & 0 & 0 & 0 & -G_2 & 0 & G_1 & 0 & & & \\
0 & 0 & 0 & 0 & 0 & 0 & 0 & 0 & 0 & 0 & & \\
0 & -G_2 & 0 & 0 & 0 & G_3 & 0 & G_2 & 0 & 0 & 0 & \\
0 & 0 & -G_2 & 0 & -G_3 & 0 & 0 & 0 & G_2 & 0 & G_4 & 0
\end{bmatrix}
$$

$$(2\text{-}5)$$

式中，

$$G_1 = 36 ， \quad G_2 = 3L - 15L\phi_s$$

$$G_3 = L^2 + 5L^2\phi_s - 5L^2\phi_s^2 ， \quad G_4 = 4L^2 + 5L^2\phi_s + 10L^2\phi_s^2$$

$$
\boldsymbol{K}_{Be} = \frac{EI}{L^3}
$$

$$
\times
\begin{bmatrix}
K_{Z1} & & & & & & & & & & & \\
0 & K_{B1} & & & & & & & & & & \\
0 & 0 & K_{B1} & & & & \text{对} & & & & & \\
0 & 0 & 0 & K_{Z2} & & & & & & & & \\
0 & 0 & -K_{B4} & 0 & K_{B2} & & & \text{称} & & & & \\
0 & K_{B4} & 0 & 0 & 0 & K_{B2} & & & & & & \\
-K_{Z1} & 0 & 0 & 0 & 0 & 0 & K_{Z1} & & & & & \\
0 & -K_{B1} & 0 & 0 & 0 & -K_{B4} & 0 & K_{B1} & & & & \\
0 & 0 & -K_{B1} & 0 & K_{B4} & 0 & 0 & 0 & K_{B1} & & & \\
0 & 0 & 0 & -K_{Z2} & 0 & 0 & 0 & 0 & 0 & K_{Z2} & & \\
0 & 0 & -K_{B4} & 0 & K_{B3} & 0 & 0 & 0 & K_{B4} & 0 & K_{B2} & \\
0 & K_{B4} & 0 & 0 & 0 & K_{B3} & 0 & -K_{B4} & 0 & 0 & 0 & K_{B2}
\end{bmatrix}
$$

$$(2\text{-}6)$$

式中，

$$K_{Z1} = \frac{AL^2}{I}, \quad K_{Z2} = \frac{GJL^2}{EI}, \quad K_{B1} = \frac{12}{1+\phi_s}$$

$$K_{B2} = \left(\frac{4+\phi_s}{1+\phi_s}\right)L^2, \quad K_{B3} = \left(\frac{2-\phi_s}{1+\phi_s}\right)L^2, \quad K_{B4} = \left(\frac{6}{1+\phi_s}\right)L$$

$$\boldsymbol{K}_{Ae} = \frac{H}{30L(1+\phi_s)^2}$$

$$\times \begin{bmatrix}
0 & & & & & & & & & & & \\
0 & K_{A1} & 0 & & & & & & & & & \\
0 & 0 & K_{A1} & & & 对 & & & & & & \\
0 & 0 & 0 & 0 & & & & & & & & \\
0 & 0 & -K_{A4} & 0 & K_{A2} & & & & & & & \\
0 & K_{A4} & 0 & 0 & 0 & K_{A2} & & 称 & & & & \\
0 & 0 & 0 & 0 & 0 & 0 & 0 & & & & & \\
0 & -K_{A1} & 0 & 0 & 0 & -K_{A4} & 0 & K_{A1} & & & & \\
0 & 0 & -K_{A1} & 0 & K_{A4} & 0 & 0 & 0 & K_{A1} & & & \\
0 & 0 & 0 & 0 & 0 & 0 & 0 & 0 & 0 & 0 & & \\
0 & 0 & -K_{A4} & 0 & K_{A3} & 0 & 0 & 0 & K_{A4} & 0 & K_{A2} & \\
0 & K_{A4} & 0 & 0 & 0 & K_{A3} & 0 & -K_{A4} & 0 & 0 & 0 & K_{A2}
\end{bmatrix}$$

$$(2\text{-}7)$$

式中，

$$K_{A1} = 36 + 60\phi_s + 30{\phi_s}^2, \quad K_{A2} = 4L^2 + 5L^2\phi_s + 2.5L^2\phi_s$$

$$K_{A3} = -\left(L^2 + 5L^2\phi_s + 2.5L^2\phi_s\right), \quad K_{A4} = 3L$$

3. 转子系统运动方程

将单元的运动方程进行组装，可得到转子系统运动方程，即

$$\boldsymbol{M}_s\ddot{\boldsymbol{q}}_s + (\boldsymbol{C}_s - \omega\boldsymbol{G}_s)\dot{\boldsymbol{q}}_s + \boldsymbol{K}_s\boldsymbol{q}_s = \boldsymbol{Q}_s \qquad (2\text{-}8)$$

式中，$\boldsymbol{q}_s$、$\dot{\boldsymbol{q}}_s$、$\ddot{\boldsymbol{q}}_s$ 为转子广义位移、速度和加速度向量；$\boldsymbol{Q}_s$ 为转子系统广义外力向量；$\boldsymbol{M}_s$ 为转子系统质量矩阵；$\boldsymbol{G}_s$ 为转子系统陀螺矩阵；$\boldsymbol{K}_s$ 为转子系统刚度矩阵；$\boldsymbol{C}_s$ 为转子系统阻尼矩阵，将 $\boldsymbol{C}_s$ 假设为比例阻尼，即 $\boldsymbol{C}_s = \alpha_0\boldsymbol{M}_s + \alpha_1\boldsymbol{K}_s$，其中，$\alpha_0$、$\alpha_1$ 为常数，可由模态试验得到。

2.1.2　机匣模型

对于机匣，可以采用三种不同的有限元建模方法：梁单元、锥壳单元或曲面

壳单元。虽然机匣是一种壳体结构，其振动模态呈多种形式，包括具有周向波数为0,1,2,…的模态，但是当其与转子耦合时，只能是周向波数为1，与转子耦合节点上产生弯矩，并与转子发生弯曲耦合。至于其他周向波数的振动模态，与转子耦合节点上产生的力矩是自平衡的，与转子弯曲没有耦合。因此，在转子动力学分析中，通常考虑机匣周向波数为1的振动模态。此时，机匣横截面不变形，仍然为圆形，而其轴向呈弯曲模态。据此，目前通用的处理方法是将机匣按梁单元方式处理，相当于按不旋转的轴(梁单元结构)处理，也需考虑剪切效应和转动惯量。

因此，不失一般性，本书将机匣处理为不旋转的梁，与转子模型的处理方法相同，用有限元方法可以得到机匣的运动微分方程，即

$$M_c\ddot{q}_c + C_c\dot{q}_c + K_cq_c = Q_c \tag{2-9}$$

式中，Q_c 为机匣系统广义外力向量；M_c 为机匣系统质量矩阵；K_c 为机匣系统刚度矩阵；C_c 为机匣系统阻尼矩阵，同样将 C_c 假设为比例阻尼。

2.1.3 离散支承模型

为了对实际航空发动机的多转子、多机匣进行耦合系统建模，需要全面考虑转子、机匣间的连接和支承关系。为此，本书定义了多种支承连接关系，即转子-机匣间的非线性支承连接、转子-基础间的非线性支承连接、转子-转子间的中介轴承非线性支承连接、转子-转子间的线性支承连接、机匣-机匣间的线性支承连接、机匣-基础间(安装节)的线性支承连接。综合运用这些支承和连接方式可以对任意多转子、多机匣复杂结构形式的航空发动机进行整机建模。

1. 转子-机匣间的非线性支承连接

每个转子与机匣间的支承 $RC_i(i=1,2,\cdots,N)$ 包括滚动轴承、挤压油膜阻尼器、轴承座等部件，如图 2-2 所示。其中，m_{wi} 为滚动轴承外圈质量；m_{bi} 为轴承座质量；k_{ti}、c_{ti} 分别为轴承外圈与轴承座之间的弹性支承刚度系数和阻尼系数，如果存在挤压油膜阻尼器，则该阻尼为非线性阻尼；k_{fi}、c_{fi} 分别为机匣与轴承座之间的支承刚度和阻尼；F_{xRi}、F_{yRi} 和 F_{zRi} 为转子作用于支承的力；F_{xCi}、F_{yCi} 和 F_{zCi} 为机匣作用于支承的力。设第 i 个支承 RC_i 与转子的第 m 个节点和机匣的第 n 个节点相连。

本章设定轴承外圈固定在轴承座上，内圈固定在转轴上，不考虑支承的转动自由度，仅考虑其轴向和径向的振动自由度。设转子第 m 个节点的轴向和径向

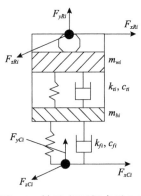

图 2-2 转子-机匣间支承 RC_i

位移分别为 x_{Rm}、y_{Rm} 和 z_{Rm}，令 $x = x_{Rm} - x_{wi}$，$y = y_{Rm} - y_{wi}$，$z = z_{Rm} - z_{wi}$，可以建立滚动轴承动力学模型，计算得到转子作用于第 i 个支承的轴承力，关于滚动轴承轴承力模型将在后面进行专门推导和分析。因此，滚动轴承外圈的运动微分方程为

$$\begin{cases} m_{wi}\ddot{x}_{wi} + k_{ti}(x_{wi} - x_{bi}) + F_{dxi} = F_{xRi} \\ m_{wi}\ddot{y}_{wi} + k_{ti}(y_{wi} - y_{bi}) + F_{dyi} = F_{yRi} - m_{wi}g, \quad i = 1, 2, \cdots, N \\ m_{wi}\ddot{z}_{wi} + k_{ti}(z_{wi} - z_{bi}) + F_{dzi} = F_{zRi} \end{cases} \tag{2-10}$$

式中，F_{dxi}、F_{dyi} 和 F_{dzi} 为阻尼力，如果考虑为黏性阻尼，则

$$\begin{cases} F_{dxi} = c_{ti}(\dot{x}_{wi} - \dot{x}_{bi}) \\ F_{dyi} = c_{ti}(\dot{y}_{wi} - \dot{y}_{bi}) \\ F_{dzi} = c_{ti}(\dot{z}_{wi} - \dot{z}_{bi}) \end{cases} \tag{2-11}$$

如果存在挤压油膜阻尼器(图 2-3)，则需要考虑为非线性油膜力。

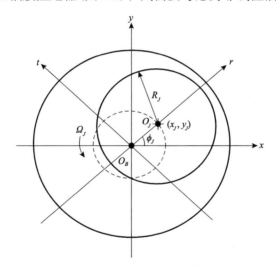

图 2-3 挤压油膜阻尼器模型

设 L_J 为轴颈长度，R_J 为轴颈半径，c 为油膜半径间隙，μ_L 为润滑油黏度，O_B 为轴承中心，O_J 为轴颈中心，e 为轴颈偏心距，ε 为偏心率，ϕ_J 为轴颈进动角。在短轴承假设下，半油膜无端封情况下的油膜力为

$$\begin{cases} F_r = \dfrac{\mu_L R_J L_J^3}{c^2}\left[\dfrac{2\Omega_J \varepsilon^2}{(1-\varepsilon^2)^2} + \dfrac{\pi}{2}\dfrac{\dot{\varepsilon}(1+2\varepsilon^2)}{(1-\varepsilon^2)^{5/2}}\right] \\ F_t = \dfrac{\mu_L R_J L_J^3}{c^2}\left[\dfrac{\pi\Omega_J \varepsilon}{2(1-\varepsilon^2)^{3/2}} + \dfrac{2\varepsilon\dot{\varepsilon}}{(1-\varepsilon^2)^2}\right] \end{cases} \tag{2-12}$$

式中，$\varepsilon = \dfrac{e}{c} = \dfrac{\sqrt{x_J^2 + y_J^2}}{c}$，$\dot{\varepsilon} = \dfrac{\dot{e}}{c} = \dfrac{x_J \dot{x}_J + y_J \dot{y}_J}{c\sqrt{x_J^2 + y_J^2}}$。因 $\phi_J = \arctan\left(\dfrac{y_J}{x_J}\right)$，$\varOmega_J = \dot{\phi}_J = \dfrac{x_J \dot{y}_J - y_J \dot{x}_J}{x_J^2 + y_J^2}$。

所以，在 xy 固定坐标系下的油膜力为

$$\begin{cases} F_x = F_r\cos\phi_J - F_t\sin\phi_J \\ F_y = F_t\cos\phi_J + F_r\sin\phi_J \end{cases} \tag{2-13}$$

当 $x_J = x_{wi} - x_{bi}$，$y_J = y_{wi} - y_{bi}$ 时，$\dot{x}_J = \dot{x}_{wi} - \dot{x}_{bi}$，$\dot{y}_J = \dot{y}_{wi} - \dot{y}_{bi}$，则 $F_{dxi} = F_x$，$F_{dyi} = F_y$。

又设机匣第 n 个节点位移为 x_{cn}、y_{cn} 和 z_{cn}，支承 RC_i 轴承座的位移为 x_{bi}、y_{bi} 和 z_{bi}，则机匣作用于支承 RC_i 的力为

$$\begin{cases} F_{xCi} = k_{fi}(x_{cn} - x_{bi}) + c_{fi}(\dot{x}_{cn} - \dot{x}_{bi}) \\ F_{yCi} = k_{fi}(y_{cn} - y_{bi}) + c_{fi}(\dot{y}_{cn} - \dot{y}_{bi}), \quad i = 1, 2, \cdots, N \\ F_{zCi} = k_{fi}(z_{cn} - z_{bi}) + c_{fi}(\dot{z}_{cn} - \dot{z}_{bi}) \end{cases} \tag{2-14}$$

因此，支承 RC_i 轴承座的运动微分方程为

$$\begin{cases} m_{bi}\ddot{x}_{bi} + k_{ti}(x_{bi} - x_{wi}) - F_{dxi} = F_{xCi} \\ m_{bi}\ddot{y}_{bi} + k_{ti}(y_{bi} - y_{wi}) - F_{dyi} = F_{yCi} - m_{bi}g, \quad i = 1, 2, \cdots, N \\ m_{bi}\ddot{z}_{bi} + k_{ti}(z_{bi} - z_{wi}) - F_{dzi} = F_{zCi} \end{cases} \tag{2-15}$$

2. 转子-基础间的非线性支承连接

每个转子与基础间的支承 $\mathrm{RB}_i(i=1,2,\cdots,N)$ 包括滚动轴承、挤压油膜阻尼器、轴承座等部件，如图 2-4 所示。其中，m_{wi} 为滚动轴承外圈质量；m_{bi} 为轴承座质量；k_{ti}、c_{ti} 分别为轴承外圈与轴承座之间的弹性支承刚度系数和阻尼系数，如果存在挤压油膜阻尼器，则该阻尼为非线性阻尼；k_{fi}、c_{fi} 分别为基础与轴承座之间的支承刚度和阻尼；F_{xRi}、F_{yRi} 和 F_{zRi} 为转子作用于支承的力；F_{xBi}、F_{yBi} 和 F_{zBi} 为基础作用于支承的力。设第 i 个支承 RB_i 与转子的第 m 个节点和基础相连。

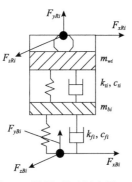

图 2-4　转子-基础间支承 RB_i

滚动轴承外圈的运动微分方程与式(2-10)相同。

又设支承 RB_i 轴承座的位移为 x_{bi}、y_{bi} 和 z_{bi}，则基础作用于支承 RB_i 的力为

$$\begin{cases} F_{xBi} = k_{fi}(x_{bi}) + c_{fi}(\dot{x}_{bi}) \\ F_{yBi} = k_{fi}(y_{bi}) + c_{fi}(\dot{y}_{bi}), \quad i=1,2,\cdots,N \\ F_{zBi} = k_{fi}(z_{bi}) + c_{fi}(\dot{z}_{bi}) \end{cases} \tag{2-16}$$

因此，支承 RB_i 轴承座的运动微分方程为

$$\begin{cases} m_{bi}\ddot{x}_{bi} + k_{ti}(x_{bi} - x_{wi}) - F_{dxi} = F_{xBi} \\ m_{bi}\ddot{y}_{bi} + k_{ti}(y_{bi} - y_{wi}) - F_{dyi} = F_{yBi} - m_{bi}g, \quad i=1,2,\cdots,N \\ m_{bi}\ddot{z}_{bi} + k_{ti}(z_{bi} - z_{wi}) - F_{dzi} = F_{zBi} \end{cases} \tag{2-17}$$

3. 转子-转子间的中介轴承非线性支承连接

每个转子与转子间的中介轴承支承 RRM_i $(i=1,2,\cdots,N)$ 包括滚动轴承、轴承座
等部件，如图 2-5 所示。其中，m_{wi} 为滚动轴承外圈质
量；m_{bi} 为轴承座质量；k_{ti}、c_{ti} 分别为轴承外圈与轴承
座之间的弹性支承刚度和阻尼系数；k_{fi}、c_{fi} 分别为
外转子与轴承座之间的支承刚度和阻尼；F_{xRIi}、F_{yRIi}
和 F_{zRIi} 分别为内转子作用于支承的力；F_{xROi}、F_{yROi} 和
F_{zROi} 分别为外转子作用于支承的力。设第 i 个支承
RRM_i 与内转子第 m 个节点和外转子第 n 个节点相连。

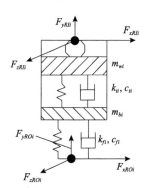

图 2-5　转子-转子间中介
轴承支承 RRM_i

设内转子第 m 个节点支承在第 i 个支承的滚动轴
承上，轴承座的位移为 x_{bi}、y_{bi} 和 z_{bi}；轴承外圈的位
移为 x_{wi}、y_{wi} 和 z_{wi}。关于滚动轴承轴承力模型在后面
将进行专门推导和分析。因此，滚动轴承外圈的运动
微分方程为

$$\begin{cases} m_{wi}\ddot{x}_{wi} + k_{ti}(x_{wi} - x_{bi}) + c_{ti}(\dot{x}_{wi} - \dot{x}_{bi}) = F_{xRIi} \\ m_{wi}\ddot{y}_{wi} + k_{ti}(y_{wi} - y_{bi}) + c_{ti}(\dot{y}_{wi} - \dot{y}_{bi}) = F_{yRIi} - m_{wi}g, \quad i=1,2,\cdots,N \\ m_{wi}\ddot{z}_{wi} + k_{ti}(z_{wi} - z_{bi}) + c_{ti}(\dot{z}_{wi} - \dot{z}_{bi}) = F_{zRIi} \end{cases} \tag{2-18}$$

又设外转子第 n 个节点支承在第 i 个支承上，其位移为 x_{ROn}、y_{ROn} 和 z_{ROn}，
则外转子作用于支承 RRM_i 的力为

$$
\begin{cases}
F_{xROi} = k_{fi}(x_{ROn} - x_{bi}) + c_{fi}(\dot{x}_{ROn} - \dot{x}_{bi}) \\
F_{yROi} = k_{fi}(y_{ROn} - y_{bi}) + c_{fi}(\dot{y}_{ROn} - \dot{y}_{bi}), \quad i = 1, 2, \cdots, N \\
F_{zROi} = k_{fi}(z_{ROn} - z_{bi}) + c_{fi}(\dot{z}_{ROn} - \dot{z}_{bi})
\end{cases}
\tag{2-19}
$$

因此，支承 RRM_i 轴承座的运动微分方程为

$$
\begin{cases}
m_{bi}\ddot{x}_{bi} + k_{ti}(x_{bi} - x_{wi}) + c_{ti}(\dot{x}_{bi} - \dot{x}_{wi}) = F_{xROi} \\
m_{bi}\ddot{y}_{bi} + k_{ti}(y_{bi} - y_{wi}) + c_{ti}(\dot{y}_{bi} - \dot{y}_{wi}) = F_{yROi} \quad , \quad i = 1, 2, \cdots, N \\
m_{bi}\ddot{z}_{bi} + k_{ti}(z_{bi} - z_{wi}) + c_{ti}(\dot{z}_{bi} - \dot{z}_{wi}) = F_{zROi} - m_{bi}g
\end{cases}
\tag{2-20}
$$

4. 转子-转子间的线性支承连接

对于转子间的线性支承连接 $RRC_k(k=1,2,\cdots,N)$，设转子 1 第 i 个节点与转子 2 第 j 个节点用线性弹簧相连，其连接的径向刚度为 k_{Rr}，角向刚度为 $k_{R\alpha}$，径向阻尼为 c_{Rr}，角向阻尼为 $c_{R\alpha}$。设转子 1 第 i 个节点的位移为 x_{R1i}、y_{R1i}、z_{R1i}、θ_{R1xi}、θ_{R1yi}、θ_{R1zi}，速度为 $\dot{x}_{R1i}$、$\dot{y}_{R1i}$、$\dot{z}_{R1i}$、$\dot{\theta}_{R1xi}$、$\dot{\theta}_{R1yi}$、$\dot{\theta}_{R1zi}$；转子 2 第 j 个节点的位移为 x_{R2j}、y_{R2j}、z_{R2j}、θ_{R2xj}、θ_{R2yj}、θ_{R2zj}，速度为 $\dot{x}_{R2j}$、$\dot{y}_{R2j}$、$\dot{z}_{R2j}$、$\dot{\theta}_{R2xj}$、$\dot{\theta}_{R2yj}$、$\dot{\theta}_{R2zj}$。则作用在转子 1 节点 i 上的力和力矩 F_{R1xi}、F_{R1yi}、F_{R1zi}、M_{R1xi}、M_{R1yi}、M_{R1zi}，以及作用在转子 2 节点 j 上的力和力矩 F_{R2xj}、F_{R2yj}、F_{R2zj}、M_{R2xj}、M_{R2yj}、M_{R2zj} 为

$$
\begin{cases}
F_{R1xi} = k_{Rr}(x_{R2j} - x_{R1i}) + c_{Rr}(\dot{x}_{R2j} - \dot{x}_{R1i}) \\
F_{R1yi} = k_{Rr}(y_{R2j} - y_{R1i}) + c_{Rr}(\dot{y}_{R2j} - \dot{y}_{R1i}) \\
F_{R1zi} = k_{Rr}(z_{R2j} - z_{R1i}) + c_{Rr}(\dot{z}_{R2j} - \dot{z}_{R1i}) \\
M_{R1xi} = k_{R\alpha}(\theta_{R2xj} - \theta_{R1xi}) + c_{R\alpha}(\dot{\theta}_{R2xj} - \dot{\theta}_{R1xi}) \\
M_{R1yi} = k_{R\alpha}(\theta_{R2yj} - \theta_{R1yi}) + c_{R\alpha}(\dot{\theta}_{R2yj} - \dot{\theta}_{R1yi}) \\
M_{R1zi} = k_{R\alpha}(\theta_{R2zj} - \theta_{R1zi}) + c_{R\alpha}(\dot{\theta}_{R2zj} - \dot{\theta}_{R1zi})
\end{cases}
\tag{2-21}
$$

$$
\begin{cases}
F_{R2xj} = -F_{R1xi} \\
F_{R2yj} = -F_{R1yi} \\
F_{R2zj} = -F_{R1zi} \\
M_{R2xj} = -M_{R1xi} \\
M_{R2yj} = -M_{R1yi} \\
M_{R2zj} = -M_{R1zi}
\end{cases}
\tag{2-22}
$$

5. 机匣-机匣间的线性支承连接

对于机匣间的线性连接 $CC_k(k=1,2,\cdots,N)$，设机匣 1 第 i 个节点与机匣 2 第 j 个节点用螺栓相连，螺栓的径向刚度为 k_{cr}，角向刚度为 $k_{c\alpha}$，径向阻尼为 c_{cr}，角向阻尼为 $c_{c\alpha}$。设机匣 1 第 i 个节点的位移为 x_{c1i}、y_{c1i}、z_{c1i}、φ_{c1i}、ψ_{c1i}、θ_{c1i}，速度为 $\dot{x}_{c1i}$、$\dot{y}_{c1i}$、$\dot{z}_{c1i}$、$\dot{\varphi}_{c1i}$、$\dot{\psi}_{c1i}$、$\dot{\theta}_{c1i}$；机匣 2 第 j 个节点的位移为 x_{c2j}、y_{c2j}、z_{c2j}、φ_{c2j}、ψ_{c2j}、θ_{c2j}，速度为 $\dot{x}_{c2j}$、$\dot{y}_{c2j}$、$\dot{z}_{c2j}$、$\dot{\varphi}_{c2j}$、$\dot{\psi}_{c2j}$、$\dot{\theta}_{c2j}$。则作用在机匣 1 节点 i 上的力和力矩 F_{c1xi}、F_{c1yi}、F_{c1zi}、M_{c1xi}、M_{c1yi}、M_{c1zi}，以及作用在机匣 2 节点 j 上的力和力矩 F_{c2xj}、F_{c2yj}、F_{c2zj}、M_{c2xj}、M_{c2yj}、M_{c2zj} 为

$$\begin{cases} F_{c1xi} = k_{cr}(x_{c2j} - x_{c1i}) + c_{cr}(\dot{x}_{c2j} - \dot{x}_{c1i}) \\ F_{c1yi} = k_{cr}(y_{c2j} - y_{c1i}) + c_{cr}(\dot{y}_{c2j} - \dot{y}_{c1i}) \\ F_{c1zi} = k_{cr}(z_{c2j} - z_{c1i}) + c_{cr}(\dot{z}_{c2j} - \dot{z}_{c1i}) \\ M_{c1xi} = k_{c\alpha}(\varphi_{c2j} - \varphi_{c1i}) + c_{c\alpha}(\dot{\varphi}_{c2j} - \dot{\varphi}_{c1i}) \\ M_{c1yi} = k_{c\alpha}(\psi_{c2j} - \psi_{c1i}) + c_{c\alpha}(\dot{\psi}_{c2j} - \dot{\psi}_{c1i}) \\ M_{c1zi} = k_{c\alpha}(\theta_{c2j} - \theta_{c1i}) + c_{c\alpha}(\dot{\theta}_{c2j} - \dot{\theta}_{c1i}) \end{cases} \tag{2-23}$$

$$\begin{cases} F_{c2xj} = -F_{c1xi} \\ F_{c2yj} = -F_{c1yi} \\ F_{c2zj} = -F_{c1zi} \\ M_{c2xj} = -M_{c1xi} \\ M_{c2yj} = -M_{c1yi} \\ M_{c2zj} = -M_{c1zi} \end{cases} \tag{2-24}$$

6. 机匣-基础间(安装节)的线性支承连接

对于机匣与基础间(安装节)的线性支承 $CB_k(k=1,2,\cdots,N)$，设机匣第 i 个节点与基础用弹性支承相连，支承的连接径向刚度为 k_{cx}、k_{cy}、k_{cz}，角向刚度为 $k_{\alpha x}$、$k_{\alpha y}$、$k_{\alpha z}$，径向阻尼为 c_{cx}、c_{cy}、c_{cz}，角向阻尼为 $c_{\alpha x}$、$c_{\alpha y}$、$c_{\alpha z}$。设机匣第 i 个节点的位移为 x_{ci}、y_{ci}、z_{ci}、φ_{ci}、ψ_{ci}、θ_{ci}，速度为 $\dot{x}_{ci}$、$\dot{y}_{ci}$、$\dot{z}_{ci}$、$\dot{\varphi}_{ci}$、$\dot{\psi}_{ci}$、$\dot{\theta}_{ci}$。则作用在机匣节点 i 上的力和力矩分别为

$$\begin{cases} F_{cxi} = -k_{cx}x_{ci} - c_{cx}\dot{x}_{ci} \\ F_{cyi} = -k_{cy}y_{ci} - c_{cy}\dot{y}_{ci} \\ F_{czi} = -k_{cz}z_{ci} - c_{cz}\dot{z}_{ci} \\ M_{cxi} = -k_{\alpha x}\varphi_{ci} - c_{\alpha x}\dot{\varphi}_{ci} \\ M_{cyi} = -k_{\alpha y}\psi_{ci} - c_{\alpha y}\dot{\psi}_{ci} \\ M_{czi} = -k_{\alpha z}\theta_{ci} - c_{\alpha z}\dot{\theta}_{ci} \end{cases} \tag{2-25}$$

2.1.4 多自由度复杂滚动轴承模型

航空发动机支承系统的结构设计往往采用滚珠轴承和圆柱滚子轴承相结合的方式,用角接触球轴承承受轴向和径向载荷、用圆柱滚子轴承承受径向载荷和容许的轴向变形,因此在航空发动机整机振动建模和分析中,建立详细的滚动轴承动力学模型,对于分析滚动轴承对整机振动的影响规律具有重要意义。

为了更加详细地分析航空发动机整机振动动力学特征,需要进一步建立详细的复杂滚动轴承模型,区分滚珠轴承和圆柱滚子轴承的建模方法,同时将滚动轴承动力学模型与转子和机匣有限元模型进行耦合,建立详细的转子-滚动轴承-机匣耦合动力学模型。为此,引入了详细的滚珠轴承和圆柱滚子轴承动力学模型,推导复杂的轴承力表达式,将该轴承力的激励模型引入到离散支承模型中,即可进行考虑复杂滚动轴承模型的航空发动机整机振动仿真分析。

1.5 自由度球轴承模型

5 自由度球轴承模型包括 X、Y、Z 方向平动及绕 X 和 Y 方向转动的 5 个自由度,是最完善和复杂的模型。设滚珠与内外圈接触满足赫兹接触应力理论。这样,第 j 个滚珠对轴承内圈沿法线方向的接触力 Q_j 与其法向变形 δ_j 之间的关系为

$$Q_j = k_n\delta_j^n \tag{2-26}$$

式中, k_n 为滚珠与内外圈之间的总载荷-变形系数; n 为接触指数,对于滚珠轴承可以设为 $n = 1.5$。由此可见,要求出第 j 个轴承的轴承力,需要分别求出总载荷-变形系数 k_n 和法向变形 δ_j。下面分别推导其求解方法。

1)总载荷-变形系数 k_n 的计算

滚珠与内外圈之间的总载荷-变形系数 k_n,是由内圈和外圈的载荷-变形系数 k_i、k_o 综合求得,即

$$k_n = \left[\frac{1}{(1/k_i)^n + (1/k_o)^n} \right]^n \tag{2-27}$$

式中，

$$k_i = \left[\frac{32}{9(\delta_i^*)^3 \eta^2 \overline{\rho}_i} \right]^{\frac{1}{2}}, \quad k_o = \left[\frac{32}{9(\delta_o^*)^3 \eta^2 \overline{\rho}_o} \right]^{\frac{1}{2}} \tag{2-28}$$

η 为综合弹性常数，表达式为

$$\eta = \frac{1 - \mu_i^2}{E_i} + \frac{1 - \mu_o^2}{E_o} \tag{2-29}$$

式中，μ_i、E_i 分别为内圈的泊松比和弹性模量；μ_o、E_o 分别为外圈的泊松比和弹性模量；δ_i^*、δ_o^* 分别是滚珠与内滚道和外滚道的相对趋近量常数，是与相对曲率 $F(\rho)$ 相关的系数，$F(\rho)_i$ 和 $F(\rho)_o$ 的计算公式分别如式(2-30)和式(2-31)所示：

$$F(\rho)_i = \frac{\dfrac{2\gamma}{1-\gamma} + \dfrac{1}{f_i}}{4 + \dfrac{2\gamma}{1-\gamma} - \dfrac{1}{f_i}} \tag{2-30}$$

$$F(\rho)_o = \frac{-\dfrac{2\gamma}{1+\gamma} + \dfrac{1}{f_o}}{4 - \dfrac{2\gamma}{1+\gamma} - \dfrac{1}{f_o}} \tag{2-31}$$

式中，f_o 为外圈沟曲率半径系数，取值为 0.515~0.525；f_i 为内圈沟曲率半径系数，取值为 0.515~0.525。

滚珠与内、外圈接触的曲率 $\overline{\rho}_i$ 和 $\overline{\rho}_o$ 分别是

$$\overline{\rho}_i = \frac{1}{D} \times \left(4 + \frac{2\gamma}{1-\gamma} - \frac{1}{f_i} \right) \tag{2-32}$$

$$\overline{\rho}_o = \frac{1}{D} \times \left(4 - \frac{2\gamma}{1+\gamma} - \frac{1}{f_o} \right) \tag{2-33}$$

式中，$\gamma = \dfrac{D\cos\alpha_0}{d_m}$，$D$ 为滚珠直径，d_m 为节圆直径，α_0 为初始接触角。

2)滚珠轴承法向变形 δ_j 的计算

建立固定坐标系 $OXYZ$，其坐标原点 O 为固定点，位于滚动轴承外圈中心点处，X 为轴向坐标，Y、Z 为径向坐标。作用在滚动轴承上的外载荷和相应的滚动

轴承弹性变形分别为 $\boldsymbol{F} = [F_x, F_y, F_z, M_y, M_z]$、$\boldsymbol{q} = [\delta_x, \delta_y, \delta_z, \varphi_y, \varphi_z]$。

对于任意第 j 个滚珠，正常状态下它与内外圈的接触示意图如图 2-6 所示。

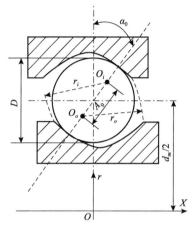

图 2-6　正常状态下滚珠与内外圈接触
　　　　示意图

滚珠在径向的弹性变形量。

设置固定坐标系 OXr，其中 OX 为轴向，Or 为径向。α_0 为滚转与内外圈间的初始接触角，O_i 和 O_o 分别为受载前内圈沟曲率的中心位置和外圈沟曲率的中心位置，O_i 和 O_o 之间的初始距离为 A_0。

轴承产生变形后的滚珠与内外圈的变形示意图如图 2-7 所示。其中，α_0 为初始接触角，α_j 为受载后的接触角，O_i' 为受载后内圈沟曲率的中心位置。因外圈固定，受载后外圈沟曲率的中心位置仍在 O_o 处，A_j 为 O_i' 和 O_o 之间的距离，δ_j 为第 j 个滚珠在接触法向上的总接触变形量，δ_{xj} 为滚珠在轴向的弹性变形量，δ_{rj} 为

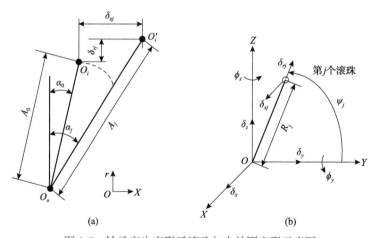

(a)　　　　　　　　　　　　(b)

图 2-7　轴承产生变形后滚珠与内外圈变形示意图

第 j 个滚珠的法向变形为

$$\delta_j = \begin{cases} A_j - A_0, & \delta_j > 0 \\ 0, & \delta_j \leqslant 0 \end{cases} \tag{2-34}$$

式中，$A_0 = (f_o + f_i - 1)D$，为受载前内外圈沟曲率中心位置之间的初始距离。

初始接触角由径向游隙滚珠球与滚道的吻合度共同决定, 设径向游隙为 P_d, 则初始接触角为

$$\alpha_0 = \arccos\left(1 - \frac{P_d}{2A_0}\right) \qquad (2\text{-}35)$$

受载后的距离为

$$A_j = \sqrt{(A_0 \sin\alpha_0 + \delta_{xj})^2 + (A_0 \cos\alpha_0 + \delta_{rj})^2} \qquad (2\text{-}36)$$

式中,

$$\begin{cases} \delta_{xj} = \delta_x + R_j(\phi_y \sin\psi_j - \phi_z \cos\psi_j) \\ \delta_{rj} = \delta_y \cos\psi_j + \delta_z \sin\psi_j \end{cases} \qquad (2\text{-}37)$$

其中, R_j 为内滚道沟曲率中心轨迹半径, 即

$$R_j = \frac{d_m}{2} + \left(f_i D - \frac{D}{2}\right)\cos\alpha_0 \qquad (2\text{-}38)$$

ψ_j 为第 j 个轴承位置角。设滚珠数为 m, 内圈的旋转速度为 ω_i, 外圈的旋转速度为 ω_o, 外滚道半径为 $R_o = d_m/2 + (D/2)\cos\alpha_0$, 内滚道半径为 $R_i = d_m/2 - (D/2)\cos\alpha_0$, 保持架旋转速度为

$$\omega_c = (\omega_o R_o + \omega_i R_i)/(R_o + R_i) \qquad (2\text{-}39)$$

因此, t 时刻第 j 个轴承位置角 ψ_j 为

$$\psi_j = \omega_c t + 2\pi(j-1)/m, \quad j = 1,2,\cdots,m \qquad (2\text{-}40)$$

α_j 为受载后实际的接触角, 满足

$$\tan\alpha_j = \frac{A_0 \sin\alpha_0 + \delta_{xj}}{A_0 \cos\alpha_0 + \delta_{rj}} \qquad (2\text{-}41)$$

3) 滚珠轴承力的计算

第 j 个滚珠的弹性接触力 Q_j 可由式 (2-26) 得出, 按 5 个自由度方向进行分解, 即可得到作用在滚动轴承上的外载荷 $\boldsymbol{F} = [F_x, F_y, F_z, M_y, M_z]$, 有

$$F_{xj} = Q_j \sin\alpha_j \qquad (2\text{-}42)$$

$$F_{yj} = Q_j \cos\alpha_j \cos\psi_j \tag{2-43}$$

$$F_{zj} = Q_j \cos\alpha_j \sin\psi_j \tag{2-44}$$

$$M_{xj} = 0 \tag{2-45}$$

$$M_{yj} = R_j Q_j \sin\alpha_j \sin\psi_j \tag{2-46}$$

$$M_{zj} = -R_j Q_j \sin\alpha_j \cos\psi_j \tag{2-47}$$

则 5 自由度下的轴承力和力矩分别为

$$F_x = \sum_{j=1}^m F_{xj} , \quad F_y = \sum_{j=1}^m F_{yj} , \quad F_z = \sum_{j=1}^m F_{zj} , \quad M_y = \sum_{j=1}^m M_{yj} , \quad M_z = \sum_{j=1}^m M_{zj}$$

2. 圆柱滚子轴承力模型

本章采用切片法进行圆柱滚子轴承的变形分析,即假设任何滚子-滚道接触在平行于轴承径向平面内都可以划分为一定数量的"切片"。同时还假定,由于接触变形很小,可以忽略切片间的切应力,仅仅考虑接触变形。设滚子轴承的游隙为 S_d,滚子数目为 B,切片数目为 K,切片宽度 $w = l / K$。

建立与图 2-6 相同的固定坐标系 OXr、与图 2-7(b) 相同的固定坐标系 $OXYZ$,第 j 个转子的位置定义如图 2-7(b) 所示,t 时刻第 j 个轴承位置角 ψ_j 仍按式 (2-40) 计算,需要注意的是,对于圆柱滚子轴承,其接触角为 0。

当径向载荷作用在不同轴的圆柱滚子轴承上时,在凸度滚子-滚道接触的每个切片上,其变形由三个分量组成:①径向载荷在方位为 j 的滚子处产生的变形 Δ_{rj};②由滚子凸度在第 λ 个切片上产生的变形 c_λ;③由轴承不同轴和滚子倾斜在方位为 j 的滚子处产生的变形 $\Delta_{\theta j}$。图 2-8 为轴承倾斜示意图。图 2-9 为滚子-滚道接触分量示意图。

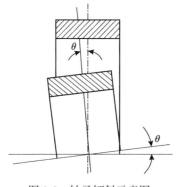

图 2-8　轴承倾斜示意图

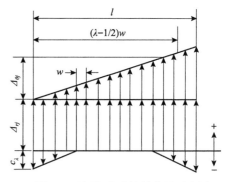

图 2-9　滚子-滚道接触分量示意图

1）由内外圈径向位移引起的变形

设 y、z 方向的相对径向位移分别为 Δy、Δz，则由 Δy、Δz 引起的第 j 个滚子的径向变形如下。

（1）Δy 引起的径向变形：

$$\Delta_{ryj} = \frac{1}{2}\Delta y \cos\psi_j \tag{2-48}$$

（2）Δz 引起的径向变形：

$$\Delta_{rzj} = \frac{1}{2}\Delta z \sin\psi_j \tag{2-49}$$

2）由内外圈相对倾斜产生的径向变形

设绕 y、绕 z 方向的相对径向转角分别为 θ_y、θ_z，则由 θ_y、θ_z 引起的第 j 个滚子的径向变形如下。

（1）θ_y 引起的径向变形：

$$\Delta_{\theta\lambda yj} = \frac{1}{2}\theta_y\left(\lambda - \frac{1}{2}\right)w\cos\psi_j \tag{2-50}$$

式中，下角 λ 表示切片序号。

（2）θ_z 引起的径向变形：

$$\Delta_{\theta\lambda zj} = -\frac{1}{2}\theta_z\left(\lambda - \frac{1}{2}\right)w\sin\psi_j \tag{2-51}$$

3）由滚子凸度产生的径向变形

滚子和滚道的凸度可以避免导致滚动元件过早疲劳失效的边缘载荷。凸度可以以不同的形式实现。本章采用带有局部凸度的圆柱滚子，即只在滚子轮廓的一部分带有凸度，而其余部分仍然为圆柱面，其示意图如图 2-10 所示，其中，l 为圆柱滚子轴承滚子的有效长度；β 为直线段长度系数，直线段长度 $l_s = \beta l$；Δ 为滚子凸度量。由凸度产生的滚子-滚道接触变形分量为

$$c_\lambda = \begin{cases} \Delta\dfrac{\left(\dfrac{2\lambda-1}{K}-1\right)^2 - \left(\dfrac{l_s}{l}\right)^2}{1 - l_s/l}, & \left(\dfrac{2\lambda-1}{K}-1\right)^2 - \left(\dfrac{l_s}{l}\right)^2 > 0 \\ 0, & \left(\dfrac{2\lambda-1}{K}-1\right)^2 - \left(\dfrac{l_s}{l}\right)^2 \leqslant 0 \end{cases} \tag{2-52}$$

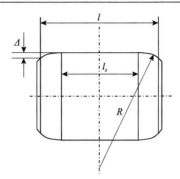

图 2-10　带局部凸度的滚子示意图

4）第 j 个滚子、第 λ 个切片的变形

如图 2-9 所示，第 j 个滚子、第 λ 个切片的变形由三个分量组成：①由径向载荷产生的变形 Δ_{rj}；②由滚子凸度产生的变形 c_λ；③由轴承倾斜产生的变形 $\Delta_{\theta j}$。另外，切片变形还将去掉轴承间隙 S_d 的影响部分。因此，第 j 个滚子、第 λ 个切片的总变形 $\delta_{\lambda j}$ 为

$$
\begin{aligned}
\delta_{\lambda j} &= \Delta_{ryj} + \Delta_{rzj} - \frac{S_d}{4} + \Delta_{\theta\lambda yj} + \Delta_{\theta\lambda zj} - c_\lambda \\
&= \frac{1}{2}\Delta y \cos\psi_j + \frac{1}{2}\Delta z \sin\psi_j - \frac{S_d}{4} \\
&\quad + \frac{1}{2}\theta_y\left(\lambda - \frac{1}{2}\right)w\cos\psi_j - \frac{1}{2}\theta_z\left(\lambda - \frac{1}{2}\right)w\sin\psi_j - c_\lambda
\end{aligned}
\tag{2-53}
$$

5）轴承力

首先，由第 j 个滚子的 K 个切片变形计算第 j 个滚子的载荷 Q_j，即

$$
Q_j = \frac{w^{-0.89}}{1.24 \times 10^{-5} \times K^{0.11}}\sum_{\lambda=1}^{K}\left(\delta_{\lambda j}\right)^{1.11}
\tag{2-54}
$$

然后，可以得到各自由度下的轴承力和力矩，即

$$
F_{xj} = 0, \quad F_x = \sum_{i=1}^{m} F_{xj}
\tag{2-55}
$$

$$
F_{yj} = Q_j \cos\psi_j, \quad F_y = \sum_{i=1}^{m} F_{yj}
\tag{2-56}
$$

$$
F_{zj} = Q_j \sin\psi_j, \quad F_z = \sum_{i=1}^{m} F_{zj}
\tag{2-57}
$$

$$M_{yj} = 0 , \quad M_y = \sum_{i=1}^{m} M_{yj} \tag{2-58}$$

$$M_{zj} = 0 , \quad M_z = \sum_{i=1}^{m} M_{zj} \tag{2-59}$$

显然，圆柱滚子轴承仅能承受径向载荷，不能承受轴向力和各方向的力矩。

2.1.5　时域数值仿真求解方法

由于复杂转子-支承-机匣耦合系统动力学模型自由数较多，且存在大量非线性因素，求取系统非线性响应的唯一有效方法是数值积分法。本章采用 Newmark-β 法与一种改进的 Newmark-β 法(新型快速显式积分法——翟方法[6])相结合的方法对微分方程组进行求解，其中利用 Newmark-β 法对容易形成矩阵的转子和机匣有限元模型进行求解，利用翟方法对不需要形成矩阵的支承连接部件有限元模型进行求解。该方法的特点是只需要组装单个转子或机匣部件的动力学矩阵，而不需要形成整个系统庞大的矩阵，求解效率很高。流程图如图 2-11 所示。

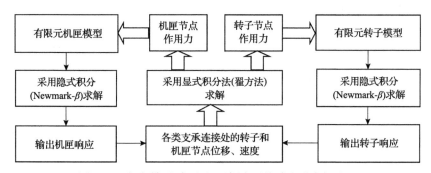

图 2-11　复杂转子-支承-机匣耦合系统动力学求解流程

设系统的动力学方程可表示成如下统一形式：

$$MA + CV + KX = P \tag{2-60}$$

式中，M、C、K 分别为系统惯量、阻尼、刚度矩阵；X 为系统的广义位移向量；V 为系统的广义速度向量；A 为系统的广义加速度向量；P 为系统的广义载荷向量。

Newmark-β 法的假定为

$$\begin{cases} X_{n+1} = X_n + V_n\Delta t + \left(\dfrac{1}{2} - \alpha\right)A_n\Delta t^2 + \alpha A_{n+1}\Delta t^2 \\ V_{n+1} = V_n + (1 - \beta)A_n\Delta t + \beta A_n\Delta t \end{cases} \tag{2-61}$$

式中，α、β 为控制参数，通常，$\alpha = 0.25$，$\beta = 0.5$。

Newmark-β 法的求解步骤如下。

步骤 1 初始计算。

(1)形成刚度矩阵 $\boldsymbol{K}$、质量矩阵 $\boldsymbol{M}$ 及阻尼矩阵 $\boldsymbol{C}$。

(2)获得初始值 $\boldsymbol{X}_0$、$\boldsymbol{V}_0$、$\boldsymbol{A}_0$。

(3)选择时间积分步长 Δt、参数 α 和 β，计算常数：

$$a_0 = \frac{1}{\alpha\Delta t^2}, \quad a_1 = \frac{\beta}{\alpha\Delta t}, \quad a_2 = \frac{1}{\alpha\Delta t}, \quad a_3 = \frac{1}{2\alpha} - 1$$
$$a_4 = \frac{\beta}{\alpha} - 1, \quad a_5 = \frac{\Delta t}{2}\left(\frac{\beta}{\alpha} - 2\right), \quad a_6 = \Delta t(1 - \beta), \quad a_7 = \beta\Delta t \tag{2-62}$$

(4)形成有效刚度矩阵：

$$\tilde{\boldsymbol{K}} = \boldsymbol{K} + a_0\boldsymbol{M} + a_1\boldsymbol{C} \tag{2-63}$$

(5)求逆矩阵 $\tilde{\boldsymbol{K}}^{-1}$。

步骤 2 每个时间步长的计算。

(1)求 $n+1$ 时刻的载荷向量：

$$\tilde{\boldsymbol{P}}_{n+1} = \boldsymbol{P}_n + \boldsymbol{M}(a_0\boldsymbol{X}_n + a_2\boldsymbol{V}_n + a_3\boldsymbol{A}_n) + \boldsymbol{C}(a_1\boldsymbol{X}_n + a_4\boldsymbol{V}_n + a_5\boldsymbol{A}_n) \tag{2-64}$$

(2)求 $n+1$ 时刻的位移、加速度及速度，即

$$\boldsymbol{X}_{n+1} = \tilde{\boldsymbol{K}}^{-1}\tilde{\boldsymbol{P}}_{n+1} \tag{2-65}$$

$$\boldsymbol{A}_{n+1} = a_0(\boldsymbol{X}_{n+1} - \boldsymbol{X}_n) - a_2\boldsymbol{V}_n - a_3\boldsymbol{A}_n \tag{2-66}$$

$$\boldsymbol{V}_{n+1} = \boldsymbol{V}_n + a_6\boldsymbol{A}_n + a_7\boldsymbol{A}_{n+1} \tag{2-67}$$

对于式(2-60)，翟方法的积分格式为[6]

$$\begin{cases} \boldsymbol{X}_{n+1} = \boldsymbol{X}_n + \boldsymbol{V}_n\Delta t + \left(\frac{1}{2} + \psi\right)\boldsymbol{A}_n\Delta t^2 - \psi\boldsymbol{A}_{n-1}\Delta t^2 \\ \boldsymbol{V}_{n+1} = \boldsymbol{V}_n + (1 + \varphi)\boldsymbol{A}_n\Delta t - \varphi\boldsymbol{A}_{n-1}\Delta t \end{cases} \tag{2-68}$$

式中，下标 n 代表 $t = n\Delta t$ 瞬时；下标 $n+1$ 代表 $t = (n+1)\Delta t$ 瞬时；下标 $n-1$ 代表 $t = (n-1)\Delta t$ 瞬时；ψ、φ 为积分参数，通常选取 $\psi = \varphi = 1/2$。

对比两种方法，可以发现，Newmark-β 法需要形成动力学矩阵，但是不要求质量矩阵对角化，而翟方法不要求形成动力学矩阵，可以直接从微分方程进行求解，但是要求质量矩阵为对角阵，因此，采用隐式积分的 Newmark-β 法与显式积

分的翟方法相结合的方法进行求解，可以避免形成庞大的动力学矩阵，大大提高了系统建模的效率和求解的速度。

2.2　航空发动机整机振动分析软件 EVDYNA

根据本章航空发动机整机振动耦合动力学建模方法，开发了航空发动机整机振动建模与分析软件 EVDYNA(图 2-12)。该软件是专门针对航空发动机整机振动分析而开发的转子-支承-机匣耦合系统动力学通用软件。EVDYNA 软件采用有限元法对转子和机匣系统进行建模，充分考虑系统的非线性因素，如滚动轴承的非线性接触和间隙、挤压油膜阻尼器的非线性阻尼力以及各种非线性故障所产生的非线性因素等。利用 Newmark-β 法和改进的 Newmark-β 法(翟方法)进行数值仿真分析，直接获取系统的时域响应。EVDYNA 软件采用 Microsoft Visual C++ 6.0 进行程序开发，后台数据库采用 Microsoft Access 2003 系统。EVDYNA 软件与 OpenGL 接口能够实现振动的可视化建模与三维动画显示。软件具有界面美观、操作方便等优点。

图 2-12　航空发动机整机振动建模与分析软件 EVDYNA

软件的建模对象如下所示。

(1)由离散叶片、盘、轴承及连续的具有弹性的变截面轴组成的普通转子系统。

(2)单、多转子系统及单、多机匣系统，包括轴向串联的多转子、多机匣及径向嵌套的多转子、多机匣等复杂转子结构。

(3)含故障的转子-支承-机匣整机耦合系统，包括转子不平衡、支承不对中、基础松动、转静碰摩等。

(4)考虑支承的滚动轴承非线性因素(包括间隙、非线性赫兹接触、VC 振动等)、挤压油膜阻尼器的非线性因素等。

(5)轴对称、非轴对称结构。

软件的计算功能如下所示。

(1)稳态不平衡响应分析：模拟在转子不平衡下所产生的系统稳态响应。

(2)模态分析：可以分析单部件自由状态下结构的固有频率和振型；可以模拟试验模态分析中的锤击法进行冲击响应仿真分析，输出结构各个部位冲击响应的加速度，再利用自行开发的模态分析软件得到系统的模态。

(3)瞬态不平衡响应分析：包括加减速瞬态分析和突加不平衡响应分析。

(4)转速跟踪分析：可以模拟发动机整个工作转速内的响应，并绘制三维瀑布图、转速-振幅图。

(5)利用数值仿真分析系统的临界转速。

(6)能够进行系统应变能分析、不平衡灵敏度分析，优化设计系统的支承刚度和阻尼器。

(7)可以模拟系统的不平衡、支承不同心、联轴器不对中、支承松动、转静碰摩、轴承剥落等故障，并能够进行各种故障特征以及各种故障的灵敏度分析。

(8)能够模拟实际航空发动机的测试方案，进行模拟测试，输出各个部位的振动位移、速度、加速度值，并在 RFIDS 软件中实现仿真数据的回放显示和离线分析。

(9)能够对松动、不对中、不平衡、碰摩等故障分析和不平衡灵敏度计算、支承刚度灵敏度计算等实现批处理计算功能。

2.3　本　章　小　结

本章建立了 6 自由度的转子梁单元模型、5 自由度球轴承动力学模型，并将复杂的球轴承模型和滚子轴承模型与 6 自由度的转子和机匣有限元梁模型结合，建立了含复杂滚动轴承模型的航空发动机整机振动模型，并利用数值积分方法进行了动力学方程求解。最后，介绍根据本章航空发动机整机振动耦合动力学建模方法开发的航空发动机整机振动分析软件 EVDYNA。

参 考 文 献

[1] 航空发动机设计手册总编委会. 航空发动机设计手册(第 19 册)——转子动力学及整机振动 [M]. 北京: 航空工业出版社, 2000.

[2] 陈果. 双转子航空发动机整机振动建模与分析[J]. 振动工程学报, 2011, 24(6): 619-632.

[3] 陈果. 航空发动机整机振动耦合动力学模型及其验证[J]. 航空动力学报, 2012, 27(2): 241-254.

[4] Chen G. Vibration modelling and verifications for whole aero-engine[J]. Journal of Sound and Vibration, 2015, 349: 163-176.

[5] 陈果. 含复杂滚动轴承建模的航空发动机整机振动耦合动力学模型[J]. 航空动力学报, 2017, 32(9): 2193-2204.

[6] Zhai W M. Two simple fast integration methods for large-scale dynamic problems in engineering[J]. International Journal for Numerical Methods in Engineering, 1996, 39(24): 4199-4214.

第3章　几种典型的转子-支承-机匣耦合动力学模型

本章介绍几种典型的转子-支承-机匣耦合动力学模型，其中包括转子-滚动轴承试验器[1,2]、多螺栓连接面高压转子模拟试验器[3]、含套齿联轴器的三支点转子试验器[4]、带机匣的航空发动机转子试验器[5-7]、某高推重比双转子航空发动机[7]、某型无人飞行器用小型发动机[8]。一方面，验证第 2 章所提出的航空发动机整机振动建模新方法的正确合理性；另一方面，为后续章节的转子系统故障建模和仿真分析提供研究对象。

3.1　转子-滚动轴承试验器整机振动模型

3.1.1　试验器动力学建模

该转子-滚动轴承试验器能有效地模拟航空发动机转子不平衡以及滚动轴承常见故障。转子-滚动轴承试验器实物图及动力学模型如图 3-1 所示。该试验器包括转轴、转子圆盘、法兰连接盘、轴承座、调速电动机、齿轮增速器等。试验器上可以灵活地安装振动位移、转速、加速度传感器，进行综合性的振动测试。该试验器为一单跨单盘转子，转盘的振动位移由水平和垂直两个方向的电涡流位移传感器测取，转速被安装在增速器和转轴连接处的电涡流传感器测取，该传感器感受由旋转引起的位移脉冲，通过计数来获取转速。

(a) 实物图

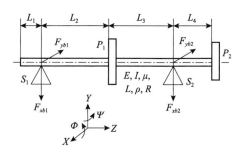

(b) 模型图

图 3-1　转子-滚动轴承试验器实物图及动力学模型

在转子-滚动轴承模型图中，具有转盘 P_1 和 P_2，其中 P_1 为转子圆盘；P_2 为法兰盘，其与齿轮输出轴相连。两个支承分别为 S_1 和 S_2。转轴上各关键点在转轴上

的位置由 L_1、L_2、L_3、L_4 四个参数确定。

利用第 2 章介绍的航空发动机整机振动建模方法，建立转子-滚动轴承试验器有限元模型，支承 S_1 和 S_2 用转子-基础间的支承连接建模。其中，将转子一共分为 22 个单元，23 个节点。表 3-1～表 3-4 为该试验器转子动力学参数。表 3-1 为转子参数，包括各盘的直径、质量和惯量等；表 3-2 为滚动轴承 6304 模型参数；表 3-3 为转子与基础连接参数；表 3-4 为转子节点信息参数。

表 3-1　转子参数

参数	数值
弹性模量 E/Pa	2.1×10^{11}
转轴直径 D/mm	19.0
密度 ρ/(kg/m³)	7.8×10^3
泊松比 μ	0.3
比例阻尼系数 a	0.97
比例阻尼系数 b	3.69×10^{-5}
L_1/mm	90
L_2/mm	310
L_3/mm	424
L_4/mm	131
盘 P_1 质量 m_{p1}/kg	2.294
盘 P_1 极惯性矩 J_{dp1}/(kg·m²)	0.009
盘 P_1 赤道惯性矩 J_{dd1}/(kg·m²)	0.005
盘 P_2 质量 m_{p2}/kg	0.45
盘 P_2 极惯性矩 J_{dp2}/(kg·m²)	0.00025
盘 P_2 赤道惯性矩 J_{dd2}/(kg·m²)	0.000125

表 3-2　滚动轴承 6304 模型参数

参数	数值
滚珠数目	7
节圆直径/mm	20
滚珠直径/mm	9.6
内圈沟曲率半径系数	0.5200
外圈沟曲率半径系数	0.5200
内、外圈弹性模量/Pa	2.1×10^{11}
内、外圈泊松比	0.1000
接触指数	1.5000

表 3-3　转子与基础连接参数

轴承外圈与轴承座之间连接刚度/(N/m)	轴承外圈与轴承座之间连接阻尼/(N·s/m)	轴承座与机匣之间连接刚度/(N/m)	轴承座与机匣之间连接阻尼/(N·s/m)
2.0×10^8	200	2.0×10^8	200

表 3-4　转子节点信息参数

序号	节点坐标/mm	名称	集中质量/kg	偏心距/mm	赤道转动惯量/(kg·m²)	极转动惯量/(kg·m²)
1	0.00000		0.00000	0.00000	0.00000	0.00000
2	55.00000		0.00000	0.00000	0.00000	0.00000
3	112.00000	前支承	0.00000	0.00000	0.00000	0.00000
4	130.00000		0.00000	0.00000	0.00000	0.00000
5	150.00000		0.00000	0.00000	0.00000	0.00000
6	200.00000		0.00000	0.00000	0.00000	0.00000
7	260.00000		0.00000	0.00000	0.00000	0.00000
8	280.00000		0.00000	0.00000	0.00000	0.00000
9	310.00000		0.00000	0.00000	0.00000	0.00000
10	380.00000		0.00000	0.00000	0.00000	0.00000
11	430.00000		0.00000	0.00000	0.00000	0.00000
12	482.50000	转盘	2.30700	0.10000	0.00500	0.01000
13	505.00000		0.00000	0.00000	0.00000	0.00000
14	530.00000		0.00000	0.00000	0.00000	0.00000
15	625.00000		0.00000	0.00000	0.00000	0.00000
16	685.00000		0.00000	0.00000	0.00000	0.00000
17	705.00000		0.00000	0.00000	0.00000	0.00000
18	740.00000		0.00000	0.00000	0.00000	0.00000
19	815.00000		0.00000	0.00000	0.00000	0.00000
20	824.00000	后支承	0.00000	0.00000	0.00000	0.00000
21	855.00000		0.00000	0.00000	0.00000	0.00000
22	905.00000		0.00000	0.00000	0.00000	0.00000
23	955.00000	法兰盘	0.45000	0.01000	0.00013	0.00025

3.1.2　基于模态试验的模型验证

1. 试验模态分析

　　首先对试验器进行支承状态下的模态分析，采用锤击法进行模态试验，主要仪器设备包括：美国 NI 公司的 NI9234 动态信号采集模块，美国 ENDEVCO 公司的 30927 型力锤，丹麦 B&K 公司的 4508 型 ICP 加速度传感器。采取单点测量、多点激励的方案，将试验器转轴从支承 S_1 到支承 S_2 均匀敲击 10 个点，记为点 1，点 2，…，点 10，加速度传感器布置在第 5 点上，测取加速度响应信号，最后将力信号和加速度信号同时输入采集器，并通过模态分析软件得到试验器模态参数。图 3-2 为转子-滚动轴承试验器模态试验现场图，图 3-3 为转子-滚动轴承试验器模态试验示意图。

图 3-2　转子-滚动轴承试验器模态试验现场图

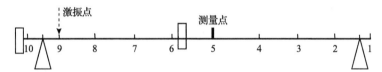

图 3-3　转子-滚动轴承试验器模态试验示意图

2. 计算模态与试验模态对比分析

在转子-支承耦合动力学模型中，将转轴从左端到右端等分为 22 个单元，得到 23 个节点，在计算中模拟敲击法对节点 9 施加一个脉冲力，通过时域数值积分得到转子各节点的加速度响应，然后将响应输入到模态分析软件，通过模态识别方法得到系统固有频率和固有振型。表 3-5 为试验和仿真的前四阶固有频率识别结果，图 3-4 为仿真和试验的前四阶固有振型比较。通过图 3-4 及表 3-5 对比分析可知，耦合系统的各阶仿真计算值均接近于试验值，转子计算振型较接近试验振型，仿真结果与试验结果吻合较好，证明了建模方法的正确有效性。

表 3-5　前四阶频率识别结果　　　　　　　　　　（单位：Hz）

阶次	第 1 阶	第 2 阶	第 3 阶	第 4 阶
试验	44.93	170.91	302.28	550.86
仿真	44.30	168.99	302.17	543.33

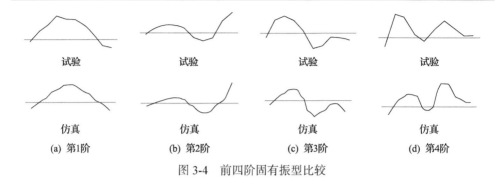

图 3-4　前四阶固有振型比较

3.2　多螺栓连接面高压转子模拟试验器整机振动模型

3.2.1　试验器动力学建模

为模拟真实航空发动机高压转子多螺栓连接面的结构特征,研究含多螺栓连接面的高压转子的振动特性,设计含 4 个止口螺栓连接结构的高压转子模拟试验器。试验器能够进行止口螺栓连接结构刚度特性研究、含多螺栓连接面的高压转子试验器振动特征研究以及多段转子不同心故障的模拟研究,研究结果可以为含螺栓连接结构的高压转子振动控制和不同心故障的产生机理及控制标准提供理论指导。

多螺栓连接面的高压转子模拟试验器如图 3-5 所示。该试验器由 6 段转子组成,转子间通过止口结构进行周向定位,通过螺栓轴向压紧,前后共有 4 个止口螺栓连接结构。试验器有 2 个支承结构,支承 1 为圆柱滚子轴承,支承 2 为滚珠轴承。在中间连接 3 位置设计有环形垫片,通过更换不同倾角的垫片可以模拟多段转子不同心故障。

图 3-5　多螺栓连接面的高压转子模拟试验器

试验台主要功能如下：

(1)进行止口螺栓连接结构刚度特性研究；

(2)进行含多螺栓连接面的高压转子试验器振动特性研究；

(3)转子不同心故障机理及振动特性研究。

以多螺栓连接面的高压转子模拟试验器为研究对象，利用梁单元建立转子系统动力学模型，在转子关键位置选择节点，如圆盘、支承和鼓筒直径变化节点，将转子分段，提取各节点间小段转子的内径、外径、长度、集中质量、赤道转动惯量和极转动惯量，根据转子系统动力学建模方法，建立上述转子试验器的有限元动力学模型。

转子试验器的有限元模型参数如下。

(1)单元与节点信息。

转子系统共划分为 34 个梁单元，单元和节点信息分别如表 3-6 和表 3-7 所示。

表 3-6　转子单元信息

序号	弹性模量/Pa	泊松比	密度/(kg/m³)	外径/m	内径/m	长度/m
1	2.07×10^{11}	0.3	7800	4.50×10^{-2}	3.70×10^{-2}	5.95×10^{-2}
2	2.07×10^{11}	0.3	7800	4.50×10^{-2}	3.70×10^{-2}	4.96×10^{-2}
3	2.07×10^{11}	0.3	7800	5.60×10^{-2}	3.70×10^{-2}	3.70×10^{-2}
4	2.07×10^{11}	0.3	7800	7.10×10^{-2}	3.70×10^{-2}	3.68×10^{-2}
5	2.07×10^{11}	0.3	7800	7.23×10^{-2}	5.83×10^{-2}	9.80×10^{-2}
6	2.07×10^{11}	0.3	7800	8.24×10^{-2}	7.64×10^{-2}	1.10×10^{-2}
7	2.07×10^{11}	0.3	7800	1.09×10^{-1}	1.03×10^{-2}	1.36×10^{-2}
8	2.07×10^{11}	0.3	7800	1.36×10^{-1}	1.30×10^{-1}	1.37×10^{-2}
9	2.07×10^{11}	0.3	7800	1.63×10^{-1}	1.57×10^{-1}	1.36×10^{-2}
10	2.07×10^{11}	0.3	7800	1.89×10^{-1}	1.83×10^{-1}	1.37×10^{-2}
11	2.07×10^{11}	0.3	7800	2.16×10^{-1}	2.10×10^{-1}	1.36×10^{-2}
12	2.07×10^{11}	0.3	7800	2.76×10^{-1}	2.70×10^{-1}	2.97×10^{-2}
13	2.07×10^{11}	0.3	7800	2.67×10^{-1}	2.62×10^{-1}	6.36×10^{-2}
14	2.07×10^{11}	0.3	7800	2.67×10^{-1}	2.62×10^{-1}	3.52×10^{-2}
15	2.07×10^{11}	0.3	7800	2.78×10^{-1}	2.73×10^{-1}	2.26×10^{-2}
16	2.07×10^{11}	0.3	7800	3.02×10^{-1}	2.96×10^{-1}	2.95×10^{-2}
17	2.07×10^{11}	0.3	7800	2.84×10^{-1}	2.79×10^{-1}	4.61×10^{-2}
18	2.07×10^{11}	0.3	7800	2.60×10^{-1}	2.55×10^{-1}	3.60×10^{-2}
19	2.07×10^{11}	0.3	7800	2.60×10^{-1}	1.94×10^{-1}	2.33×10^{-2}
20	2.07×10^{11}	0.3	7800	2.08×10^{-1}	2.02×10^{-1}	4.54×10^{-2}
21	2.07×10^{11}	0.3	7800	2.08×10^{-1}	2.02×10^{-1}	4.85×10^{-2}

续表

序号	弹性模量/Pa	泊松比	密度/(kg/m³)	外径/m	内径/m	长度/m
22	2.07×10^{11}	0.3	7800	2.08×10^{-1}	2.02×10^{-1}	4.84×10^{-2}
23	2.07×10^{11}	0.3	7800	2.08×10^{-1}	2.02×10^{-1}	3.87×10^{-2}
24	2.07×10^{11}	0.3	7800	2.08×10^{-1}	2.02×10^{-1}	2.22×10^{-2}
25	2.07×10^{11}	0.3	7800	2.10×10^{-1}	2.00×10^{-1}	3.95×10^{-2}
26	2.07×10^{11}	0.3	7800	2.10×10^{-1}	2.00×10^{-1}	3.81×10^{-2}
27	2.07×10^{11}	0.3	7800	1.91×10^{-1}	1.81×10^{-1}	1.80×10^{-2}
28	2.07×10^{11}	0.3	7800	1.57×10^{-1}	1.47×10^{-1}	1.99×10^{-2}
29	2.07×10^{11}	0.3	7800	1.52×10^{-1}	5.39×10^{-2}	1.15×10^{-2}
30	2.07×10^{11}	0.3	7800	7.00×10^{-1}	5.40×10^{-2}	4.05×10^{-2}
31	2.07×10^{11}	0.3	7800	7.00×10^{-1}	5.40×10^{-2}	2.85×10^{-2}
32	2.07×10^{11}	0.3	7800	7.00×10^{-1}	5.40×10^{-2}	4.20×10^{-2}
33	2.07×10^{11}	0.3	7800	5.60×10^{-1}	4.00×10^{-2}	3.90×10^{-2}
34	2.07×10^{11}	0.3	7800	5.40×10^{-1}	4.00×10^{-2}	5.00×10^{-2}

表 3-7 转子节点信息

序号	节点坐标/m	名称	集中质量/kg	极转动惯量/(kg·m²)	赤道转动惯量/(kg·m²)
1	0		0	0	0
2	5.95×10^{-2}		0	0	0
3	1.09×10^{-1}		0	0	0
4	1.46×10^{-1}	支承 1	0	0	0
5	1.83×10^{-1}		0	0	0
6	1.93×10^{-1}		0	0	0
7	2.04×10^{-1}		0	0	0
8	2.17×10^{-1}		0	0	0
9	2.31×10^{-1}		0	0	0
10	2.45×10^{-1}		0	0	0
11	2.58×10^{-1}		0	0	0
12	2.72×10^{-1}		0	0	0
13	3.02×10^{-1}	转盘 1(连接 1)	2.31×10	3.49×10^{-1}	2.22×10^{-1}
14	3.65×10^{-1}		0	0	0
15	4.00×10^{-1}		0	0	0
16	4.23×10^{-1}		0	0	0
17	4.52×10^{-1}	转盘 2	7.01	8.48×10^{-2}	4.26×10^{-2}
18	4.99×10^{-1}		0	0	0

序号	节点坐标/m	名称	集中质量/kg	极转动惯量/(kg·m²)	赤道转动惯量/(kg·m²)
19	5.35×10^{-1}		0	0	0
20	5.58×10^{-1}	转盘3(连接2)	2.94	1.41×10^{-2}	7.15×10^{-3}
21	6.03×10^{-1}		0	0	0
22	6.52×10^{-1}		0	0	0
23	7.00×10^{-1}		0	0	0
24	7.39×10^{-1}		0	0	0
25	7.61×10^{-1}	连接3	1.88	2.55×10^{-2}	1.28×10^{-2}
26	8.01×10^{-1}	转盘4	1.59×10	2.22×10^{-1}	1.13×10^{-1}
27	8.39×10^{-1}		0	0	0
28	8.57×10^{-1}		0	0	0
29	8.77×10^{-1}		0	0	0
30	8.88×10^{-1}	连接4	1.53	5.08×10^{-3}	2.56×10^{-3}
31	9.29×10^{-1}		0	0	0
32	9.57×10^{-1}		0	0	0
33	9.99×10^{-1}	支承2	0	0	0
34	1.038		0	0	0
35	1.088		0	0	0

(2)转子-基础支承参数。

转子和基础之间的连接采用线性刚度和黏性阻尼，其具体作用节点和详细参数如表3-8所示。

表3-8　转子-基础支承刚度和阻尼参数

支承名称	轴向刚度/(N/m)	径向垂直刚度/(N/m)	径向水平刚度/(N/m)	轴向阻尼/(N·s/m)	径向垂直阻尼/(N·s/m)	径向水平阻尼/(N·s/m)
支承1	1.4×10^{7}	1.4×10^{7}	1.4×10^{7}	2000	2000	2000
支承2	1.3×10^{7}	1.3×10^{7}	1.3×10^{7}	2000	2000	2000

3.2.2　基于模态试验的模型验证

1. 试验模态分析

多螺栓连接面高压转子模拟试验器模态测试现场如图3-6所示。试验器由多段鼓筒结构构成，前后共有 4 个止口螺栓连接结构，左右两端分别由轴承进行固定，其中左侧轴承为圆柱滚子轴承，右侧轴承为深沟球轴承。

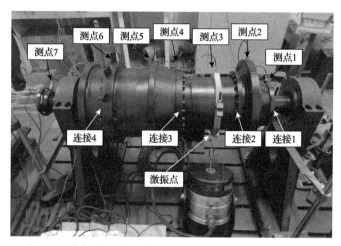

图 3-6　多螺栓连接面高压转子模拟试验器模态测试现场

　　试验采用正弦激励法进行扫频，扫频范围为 20～300Hz，频率间隔 1Hz。采用单点激励、多点测量的方法，在试验器上选取 7 个测点(测点布置方案如图 3-7 所示)，依次布置 B&K 公司的 4508 型 ICP 加速度传感器，加速度信号由数据采集器进行采集，最终输入计算机进行信号处理。激振点位置安装南京航空航天大学振动工程研究所研制的 HEV-500 型高能电动式激振器，正弦激励力通过安装在激振器顶杆和结构之间的阻抗头实际测试得到，激励力值幅值大小在 40N 左右，得到各测点频率响应函数。

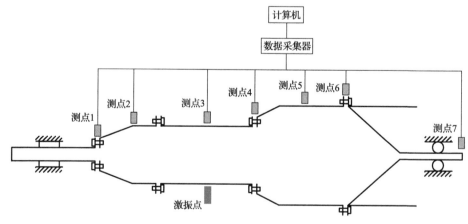

图 3-7　信号采集测点布置方案示意图

　　依据上述试验器模态测试系统搭建试验装置，激励力频率为 20～300Hz，采集各测点加速度信号。图 3-8 为各测点频率响应函数曲线,试验结果表明,在 20～300Hz 扫频范围内,试验器存在 4 阶共振频率,分别为 74Hz、91Hz、123Hz 和 145Hz,在激励力幅值为 40N 的简谐激励下,连接处保持较好的连接状态。

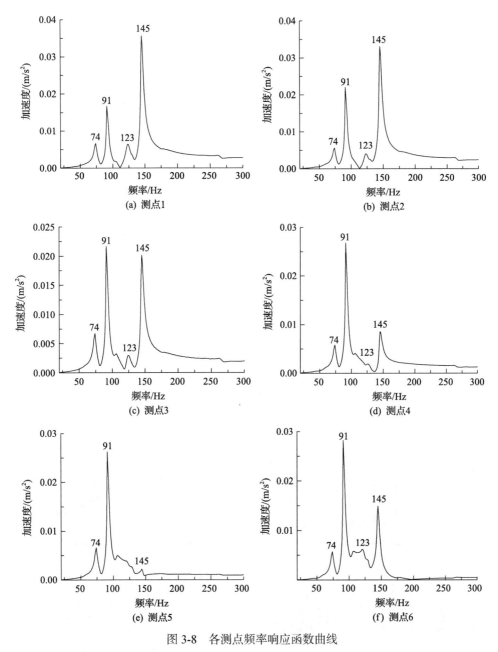

图 3-8　各测点频率响应函数曲线

图 3-9 为高压转子模拟试验器前四阶模态振型。第 1 阶和第 2 阶模态振型为

高压转子平动振型，第 3 阶和第 4 阶模态振型为高压转子俯仰振型。第 1 阶和第 2 阶振型相似，第 3 阶和第 4 阶振型相似，原因是试验器径向水平和垂直刚度不同，激振器分别激发了径向水平和垂直的模态振型，仿真只考虑试验器径向垂直方向振动，即试验结果中第 2 阶和第 4 阶振型。

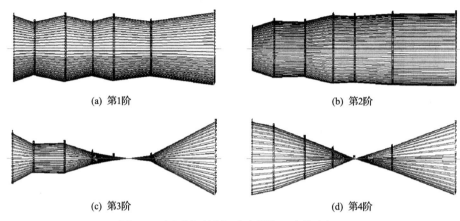

(a) 第1阶　　　　　　　　　　(b) 第2阶

(c) 第3阶　　　　　　　　　　(d) 第4阶

图 3-9　高压转子模拟试验器前四阶模态振型

2. 计算模态与试验模态对比分析

转子试验器前两阶固有频率及振型试验与仿真结果对比如图 3-10 所示。利用所建立的试验器有限元耦合动力学模型，仿真计算得到试验器的计算模态，转子系统前两阶固有频率和振型如图 3-10(c) 和(d) 所示，第 1 阶共振频率为 86Hz，转子振型表现为转子整体平动，第 2 阶共振频率为 150Hz，转子振型表现为前后俯仰。试验与仿真模态频率比较如表 3-9 所示，误差在 10% 以内，振型表现基本一致，表明了转子动力学模型的正确性。

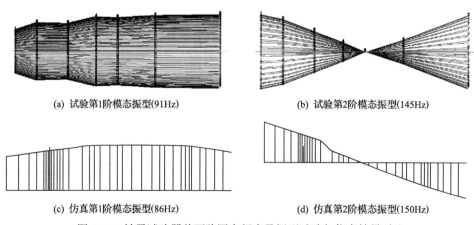

(a) 试验第1阶模态振型(91Hz)　　　　(b) 试验第2阶模态振型(145Hz)

(c) 仿真第1阶模态振型(86Hz)　　　　(d) 仿真第2阶模态振型(150Hz)

图 3-10　转子试验器前两阶固有频率及振型试验与仿真结果对比

表 3-9　模态频率试验与仿真结果比较

模态频率	试验结果/Hz	仿真结果/Hz	误差/%
第 1 阶	91	86	5.49
第 2 阶	145	150	3.45

3.3　含套齿联轴器的三支点转子试验器有限元模型

3.3.1　试验器简介

含套齿联轴器的三支点转子试验器结构如图 3-11 所示，试验器实物如图 3-12 所示。该试验器主要包含两段转子和三个支承。两段转子分别称为长轴和短轴，其中短轴中间设有两个相同直径的圆盘，短轴转子用于模拟航空发动机低压转子系统中的风扇转子，而长轴上设有偏置的较小直径的圆盘，长轴转子用于模拟低压涡轮转子。两段转子之间通过套齿联轴器连接。

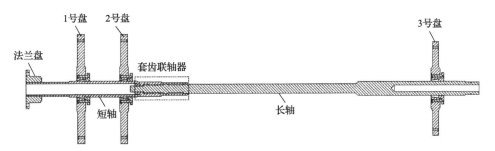

图 3-11　含套齿联轴器的三支点转子试验器结构示意图

图 3-12　含套齿联轴器的三支点转子试验器实物图

3.3.2　转子试验器的套齿联轴器刚度计算

套齿试验件端部承受径向载荷时产生挠度和转角，如图 3-13 所示，定义其径向刚度 k_{Tr} 和角向刚度 $k_{T\theta}$ 分别为

$$k_{Tr} = F / \Delta s \tag{3-1}$$

$$k_{T\theta} = FL / \Delta \theta = FL / \arctan(\Delta s / L) \tag{3-2}$$

由 $\Delta s / L \to 0$ ，$\arctan(\Delta s / L) \sim \Delta s / L$ ，因此

$$k_{T\theta} = FL / \Delta \theta = FL^2 / \Delta s \tag{3-3}$$

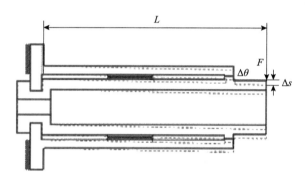

图 3-13　套齿刚度定义示意图

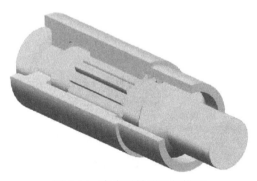

图 3-14　套齿联轴器几何模型

转子试验器中套齿联轴器的几何模型和花键参数分别如图 3-14 和表 3-10 所示。转子试验器中套齿联轴器包含双圆柱面定心、花键啮合传扭及轴向大螺母锁紧结构。

如图 3-15(a) 所示，建立转子试验器中的套齿联轴器实体有限元模型。模型建立原则为忽略螺纹结构，将锁紧螺母与长轴固结为整体，去除齿根圆弧、圆角等细小结构。采用高阶四面体单元划分网格，有限元模型总体网格尺寸设为 2mm，共得 190936 个单元，282502 个节点。材料为 45 号钢，弹性模量为 2.1×10^5MPa，泊松比为 0.3，密度为 7800kg/m³。如图 3-15(b) 所示，共有 5 组接触对，定义接触对的接触类型为"有摩擦"，摩擦系数设为 0.15，A 定位面和轴向压紧面初始间隙设为 0mm，B 定位面初始间隙设为 0.013mm，预紧力设为 10kN。

表 3-10　转子试验器中套齿联轴器花键参数

花键参数	外花键	内花键
模数 m/mm	2	2
齿数 z/个	14	14
分度圆直径 D_p/mm	28	28
齿面长度 L_t/mm	36	36
大径 D_e/mm	30	31
小径 D_i/mm	25	26.34
齿根圆弧半径 R/mm	0.4	0.4

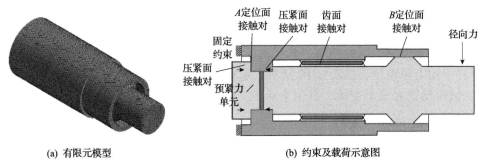

(a) 有限元模型　　　　　　　　(b) 约束及载荷示意图

图 3-15　转子试验器中套齿联轴器有限元模型

数值仿真所得套齿联轴器的径向变形和径向刚度相加除以累计总数 26，得到整体径向刚度 k_{Tr} 的平均值为 2.33×10^7N/m，整体角向刚度 $k_{T\theta}$ 的平均值为 3.82×10^5N·m/rad。套齿联轴器径向变形-径向力关系曲线如图 3-16 所示，径向力-径向刚度变化曲线和径向力-角向刚度变化曲线如图 3-17 和图 3-18 所示。

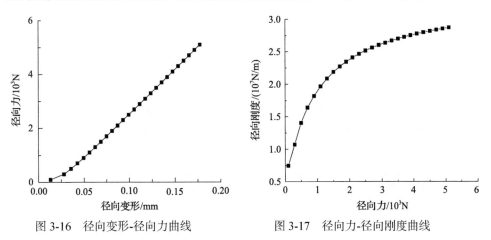

图 3-16　径向变形-径向力曲线　　　　　图 3-17　径向力-径向刚度曲线

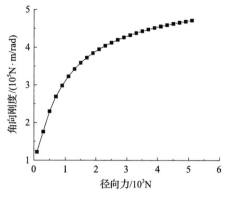

图 3-18　径向力-角向刚度曲线

3.3.3　转子试验器有限元模型

以含套齿联轴器的三支点转子试验器为研究对象，建立转子试验器的有限元转子动力学模型，如图 3-19 所示。短轴上有转盘 1、转盘 2，长轴上有转盘 3。试验器具有三个支承，其中支承 1、支承 2 在短轴上，支承 3 在长轴上。

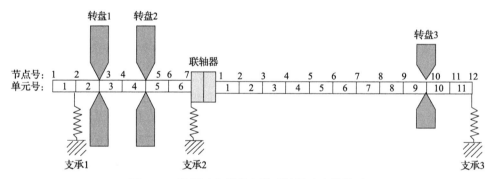

图 3-19　转子试验器的有限元转子动力学模型

转子试验器的有限元转子动力学模型具体参数如下。

1. 短轴和长轴的单元与节点信息

短轴转子共划分为 6 个梁单元，单元和节点信息如表 3-11 和表 3-12 所示。长轴转子共划分为 11 个梁单元，单元和节点信息如表 3-13 和表 3-14 所示。

表 3-11　短轴转子单元信息

序号	弹性模量/Pa	泊松比	密度/(kg/m³)	外径/m	内径/m	长度/m
1	2.07×10^{11}	0.3	7800	0.0510	0.0366	0.2050

续表

序号	弹性模量/Pa	泊松比	密度/(kg/m³)	外径/m	内径/m	长度/m
2	2.07×10^{11}	0.3	7800	0.0510	0.0366	0.0700
3	2.07×10^{11}	0.3	7800	0.0510	0.0366	0.0065
4	2.07×10^{11}	0.3	7800	0.0510	0.0366	0.1715
5	2.07×10^{11}	0.3	7800	0.0510	0.0366	0.0470
6	2.07×10^{11}	0.3	7800	0.0510	0.0366	0.1060

表 3-12　短轴转子节点信息

序号	节点坐标/m	名称	集中质量/kg	偏心距/mm	赤道转动惯量/(kg·m²)	极转动惯量/(kg·m²)
1	0.0000		0	0	0	0
2	0.2050	支承 1	0	0	0	0
3	0.2750	转盘 1	19	0.1	0.1416	0.2814
4	0.2815		0	0	0	0
5	0.4530	转盘 2	19	0.1	0.1416	0.2814
6	0.5000		0	0	0	0
7	0.6060	支承 2	0	0	0	0

表 3-13　长轴转子单元信息

序号	弹性模量/Pa	泊松比	密度/(kg/m³)	外径/m	内径/m	长度/m
1	2.07×10^{11}	0.3	7800	0.0350	0.0000	0.0940
2	2.07×10^{11}	0.3	7800	0.0350	0.0000	0.0480
3	2.07×10^{11}	0.3	7800	0.0350	0.0000	0.0925
4	2.07×10^{11}	0.3	7800	0.0350	0.0000	0.0925
5	2.07×10^{11}	0.3	7800	0.0350	0.0000	0.0925
6	2.07×10^{11}	0.3	7800	0.0350	0.0000	0.0925
7	2.07×10^{11}	0.3	7800	0.0350	0.0000	0.0925
8	2.07×10^{11}	0.3	7800	0.0350	0.0000	0.0925
9	2.07×10^{11}	0.3	7800	0.0350	0.0000	0.2330
10	2.07×10^{11}	0.3	7800	0.0460	0.0000	0.0640
11	2.07×10^{11}	0.3	7800	0.0460	0.0000	0.0860

表 3-14　长轴转子节点信息

序号	节点坐标/m	名称	集中质量/kg	偏心距/mm	赤道转动惯量/(kg·m²)	极转动惯量/(kg·m²)
1	0.6060	支承 2	0	0	0	0
2	0.7000		0	0	0	0

序号	节点坐标/m	名称	集中质量/kg	偏心距/mm	赤道转动惯量/(kg·m²)	极转动惯量/(kg·m²)
3	0.7480		0	0	0	0
4	0.8405		0	0	0	0
5	0.9330		0	0	0	0
6	1.0255		0	0	0	0
7	1.1180		0	0	0	0
8	1.2105		0	0	0	0
9	1.3030		0	0	0	0
10	1.5360	转盘3	11	0.1	0.0671	0.1333
11	1.6000		0	0	0	0
12	1.6860	支承3	0	0	0	0

2. 转子-基础支承参数

转子和基础之间的连接采用线性刚度和黏性阻尼，其参数和作用节点如表 3-15 所示。

表 3-15　转子-基础支承刚度和阻尼参数

支承名称	轴向 刚度/(N/m)	径向垂直 刚度/(N/m)	径向水平 刚度/(N/m)	轴向 阻尼/(N·s/m)	径向垂直 阻尼/(N·s/m)	径向水平 阻尼/(N·s/m)
支承1	1×10^8	1×10^8	1×10^8	2000	2000	2000
支承2	1×10^8	2.8×10^8	2.8×10^8	2000	2000	2000
支承3	1×10^8	1×10^7	1×10^7	2000	2000	2000

3. 联轴器刚度参数

转子试验器的套齿联轴器整体径向刚度和整体角向刚度如表 3-16 所示。

表 3-16　套齿联轴器整体径向刚度和整体角向刚度参数

整体径向刚度/(N/m)	整体角向刚度/(N·m/rad)
2.33×10^7	3.82×10^5

3.3.4　基于模态试验的模型验证

基于正弦扫描法对该转子试验器进行自然支承状态下的模态测试，扫频范围为 10～200Hz，间隔 1Hz。主要仪器设备有 NI9234 数据采集模块、HEV-500 型激振器及 4508 型 ICP 加速度传感器。转子试验器模态测试实物图如图 3-20 所示，测点位置如图 3-21 所示。利用模态分析软件处理试验数据，获取各加速度测点的频响函数如图 3-22 所示。

该转子试验器前两阶固有频率和振型的试验与仿真结果如图 3-23(a) 和(b)所示。第 1 阶振型呈现为转子试验器整体弯曲，第 2 阶振型呈现为转子试验器整体 2 阶弯曲。利用所建立的试验器有限元模型，进行计算模态分析，结果如图 3-23(c) 和(d)所示，可以看出，试验和仿真固有频率误差在 10% 以内，满足精度要求，表明了转子有限元动力学模型的正确性。

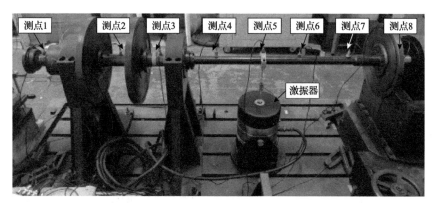

图 3-20　转子试验器模态测试实物图

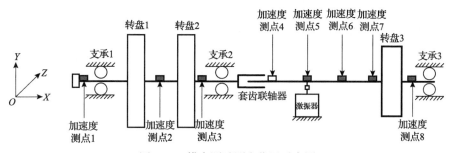

图 3-21　模态测试测点位置示意图

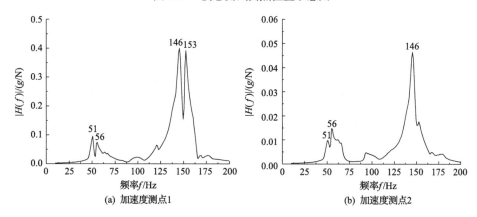

(a) 加速度测点1　　　　　　　　　(b) 加速度测点2

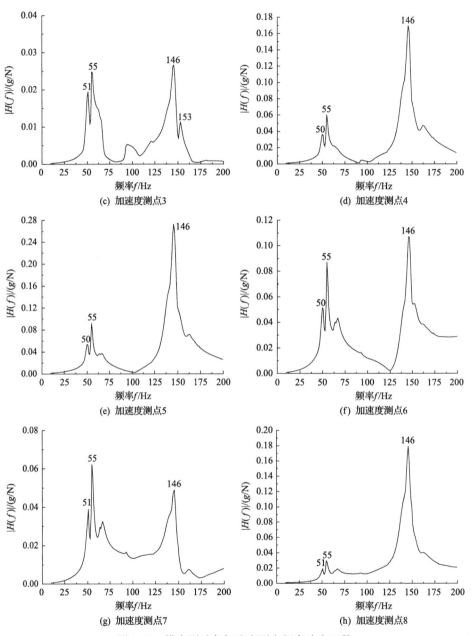

图 3-22　模态测试各加速度测点频率响应函数

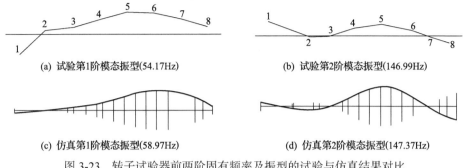

(a) 试验第1阶模态振型(54.17Hz)　　(b) 试验第2阶模态振型(146.99Hz)

(c) 仿真第1阶模态振型(58.97Hz)　　(d) 仿真第2阶模态振型(147.37Hz)

图 3-23　转子试验器前两阶固有频率及振型的试验与仿真结果对比

3.4　带机匣的航空发动机转子试验器整机振动模型

3.4.1　试验器简介

为了与真实的航空发动机接近,沈阳发动机研究所设计制造的航空发动机转子故障试验器在结构设计上,首先考虑外形与发动机核心机的机匣一致,尺寸缩小为真实发动机的 1/3;内部结构做了必要简化,将核心机简化为 0-2-0 支承结构形式,并设计了可调刚度支承结构以调整系统的动特性;多级压气机简化为单级的盘片结构;叶片简化为斜置平面形状;封严篦齿为可拆卸的;轴为实心按刚性设计,最大工作转速为 7000r/min。压气机盘与轴、涡轮盘与轴、接手与轴的连接采用圆锥形配合面和 180°双键连接。采用电机驱动,取消了火焰筒,即得到一个单转子系统模型。该试验器实物图如图 3-24(a)所示,剖面图如图 3-24(b)所示。该试验器可以演示和模拟发动机中可能出现的几种典型故障:①涡轮叶片与机匣封严间隙处的碰摩(可能实现点碰摩、局部碰摩、轻度或重度碰摩);②封严篦齿间的碰摩;③滚动轴承损坏;④前后支承不同心;⑤支承刚度的变化对振动特性的影响。

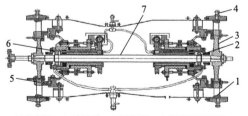

1-碰摩环; 2-球轴承; 3-涡轮盘; 4-碰摩环顶螺栓;
5-压气机轮盘; 6-滚柱轴承; 7-轴

(a) 航空发动机转子试验器实物图　　(b) 航空发动机转子试验器剖面图

图 3-24　带机匣的航空发动机转子试验器

图 3-25 为带机匣的航空发动机转子试验器结构示意图，转子包括三个圆盘，其中，P_1 为法兰盘，P_2 为压气机盘，P_3 为涡轮盘；机匣包括 7 段，即 AB、BC、CD、DE、EF、FG、GH，机匣之间为螺栓连接，转子和机匣之间存在两个支承连接，即前支承 RC_1 和后支承 RC_2，其中 RC_1 为圆柱滚子轴承，RC_2 为深沟球轴承，RS 为转轴。

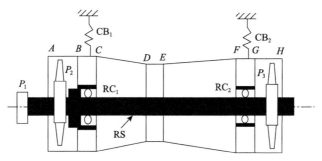

图 3-25　带机匣的航空发动机转子试验器结构示意图

3.4.2　转子-支承-机匣耦合动力学模型

1. 转子模型

表 3-17 为转子模型控制点，模型控制点一般为内外径产生变化的关键位置点。表 3-18 为转子单元信息列表。表 3-19 为转子节点信息列表。

表 3-17　转子模型控制点

序号	坐标/mm	外径/mm	内径/mm
1	0.0	19.0	0.0
2	22.0	19.0	0.0
3	55.0	21.5	0.0
4	138.0	24.0	0.0
5	166.0	27.0	0.0
6	223.5	28.5	0.0
7	244.5	30.0	0.0
8	753.5	35.0	0.0
9	795.5	30.0	0.0
10	838.5	25.0	0.0
11	868.5	20.0	0.0
12	892.5	19.0	0.0

表 3-18　转子单元信息

序号	弹性模量 /Pa	泊松比	长度 /mm	密度 /(kg/m³)	外径 /mm	内径 /mm	坐标 i /mm	坐标 j /mm
1	2.07×10^8	0.30	22.00	7800.00	19.00	0.00	0.00	22.00
2	2.07×10^8	0.30	33.00	7800.00	19.00	0.00	22.00	55.00
3	2.07×10^8	0.30	83.00	7800.00	21.50	0.00	55.00	138.00
4	2.07×10^8	0.30	47.20	7800.00	24.00	0.00	138.00	185.20
5	2.07×10^8	0.30	38.30	7800.00	27.00	0.00	185.20	223.50
6	2.07×10^8	0.30	21.00	7800.00	28.50	0.00	223.50	244.50
7	2.07×10^8	0.30	84.80	7800.00	30.00	0.00	244.50	329.30
8	2.07×10^8	0.30	84.90	7800.00	30.80	0.00	329.30	414.20
9	2.07×10^8	0.30	84.80	7800.00	31.70	0.00	414.20	499.00
10	2.07×10^8	0.30	84.80	7800.00	32.50	0.00	499.00	583.80
11	2.07×10^8	0.30	84.90	7800.00	33.30	0.00	583.80	668.70
12	2.07×10^8	0.30	105.80	7800.00	34.20	0.00	668.70	774.50
13	2.07×10^8	0.30	21.00	7800.00	35.00	0.00	774.50	795.50
14	2.07×10^8	0.30	43.00	7800.00	30.00	0.00	795.50	838.50
15	2.07×10^8	0.30	30.00	7800.00	25.00	0.00	838.50	868.50
16	2.07×10^8	0.30	24.00	7800.00	20.00	0.00	868.50	892.50

表 3-19　转子节点信息

序号	坐标/mm	名称	集中质量/kg	偏心距/mm	赤道转动惯量/(kg·m²)	极转动惯量/(kg·m²)
1	0.00000		0.00000	0.00000	0.00000	0.00000
2	22.00000		0.00000	0.00000	0.00000	0.00000
3	55.00000		0.00000	0.00000	0.00000	0.00000
4	138.00000		0.00000	0.00000	0.00000	0.00000
5	185.20000	压气机盘	9.10000	0.10000	0.02230	0.04460
6	223.50000		0.00000	0.00000	0.00000	0.00000
7	244.50000	前支承	0.00000	0.00000	0.00000	0.00000
8	329.30000		0.00000	0.00000	0.00000	0.00000
9	414.20000		0.00000	0.00000	0.00000	0.00000
10	499.00000		0.00000	0.00000	0.00000	0.00000
11	583.80000		0.00000	0.00000	0.00000	0.00000
12	668.70000		0.00000	0.00000	0.00000	0.00000

序号	坐标/mm	名称	集中质量/kg	偏心距/mm	赤道转动惯量/(kg·m²)	极转动惯量/(kg·m²)
13	774.50000	后支承	0.00000	0.00000	0.00000	0.00000
14	795.50000		0.00000	0.00000	0.00000	0.00000
15	838.50000	涡轮盘	9.39000	0.10000	0.02518	0.05360
16	868.50000		0.00000	0.00000	0.00000	0.00000
17	892.50000		0.00000	0.00000	0.00000	0.00000

2. 机匣模型

表 3-20 为机匣模型控制点,模型控制点一般为内外径产生变化的关键位置点。表 3-21 为机匣单元信息列表。表 3-22 为机匣节点信息列表。

表 3-20　机匣模型控制点

序号	坐标/mm	外径/mm	内径/mm
1	125.7000	350.2000	346.0000
2	270.5000	350.2000	346.0000
3	401.6000	279.0000	275.0000
4	442.6000	279.0000	275.0000
5	585.6000	350.2000	346.0000
6	863.4000	350.2000	346.0000

表 3-21　机匣单元信息

序号	弹性模量/Pa	泊松比	长度/mm	密度/(kg/m³)	外径/mm	内径/mm	坐标 i/mm	坐标 j/mm
1	2.07×10^8	0.30	72.40	7800.00	350.20	346.00	125.70	198.10
2	2.07×10^8	0.30	46.40	7800.00	350.20	346.00	198.10	244.50
3	2.07×10^8	0.30	91.60	7800.00	350.20	346.00	244.50	336.10
4	2.07×10^8	0.30	65.50	7800.00	314.60	310.50	336.10	401.60
5	2.07×10^8	0.30	41.00	7800.00	279.00	275.00	401.60	442.60
6	2.07×10^8	0.30	71.50	7800.00	279.00	275.00	442.60	514.10
7	2.07×10^8	0.30	71.50	7800.00	314.60	310.50	514.10	585.60
8	2.07×10^8	0.30	92.60	7800.00	350.20	346.00	585.60	678.20
9	2.07×10^8	0.30	96.30	7800.00	350.20	346.00	678.20	774.50
10	2.07×10^8	0.30	64.00	7800.00	350.20	346.00	774.50	838.50
11	2.07×10^8	0.30	24.90	7800.00	350.20	346.00	838.50	863.40

表 3-22　机匣节点信息

序号	坐标/mm	名称	质量/kg	赤道转动惯量/(kg·m²)	极转动惯量/(kg·m²)
1	125.7000		0.0000	0.0000	0.0000
2	198.1000		0.0000	0.0000	0.0000
3	244.5000	前安装节(前支承)	0.0000	0.0000	0.0000
4	336.1000		0.0000	0.0000	0.0000
5	401.6000		0.0000	0.0000	0.0000
6	442.6000		0.0000	0.0000	0.0000
7	514.1000		0.0000	0.0000	0.0000
8	585.6000		0.0000	0.0000	0.0000
9	678.2000		0.0000	0.0000	0.0000
10	774.5000	后安装节(后支承)	0.0000	0.0000	0.0000
11	838.5000		0.0000	0.0000	0.0000
12	863.4000		0.0000	0.0000	0.0000

3. 转子-机匣支承信息

采用转子-机匣间的支承连接进行支承建模。表 3-23 为转子-机匣连接支承参数。表 3-24 为转子-机匣连接支承的节点关系。

表 3-23　转子-机匣连接支承参数

名称	轴承外圈质量/kg	轴承座质量/kg	外圈与轴承座间的连接刚度/(N/m)	外圈与轴承座间的连接阻尼/(N·s/m)	轴承座与机匣间的连接刚度/(N/m)	轴承座与机匣间的连接阻尼/(N·s/m)
RC$_1$	0.08	20.00	5.0×10^6	2000.0	5.0×10^6	2000.0
RC$_2$	0.08	20.00	1.0×10^7	2000.0	1.0×10^7	2000.0

表 3-24　转子-机匣连接支承的节点关系

名称	转子模型	转子节点	机匣模型	机匣节点
RC$_1$	转子模型 1	7	机匣模型 1	3
RC$_2$	转子模型 1	13	机匣模型 1	10

4. 滚动轴承信息

试验器压气机端的前支承为圆柱滚子轴承、涡轮端的后支承为深沟球轴承。表 3-25 为 6206 RZ 深沟球轴承型号及参数。表 3-26 为 N206 EM 圆柱滚子轴承型号及参数。

表 3-25　6206 RZ 深沟球轴承型号及参数

型号	内径/mm	外径/mm	滚动体个数	球直径/mm	径向游隙/mm	弹性模量/Pa	泊松比	内圈沟曲率半径系数	外圈沟曲率半径系数	轴向力/N
6206 RZ	30	62	9	9.5	0.1	$2.1×10^{11}$	0.3	0.52	0.52	1000

表 3-26　N206 EM 圆柱滚子轴承型号及参数

型号	内径/mm	外径/mm	滚动体个数	滚子长度/mm	滚子直径/mm	径向游隙/mm	凸度量/mm	切片数
N206 EM	30	62	12	7	6	0.01	0.02	10

5. 机匣-基础安装节连接信息

表 3-27 为机匣-基础间安装节连接参数。表 3-28 为机匣-基础间的安装节连接节点关系。

表 3-27　机匣-基础间安装节连接参数

名称	X 向径向刚度/(N/m)	X 向径向阻尼/(N·s/m)	Y 向径向刚度/(N/m)	Y 向径向阻尼/(N·s/m)
CB_1	$1.0×10^7$	2000.0	$1.0×10^7$	2000.0
CB_2	$2.5×10^6$	2000.0	$1.0×10^7$	2000.0

表 3-28　机匣-基础间安装节连接节点关系

名称	机匣模型	机匣节点
CB_1	机匣模型 1	3
CB_2	机匣模型 1	10

3.4.3　基于模态试验的模型验证

针对航空发动机转子试验器，进行了安装条件下的试验器振动模态测试，在转子上选取 7 个测点，试验示意图如图 3-26 所示，其中激振点安装南京航空航天大学振动工程研究所研制的 HEV-500 型高能电动式激振器，在测点 1 至测点 7 依次布置 7 个 4508 型 ICP 加速度传感器，其中测点 1、2、6、7 容易布置传感器，可以将塑料底座用 502 胶水粘贴到测点，而测点 3、4、5 由于机匣的包容，需要将机匣上的口盖打开，方能布置传感器。正弦激励力通过安装在激振器顶杆和结构之间的阻抗头测量，经过数据采集得到正弦激励力和振动加速度响应信号，从而得到幅频响应函数矩阵中的 1 列，即 $H_{11}(f)$、$H_{21}(f)$、$H_{31}(f)$、$H_{41}(f)$、$H_{51}(f)$、$H_{61}(f)$、$H_{71}(f)$。测点布置图分别如图 3-27~图 3-29 所示。

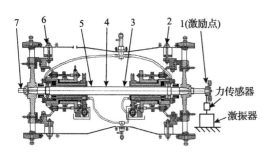

图 3-26　模态试验示意图

图 3-27　测点布置图 1

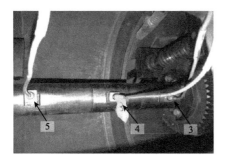

图 3-28　测点布置图 2

图 3-29　测点布置图 3

图 3-30～图 3-32 分别为幅频响应函数 $H_{11}(f)$、$H_{51}(f)$、$H_{71}(f)$ 的仿真结果和试验结果的比较。图 3-33 和图 3-34 为前三阶模态振型的试验结果和仿真结果的比较。从模态分析的结果可以看出，前三阶的仿真和试验模态非常接近，第 1 阶为转子俯仰，固有频率为 43.4Hz（试验结果）、44.9Hz（仿真结果）；第 2 阶为转子平移，固有频率为 46.5Hz（试验结果）、48.1Hz（仿真结果）；第 3 阶为转子弯曲，固有频率为 113.0Hz（试验结果）、114.0Hz（仿真结果）。

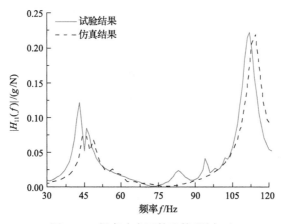

图 3-30　频率响应函数比较（测点 1）

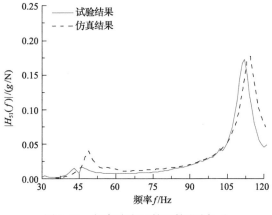

图 3-31　频率响应函数比较(测点 5)

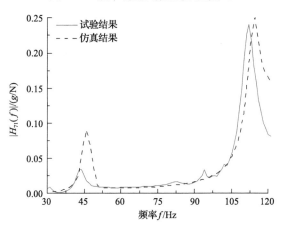

图 3-32　频率响应函数比较(测点 7)

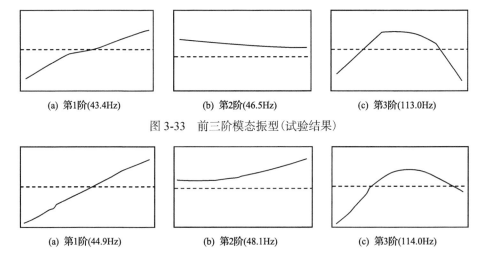

(a) 第1阶(43.4Hz)　　　(b) 第2阶(46.5Hz)　　　(c) 第3阶(113.0Hz)

图 3-33　前三阶模态振型(试验结果)

(a) 第1阶(44.9Hz)　　　(b) 第2阶(48.1Hz)　　　(c) 第3阶(114.0Hz)

图 3-34　前三阶模态振型(仿真结果)

从模态试验和仿真分析的结果可以看出，在第 2 章中所建立考虑的复杂滚动轴承建模的航空发动机整机振动模型是正确有效的，该新模型考虑了详细的滚动轴承模型，可用于研究由转子和轴承故障所引发的转子径向振动、轴向振动及弯扭耦合振动等复杂整机动力学问题。

3.5　某型高推重比双转子航空发动机整机振动模型

3.5.1　发动机简介

某型高推重比双转子航空发动机实物图如图 3-35 所示，发动机整机结构简图如图 3-36 所示，发动机整机动力学模型如图 3-37 所示，发动机低压转子和高压转子及机匣用梁单元模拟，其中风扇机匣测点对应图 3-37 中的节点 3，中介机匣前测点对应图 3-37 中的节点 7，中介机匣后测点对应图 3-37 中的节点 9，涡轮机匣测点对应图 3-37 中的节点 16。

图 3-35　某型高推重比双转子航空发动机实物图

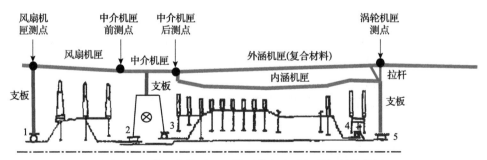

图 3-36　某型高推重比双转子航空发动机整机结构简图

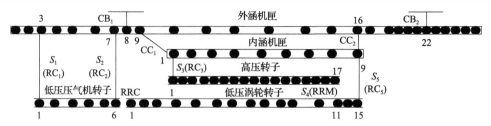

图 3-37　某型高推重比双转子航空发动机整机动力学模型简图

3.5.2　发动机整机振动有限元动力学参数

1. 低压压气机转子

低压压气机转子定义为低压转子 1，其单元和节点信息分别如表 3-29 和表 3-30 所示。

表 3-29　低压转子 1 单元信息

序号	弹性模量/Pa	泊松比	密度/(kg/m³)	外径/m	内径/m	坐标 i/m	坐标 j/m
1	$1.21×10^{11}$	0.30	0.00	0.16	0.126	−0.6735	−0.5575
2	$1.21×10^{11}$	0.30	0.00	0.446	0.44	−0.5575	−0.3711
3	$1.21×10^{11}$	0.30	0.00	0.2016	0.19	−0.3711	−0.2989
4	$1.21×10^{11}$	0.30	0.00	0.13	0.121	−0.2989	−0.2267
5	$1.21×10^{11}$	0.30	0.00	0.13	0.088	−0.2267	−0.0567

表 3-30　低压转子 1 节点信息

序号	名称	坐标/m	集中质量/kg	偏心距/mm	赤道转动惯量/(kg·m²)	极转动惯量/(kg·m²)
1	支承 1	−0.6735	4.6179	0.00	0.0599	0.02655
2	LPC1 盘	−0.5575	50.292	0.02	1.2642	2.7899
3	LPC2 盘	−0.3711	51.1704	0.02	2.2279	3.6826
4		−0.2989	3.0803	0.00	0.01917	0.03834
5		−0.2267	4.7313	0.00	0.007	0.014
6	支承 2	−0.0567	4.2815	0.00	0.01339	0.02679

注：LPC 盘为低压压气机盘。

2. 低压涡轮转子

低压涡轮转子定义为低压转子 2，其单元和节点信息分别如表 3-31 和表 3-32 所示。

表 3-31　低压转子 2 单元信息

序号	弹性模量/Pa	泊松比	密度/(kg/m³)	外径/m	内径/m	坐标 i/m	坐标 j/m
1	2.03×10^{11}	0.28	0.00	0.10	0.092	−0.0567	0.0578
2	2.03×10^{11}	0.28	0.00	0.10	0.092	0.0578	0.1578
3	2.03×10^{11}	0.28	0.00	0.10	0.092	0.1578	0.2578
4	2.03×10^{11}	0.28	0.00	0.106	0.098	0.2578	0.3828
5	2.03×10^{11}	0.28	0.00	0.106	0.098	0.3828	0.4828
6	2.03×10^{11}	0.28	0.00	0.106	0.098	0.4828	0.5828
7	2.03×10^{11}	0.28	0.00	0.106	0.098	0.5828	0.6828
8	2.03×10^{11}	0.28	0.00	0.106	0.098	0.6828	0.7828
9	2.03×10^{11}	0.28	0.00	0.106	0.098	0.7828	0.8828
10	2.03×10^{11}	0.28	0.00	0.106	0.098	0.8828	0.9828
11	2.03×10^{11}	0.28	0.00	0.106	0.098	0.9828	1.0828
12	2.03×10^{11}	0.28	0.00	0.106	0.098	1.0828	1.20935
13	2.03×10^{11}	0.28	0.00	0.13	0.1	1.20935	1.26035
14	2.03×10^{11}	0.28	0.00	0.14	0.11	1.26035	1.29935

表 3-32　低压转子 2 节点信息

序号	坐标/m	名称	集中质量/kg	偏心距/mm	赤道转动惯量/(kg·m²)	极转动惯量/(kg·m²)
1	−0.0567	支承 2	0.1	0.00	0.0001	0.0001
2	0.0578		1.066	0.00	0.002207	0.002461
3	0.1578		1.194	0.00	0.002267	0.002295
4	0.2578		0.8556	0.00	0.001187	0.001529
5	0.3828		0.8556	0.00	0.001327	0.001757
6	0.4828		1.2562	0.00	0.002256	0.002752
7	0.5828		1.2562	0.00	0.002256	0.002752
8	0.6828		1.2562	0.00	0.002256	0.002752
9	0.7828		1.2562	0.00	0.002256	0.002752
10	0.8828		1.2562	0.00	0.002256	0.002752
11	0.9828		1.2562	0.00	0.002256	0.002752
12	1.0828		1.2562	0.00	0.002256	0.002752
13	1.20935	支承 4	2.2204	0.00	0.004192	0.005197
14	1.26035		73.115	0.068	2.9174	4.9238
15	1.29935	支承 5	2.273	0.001	0.004192	0.008071

3. 高压转子

高压转子的单元和节点信息分别如表 3-33 和表 3-34 所示。

表 3-33　高压转子单元信息

序号	弹性模量/Pa	泊松比	密度/(kg/m³)	外径/m	内径/m	坐标 i/m	坐标 j/m
1	1.09×10^{11}	0.30	0.00	0.14	0.108	0.19072	0.28532
2	1.09×10^{11}	0.30	0.00	0.2555	0.2441	0.28532	0.37192
3	2.03×10^{11}	0.28	0.00	0.3970	0.3930	0.37192	0.43142
4	2.03×10^{11}	0.28	0.00	0.4183	0.4146	0.43142	0.48277
5	2.03×10^{11}	0.28	0.00	0.4183	0.4146	0.48277	0.53587
6	2.03×10^{11}	0.28	0.00	0.4183	0.4146	0.53587	0.58037
7	2.03×10^{11}	0.28	0.00	0.4183	0.4146	0.58037	0.62267
8	2.03×10^{11}	0.28	0.00	0.4183	0.4146	0.62267	0.66547
9	2.03×10^{11}	0.28	0.00	0.3760	0.3724	0.66547	0.74897
10	2.03×10^{11}	0.28	0.00	0.3298	0.3247	0.74897	0.88692
11	2.03×10^{11}	0.28	0.00	0.3298	0.3247	0.88692	1.02462
12	2.03×10^{11}	0.28	0.00	0.3300	0.3232	1.02462	1.07492
13	2.03×10^{11}	0.28	0.00	0.25	0.23	1.07492	1.16555
14	2.03×10^{11}	0.28	0.00	0.18	0.1550	1.16555	1.20955

表 3-34　高压转子节点信息

序号	坐标/m	名称	集中质量/kg	偏心距/mm	赤道转动惯量/(kg·m²)	极转动惯量/(kg·m²)
1	0.19072	支承 3	12.9967	0.00	0.025503	0.0510063
2	0.28532		0	0.00	0.01	0.01
3	0.37192	HPC3 盘	38.2962	0.00	1.1242	1.2213
4	0.43142	HPC4 盘	12.1848	0.1	0.168545	0.3909
5	0.48277	HPC5 盘	9.1364	0.00	0.131815	0.27959
6	0.53587	HPC6 盘	8.6804	0.00	0.119595	0.25532
7	0.58037	HPC7 盘	8.2476	0.00	0.113449	0.24331
8	0.62267	HPC8 盘	8.2278	0.00	0.113482	0.2433
9	0.66547	HPC9 盘	9.4462	0.134	0.130646	0.267265
10	0.74897		17.1125	0.07	0.218247	0.365837
11	0.88692		0.0	0.00	0.01	0.01
12	1.02462		26.351	0.000	0.41829	0.935273
13	1.07492	HPT 盘	78.436	0.000	1.945878	3.622343
14	1.16555		13.6154	0.09	0.1181912	0.128679
15	1.20955	支承 4	11.998	0.00	0.014195	0.025615

注：HPC 盘为高压压气机盘；HPT 盘为高压涡轮盘。

4. 机匣

机匣分为外涵机匣、内涵机匣，外涵机匣的单元和节点信息分别如表 3-35 和表 3-36 所示，内涵机匣的单元和节点信息分别如表 3-37 和表 3-38 所示。

表 3-35　外涵机匣单元信息

序号	弹性模量/Pa	泊松比	密度/(kg/m³)	外径/m	内径/m	坐标 i/m	坐标 j/m
1	1.09×10^{11}	0.20	0.00	0.9207	0.9146	−1.003	−0.8530
2	1.09×10^{11}	0.20	0.00	0.9226	0.9186	−0.8530	−0.6960
3	1.09×10^{11}	0.2	0.00	0.9226	0.9186	−0.6960	−0.6060
4	1.09×10^{11}	0.23	0.00	0.9820	0.9770	−0.6060	−0.3940
5	1.09×10^{11}	0.23	0.00	0.8605	0.8555	−0.3940	−0.2430
6	1.09×10^{11}	0.23	0.00	0.8350	0.8300	−0.2430	−0.059
7	2.1×10^{11}	0.25	0.00	0.8350	0.8300	−0.059	0
8	2.1×10^{11}	0.25	0.00	0.8350	0.8300	0	0.107
9	2.1×10^{11}	0.25	0.00	0.9308	0.9260	0.107	0.307
10	2.1×10^{11}	0.25	0.00	0.9308	0.9260	0.307	0.517
11	2.1×10^{11}	0.25	0.00	0.9308	0.9260	0.517	0.717
12	2.1×10^{11}	0.25	0.00	0.9308	0.9260	0.717	0.927
13	2.1×10^{11}	0.25	0.00	1.0348	1.0300	0.927	1.147
14	2.1×10^{11}	0.25	0.00	1.0348	1.0300	1.147	1.3473
15	1.09×10^{11}	0.23	0.00	1.0040	1.0000	1.3473	1.4253
16	1.09×10^{11}	0.23	0.00	1.0030	1.0000	1.4253	1.5853
17	1.09×10^{11}	0.23	0.00	1.0030	1.0000	1.5853	1.7453
18	1.09×10^{11}	0.23	0.00	1.0030	1.0000	1.7453	1.9065
19	2.1×10^{11}	0.25	0.00	1.0830	1.0800	1.9065	2.0465
20	2.1×10^{11}	0.25	0.00	1.0830	1.0800	2.0465	2.1865
21	2.1×10^{11}	0.25	0.00	1.0830	1.0800	2.1865	2.33
22	2.1×10^{11}	0.25	0.00	1.0375	1.0346	2.33	2.53
23	2.1×10^{11}	0.25	0.00	1.0375	1.0346	2.53	2.73
24	2.1×10^{11}	0.25	0.00	1.0375	1.0346	2.73	2.93
25	2.1×10^{11}	0.25	0.00	1.0375	1.0346	2.93	3.13
26	2.1×10^{11}	0.25	0.00	1.0375	1.0346	3.13	3.2995

表 3-36　外涵机匣节点信息

序号	坐标/m	名称	集中质量/kg	赤道转动惯量/(kg·m²)
1	−1.003		6.74	0.7136
2	−0.8530		16.9857	1.8055
3	−0.6960	支承 1	34.2653	3.6424
4	−0.6060		32.6908	3.9366
5	−0.3940		34.6173	3.2009
6	−0.2430		37.6204	3.2754
7	−0.059	支承 2	28.9520	2.5207
8	0	前安装节	41.9684	3.6540
9	0.107	支承 3	128.4490	13.837
10	0.307		61.8388	6.6615
11	0.517		36.8133	3.9656
12	0.717		22.3980	2.4128
13	0.927		42.4184	5.6501
14	1.147		37.8143	5.0368
15	1.3473		28.1990	3.5495
16	1.4253	与内机匣的连接	32.1122	4.0341
17	1.5853		24.1949	3.0394
18	1.7453		24.1949	3.0394
19	1.9065		29.4102	4.3074
20	2.0465		34.6357	5.0277
21	2.1865		34.6357	4.6555
22	2.33	后安装节	34.6357	4.6555
23	2.53		34.6357	4.6555
24	2.73		34.6357	4.6555
25	2.93		34.6357	4.6555
26	3.13		34.6357	4.6555
27	3.2995		34.6357	2.3277

表 3-37　内涵机匣单元信息

序号	弹性模量/Pa	泊松比	密度/(kg/m³)	外径/m	内径/m	坐标 i/m	坐标 j/m
1	1.09×10^{11}	0.23	0.00	0.5934	0.5781	0.1070	0.5160
2	2.1×10^{11}	0.25	0.00	0.6236	0.6072	0.5160	0.6560
3	2.1×10^{11}	0.25	0.00	0.6478	0.6411	0.6560	0.7452
4	2.1×10^{11}	0.25	0.00	0.6978	0.6783	0.7452	0.9678
5	2.1×10^{11}	0.25	0.00	0.8484	0.8429	0.9678	1.1018
6	2.1×10^{11}	0.25	0.00	0.8556	0.8494	1.1018	1.1818
7	2.1×10^{11}	0.25	0.00	0.8277	0.8181	1.1818	1.2718
8	2.1×10^{11}	0.25	0.00	0.8166	0.8060	1.2718	1.4398

表 3-38　内涵机匣节点信息

序号	坐标/m	名称	集中质量/kg	赤道转动惯量/(kg·m²)
1	0.1070	支承 3	0.1	0.001
2	0.5160		50.0510	2.4305
3	0.6560	与燃烧室机匣固结点	103.8233	5.50318
4	0.7452		25.0132	1.5209
5	0.9678		50.6296	4.5506
6	1.1018		40.0959	3.6653
7	1.1818		28.9592	2.4774
8	1.2718		35.9663	2.9905
9	1.4398	与外机匣的连接	21.4867	1.7866

5. 连接刚度

在整机动力学模型中，转子与机匣支承连接参数、转子与转子中介轴承支承参数、转子连接套齿参数、深沟球轴承参数、圆柱滚子轴承参数、机匣与机匣连接参数、机匣与基础连接参数，分别如表 3-39～表 3-45 所示。

表 3-39　转子与机匣支承连接参数

支点	外圈质量/kg	轴承座质量/kg	径向刚度 1/(N/m)	径向阻尼 1/(N·s/m)	径向刚度 2/(N/m)	径向阻尼 2/(N·s/m)	转子模型(节点)	机匣模型(节点)
1	1	10.4102	5×10^8	2000.0	6.35×10^7	2000.0	低压转子 1(1)	外涵机匣(3)
2	1	8.4086	3.5×10^8	2000.0	1.0×10^8	2000.0	低压转子 1(6)	外涵机匣(7)
3	1	16.7173	3.5×10^8	2000.0	1.0×10^8	2000.0	高压转子(1)	内涵机匣(1)
5	1	20.0204	5×10^8	2000.0	2.5×10^7	2000.0	低压转子 2(15)	内涵机匣(9)

表 3-40　转子与转子中介轴承支承参数

支点	外圈质量/kg	轴承座质量/kg	径向刚度 1/(N/m)	径向阻尼 1/(N·s/m)	径向刚度 2/(N/m)	径向阻尼 2/(N·s/m)	内转子(节点)	外转子(节点)
4	1	1	2.5×10^8	2000.0	2.5×10^8	2000	低压转子 2(13)	高压转子(15)

表 3-41　转子连接套齿参数

名称	径向刚度/(N/m)	角刚度/(N·m/rad)	左转子模型(节点)	右转子模型(节点)
套齿	5×10^8	1.0×10^5	低压转子 1(6)	低压转子 2(1)

表 3-42　深沟球轴承参数

支点	内径/mm	外径/mm	滚动体个数	球直径/mm	径向游隙/mm	弹性模量/Pa	泊松比	内圈沟曲率半径系数	外圈沟曲率半径系数
1	140	200	22	19.05	0.01	2.1×10^{11}	0.3	0.52	0.52
3	133.35	201.725	20	22.225	0.01	2.1×10^{11}	0.3	0.52	0.52

表 3-43　圆柱滚子轴承参数

支点	内径/mm	外径/mm	滚动体个数	滚子有效长度/mm	滚子直线长度/mm	滚子直径/mm	径向游隙/mm	凸度量/mm	切片数
2	130	180	30	12	7.77	12	0.01	0.02	10
4	118.94	164.064	28	16	7.77	12	0.01	0.02	10
5	130.0	180	30	12	7.77	12	0.01	0.02	10

表 3-44　机匣与机匣连接参数

支点	轴向刚度/(N/m)	轴向阻尼/(N·s/m)	径向刚度/(N/m)	径向阻尼/(N·s/m)	角向刚度/(N/m)	角向阻尼/(N·s/m)	外涵机匣(节点)	内涵机匣(节点)
CC_1	1×10^8	5000	5×10^8	5000	1×10^6	100	外涵机匣(9)	内涵机匣(1)
CC_2	1×10^8	5000	5×10^8	5000	1×10^6	100	外涵机匣(16)	内涵机匣(9)

表 3-45　机匣与基础连接参数

支点	径向水平刚度/(N/m)	径向水平阻尼/(N·s/m)	径向垂直刚度/(N/m)	径向垂直阻尼/(N·s/m)	外涵机匣(节点)
CB_1	1×10^9	2000	1×10^9	2000	外涵机匣(8)
CB_2	1×10^9	2000	1×10^9	2000	外涵机匣(22)

3.5.3　某型双转子航空发动机整机建模仿真验证

1. 仿真计算条件

　　模拟实际航空发动机试车过程中的增速和减速过程，基于时间历程来进行航空发动机整机振动仿真计算。图 3-38 和图 3-39 分别为某型双转子航空发动机两个不同的时间历程数据，表明了转子转速和转静间隙随转速的变化关系。

　　双转子航空发动机的转速变化规律如式(3-4)所示：

$$\begin{cases} N_2 = 3N_1, & N_1 \leqslant 3552 \text{r/min} \\ N_2 = 0.7712N_1 + 7826.6621, & 3552 \text{r/min} < N_1 \leqslant 8880 \text{r/min} \end{cases} \tag{3-4}$$

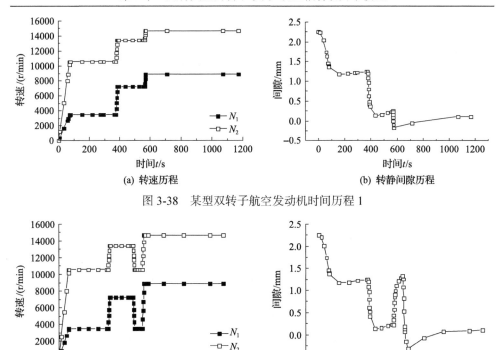

(a) 转速历程　　　　　　　　　　　(b) 转静间隙历程

图 3-38　某型双转子航空发动机时间历程 1

(a) 转速历程　　　　　　　　　　　(b) 转静间隙历程

图 3-39　某型双转子航空发动机时间历程 2

为了减少计算时间，自定义时间历程如表 3-46 所示。转静间隙取较大的值（100mm），表示在整个仿真过程中不发生碰摩。

表 3-46　自定义时间历程

时间/s	低压转子转速 N_1/(r/min)	高压转子转速 N_2/(r/min)	转静间隙/mm
0	0	0	100
50	3552	10656	100
100	8880	14675	100

在仿真计算中，仅仅考虑在转子质量偏心产生的不平衡激励下的振动响应，不平衡量设置如下。

(1)仅考虑转盘的不平衡量，不考虑其他故障。

(2)发动机选定的不平衡量分布：

①第 1 级和第 3 级风扇叶片不平衡量为 100g·cm；

②第 4 级和第 9 级高压压气机叶片不平衡量为 127g·cm；

③第 9 级高压压气机盘后 1 节点(篦齿盘)和高压涡轮叶片后 1 节点(修正面)不平衡量为 120g·cm；

④第 1 级和第 2 级低压涡轮叶片不平衡量为 250g·cm。

2. 基于时域数值积分的临界转速分析方法

通常的临界转速，是指单转子系统中，转子的不平衡力激起的转子自身做同步正进动共振时的转子转速。在有限元分析中，求解系统的振动方程，所得的相应特征值即为对应的各阶频率，特征向量即为对应的振型。对于双转子航空发动机，不平衡激励情况较为复杂，各个转子都存在不平衡激励，其频率等于各转子的转速，因此，在双转子系统临界转速的计算中，通常分别研究各个转子不平衡力单独激起转子系统的共振转速，需要计算高压和低压转子分别激起的临界转速。

当采用有限元法进行计算时，目前常见的方法是坎贝尔图法，在确定的高低压转子转速关系下，求解各转子转速给定情况下的系统特征值，分别绘制坎贝尔图，得到各转子激起的系统共振点，最后将两个转子不平衡量激起的系统共振点绘制在工作转速曲线上，即可得到双转子系统的临界转速。该方法求解较为烦琐，且耗时较长，难以区分局部模态和整机模态。本节采用测点响应法计算系统的临界转速，即在真实的航空发动机高低压转子工作转速下，实时计算测点响应，绘制测点速度 1 倍频分量随转速变化的曲线，找出各测点曲线若干极大值并进行汇总，从而找出系统的临界转速。在临界转速下计算系统的响应，模拟临界转速下的振型。该方法能够更为真实地显示工作状态下，航空发动机的实际响应情况，根据测点响应判断振动情况、各个测点的振动情况，更为清晰地判断和分辨出局部共振和整机共振，同时，计算过程更为简洁，大大缩短了计算时间，提高了计算效率，其计算流程如图 3-40 所示。

3. 临界转速分析

1)基于 LPC1 位移的临界转速分析

图 3-41 为低压压气机盘 LPC1 测点 X 向的位移分量振幅与对应转速关系图。从图中可看出 LPC1 的位移信号中 1 倍低压转子旋转频率成分(即 $1 \times N_1$)随低压转子转速 N_1、1 倍高压转子旋转频率成分(即 $1 \times N_2$)随高压转子转速 N_2 的变化规律。其中低压转子转速为 0～8880r/min，高压转子转速为 0～14675r/min。表 3-47 列出了由低压压气机盘 LPC1 测点振动位移得到的低、高压转子激励下的系统临界转速。由于 X 向与 Y 向具有对称性，其规律完全相同。

2)基于 LPT 位移的临界转速分析

图 3-42 为低压涡轮盘 LPT 测点 X 向的位移分量振幅与对应转速关系图。从图中可以看出 LPT 的位移信号中 1 倍低压转子旋转频率成分(即 $1 \times N_1$)随低压

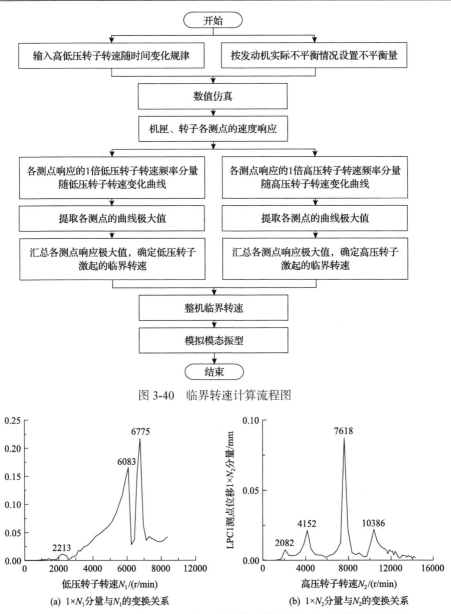

图 3-40　临界转速计算流程图

图 3-41　低压压气机盘 LPC1 测点 X 向的位移分量振幅与对应转速关系图

表 3-47　由低压压气机盘 LPC1 测点振动位移得到的低、高压转子激励下的系统临界转速

阶数	低压转子激励临界转速/(r/min)	高压转子激励临界转速/(r/min)
1	2213	2082
2	6083	4152
3	6775	7618
4	—	10386

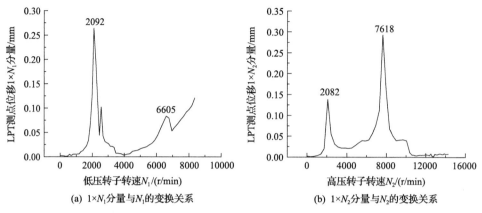

(a) 1×N_1分量与N_1的变换关系　　　(b) 1×N_2分量与N_2的变换关系

图 3-42　低压涡轮盘 LPT 测点 X 向的位移分量振幅与对应转速关系图

转子转速 N_1、1 倍高压转子旋转频率成分(即 1×N_2)随高压转子转速 N_2 的变化规律。其中低压转子转速为 0～8880r/min，高压转子转速为 0～14675r/min。表 3-48 列出了由低压涡轮盘 LPT 测点振动位移得到的低、高压转子激励下的系统临界转速。由于 X 向和 Y 向具有对称性，其规律完全相同。

表 3-48　由低压涡轮盘 LPT 测点振动位移得到的低、高压转子激励下的系统临界转速

阶数	低压转子激励临界转速/(r/min)	高压转子激励临界转速/(r/min)
1	2092	2082
2	6605	7618

3）基于 HPC4 位移的临界转速分析

图 3-43 为高压压气机盘 HPC4 测点 X 向的位移分量振幅与对应转速关系图。从图中可以看出高压压气机盘 HPC4 位移信号中的 1 倍低压转子旋转频率成分(即 1×N_1)随低压转子转速 N_1、1 倍高压转子旋转频率成分(即 1×N_2)随高压转子转速

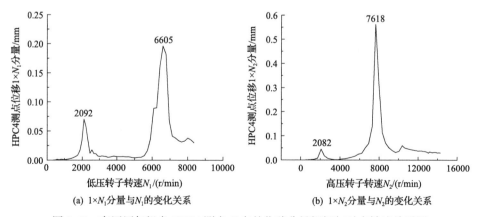

(a) 1×N_1分量与N_1的变化关系　　　(b) 1×N_2分量与N_2的变化关系

图 3-43　高压压气机盘 HPC4 测点 X 向的位移分量振幅与对应转速关系图

N_2 的变化规律。其中低压转子转速为 0～8880r/min，高压转子转速为 0～14675r/min。表 3-49 列出了由高压压气机盘 HPC4 测点振动位移得到的低、高压转子激励下的系统临界转速。由于 X 向和 Y 向具有对称性，其规律完全相同。

表 3-49　由高压压气机盘 HPC4 测点振动位移得到的低、高压转子激励下的系统临界转速

阶数	低压转子激励临界转速/(r/min)	高压转子激励临界转速/(r/min)
1	2092	2082
2	6605	7618

4) 基于 HPT 位移的临界转速分析

图 3-44 为高压涡轮盘 HPT 测点 X 向的位移分量振幅与对应转速关系图。从图中可以看出高压涡轮盘 HPT 位移信号中的 1 倍低压转子旋转频率成分(即 $1 \times N_1$)随低压转子转速 N_1、1 倍高压转子旋转频率成分(即 $1 \times N_2$)随高压转子转速 N_2 的变化规律。其中低压转子转速为 0～8880r/min，高压转子转速为 0～14675r/min。表 3-50 列出了由高压涡轮盘 HPT 测点振动位移得到低、高压转子激励下的系统临界转速。由于 X 向和 Y 向具有对称性，其规律完全相同。

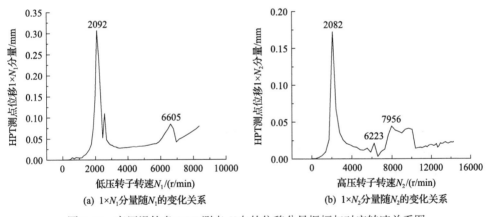

(a) $1 \times N_1$ 分量随 N_1 的变化关系　　　　(b) $1 \times N_2$ 分量随 N_2 的变化关系

图 3-44　高压涡轮盘 HPT 测点 X 向的位移分量振幅与对应转速关系图

表 3-50　由高压涡轮盘 HPT 测点振动位移得到的低、高压转子激励下的系统临界转速

阶数	低压转子激励临界转速/(r/min)	高压转子激励临界转速/(r/min)
1	2092	2082
2	6605	6223
3	—	7956

5) 基于进气机匣振动速度的临界转速分析

图 3-45 为进气机匣测点 X 向的速度分量与对应转速关系图。从图中可以看出进气机匣测点 X 向的振动速度分量信号中 1 倍低压转子旋转频率成分(即 $1 \times N_1$)随低

压转子转速 N_1、1 倍高压转子旋转频率成分(即 $1 \times N_2$)随高压转子转速 N_2 的变化规律。其中低压转子转速为 0～8880r/min,高压转子转速为 0～14675r/min。表 3-51 列出了由进气机匣测点振动速度得到低、高压转子激励下的系统临界转速。由于 X 向和 Y 向具有对称性,其规律完全相同。

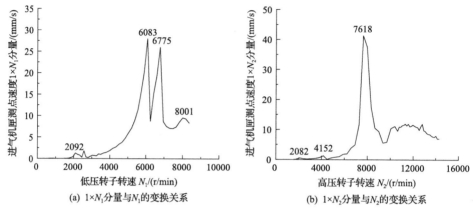

图 3-45　进气机匣测点 X 向的速度分量与对应转速关系图

表 3-51　由进气机匣测点振动速度得到的低、高压转子激励下的系统临界转速

阶数	低压转子激励临界转速/(r/min)	高压转子激励临界转速/(r/min)
1	2092	2082
2	6083	4152
3	6775	7618
4	8001	—

6)基于中介机匣左测点振动速度的临界转速分析

图 3-46 为中介机匣左测点 X 向的速度分量与对应转速关系图。从图中可以

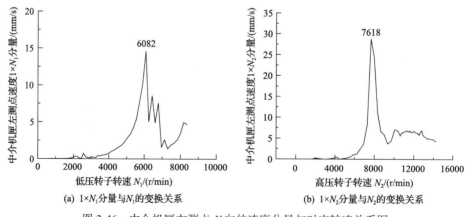

图 3-46　中介机匣左测点 X 向的速度分量与对应转速关系图

看出中介机匣左测点 X 向速度信号的 1 倍低压转子旋转频率成分(即 $1 \times N_1$)随低压转子转速 N_1、1 倍高压转子旋转频率成分(即 $1 \times N_2$)随高压转子转速 N_2 的变化规律。其中低压转子转速为 0～8880r/min,高压转子转速为 0～14675r/min。表 3-52 列出了由中介机匣左测点振动速度得到低、高压转子激励下的系统临界转速。由于 X 向和 Y 向具有对称性,其规律完全相同。

表 3-52　由中介机匣左测点振动速度得到的低、高压转子激励下的系统临界转速

阶数	低压转子激励临界转速/(r/min)	高压转子激励临界转速/(r/min)
1	6082	7618

7)基于中介机匣右测点振动速度的临界转速分析

图 3-47 为基于中介机匣右测点 X 向速度分量与对应转速关系图。从图中可以看出基于中介机匣右测点振动速度信号中的 1 倍低压转子旋转频率成分(即 $1 \times N_1$)随低压转子转速 N_1、1 倍高压转子旋转频率成分(即 $1 \times N_2$)随高压转子转速 N_2 的变化规律。其中低压转子转速为 0～8880r/min,高压转子转速为 0～14675r/min。表 3-53 列出了由中介机匣右测点振动速度得到低、高压转子激励下的系统临界转速。由于 X 向和 Y 向具有对称性,其规律完全相同。

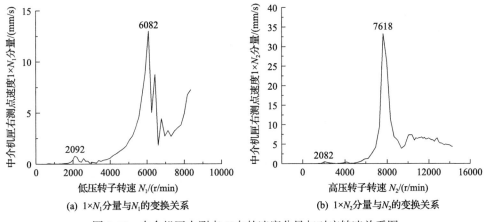

(a) $1 \times N_1$ 分量与 N_1 的变换关系　　　　(b) $1 \times N_2$ 分量与 N_2 的变换关系

图 3-47　中介机匣右测点 X 向的速度分量与对应转速关系图

表 3-53　由中介机匣右测点振动速度得到的低、高压转子激励下的系统临界转速

阶数	低压转子激励临界转速/(r/min)	高压转子激励临界转速/(r/min)
1	2092	2082
2	6082	7618

8)基于涡轮机匣振动速度的临界转速分析

图 3-48 为涡轮机匣测点 X 向的速度分量与对应转速关系图。从图中可以看出

涡轮机匣速度振动信号中的1倍低压转子旋转频率成分(即$1 \times N_1$)随低压转子转速 N_1、1倍高压转子旋转频率成分(即$1 \times N_2$)随高压转子转速 N_2 的变化规律。其中低压转子转速为 0~8880r/min,高压转子转速为 0~14675r/min。表 3-54 列出了由涡轮机匣振动速度得到低、高压转子激励下的系统临界转速。由于 X 向和 Y 向具有对称性,其规律完全相同。

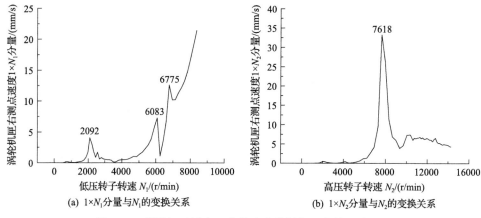

图 3-48　涡轮机匣测点 X 向的速度分量与对应转速关系图

表 3-54　由涡轮机匣振动速度得到的低、高压转子激励下的系统临界转速

阶数	低压转子激励临界转速/(r/min)	高压转子激励临界转速/(r/min)
1	2092	7618
2	6083	—
3	6775	—

4. 临界转速汇总及振型分析

综合所有测点的临界转速计算结果,并重新排序后得到整机振动临界转速,结果列于表 3-55 和表 3-56 中。

表 3-55　临界转速汇总(一)

阶数	低压转子激励临界转速/(r/min)				高压转子激励临界转速/(r/min)			
	LPC1	LPT	HPC4	HPT	LPC1	LPT	HPC4	HPT
1	2213	2092	2092	2092	2082	2082	2082	2082
2	6083	—	—	—	4152	—	—	—
3	6775	6605	6605	6605	7618	7618	7618	6223
4	—	—	—	—	10386	—	—	7956

表 3-56 临界转速汇总（二）

阶数	低压转子激励临界转速/(r/min)				高压转子激励临界转速/(r/min)			
	进气机匣	中介机匣左测点	中介机匣右测点	涡轮机匣	进气机匣	中介机匣左测点	中介机匣右测点	涡轮机匣
1	2092	2092	2092	2092	2082	—	2082	—
2	6083	6082	—	6083	4152	—	—	—
3	6775	—	6082	6775	7618	7618	7618	7618
4	8001	—	—	—	—	—	—	—

　　根据表 3-55 和表 3-56 的临界转速，计算相应振型，其中低压转子激励下的临界转速计算条件如表 3-57 所示，高压转子激励下的临界转速计算条件如表 3-58 所示。在低压转子激励时，将高压转子的偏心量设置为 0，高压转子激励时，将低压转子的偏心量设置为 0。

表 3-57 低压转子激励下的临界转速计算条件 （单位：r/min）

阶数	1	2	3
N_1 临界转速	2092	6083	6775
对应 N_2 转速	6276	12518	13052

表 3-58 高压转子激励下的临界转速计算条件 （单位：r/min）

阶数	1	2	3
N_2 临界转速	2082	4152	7618
对应 N_1 转速	694	1384	2539

1）低压转子转速 N_1=2092r/min（N_2=6276r/min）

　　基于自主开发的软件 EVDYNA 计算整机耦合动力学模型得到的低压转子激励第 1 阶振型如图 3-49(a) 所示，图 3-49(b) 为 Nastran 软件针对不包含机匣的转子-支承系统的计算结果，可以看出，二者的计算结果均表现出该阶临界转速下的振型为：高压和低压涡轮盘同相摆动。

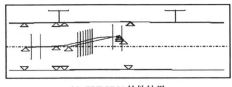

(a) EVDYNA软件结果

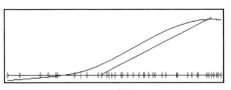

(b) Nastran结果(37Hz)

图 3-49 低压转子激励第 1 阶振型与计算结果

2) 低压转子转速 N_1=6083r/min (N_2=12518r/min)

基于自编软件 EVDYNA 计算整机耦合动力学模型得到的低压转子激励第 2 阶振型如图 3-50 (a) 所示，图 3-50 (b) 为 Nastran 软件针对不包含机匣的转子-支承系统的计算结果，可以看出，二者的计算结果均表现出该阶临界转速下的振型为：低压风扇摆动。

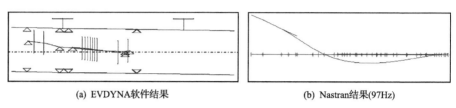

(a) EVDYNA软件结果　　　　　　　　(b) Nastran结果(97Hz)

图 3-50　低压转子激励第 2 阶振型与计算结果

3) 低压转子转速 N_1=6775r/min (N_2=13052r/min)

基于自编软件 EVDYNA 计算整机耦合动力学模型得到的低压转子激励第 3 阶振型如图 3-51 (a) 所示，图 3-51 (b) 为 Nastran 软件针对不包含机匣的转子-支承系统的计算结果，可以看出，二者计算结果的共同点均表现出该阶临界转速下的高压转子摆动的振型，区别在于，EVDYNA 软件还表现出来低压风扇摆动，且低压风扇和高压转子反相摆动；而 Nastran 软件没有表现出风扇的摆动振型。

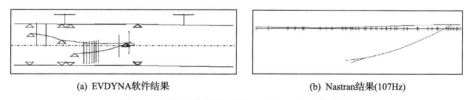

(a) EVDYNA软件结果　　　　　　　　(b) Nastran结果(107Hz)

图 3-51　低压转子激励第 3 阶振型与计算结果

4) 高压转子转速 N_2=2082r/min (N_1=694r/min)

基于自编软件 EVDYNA 计算整机耦合动力学模型得到的高压激励第 1 阶振型如图 3-52 (a) 所示，图 3-52 (b) 为 Nastran 软件针对不包含机匣的转子-支承系统的计算结果，可以看出，二者的计算结果均表现出该阶临界转速下高压和低压涡轮盘同相摆动。

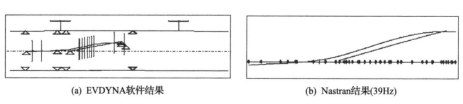

(a) EVDYNA软件结果　　　　　　　　(b) Nastran结果(39Hz)

图 3-52　高压转子激励第 1 阶振型与计算结果

5）高压转子转速 N_2=4152r/min（N_1=1384r/min）

基于自编软件 EVDYNA 计算整机耦合动力学模型得到的高压激励第 2 阶振型如图 3-53（a）所示，图 3-53（b）为 Nastran 软件针对不包含机匣的转子-支承系统的计算结果，可以看出，二者的计算结果均表现出该阶临界转速下低压风扇盘的摆动。

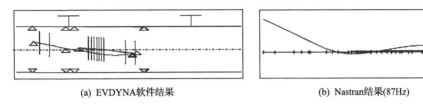

(a) EVDYNA软件结果　　　　　　　　　　(b) Nastran结果(87Hz)

图 3-53　高压转子激励第 2 阶振型计算比较

6）高压转子转速 N_2=7618r/min（N_1=2539r/min）

基于自编软件 EVDYNA 计算整机耦合动力学模型得到的高压激励第 3 阶振型如图 3-54（a）所示，图 3-54（b）为 Nastran 软件针对不包含机匣的转子-支承系统的计算结果，可以看出，二者的计算结果均表现出该阶临界转速下高压转子的俯仰摆动。

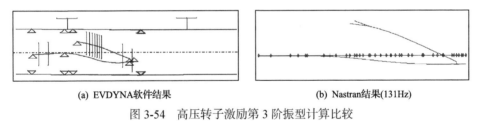

(a) EVDYNA软件结果　　　　　　　　　　(b) Nastran结果(131Hz)

图 3-54　高压转子激励第 3 阶振型计算比较

5. 临界转速计算结果与实测结果对比

本章利用响应峰值法通过试车数据分析、整机梁单元有限元模型仿真以及整机实体有限元模型仿真，识别到了低压转子工作转速范围内的低压激振风扇俯仰模态临界转速和高压转子慢车转速以下的高压激振高压压气机模态临界转速。

图 3-55 为进气机匣测点振动速度实测值，可以看出发动机转速在 6000～7000r/min 存在临界转速。图 3-56 为整机梁单元模型有限元仿真结果，其中图 3-56（a）为进气机匣测点振动速度有效值的仿真结果，对比进气机匣测点振动速度 1 倍 N_1 分量随 N_1 的变化规律，可以明显看出，低压激励下的风扇俯仰在 6000～7000r/min 出现了两阶临界转速，即 6083r/min 和 6775r/min。图 3-56（b）、（c）为两阶临界转速下的整机振型，可以看出，临界转速为 6083r/min 时对应的振型为风扇转子和高压转子同相摆动；临界转速为 6775r/min 时对应的振型为风扇转子和高压转子反相摆动。

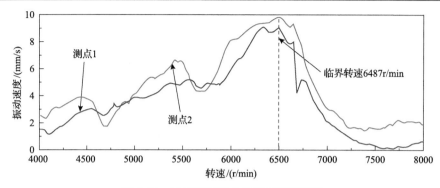

图 3-55　进气机匣测点振动速度实测值

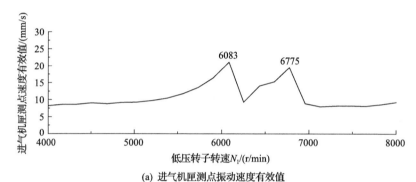

(a) 进气机匣测点振动速度有效值

(b) 低压激振风扇、高压转子同相俯仰模态　　　　(c) 低压激振风扇、高压转子反相俯仰模态
　　　　　(N_1=6083r/min)　　　　　　　　　　　　　　　　　(N_1=6775r/min)

图 3-56　基于 EVDYNA 软件的整机梁单元模型有限元仿真结果

图 3-57 为中介机匣测点振动速度实测值，可以看出发动机在 7618r/min 附近

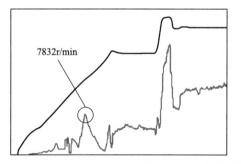
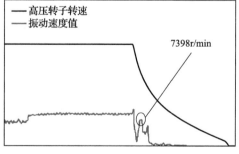

图 3-57　中介机匣测点振动速度实测值

存在临界转速。图 3-58(a)为中介机匣测点振动速度有效值的仿真结果，对比中介机匣测点振动速度 1 倍 N_2 分量仿真值随转速 N_2 的变化规律，可以明显地看出，高压激励下的高压转子俯仰在 7618r/min 出现临界转速，图 3-58(b)为该临界转速下的整机振型。

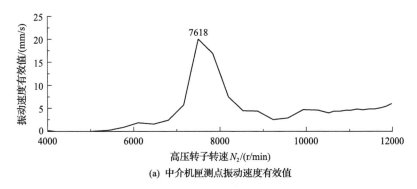

(a) 中介机匣测点振动速度有效值

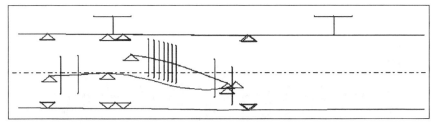

(b) 整机振动模态(N_2=7618r/min)

图 3-58　基于 EVDYNA 软件的整机实体有限元模型仿真结果

表 3-59 为基于 EVDYNA 软件的整机实体有限元模型临界转速计算值与实测值的对比结果。通过对比可知，工作转速范围内低压激振下风扇俯仰模态临界转速计算与实测误差分别为 6.23% 和 4.44%，工作转速以外高压激振高压转子俯仰模态临界转速计算误差为 3.26%。计算结果表明了 EVDYNA 软件所建立的发动机整机耦合动力学模型具备了较高的精度。

表 3-59　基于 EVDYNA 软件的整机临界转速计算值与实测值对比

状态		计算值/(r/min)	实测值/(r/min)	计算误差/%
低压激振下风扇俯仰模态临界转速	风扇转子与高压转子同相俯仰	6083	6487	6.23
	风扇转子与高压转子反相俯仰	6775	6487	4.44
高压激振下高压转子俯仰模态临界转速		7618	7875	3.26

6. 结论

　　利用第 2 章航空发动机整机振动建模新方法所建立的某型高推重比双转子航空发动机模型，利用自行开发的航空发动机整机振动分析软件 EVDYNA，计算得到了该发动机整机临界转速，该结果与基于 Nastran 软件的计算结果非常吻合，与发动机实际试车数据获取的临界转速也非常接近。结果充分表明了第 2 章所提出的航空发动机整机振动建模方法的正确性，以及依据该建模方法自行开发的航空发动机整机振动分析软件 EVDYNA 的工程实用性。

3.6　某型无人飞行器用小型发动机整机振动模型

3.6.1　发动机简介

　　图 3-59 和图 3-60 为某型无人飞行器用小型发动机转子组装图与该发动机的

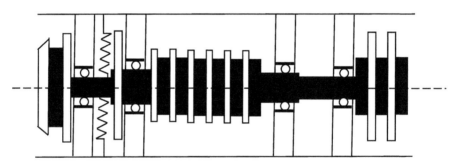

图 3-59　某型无人飞行器用小型发动机转子组装图

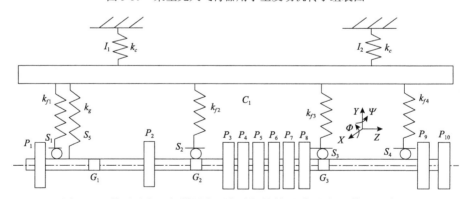

图 3-60　某型无人飞行器用小型发动机的转子-支承-机匣模型示意图

P_1：风扇盘；P_2：发电机旋转部件(磁钢)；$P_3 \sim P_8$：6 个压气机盘；P_9：涡轮盘 1；P_{10}：涡轮盘 2；C_1：机匣；G_1：风扇轴与传动轴套齿联轴器；G_2：传动轴与压气机轴套齿联轴器；G_3：压气机轴与涡轮轴套齿联轴器；S_1：风扇支点；S_2：压气机前支点；S_3：压气机后支点；S_4：涡轮支点；S_5：传动齿轮泵支点；I_1：前安装节；I_2：后安装节；k_g：齿轮泵啮合刚度；k_{f1}、k_{f2}、k_{f3}、k_{f4}：转子-机匣支承刚度；k_c：机匣-基础连接刚度转子-支承-机匣模型示意图。该发动机的尺寸通过 UG 软件从发动机的三维数模中测量得到。该发动机为单转子，多段轴采用花键连接等特点，支承类型为0-2-2-0。

3.6.2　转子-支承-机匣耦合动力学模型

1. 转子模型

1) 风扇转子
风扇转子的单元信息和节点信息分别如表 3-60 和表 3-61 所示。

表 3-60　风扇转子单元信息

序号	弹性模量 /Pa	泊松比	长度 /mm	密度 /(kg/m³)	外径 /mm	内径 /mm	坐标 i /mm	坐标 j /mm
1	1.09×10^{11}	0.30	15.00	4400.00	30.00	0.00	0.00	15.00
2	1.09×10^{11}	0.30	15.00	4400.00	39.00	0.00	15.00	30.00
3	1.09×10^{11}	0.30	20.50	4400.00	48.00	0.00	30.00	50.50
4	1.09×10^{11}	0.30	20.50	4400.00	39.00	0.00	50.50	71.00
5	1.09×10^{11}	0.30	9.50	4400.00	30.00	0.00	71.00	80.50
6	1.09×10^{11}	0.30	9.50	4400.00	30.00	0.00	80.50	90.00
7	1.09×10^{11}	0.30	12.00	4400.00	30.00	0.00	90.00	102.00
8	1.09×10^{11}	0.30	12.00	4400.00	33.00	0.00	102.00	114.00
9	1.09×10^{11}	0.30	24.30	4400.00	36.00	0.00	114.00	138.30
10	1.09×10^{11}	0.30	24.30	4400.00	30.00	0.00	138.30	162.60
11	1.09×10^{11}	0.30	33.70	4400.00	24.00	0.00	162.60	196.30
12	1.09×10^{11}	0.30	33.70	4400.00	24.00	0.00	196.30	230.00

表 3-61　风扇转子节点信息

序号	坐标 /mm	名称	集中质量 /kg	偏心距 /mm	赤道转动惯量 /(kg·m²)	极转动惯量 /(kg·m²)
1	0.00000	风扇盘	3.87700	0.02000	0.02400	0.02800
2	15.00000		0.00000	0.00000	0.00000	0.00000
3	30.00000	风扇支承	0.00000	0.00000	0.00000	0.00000
4	50.50000		0.00000	0.00000	0.00000	0.00000
5	71.00000		0.00000	0.00000	0.00000	0.00000
6	80.50000		0.00000	0.00000	0.00000	0.00000
7	90.00000	齿轮支承	0.00000	0.00000	0.00000	0.00000
8	102.00000		0.00000	0.00000	0.00000	0.00000
9	114.00000		0.00000	0.00000	0.00000	0.00000

续表

序号	坐标/mm	名称	集中质量/kg	偏心距/mm	赤道转动惯量/(kg·m²)	极转动惯量/(kg·m²)
10	138.30000		0.00000	0.00000	0.00000	0.00000
11	162.60000	电机盘	3.00000	0.00000	0.00240	0.00280
12	196.30000		0.00000	0.00000	0.00000	0.00000
13	230.00000	压气机前支承	0.00000	0.00000	0.00000	0.00000

2)涡轮转子

涡轮转子的单元信息和节点信息分别如表 3-62 和表 3-63 所示。

表 3-62　涡轮转子单元信息

序号	弹性模量/Pa	泊松比	长度/mm	密度/(kg/m³)	外径/mm	内径/mm	坐标 i/mm	坐标 j/mm
1	2.13×10^{11}	0.30	18.00	7870.00	30.00	18.00	427.50	445.50
2	2.13×10^{11}	0.30	18.00	7870.00	39.50	27.50	445.50	463.50
3	2.13×10^{11}	0.30	26.00	7870.00	49.00	36.90	463.50	489.50
4	2.13×10^{11}	0.30	26.00	7870.00	49.00	36.90	489.50	515.50
5	2.13×10^{11}	0.30	26.00	7870.00	49.00	36.90	515.50	541.50
6	2.13×10^{11}	0.30	26.00	7870.00	49.00	36.90	541.50	567.50
7	2.13×10^{11}	0.30	26.00	7870.00	49.00	36.90	567.50	593.50
8	2.13×10^{11}	0.30	16.00	7870.00	49.00	36.90	593.50	609.50
9	2.13×10^{11}	0.30	16.00	7870.00	49.00	36.90	609.50	625.50
10	2.13×10^{11}	0.30	22.50	7870.00	49.00	36.90	625.50	648.00
11	2.13×10^{11}	0.30	22.50	7870.00	49.00	36.90	648.00	670.50

表 3-63　涡轮转子节点信息

序号	坐标/mm	名称	集中质量/kg	偏心距/mm	赤道转动惯量/(kg·m²)	极转动惯量/(kg·m²)
1	427.50000	压气机后支承	0.00000	0.00000	0.00000	0.00000
2	445.50000		0.00000	0.00000	0.00000	0.00000
3	463.50000		0.00000	0.00000	0.00000	0.00000
4	489.50000		0.00000	0.00000	0.00000	0.00000
5	515.50000		0.00000	0.00000	0.00000	0.00000
6	541.50000		0.00000	0.00000	0.00000	0.00000
7	567.50000		0.00000	0.00000	0.00000	0.00000
8	593.50000	涡轮支承	0.00000	0.00000	0.00000	0.00000
9	609.50000		0.00000	0.00000	0.00000	0.00000

续表

序号	坐标 /mm	名称	集中质量 /kg	偏心距 /mm	赤道转动惯量 /(kg·m²)	极转动惯量 /(kg·m²)
10	625.50000	涡轮盘 1	10.27800	0.01000	0.03150	0.05030
11	648.00000		0.00000	0.00000	0.00000	0.00000
12	670.50000	涡轮盘 2	10.27800	0.00000	0.03150	0.05030

3）压气机转子

压气机转子的单元信息和节点信息分别如表 3-64 和表 3-65 所示。

表 3-64　压气机转子单元信息

序号	弹性模量 /Pa	泊松比	长度 /mm	密度 /(kg/m³)	外径 /mm	内径 /mm	坐标 i /mm	坐标 j /mm
1	1.09×10^{11}	0.30	9.30	4400.00	37.60	24.00	230.00	239.30
2	1.09×10^{11}	0.30	9.20	4400.00	37.60	24.00	239.30	248.50
3	1.09×10^{11}	0.30	19.00	4400.00	37.60	24.00	248.50	267.50
4	1.09×10^{11}	0.30	19.00	4400.00	37.60	24.00	267.50	286.50
5	1.09×10^{11}	0.30	10.50	4400.00	37.60	24.00	286.50	297.00
6	1.09×10^{11}	0.30	10.50	4400.00	37.60	24.00	297.00	307.50
7	1.09×10^{11}	0.30	11.00	4400.00	37.60	24.00	307.50	318.50
8	1.09×10^{11}	0.30	11.00	4400.00	37.60	24.00	318.50	329.50
9	1.09×10^{11}	0.30	22.50	4400.00	37.60	24.00	329.50	352.00
10	1.09×10^{11}	0.30	22.50	4400.00	37.60	24.00	352.00	374.50
11	1.09×10^{11}	0.30	17.00	4400.00	37.60	24.00	374.50	391.50
12	1.09×10^{11}	0.30	17.00	4400.00	37.60	24.00	391.50	408.50
13	1.09×10^{11}	0.30	9.50	4400.00	37.60	24.00	408.50	418.00
14	1.09×10^{11}	0.30	9.50	4400.00	37.60	24.00	418.00	427.50

表 3-65　压气机转子节点信息

序号	坐标 /mm	名称	集中质量 /kg	偏心距 /mm	赤道转动惯量 /(kg·m²)	极转动惯量 /(kg·m²)
1	230.00000	压气机前支承	0.00000	0.00000	0.00000	0.00000
2	239.30000		0.00000	0.00000	0.00000	0.00000
3	248.50000	压气机盘 1	0.69500	0.00000	0.00236	0.00470
4	267.50000	压气机盘 2	0.81000	0.01000	0.00292	0.00579
5	286.50000		0.00000	0.00000	0.00000	0.00000
6	297.00000	压气机盘 3	0.63900	0.00000	0.00199	0.00397

续表

序号	坐标 /mm	名称	集中质量 /kg	偏心距 /mm	赤道转动惯量 /(kg·m²)	极转动惯量 /(kg·m²)
7	307.50000		0.00000	0.00000	0.00000	0.00000
8	318.50000		0.00000	0.00000	0.00000	0.00000
9	329.50000	压气机盘4	0.67800	0.00000	0.00217	0.00432
10	352.00000	压气机盘5	0.64000	0.01000	0.00205	0.00408
11	374.50000		0.00000	0.00000	0.00000	0.00000
12	391.50000	压气机盘6	1.75800	0.00000	0.00456	0.00886
13	408.50000		0.00000	0.00000	0.00000	0.00000
14	418.00000		0.00000	0.00000	0.00000	0.00000
15	427.50000	压气机后支承	0.00000	0.00000	0.00000	0.00000

2. 机匣模型

机匣的单元信息和节点信息分别如表 3-66 和表 3-67 所示。

表 3-66　机匣单元信息

序号	弹性模量 /Pa	泊松比	长度 /mm	密度 /(kg/m³)	外径 /mm	内径 /mm	轴向力 /N	坐标 i /mm	坐标 j /mm
1	2.07×10^{11}	0.30	30.00	0.00	256.00	230.00	0.00	0.00	30.00
2	2.07×10^{11}	0.30	60.00	0.00	256.00	230.00	0.00	30.00	90.00
3	2.07×10^{11}	0.30	60.00	0.00	256.00	230.00	0.00	90.00	150.00
4	2.07×10^{11}	0.30	50.00	0.00	256.00	230.00	0.00	150.00	200.00
5	2.07×10^{11}	0.30	30.00	0.00	256.00	230.00	0.00	200.00	230.00
6	2.07×10^{11}	0.30	76.70	0.00	256.00	230.00	0.00	230.00	306.70
7	2.07×10^{11}	0.30	53.30	0.00	256.00	230.00	0.00	306.70	360.00
8	2.07×10^{11}	0.30	67.50	0.00	256.00	230.00	0.00	360.00	427.50
9	2.07×10^{11}	0.30	43.20	0.00	256.00	230.00	0.00	427.50	470.70
10	2.07×10^{11}	0.30	55.30	0.00	256.00	230.00	0.00	470.70	526.00
11	2.07×10^{11}	0.30	67.50	0.00	256.00	230.00	0.00	526.00	593.50
12	2.07×10^{11}	0.30	19.20	0.00	256.00	230.00	0.00	593.50	612.70
13	2.07×10^{11}	0.30	57.80	0.00	256.00	230.00	0.00	612.70	670.50

表 3-67　机匣节点信息

序号	坐标/mm	名称	质量/kg	赤道转动惯量/(kg·m²)	极转动惯量/(kg·m²)
1	0.0000		2.0000	0.2000	0.0000
2	30.0000	风扇支承	2.0000	0.2000	0.0000
3	90.0000	齿轮支承	2.0000	0.2000	0.0000
4	150.0000		2.0000	0.2000	0.0000
5	200.0000	前安装节	4.0000	0.4000	0.0000
6	230.0000	压气机前支承	4.0000	0.4000	0.0000
7	306.7000		2.0000	0.2000	0.0000
8	360.0000		2.0000	0.2000	0.0000
9	427.5000	压气机后支承	4.0000	0.4000	0.0000
10	470.7000		2.0000	0.2000	0.0000
11	526.0000		2.0000	0.2000	0.0000
12	593.5000	涡轮支承	4.0000	0.4000	0.0000
13	612.7000	后安装节	4.0000	0.4000	0.0000
14	670.5000		2.0000	0.2000	0.0000

3. 转子-机匣支承模型

表 3-68 为转子-机匣支承信息，表 3-69 为转子-机匣支承连接的节点信息。

表 3-68　转子-机匣支承信息

名称	径向 X 向刚度/(N/m)	径向 X 向阻尼/(N·m/rad)	径向 Y 向刚度/(N/m)	径向 Y 向阻尼/(N·m/rad)
RC_FAN	1×10^8	2000.0	1×10^8	2000.0
RC_CP1	1×10^8	2000.0	1×10^8	2000.0
RC_CP2	1×10^8	2000.0	1×10^8	2000.0
RC_TB	1×10^8	2000.0	1×10^8	2000.0
RK_Gear	1×10^8	2000.0	1×10^8	2000.0

表 3-69　转子-机匣支承连接的节点信息

名称	转子模型	转子节点	机匣节点
RC_FAN	风扇转子	3	2
RC_CP1	压气机转子	1	6
RC_CP2	压气机转子	15	9
RC_TB	涡轮转子	8	12
RK_Gear	风扇转子	7	3

4. 机匣-基础安装节模型

表 3-70 为机匣-基础的安装节支承信息，表 3-71 为机匣-基础安装节连接的节点信息。

表 3-70　机匣-基础的安装节支承信息

名称	径向 X 向刚度 /(N/m)	径向 X 向阻尼 /(N·m/rad)	径向 Y 向刚度 /(N/m)	径向 Y 向阻尼 /(N·m/rad)
CB_F	1×10^9	2000.0	1×10^9	2000.0
CB_R	1×10^9	2000.0	1×10^9	2000.0

表 3-71　机匣-基础安装节连接的节点信息

名称	机匣模型	机匣节点
CB_F	机匣	5
CB_R	机匣	13

3.6.3　发动机临界转速分析

1. 仿真计算

1)仿真时间历程

仿真分析时间历程如表 3-72 所示。

表 3-72　仿真分析时间历程

时间/s	转子转速/(r/min)
0	20000
100	40000

2)发动机临界转速仿真分析

在原始支承刚度下，仿真计算转子-支承-机匣系统的临界转速，如表 3-73 所示。图 3-61 为压气机前支点处转子节点振动加速度的转速-振幅曲线，图 3-62 和图 3-63 分别为系统的前两阶振型，分别对应于风扇转子的摆动以及风扇转子弯曲振型。

表 3-73　系统的临界转速　　　　　　　　（单位：r/min）

第 1 阶临界转速	第 2 阶临界转速
27100	32166

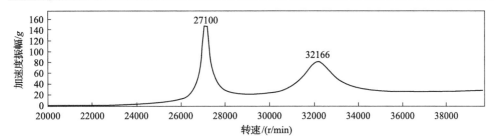

图 3-61　压气机前支点处转子节点振动加速度的转速-振幅曲线

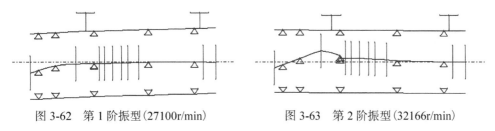

图 3-62　第 1 阶振型(27100r/min)　　　图 3-63　第 2 阶振型(32166r/min)

2. 发动机临界转速试车测试结果分析

1)原始数据

　　该发动机仅仅在压气机前支点 S_2 对应的中介机匣上水平和垂直方向各布置了一个测点。图 3-64 为该型发动机编号为 Z09107 的发动机实际试车数据,选择如图 3-64 所示的 1027s 时间区间进行分析。

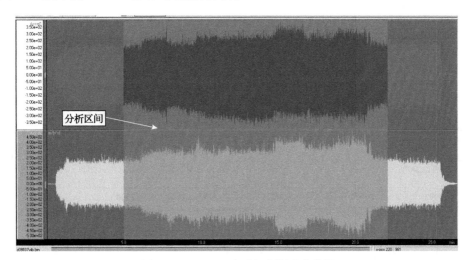

图 3-64　Z09107 发动机实际试车数据

2)发动机振动随转速变化趋势分析

图 3-65 为水平方向测点振动加速度随时间的变化曲线,图 3-66 为转速随时

间的变化曲线，图 3-67 为水平方向测点振动加速度的 1 倍频随转速的变化曲线。
从图中可以看出：①在从 24000r/min 到 35000r/min 的所有转速范围内，水平方向
的 1X 分量基本在 8g 以下，表明转子的不平衡量很小，平衡精度很高。②振动信
号中 2X、3X 和 4X 分量基本上与 1X 分量相当，这主要是由系统非线性因素导致，
由于不平衡量很小，所以凸显出各倍频分量较大。③该发动机整个从 26000r/min
到 35000r/min 的转速变化过程中，水平方向的振动基本上出现了两阶临界转速，
第 1 阶为 27500r/min，第 2 阶为 32000r/min。仿真计算的临界转速与试车数据吻
合得较好。

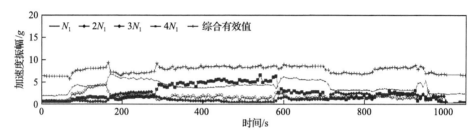

图 3-65 水平方向测点振动加速度-时间曲线

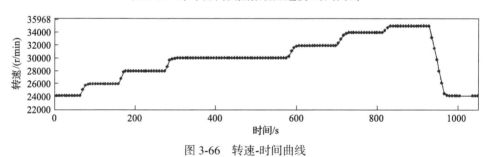

图 3-66 转速-时间曲线

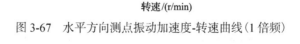

图 3-67 水平方向测点振动加速度-转速曲线（1 倍频）

3.7 本 章 小 结

本章介绍了几种典型的转子-支承-机匣耦合动力学模型，其中，转子-滚动轴

承试验器和带机匣的航空发动机转子试验器的耦合动力学模型用模态试验进行了验证，仿真模态和试验模态非常接近；所建立的某型高推重比航空发动机模型，其固有振动特性的计算结果与商用有限元软件的计算结果非常吻合；所建立某型无人飞行器小型发动机的整机耦合动力学模型仿真计算得到的临界转速与试车结果也较为接近。比较结果充分表明了建模方法和所建立模型的正确有效性，以及依据该建模方法自行开发的航空发动机整机振动分析软件 EVDYNA 的工程实用性。本章所建立的几种模型将作为后续章节的转子系统故障建模分析的研究对象。

参 考 文 献

[1] 乔保栋. 转子-滚动轴承耦合系统的滚动轴承故障分析与智能诊断[D]. 南京: 南京航空航天大学, 2011.

[2] 宋培培. 航空发动机转子不同心故障振动机理分析及其应用研究[D]. 南京: 南京航空航天大学, 2017.

[3] 李伦绪. 螺栓连接转子振动特性分析及装配不同心故障机理研究[D]. 南京: 南京航空航天大学, 2022.

[4] 杨默晗. 含套齿联轴器的柔性转子不对中故障机理研究[D]. 南京: 南京航空航天大学, 2021.

[5] 赵文涛. 考虑实测支承动刚度的航空发动机整机振动建模及验证[D]. 南京: 南京航空航天大学, 2012.

[6] 赵斌. 航空发动机整机振动半实物仿真模型研究[D]. 南京: 南京航空航天大学, 2015.

[7] 屈美娇. 航空发动机整机振动耦合机理分析及结构智能设计方法研究[D]. 南京: 南京航空航天大学, 2018.

[8] 王海飞. 含结构间隙的航空发动机整机振动建模与非线性动力学分析[D]. 南京: 南京航空航天大学, 2016.

第4章 转子不平衡(质量偏心)故障建模与分析

由转子质量偏心导致的转子不平衡故障是航空发动机的重要故障,本章在阐述航空发动机质量偏心导致的不平衡故障的原因、影响及排故方法的基础上,着重分析转子质量偏心导致的不平衡故障模型及其振动特征,并利用转子-滚动轴承试验器验证转子质量偏心导致的不平衡故障模型的正确有效性,最后利用质量偏心的不平衡故障模型进行某高推重比双转子航空发动机转子不平衡灵敏度分析。

4.1 转子不平衡(质量偏心)故障概述

转子系统是发动机中最重要的部件,转子的不平衡量过大将引起整机振动过大[1,2]。转子自身零件将发生很大的变形,导致连接件松动,引起轴承负荷过大而损坏。转子变形过大则容易产生静、动件的碰摩,以及许多零组件的振动、疲劳、损伤。振动传到飞机上则引起飞机上零组件振动,影响到仪表工作的精度、寿命,并引起飞机上零组件的疲劳损伤,严重时将造成飞行事故。为此必须对发动机的振动做严格限制,超限发动机不得出厂。甚至有些发动机因整机振动过大难以修好只得报废,造成很大损失。发动机不平衡量过大是一种最常见的故障,又是破坏性较大的故障。

转子装配过程已经做过严格的动平衡,允许的残余不平衡量很小,若以这种不平衡量工作,发动机的振动是不会很大的,但实际上有些发动机一经试车就发现振动很大,有些是使用一段时间后振动很大,原因主要有以下几个方面。

(1)当代航空发动机多是采用柔性转子系统设计,从理论上讲,用低速刚性转子动平衡法平衡就不能保证柔性转子在高转速时振动较小。

(2)有的转子由于结构上的原因,在做过刚性转子动平衡后需拆开重装到发动机上,转子的平衡性可能遭到破坏,却无法知道也无法补救。

(3)航空发动机转子上的叶片较薄,工作时,在高速、高温和气动负荷作用下易变形,使得转子的平衡被改变。

(4)转子叶片与轮盘多用活动式连接,此种连接形式不能保证工作时与低速平衡时叶片所处的状态相同。

(5)转子上各零件的连接配合在工作时会发生变动,可影响到转子的平衡。

(6)转子叶片等零件使用中可能受到侵蚀、打伤和蠕变,从而破坏了转子的平衡。

由转子不平衡引起的转子系统和发动机的振动是强迫振动。它使转子做正同步进动。这种过大振动常在转子临界转速或其附近发生,发动机常常因振动过大,不敢开车通过转子临界转速。因此,研究解决转子不平衡引起的过大振动问题也常与解决转子系统的临界转速问题关联在一起。

4.2 转子质量偏心导致的不平衡故障建模与验证

4.2.1 转子质量偏心导致的不平衡故障建模

图 4-1 为 Jeffcott 转子动力学模型,质量为 m 的圆盘水平放置,装在转轴的中点,转轴轴线通过圆盘的几何中心 S。圆盘的重心 G 有微小的偏心距 e。转轴旋转后,在离心力作用下,转轴离开了中心线 z,产生动挠度。取中心线 z 与盘面相交的点 O 为坐标原点建立坐标系,设圆盘几何中心 S 点的坐标为 (x, y),则 OS 为 S 点的位移。

不计阻尼时,作用于圆盘上的力只有转轴的弹性力和圆盘的离心力,二者成动平衡,因此,这两个力的作用线相同,大小相等,方向相反。不计阻尼下的受力分析如图 4-2 所示。

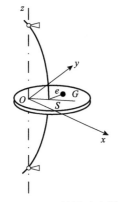

图 4-1　Jeffcott 转子动力学模型

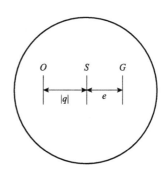

图 4-2　不计阻尼下的受力分析

由于弹性力的方向是由 S 指向 O 的,因此圆盘重心 G 在 OS 的延长线上,坐标为 $(x + e\cos(\omega t))$ 和 $(y + e\sin(\omega t))$。设轴的弹性刚度为 k,由质心运动定理可以得到 x 和 y 两个方向的运动微分方程:

$$\begin{cases} m\dfrac{\mathrm{d}^2}{\mathrm{d}t^2}(x + e\cos(\omega t)) = -kx \\ m\dfrac{\mathrm{d}^2}{\mathrm{d}t^2}(y + e\sin(\omega t)) = -ky \end{cases} \tag{4-1}$$

令 $q = x + \mathrm{j}y$，式(4-1)可写成

$$m\ddot{q} + kq = me\omega^2 \mathrm{e}^{\mathrm{j}\omega t} \tag{4-2}$$

因此，振幅为

$$|q| = \frac{e(\omega/\omega_n)^2}{\left|1-(\omega/\omega_n)^2\right|} \tag{4-3}$$

式中，ω_n 为转轴横向振动时的固有频率；$|q|$ 为圆盘几何中心 S 的挠度。当转轴做简谐振动时，$|q|$ 是确定不变的，圆盘几何中心 S 做半径为 $|q|$ 的圆周运动。

从式(4-3)可以看出，当 $\omega/\omega_n > 1$ 时，$1-(\omega/\omega_n)^2$ 为负值，说明动挠度的方向与偏心距方向相反，重心 G 位于 OS 连线上。当 $\omega/\omega_n > \infty$ 时，$|q| \to e$，这时转轴绕圆盘重心 G 旋转，G 与 O 点重合，称为自动定心。

从式(4-3)可看出，当 $\omega/\omega_n \to 1$，转速 ω 接近 ω_n 时，无论 e 多小(等于零实际上是不可能的)，动挠度也会很大，即转轴在任意的微小外力作用下，都会产生很大的挠度，转轴失去了稳定性。

如果考虑阻尼，在黏性阻尼的情况下，阻尼力与圆盘几何中心 S 的运动速度 v 成比例，即 $F_d = -cv$，这时作用在圆盘上的力有三个，即转轴的弹性力、圆盘的离心力和阻尼力。这三个力不一定共线，因此，OS 和 SG 不一定位于同一直线上，参见图4-3。

此时运动微分方程为

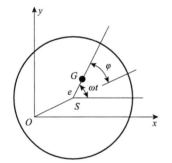

$$\begin{cases} m\dfrac{\mathrm{d}^2}{\mathrm{d}t^2}(x + e\cos(\omega t)) = -kx - c\dfrac{\mathrm{d}x}{\mathrm{d}y} \\ m\dfrac{\mathrm{d}^2}{\mathrm{d}t^2}(y + e\sin(\omega t)) = -ky - c\dfrac{\mathrm{d}x}{\mathrm{d}y} \end{cases} \tag{4-4}$$

图4-3 考虑阻尼下的受力分析

同样，令 $q = x + \mathrm{j}y$，可得

$$m\ddot{q} + c\dot{q} + kq = me\omega^2 \mathrm{e}^{\mathrm{j}\omega t} \tag{4-5}$$

响应的振幅为

$$|q| = \frac{e(\omega/\omega_n)^2}{\sqrt{\left[1-(\omega/\omega_n)^2\right]^2 + (2\zeta\omega/\omega_n)^2}} \tag{4-6}$$

所以，有

$$\frac{|q|}{e} = \frac{(\omega/\omega_n)^2}{\sqrt{\left[1-(\omega/\omega_n)^2\right]^2 + (2\zeta\omega/\omega_n)^2}} \tag{4-7}$$

$$\varphi = \arctan\frac{2\zeta\omega/\omega_n}{1-(\omega/\omega_n)^2} \tag{4-8}$$

如果转轴的转速 $\omega \ll \omega_n$，则圆盘的挠度很小，相角 φ 也接近于零。当 $\omega = \omega_n$ 即共振时，圆盘的挠度为 $\dfrac{e}{2\zeta}$，如果阻尼很小，圆盘的挠度将很大，此时 $\varphi = \pi/2$。而当 $\omega \gg \omega_n$ 时，圆盘的挠度约等于 e，相角 φ 约等于 π，即重心 G 接近 O 点。

质量偏心的不平衡故障导入整机模型的实现方法是：设转子旋转速度为 ω，针对质量为 m 的转盘，设置其偏心距 e，该转盘在有限元梁模型中的节点为 i，则由质量偏心导致的不平衡力在水平方向 x 和垂直方向 y 的分量为

$$\begin{cases} F_x = me\omega^2\cos(\omega t) \\ F_y = me\omega^2\sin(\omega t) \end{cases} \tag{4-9}$$

该不平衡力作用在节点 i 上，节点 i 由质量偏心导致的作用力向量为

$$\boldsymbol{F}_i = \begin{bmatrix} 0 \\ me\omega^2\cos(\omega t) \\ me\omega^2\sin(\omega t) \\ 0 \\ 0 \\ 0 \\ 0 \end{bmatrix} \tag{4-10}$$

该作用力向量导入整机梁有限元模型中即可实现由质量偏心导致的不平衡故障模拟。

4.2.2 转子质量偏心导致的不平衡故障模型试验验证

转子-滚动轴承试验器实物图及动力学模型图如图 4-4 所示。该转子故障试验器包括转轴、转子圆盘、法兰连接盘、轴承座、调速电动机、齿轮增速器等。该

试验器上可以灵活地安装振动位移、转速、加速度传感器，进行综合性的振动测试。该试验器为一单跨双盘转子，测点 1 位于转子转盘位置，测点 2 位于转子转轴上，在上述两个测点分别安装有电涡流位移传感器测量振动位置，在转子右侧安装有光电转速传感器测量转子转速。在转子-支承耦合系统模型图中，具有两个转盘 P_1 和 P_2，其中 P_1 为转子圆盘；P_2 为法兰盘，其与齿轮输出轴相连。两个支承 S_1、S_2，L_1、L_2、L_3、L_4 为各部分在转轴上的位置。

 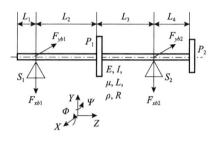

(a) 实物图   (b) 动力学模型

图 4-4　转子-滚动轴承试验器实物图及动力学模型图

转子-滚动轴承试验器模型参数在初步测量后，需要通过模态试验来进行修改，最终达到试验和仿真结果的一致性，其建模过程详见第 3 章。

在转子-滚动轴承试验器上进行不平衡故障仿真验证，通过调整仿真模型中的转盘偏心距，转子试验器的试验和不平衡故障仿真结果可达到很好的一致性。

调节电机转速从 1500r/min 变化到 5500r/min，通过位于转子圆盘和轴的电涡流位移传感器来拾取其振动位移信号，可以得到转子响应的振幅-转速关系图。采用数值积分方法得到转子系统响应。转盘测点和转轴测点仿真和试验得到的转子不平衡响应的振幅-转速图如图 4-5 和图 4-6 所示。

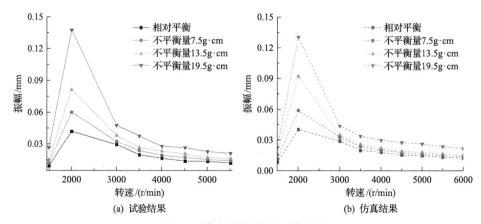

(a) 试验结果   (b) 仿真结果

图 4-5　转盘测点的振幅-转速图

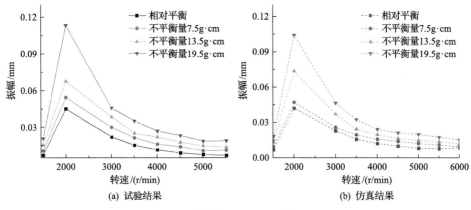

(a) 试验结果   (b) 仿真结果

图 4-6　转轴测点的振幅-转速图

从图中可以看出，试验结果和模型仿真结果达到很好的一致性。表 4-1 和表 4-2 为相同转速下，转盘测点和转轴测点试验与仿真振动位移幅值大小的对比。相同转速下，仿真模型基本上能够比较准确地模拟实际转子试验器的动力学行为，振

表 4-1　转盘测点振动位移幅值试验与仿真结果比较

平衡状态	结果		转速/(r/min)							
			1500	2000	3000	3500	4000	4500	5000	5500
相对平衡	振动幅值/mm	试验	0.0095	0.0419	0.0297	0.02	0.0169	0.0142	0.0139	0.0125
		仿真	0.0087	0.0404	0.0291	0.0201	0.0183	0.0155	0.0149	0.0135
	误差/%		8.42	3.58	2.02	0.50	8.28	9.15	7.19	8.00
不平衡量 7.5g·cm	振动幅值/mm	试验	0.0124	0.06	0.0326	0.024	0.0196	0.0176	0.01576	0.0145
		仿真	0.0119	0.0589	0.0327	0.0238	0.0203	0.0182	0.0163	0.0149
	误差/%		4.03	1.83	0.31	0.83	3.57	3.41	3.43	2.76
不平衡量 13.5g·cm	振动幅值/mm	试验	0.0156	0.0812	0.0382	0.0269	0.0235	0.021	0.0175	0.0165
		仿真	0.0168	0.0922	0.0348	0.0258	0.0220	0.0193	0.0183	0.0166
	误差/%		7.69	13.55	8.90	4.09	6.38	8.10	4.57	0.61
不平衡量 19.5g·cm	振动幅值/mm	试验	0.0269	0.1373	0.0477	0.0378	0.0281	0.0267	0.0231	0.0215
		仿真	0.0229	0.1303	0.0436	0.0338	0.0299	0.0276	0.0262	0.0238
	误差/%		14.87	5.10	8.60	10.58	6.41	3.37	13.42	10.70

表 4-2　转轴测点振动位移幅值试验与仿真结果比较

平衡状态	结果		转速/(r/min)							
			1500	2000	3000	3500	4000	4500	5000	5500
相对平衡	振动幅值/mm	试验	0.0074	0.0451	0.0221	0.0155	0.0117	0.0093	0.0079	0.0072
		仿真	0.0070	0.0423	0.0231	0.0158	0.0123	0.0101	0.0083	0.0079
	误差/%		5.41	6.21	4.52	1.94	5.13	8.60	5.06	9.72

平衡状态	结果		转速/(r/min)							
			1500	2000	3000	3500	4000	4500	5000	5500
不平衡量 7.5g·cm	振动幅值/mm	试验	0.0109	0.0543	0.03	0.0215	0.0164	0.0143	0.0112	0.0115
		仿真	0.0096	0.0472	0.0260	0.0196	0.0159	0.0140	0.0123	0.0110
	误差/%		11.93	13.08	13.33	8.84	3.05	2.10	9.82	4.35
不平衡量 13.5g·cm	振动幅值/mm	试验	0.0156	0.0674	0.0386	0.0252	0.0222	0.0179	0.0151	0.0141
		仿真	0.0134	0.0737	0.0372	0.0244	0.0197	0.0164	0.0148	0.0138
	误差/%		14.10	9.35	3.63	3.17	11.26	8.38	1.99	2.13
不平衡量 19.5g·cm	振动幅值/mm	试验	0.021	0.1129	0.0459	0.0354	0.027	0.0234	0.0188	0.0192
		仿真	0.0183	0.1043	0.0466	0.0327	0.0243	0.0213	0.0199	0.0176
	误差/%		12.86	7.62	1.53	7.63	10.00	8.97	5.85	8.33

动幅值仿真误差最小为 0.31%，最大为 14.87%，均不大于 15% 的考核指标。

4.2.3 转子质量偏心导致的不平衡故障现象和特征

转子不平衡量过大引起的振动过大现象主要因为发动机振动过大，超过了允许的数值，而且振动频率等于转子转速的频率。但反过来，发动机振动过大则不一定是转子的不平衡量过大，有时还有其他原因可使得转子振动过大。如果直接测量转子的振动，则其特征是十分清楚、明确的。

图 4-7 为转子试验器不平衡故障模拟得到的转盘振动位移的幅频图、相频图、时域波形图、频谱图、轴心轨迹以及三维瀑布图。从图中可以看出不平衡故障的典型故障特征是转子振动的时域曲线是正弦曲线；频谱图上振动的频率等于转子转速的频率；幅频图上显示在临界转速时振动最大，该转速前后振动都小；相频图上看到过临界转速时相位滞后角为 90°，亚临界时小于 90°，超临界时则大于 90°；轴心轨迹为圆或椭圆。由于发动机的结构较复杂，不便在发动机内部直接测量，

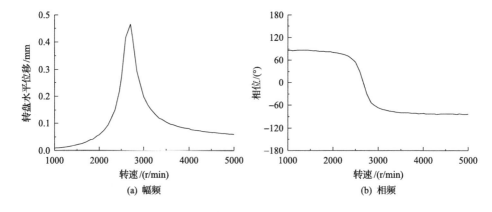

(a) 幅频   (b) 相频

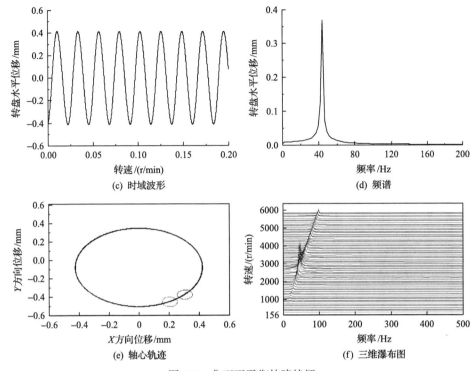

图 4-7　典型不平衡故障特征

而是在机匣上测量发动机的振动。发动机工作时能传到机匣上的振动或能激起机匣振动的负荷很多。因此，机匣上测出的振动是复合振动。测量时经过滤波，可测出转子旋转频率的振动。尽管转子旋转频率极大可能就是转子不平衡过大引起的，但也不能十分肯定，因为尚有不少其他原因也能引起转子旋转频率的振动，如转子初始弯曲及热弯曲等。

4.3　航空发动机转子不平衡故障敏感度分析

4.3.1　计算条件

分析实际航空发动机转子不平衡故障灵敏度，对于有效控制航空发动机整机振动具有重要意义。针对第 3 章建立的某型高推重比双转子航空发动机整机振动模型，设定转子系统不同部位的质量偏心，通过仿真分析进行不平衡故障的敏感度分析。定义不平衡灵敏度为：每 100g·cm 不平衡量激励下的振动位移响应值(单位为 mm)。

1. 平衡施加位置

表 4-3 为所研究的某型高推重比双转子航空发动机的轴向位置 P_1、P_2、P_3、

P_4、P_5、P_6、P_7的不平衡量的情况。

表 4-3　不平衡量施加位置

P_1	P_2	P_3	P_4	P_5	P_6	P_7
第1级风扇叶片不平衡量	第3级风扇叶片不平衡量	第4级高压压气机叶片不平衡量	第9级高压压气机叶片不平衡量	第9级高压压气机盘后1节点(篦齿盘)不平衡量	高压涡轮叶片后1节点(修正面)不平衡量	第1级和第2级低压涡轮叶片不平衡量

2. 不平衡量大小

考虑 $P_1 \sim P_7$ 位置处不平衡量均为 100g·cm，为了研究各轴向位置不平衡量对整机振动的影响程度，在仿真计算中分别在 7 个位置单独施加不平衡激励。

3. 计算转速

计算实际发动机的 3 个典型转速进行不平衡敏感度分析，分别选取高压转子转速 N_2 的 80%(慢车状态)、90%(暖机状态)及 100%(中间状态)进行计算，即转速为 80% N_2(N_1=5090r/min，N_2=11752r/min)、90% N_2(N_1=6980r/min，N_2=13210r/min)和 100% N_2(N_1=8880r/min，N_2=14675r/min)。

4. 输出计算结果

输出整机不同位置径向位移响应，所取转子测点分别为：低压压气机第 1 级(LPC1)，低压压气机第 2、3 级(LPC2)，高压压气机第 1~3 级(HPC3)，高压压气机第 4~9 级(HPC4、HPC5、HPC6、HPC7、HPC8、HPC9)，高压涡轮(HPT)，低压涡轮第 1、2 级(LPT)。所取机匣测点分别为：风扇机匣测点(FCTP)、中介机匣前测点(MCTP1)、中介机匣后测点(MCTP2)和涡轮机匣测点(TCTP)。需要注意的是，在有限元建模中，低压压气机第 2 级和第 3 级由同一节点与低压转子相连，高压压气机第 1、2、3 级由同一节点与高压转子相连，低压涡轮第 1、2 级由同一节点与低压转子相连。

4.3.2　基于不平衡位置的响应不平衡敏感度分析

为获得发动机不同状态下，不同位置不平衡量引起的整机振动响应敏感度规律，分别选取不同转速时，$P_1 \sim P_7$ 位置不平衡量作用下，转子及机匣振动响应有效值，绘制于发动机结构下方，直观反映整机的振动响应敏感程度。

1. 轴向 P_1 位置的不平衡敏感度分析

1)80% N_2 转速(N_1=5090r/min，N_2=11752r/min)

图 4-8 所示为 80% N_2 转速下在 P_1 位置施加 100g·cm 不平衡量，整机系统各

位置处的振动响应。结果表明，LPC1 位置的振动响应最为敏感，转子其他位置对 P_1 位置不平衡较为敏感的位置依次为 LPC2→HPC→HPT→LPT。机匣对 P_1 位置不平衡较为敏感的位置依次为 FCTP→TCTP→MCTP1→MCTP2。

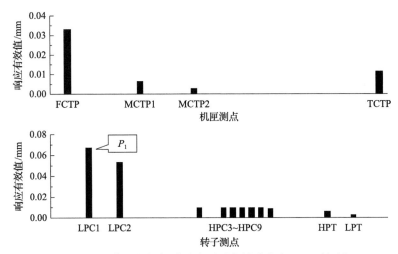

图 4-8 P_1 位置整机振动响应不平衡敏感度(80% N_2 转速)

2) 90% N_2 转速(N_1=6980r/min，N_2=13210r/min)

图 4-9 所示为 90% N_2 转速下在 P_1 位置施加 100g·cm 不平衡量，整机系统各位置处的振动响应。结果表明，LPC1 位置的振动响应最为敏感，转子其他位置对 P_1 位置不平衡较为敏感的位置依次为 LPC2→HPC，HPT、LPT 对 P_1 位置不平衡敏感程度较低。机匣对 P_1 位置不平衡较为敏感的位置依次为 FCTP→MCTP1→MCTP2→TCTP。

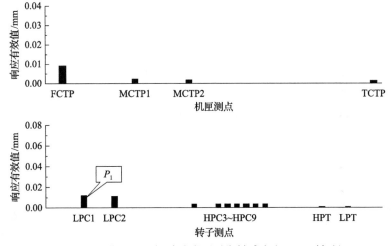

图 4-9 P_1 位置整机振动响应不平衡敏感度(90% N_2 转速)

3）100% N_2 转速（N_1= 8880r/min，N_2=14675r/min）

图 4-10 所示为 100% N_2 转速下在 P_1 位置施加 100g·cm 不平衡量，整机系统各位置处的振动响应。结果表明，低压压气机位置的振动响应最为敏感。机匣对 P_1 位置不平衡较为敏感的位置依次为 FCTP→MCTP1→MCTP2，转子其他位置和 TCTP 对 P_1 位置不平衡敏感程度较低。

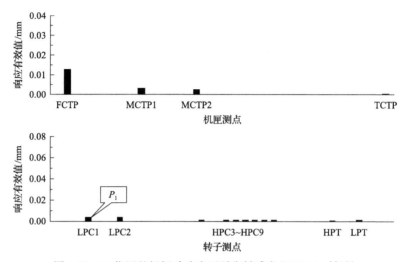

图 4-10　P_1 位置整机振动响应不平衡敏感度（100% N_2 转速）

4）结论

在 P_1 位置施加 100g·cm 不平衡量，不同转速下整机系统各位置处的振动响应大小并不相同，各转速下转子系统对 P_1 位置不平衡最敏感的是低压压气机，静子系统对 P_1 位置不平衡最敏感的是风扇机匣，其中 80% N_2 转速（N_1=5090r/min，N_2=11752r/min）对 P_1 位置不平衡最敏感。

2. 轴向 P_2 位置的不平衡敏感度分析

1）80% N_2 转速（N_1=5090r/min，N_2=11752r/min）

图 4-11 所示为 80% N_2 转速下在 P_2 位置施加 100g·cm 不平衡量，整机系统各位置处的振动响应。结果表明，LPC1 位置的振动响应最为敏感，转子其他位

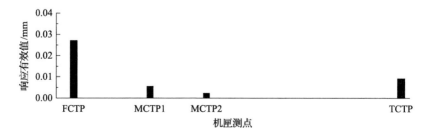

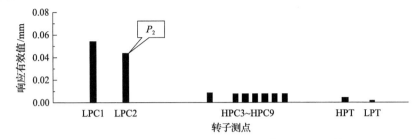

图 4-11　P_2 位置整机振动响应不平衡敏感度(80% N_2 转速)

置对 P_2 位置不平衡较为敏感的位置依次为 LPC2→HPC→HPT→LPT。机匣对 P_2 位置不平衡较为敏感的位置依次为 FCTP→TCTP→MCTP1→MCTP2。

2)90% N_2 转速(N_1=6980r/min，N_2=13210r/min)

图 4-12 所示为 90% N_2 转速下在 P_2 位置施加 100g·cm 不平衡量,整机系统各位置处的振动响应。结果表明，LPC1 位置的振动响应最为敏感，转子其他位置对 P_2 位置不平衡较为敏感的位置依次为 LPC2→HPC，HPT、LPT 对 P_2 位置不平衡敏感程度较低。机匣对 P_2 位置不平衡较为敏感的位置依次为 FCTP→MCTP1→MCTP2→TCTP。

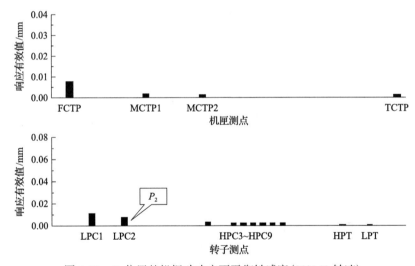

图 4-12　P_2 位置整机振动响应不平衡敏感度(90% N_2 转速)

3)100% N_2 转速(N_1= 8880r/min，N_2=14675r/min)

图 4-13 所示为 100% N_2 转速下在 P_2 位置施加 100g·cm 不平衡量，整机系统各位置处的振动响应。结果表明，低压压气机位置的振动响应最为敏感。机匣对 P_2 位置不平衡较为敏感的位置依次为 FCTP→MCTP1→MCTP2，转子其他位置和 TCTP 对 P_2 位置不平衡敏感程度较低。

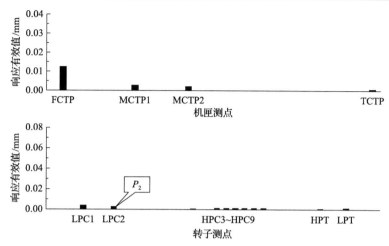

图 4-13　P_2 位置整机振动响应不平衡敏感度（100% N_2 转速）

4）结论

在 P_2 位置施加 100g·cm 不平衡量，不同转速下整机系统各位置处的振动响应大小并不相同，各转速下转子系统对 P_2 位置不平衡最敏感的是低压压气机，静子系统对 P_2 位置不平衡最敏感的是风扇机匣，其中 80% N_2 转速（N_1=5090r/min，N_2=11752r/min）对 P_2 位置不平衡最敏感。

3. 轴向 P_3 位置的不平衡敏感度分析

1）80% N_2 转速（N_1=5090r/min，N_2=11752r/min）

图 4-14 所示为 80% N_2 转速下在 P_3 位置施加 100g·cm 不平衡量，整机系统各位置处的振动响应。结果表明，LPT 位置的振动响应最为敏感，转子其他对 P_3

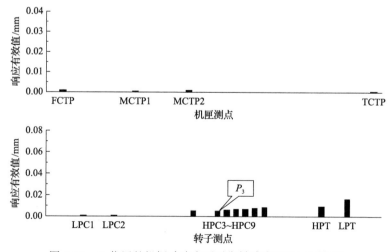

图 4-14　P_3 位置整机振动响应不平衡敏感度（80% N_2 转速）

位置不平衡较为敏感的位置依次为 HPT→HPC。LPC 及机匣对 P_3 位置不平衡敏感程度较低。

2)90% N_2 转速(N_1=6980r/min，N_2=13210r/min)

图 4-15 所示为 90% N_2 转速下在 P_3 位置施加 100g·cm 不平衡量,整机系统各位置处的振动响应。结果表明, HPC3 位置的振动响应最为敏感, 转子其他对 P_3 位置不平衡较为敏感的位置依次为 HPC4→LPT→HPC5→HPT→HPC6→HPC7→HPC8→HPC9。LPC 及机匣对 P_3 位置不平衡敏感程度较低。

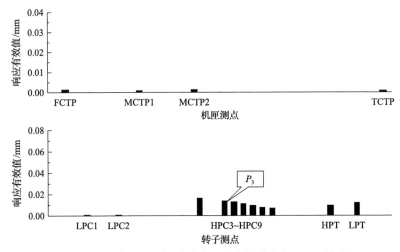

图 4-15　P_3 位置整机振动响应不平衡敏感度(90% N_2 转速)

3)100% N_2 转速(N_1= 8880r/min， N_2=14675r/min)

图 4-16 所示为 100% N_2 转速下在 P_3 位置施加 100g·cm 不平衡量，整机系统

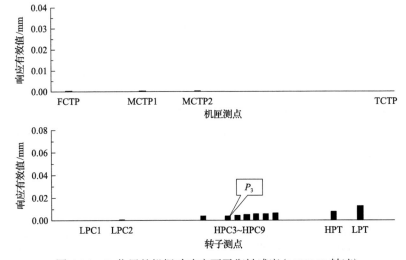

图 4-16　P_3 位置整机振动响应不平衡敏感度(100% N_2 转速)

各位置处的振动响应。结果表明，LPT 位置的振动响应最为敏感，转子其他对 P_3 位置不平衡较为敏感的位置依次为 HPT→HPC。LPC 及机匣对 P_3 位置不平衡敏感程度较低。

4）结论

在 P_3 位置施加 100g·cm 不平衡量，不同转速下整机系统各位置处的振动响应大小并不相同，各转速下转子系统对 P_3 位置不平衡较敏感的是高压压气机及低压涡轮，静子系统对 P_3 位置不平衡敏感程度较低，其中 90% N_2 转速（N_1=6980r/min，N_2=13210r/min）对 P_3 位置不平衡最敏感。

4. 轴向 P_4 位置的不平衡敏感度分析

1）80% N_2 转速（N_1=5090r/min，N_2=11752r/min）

图 4-17 所示为 80% N_2 转速下在 P_4 位置施加 100g·cm 不平衡量，整机系统各位置处的振动响应。结果表明，HPC3 位置的振动响应最为敏感，高压压气机对 P_4 位置不平衡较为敏感。转子其他位置及机匣对 P_4 位置不平衡敏感程度较低。

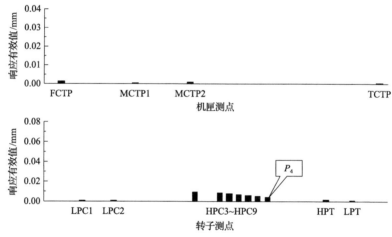

图 4-17　P_4 位置整机振动响应不平衡敏感度（80% N_2 转速）

2）90% N_2 转速（N_1=6980r/min，N_2=13210r/min）

图 4-18 所示为 90% N_2 转速下在 P_4 位置施加 100g·cm 不平衡量，整机系统各

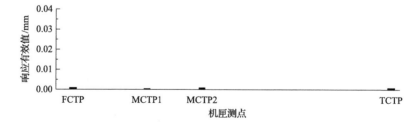

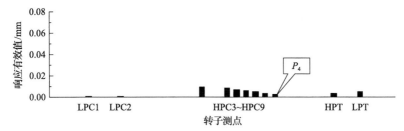

图 4-18　P_4 位置整机振动响应不平衡敏感度(90% N_2 转速)

位置处的振动响应。结果表明，HPC3 位置的振动响应最为敏感。机匣对 P_4 位置不平衡敏感程度较低。

3)100% N_2 转速(N_1= 8880r/min，N_2=14675r/min)

图 4-19 所示为 100% N_2 转速下在 P_4 位置施加 100g·cm 不平衡量，整机系统各位置处的振动响应。结果表明，HPC3 位置的振动响应最为敏感。机匣对 P_4 位置不平衡敏感程度较低。

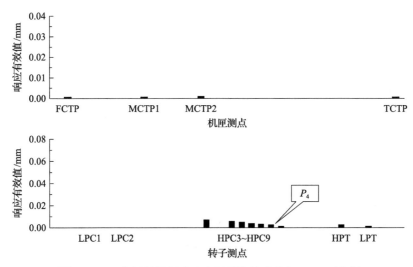

图 4-19　P_4 位置整机振动响应不平衡敏感度(100% N_2 转速)

4)结论

在 P_4 位置施加 100g·cm 不平衡量，不同转速下整机系统各位置处的振动响应大小较为类似，各转速下转子系统对 P_4 位置不平衡较为敏感的是高压压气机，静子系统对 P_4 位置不平衡敏感程度较低。

5. 轴向 P_5 位置的不平衡敏感度分析

1)80% N_2 转速(N_1=5090r/min，N_2=11752r/min)

图 4-20 所示为 80% N_2 转速下在 P_5 位置施加 100g·cm 不平衡量,整机系统各

位置处的振动响应。结果表明，高压压气机及低压涡轮的振动响应较为敏感，低压压气机及机匣对 P_5 位置不平衡敏感程度较低。

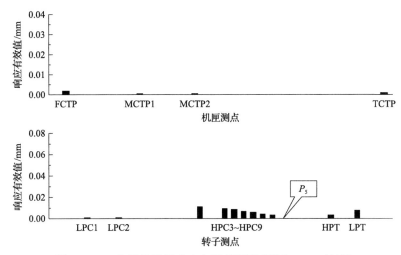

图 4-20　P_5 位置整机振动响应不平衡敏感度（80% N_2 转速）

2）90% N_2 转速（N_1=6980r/min，N_2=13210r/min）

图 4-21 所示为 90% N_2 转速下在 P_5 位置施加 100g·cm 不平衡量，整机系统各位置处的振动响应。结果表明，相对来说，HPT 位置的振动响应最为敏感，但响应有效值仍低于 0.01mm，机匣对 P_5 位置不平衡敏感程度较低。

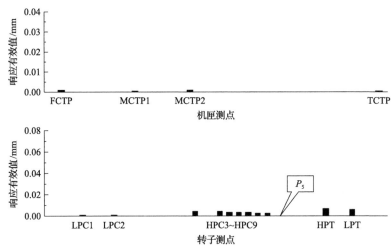

图 4-21　P_5 位置整机振动响应不平衡敏感度（90% N_2 转速）

3）100% N_2 转速（N_1= 8880r/min，N_2=14675r/min）

图 4-22 所示为 100% N_2 转速下在 P_5 位置施加 100g·cm 不平衡量，整机系统

各位置处的振动响应。结果表明，相对来说，HPC3 和 HPT 位置响应对 P_5 位置不平衡较为敏感，但响应有效值仍低于 0.01mm。机匣对 P_5 位置不平衡较为敏感程度较低。

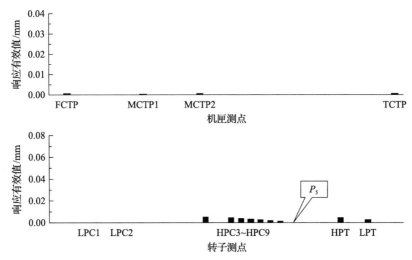

图 4-22 P_5 位置整机振动响应不平衡敏感度（100% N_2 转速）

4)结论

在 P_5 位置施加 100g·cm 不平衡量，不同转速下整机系统各位置处的振动响应大小并不相同，各转速下转子系统对 P_5 位置不平衡不敏感，静子系统对 P_5 位置不平衡敏感程度较低，其中 80% N_2 转速（N_1= 5090r/min，N_2=11752r/min）对 P_5 位置不平衡最敏感。

6. 轴向 P_6 位置的不平衡敏感度分析

1)80% N_2 转速（N_1=5090r/min，N_2=11752r/min）

图 4-23 所示为 80% N_2 转速下在 P_6 位置施加 100g·cm 不平衡量，整机系统各位置处的振动响应。结果表明，LPT 位置的振动响应最为敏感，转子其他对 P_6 位置不平衡较为敏感的位置依次为 HPT→HPC。低压压气机和机匣对 P_6 位置不平衡敏感程度较低。

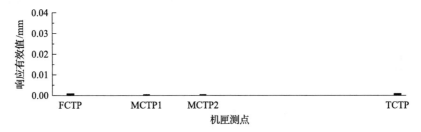

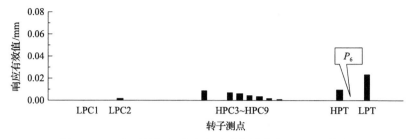

图 4-23　P_6 位置整机振动响应不平衡敏感度（80% N_2 转速）

2）90% N_2 转速（N_1=6980r/min，N_2=13210r/min）

图 4-24 所示为 90% N_2 转速下在 P_6 位置施加 100g·cm 不平衡量，整机系统各位置处的振动响应。结果表明，LPT 位置的振动响应最为敏感，转子其他对 P_6 位置不平衡较为敏感的位置依次为 HPT→HPC3→HPC4→HPC5→HPC6→HPC7→HPC9→HPC8→LPC2→LPC1。机匣对 P_6 位置不平衡敏感程度较低。

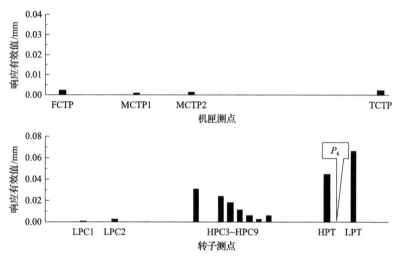

图 4-24　P_6 位置整机振动响应不平衡敏感度（90% N_2 转速）

3）100% N_2 转速（N_1= 8880r/min，N_2=14675r/min）

图 4-25 所示为 100% N_2 转速下在 P_6 位置施加 100g·cm 不平衡量，整机系统各位置处的振动响应。结果表明，LPT 位置的振动响应最为敏感，转子其他对 P_6

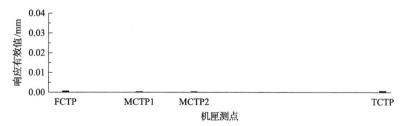

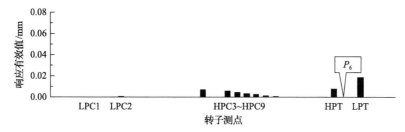

图 4-25　P_6 位置整机振动响应不平衡敏感度(100% N_2 转速)

位置不平衡较为敏感的位置依次为 HPT→HPC。低压压气机及机匣各测点对 P_6 位置敏感程度较低。

4)结论

在 P_6 位置施加 100g·cm 不平衡量,不同转速下整机系统各位置处的振动响应大小并不相同,各转速下转子系统对 P_6 位置不平衡最敏感的是低压涡轮,静子系统对 P_6 位置不平衡敏感程度较低,其中 90% N_2 转速(N_1=6980r/min, N_2=13210r/min)对 P_6 位置不平衡最敏感。

7. 轴向 P_7 位置的不平衡敏感度分析

1)80% N_2 转速(N_1=5090r/min, N_2=11752r/min)

图 4-26 所示为 80% N_2 转速下在 P_7 位置施加 100g·cm 不平衡量,整机系统各位置处的振动响应。结果表明,转子及机匣各位置对 P_7 位置不平衡敏感程度较低,响应有效值均低于 0.01mm。

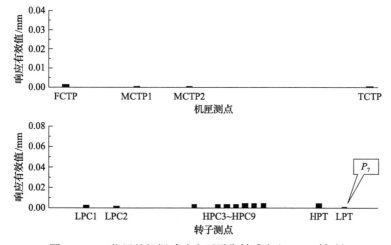

图 4-26　P_7 位置整机振动响应不平衡敏感度(80% N_2 转速)

2)90% N_2 转速(N_1=6980r/min, N_2=13210r/min)

图 4-27 所示为 90% N_2 转速下在 P_7 位置施加 100g·cm 不平衡量,整机系统各

位置处的振动响应。结果表明，转子及机匣对 P_7 位置不平衡敏感程度较低，响应有效值均低于 0.01mm。

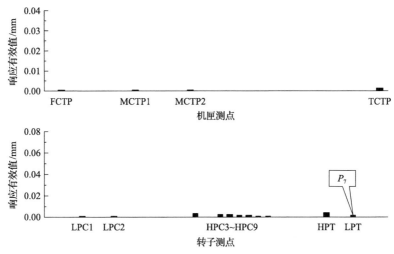

图 4-27 P_7 位置整机振动响应不平衡敏感度（90% N_2 转速）

3）100% N_2 转速（N_1= 8880r/min，N_2=14675r/min）

图 4-28 所示为 100% N_2 转速下在 P_7 位置施加 100g·cm 不平衡量，整机系统各位置处的振动响应。结果表明，转子及机匣对 P_7 位置不平衡敏感程度较低，响应有效值均低于 0.01mm。

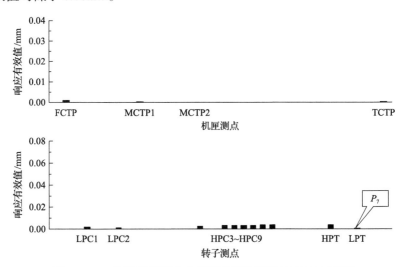

图 4-28 P_7 位置整机振动响应不平衡敏感度（100% N_2 转速）

4）结论

在 P_7 位置施加 100g·cm 不平衡量，不同转速下整机系统各位置处的振动响应大小情况类似，各转速下转子系统对 P_7 位置不平衡均不敏感，静子系统对 P_7 位置不平衡也不敏感。

8. 不平衡敏感度分析结论

通过计算不同转速时在 P_1～P_7 位置不平衡量的作用下转子及机匣位移振动响应有效值，分析了不同位置不平衡量引起的整机振动响应敏感度规律，得到以下结论。

(1)各转速下转子系统各测点中，低压压气机测点对 P_1、P_2 位置不平衡最敏感，高压压气机测点对 P_3、P_4 位置不平衡较为敏感，低压涡轮测点对 P_3、P_6 位置不平衡较为敏感，转子系统各测点对 P_5、P_7 位置不平衡敏感程度较低。

(2)各转速下静子各测点中，风扇机匣测点对 P_1、P_2 位置不平衡最敏感，机匣各测点对其余位置不平衡敏感程度较低。

(3)80% N_2 转速(N_1=5090r/min，N_2=11752r/min)时，P_1、P_2、P_5 位置不平衡对整机系统响应较为敏感。90% N_2 转速(N_1=6980r/min，N_2=13210r/min)时，P_3、P_6 位置不平衡对整机系统响应较为敏感。P_4、P_7 位置不平衡时，整机系统响应受转速影响不大。

4.3.3　机匣测点的响应不平衡敏感度分析

为便于比较分析，分析不同转速及不同位置的不平衡对发动机各个测点的影响，绘制不同转速不同位置不平衡激励下的发动机各测点响应。

图 4-29 为风扇机匣测点在不同转速下对 P_1～P_7 各位置不平衡的响应有效值。由图可知，P_1、P_2 位置不平衡对风扇机匣测点响应影响很大，其中，80% N_2 转速(N_1=5090r/min，N_2=11752r/min)时，P_1、P_2 位置不平衡作用下，风扇机匣测点响应最大。各转速下 P_3～P_7 位置不平衡作用下风扇机匣测点响应都不大，且变化不大。

图 4-30 为中介机匣前测点在不同转速下对 P_1～P_7 各位置不平衡的响应有

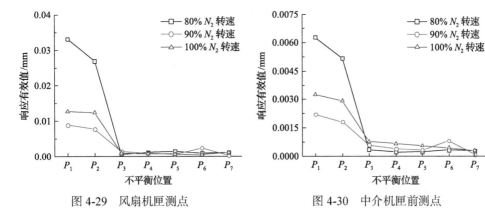

图 4-29　风扇机匣测点　　　　　　　图 4-30　中介机匣前测点

效值。由图可知，P_1、P_2位置不平衡对中介机匣前测点响应影响较大，其中，80% N_2转速(N_1=5090r/min，N_2=11752r/min)时，P_1、P_2位置不平衡作用下，中介机匣前测点响应相对较大。各转速下$P_3 \sim P_7$位置不平衡作用下中介机匣前测点响应都不大，且变化不大。

图 4-31 为中介机匣后测点在不同转速下对$P_1 \sim P_7$各位置不平衡的响应有效值。由图可知，各转速下P_1、P_2位置不平衡作用下中介机匣后测点响应均较大，90% N_2转速(N_1=6980r/min，N_2=13210r/min)时，P_6位置不平衡作用下，中介机匣后测点响应也较大。

图 4-32 为涡轮机匣测点在不同转速下对$P_1 \sim P_7$各位置不平衡的响应有效值。由图可知，80% N_2转速(N_1=5090r/min，N_2=11752r/min)时，P_1、P_2位置不平衡作用下，涡轮机匣测点响应较大，其余位置不平衡在该转速下响应不大。各转速下$P_3 \sim P_7$位置不平衡作用下涡轮机匣测点响应都不大，且变化不大。

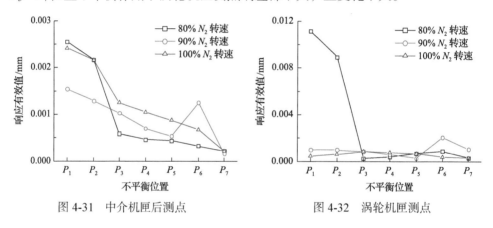

图 4-31　中介机匣后测点　　　　　　图 4-32　涡轮机匣测点

4.3.4　基于发动机整机振型的不平衡敏感度分析

1. 80% N_2转速(N_1=5090r/min，N_2=11752r/min)下各位置不平衡敏感度分析

80% N_2转速(N_1=5090r/min，N_2=11752r/min)时，在$P_1 \sim P_7$位置均施加不平衡量，整机振型如图 4-33 所示。转子和静子各测点不平衡敏感度系数最大位置及最

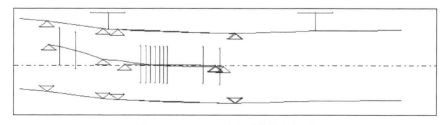

图 4-33　80% N_2转速下的整机振型

大位置敏感度如表 4-4 所示。

表 4-4　80% N_2 转速转子和静子各测点不平衡敏感度系数最大位置及最大位置敏感度

不平衡位置	转子测点响应最大位置	转子测点响应最大位置敏感度	静子测点响应最大位置	静子测点响应最大位置敏感度
P_1	LPC1	0.067	风扇机匣	0.033
P_2	LPC1	0.054	风扇机匣	0.026
P_3	LPT	0.016	中介机匣后	0.00058
P_4	HPC3	0.0089	风扇机匣	0.0011
P_5	HPC3	0.011	风扇机匣	0.0016
P_6	LPT	0.023	风扇机匣	0.00091
P_7	HPT	0.0042	风扇机匣	0.0011

由图 4-33 可知,80% N_2 转速下,整机振型主要表现为风扇转子俯仰,风扇机匣俯仰;由表 4-4 可见,所有位置分别单独施加不平衡中,P_1、P_2 位置的不平衡激励对转子 LPC1 位置和风扇机匣位置的不平衡响应敏感度远高于其他位置。

2. 90% N_2 转速(N_1=6980r/min,N_2=13210r/min)下各位置不平衡敏感度分析

90% N_2 转速(N_1=6980r/min,N_2=13210r/min)时,在 $P_1 \sim P_7$ 位置均施加不平衡量,整机振型如图 4-34 所示。转子和静子各测点不平衡敏感度系数最大位置及最大位置敏感度如表 4-5 所示。

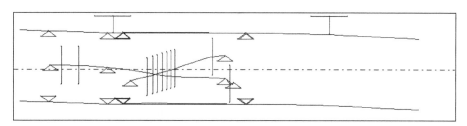

图 4-34　90% N_2 转速下的整机振型

表 4-5　90% N_2 转速转子和静子各测点不平衡敏感度系数最大位置及最大位置敏感度

不平衡位置	转子测点不平衡敏感度系数最大位置	转子测点不平衡敏感度系数最大位置敏感度	静子测点不平衡敏感度系数最大位置	静子测点不平衡敏感度系数最大位置敏感度
P_1	LPC1	0.012	风扇机匣	0.0088
P_2	LPC1	0.011	风扇机匣	0.0077
P_3	HPC3	0.016	风扇机匣	0.0014
P_4	HPC3	0.0095	风扇机匣	0.00093

不平衡位置	转子测点不平衡敏感度系数最大位置	转子测点不平衡敏感度系数最大位置敏感度	静子测点不平衡敏感度系数最大位置	静子测点不平衡敏感度系数最大位置敏感度
P_5	HPT	0.0062	中介机匣后	0.00054
P_6	LPT	0.066	风扇机匣	0.0023
P_7	HPT	0.0038	涡轮机匣	0.0010

由图 4-34 可知，90%N_2 转速下，在 P_1～P_7 位置均施加不平衡量，整机振型主要表现为高压转子俯仰，机匣振动较小。由表 4-5 可知，所有位置分别单独施加不平衡量中，P_6 位置的不平衡激励对转子 LPT 位置的不平衡响应敏感度远高于其他位置，机匣测点对各位置不平衡敏感度均较低。

3. 100% N_2 转速(N_1= 8880r/min，N_2=14675r/min)下各位置不平衡敏感度分析

100% N_2 转速(N_1= 8880r/min，N_2=14675r/min)时，在 P_1～P_7 位置均施加不平衡量，整机振型如图 4-35 所示。转子和静子各测点不平衡敏感度系数最大位置及最大位置敏感度如表 4-6 所示。

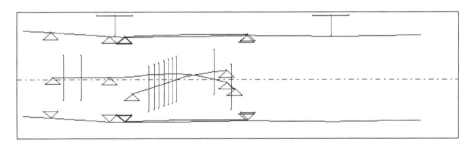

图 4-35　100% N_2 转速下的整机振型

表 4-6　100% N_2 转速转子和静子各测点不平衡敏感度系数最大位置及最大位置敏感度

不平衡位置	转子测点不平衡敏感度系数最大位置	转子测点不平衡敏感度系数最大位置敏感度	静子测点不平衡敏感度系数最大位置	静子测点不平衡敏感度系数最大位置敏感度
P_1	LPC2	0.0040	风扇机匣	0.013
P_2	LPC1	0.0041	风扇机匣	0.012
P_3	LPT	0.0078	中介机匣后	0.00048
P_4	HPC3	0.0072	中介机匣后	0.0011
P_5	HPC3	0.0053	中介机匣后	0.00088
P_6	LPT	0.019	风扇机匣	0.00076
P_7	HPT	0.0042	风扇机匣	0.0010

由图 4-35 和表 4-6 可知, 100% N_2 转速下, 整机振型主要表现为高压转子俯仰, 低压涡轮转子弯曲, 风扇机匣俯仰。所有不平衡位置中, P_6 位置不平衡时, 转子 LPT 位置的不平衡敏感度远高于其他位置, P_1、P_2 位置不平衡时, 进气机匣测点对不平衡敏感度均较高。

4. 结论

(1)不平衡响应的灵敏度与振型相关, 在不同位置施加相同不平衡量, 振型位移大的位置的不平衡量产生更大的激励力, 从而引起更大的不平衡响应, 因此, 不平衡敏感度也更大。

(2)实际航空发动机应根据振型位移的大小控制不平衡量, 振型位移越大处的不平衡量应控制得越严格。

4.4　本章小结

本章计算了某型双转子航空发动机的整机动力特性, 分析风扇机匣、中介机匣前、中机匣后及涡轮机匣测点的速度响应曲线, 汇总结果得到了整机各阶临界转速, 并分析了各阶临界转速对应的模态振型。本章计算了发动机不同状态下, 不同位置不平衡量引起的整机振动位移响应, 分析了不同转速下, 整机的振动响应对不同位置不平衡量的敏感程度。结果表明, 不平衡敏感度与振型相关, 在不同位置施加相同不平衡量, 振型位移大的位置的不平衡量产生更大的激励力, 从而引起更大的不平衡响应, 于是不平衡敏感度也更大。因此, 实际航空发动机应根据振型位移的大小控制不平衡量, 振型位移越大处的不平衡量应控制得越严格。

参 考 文 献

[1] 《航空涡喷、涡扇发动机结构设计准则(研究报告)》编委会. 航空涡喷、涡扇发动机结构设计准则(研究报告)(第六册)转子系统[M]. 北京: 中国航空工业总公司发动机系统工程局, 1997.

[2] 航空发动机设计手册总编委会. 航空发动机设计手册(第 19 册)——转子动力学及整机振动[M]. 北京: 航空工业出版社, 2000.

第5章　转子不平衡(转子不同心)故障建模与分析

本章首先针对航空发动机转子不同心故障,分析其振动机理,利用多螺栓连接面的高压转子模拟试验器对故障动力学模型进行试验验证。将其与整机模型进行结合,建立含转子不同心故障的航空发动机整机振动模型。然后,提出一种利用电涡流位移传感器测量转子不同心(转子弯曲)的简易方法,针对实际测取的转子不同心量,进行转子不同心故障激励下的整机振动响应仿真计算和试验验证。最后,建立含高压转子不同心故障的某双转子航空发动机整机振动模型,模拟高压转子不同心故障,进行转子不同心故障特征分析,研究转子不同心相位和幅值对机匣振动响应的影响规律,为进一步控制航空发动机转子不同心故障提供理论依据。

5.1　转子不同心故障概述

转子系统作为航空发动机的核心部件,能够承载高速旋转所产生的各种负荷,但由于其转子复杂的结构特点,各级轮盘和鼓筒之间通过螺栓连接或焊接组合在一起,装配过程中由于各级盘轴之间的周向组装位置随意,无法控制公差累积的方向,造成转子装配后各部件惯性轴与转子旋转轴之间出现偏差,或者是在工作状态下由于转子热变形、轴向力增加、装配误差及碰摩等,转子某个或某几个连接面产生滑移,都会使发动机高压转子产生不同心故障。转子出现不同心故障后,会对发动机整机振动产生一系列的危害效应,造成转子振动超标甚至变形,支承处轴承磨损,转、静件碰摩等严重故障,进而引发灾难性的飞行事故,严重影响航空发动机的安全性。因此,在航空发动机整机装配过程中,转子系统是装配精度要求最高的结构,需要尽量控制其由装配工艺造成的误差累积,避免航空发动机出现转子不同心现象,以保证航空发动机安全可靠地运行[1,2]。了解航空发动机转子的结构和装配特点是研究转子产生不同心故障振动机理的前提条件。

航空发动机转子是指叶片、盘、轴及连接结构组成的轴系,一般由多个零部件组装而成,转子系统的结构主要由转子结构、转子支承方案与转子支承结构三部分组成。转子系统结构设计对发动机重量、效率、可靠性及振动特性等具有显著的影响。目前,航空发动机转子主要有三种结构形式:鼓式、盘式和鼓盘式。

鼓式转子如图 5-1(a)所示,其基本结构是圆柱形或圆锥形薄壁的鼓筒,借助安装边和螺栓等与前后轴颈连成一体。鼓式转子的结构比较简单,零件数目相对较少,加工比较方便,有较强的抗弯刚性,但容易受到强度的限制,目前比较广泛地应用于高涵道比涡扇发动机风扇转子。

盘式转子如图 5-1(b)所示,基本结构包括一根中心轴和若干个轮盘,中心轴将各个轮盘串联在一起,传递扭矩。盘式转子的结构具有较高的强度和承载能力,但是抗弯刚性比较差,易振动。目前盘式转子只应用于单盘或小流量压气机。

鼓盘式转子如图 5-1(c)所示,盘鼓式转子主要包括轮盘、鼓筒和转轴,借助螺栓和止口将各级轮盘和鼓筒组合在一起,扭矩可从转轴逐级传递到鼓筒、各级盘和叶片。由于兼具鼓式转子抗弯刚性好及盘式转子强度好的优点,目前航空发动机转子多为鼓盘式结构。

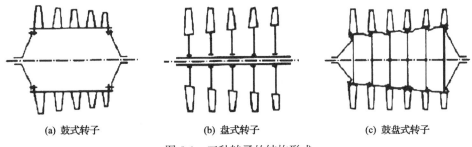

(a) 鼓式转子　　　　　　　(b) 盘式转子　　　　　　　(c) 鼓盘式转子

图 5-1　三种转子的结构形式

图 5-2 为某型航空发动机双转子结构简图,是一种典型的鼓盘式转子。其中低压转子系统由 3 级风扇和 2 级涡轮组成,风扇后轴颈与低压涡轮轴通过刚性套齿联轴器连接。高压转子系统由 9 级压气机和 1 级涡轮组成,前轴颈从第 3 级压气机盘伸出,压气机与涡轮连接采用了大直径鼓筒轴设计。

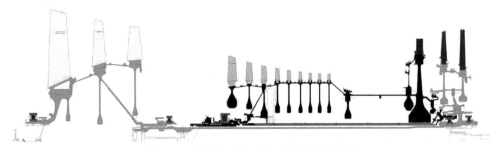

图 5-2　某型航空发动机双转子结构简图

图 5-3 为风扇转子连接方式。从图中可以明显看出,1 级风扇为盘轴一体,2 级风扇盘前段与后轴颈鼓筒焊接在一起,通过螺栓与 1 级风扇盘轮缘连接,3 级风扇盘为悬臂结构,前端与封严鼓筒焊接为一体,通过螺栓与 2 级风扇盘轮缘连接。图 5-4 为其高压转子连接方式,从图中可以看出,高压转子主要包括前轴颈、焊接 1~2 级风扇盘、3 级风扇盘、焊接 4~9 级转子、压气机后箅齿封严盘、高

压涡轮盘及后轴颈等。其中在 3 级风扇盘处用精密螺栓将 1～2 级转子、4～9 级转子及前轴颈连接起来；在后篦齿封严盘处，压气机转子与高压涡轮轴通过螺栓连接；用螺栓将高压涡轮盘中部伸出法兰边与封严盘、后轴颈连接。由于装配误差以及高温高压高转速的工作条件，各部件螺栓连接部位可能会发生错动，造成两连接面发生滑移，从而形成转子不同心。

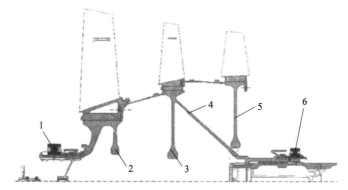

图 5-3　风扇转子连接方式

1-风扇前支承轴承；2-1 级风扇盘；3-2 级风扇盘；4-风扇后锥壳；5-3 级风扇盘；6-风扇后支承轴承

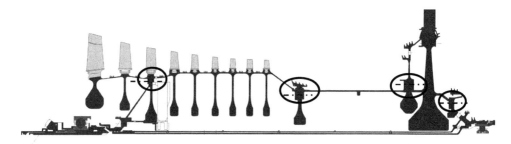

图 5-4　高压转子连接方式

转子不同心定义为转子各截面的几何形心相对于旋转中心线的偏差，转子旋转轴与部件旋转轴的关系示意图如图 5-5 所示。旋转轴指的是两连接定位面圆心之间的连线。惯性轴指的是转子主要部件两端连接定位面圆心之间的连线。制造误差或装配偏差将会导致转子各部件出现图 5-5 所示的装配状态，即各部件惯性轴与转子旋转轴之间出现了偏差。显然，转子各盘轴的不同心将对转子产生类似于转子弯曲的振动。

目前，在转子不同心故障振动机理方面的研究较少，至今仍然没有被广泛认可的不同心动力学模型。由此可见，研究航空发动机转子不同心故障机理，进行转子不同心故障的整机振动建模仿真，并在此基础上进行试验验证，对于预测转子不同心故障所引发的航空发动机整机振动响应、有效地控制转子的不同心具有非常重要的意义。

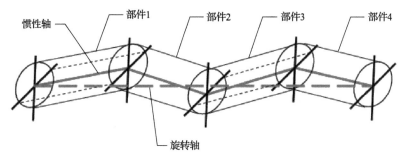

图 5-5　转子旋转轴与部件旋转轴的关系示意图

5.2　转子不同心故障建模方法

5.2.1　含初始弯曲的单盘转子系统振动机理分析

从航空发动机转子装配可以看出，转子不同心指转轴各截面的几何中心连线与旋转轴线存在偏差导致转子在旋转时发生不平衡振动，该故障模式产生与转速同步的激励力，引起转子同步涡动。而转轴的质量偏心是指转子各截面的质心连线与轴中心连线存在的偏差，在转子旋转过程中将产生离心力激励下的转子同步涡动。显然，转子不同心与转子的质量偏心是航空发动机转子系统两个独立的激励源，在动力学建模分析中需要分别考虑。事实上，转子不同心故障客观上形成了转子初始弯曲，与转子初始弯曲故障机理类似。下面对其振动机理进行分析[3]。

初始弯曲单盘转子模型如图 5-6 所示。圆盘质量为 m，其质心 M 偏离几何中心 O_1 的位移为 ε，轴的刚度为 k，轴的质量忽略不计，阻尼系数为 c，圆盘处的轴初始弯曲量为 r_s。图 5-6 中，p 为圆盘质心位移向量，r 为总的位移幅值向量，r_d

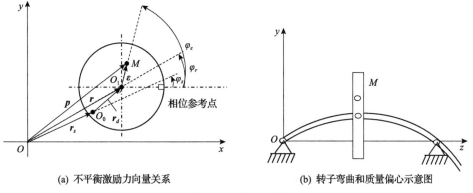

(a) 不平衡激励力向量关系　　　　　(b) 转子弯曲和质量偏心示意图

图 5-6　初始弯曲单盘转子模型示意图

为动力响应幅值向量，O_0 为由初始弯曲导致偏离旋转中心 O 后的几何中心。

显然，由系统的惯性力、阻尼力和弹性力的动平衡，可以得到系统的运动微分方程，即

$$m\ddot{\boldsymbol{p}} + c\dot{\boldsymbol{r}} + k\boldsymbol{r}_d = 0 \tag{5-1}$$

由几何关系可得 $\boldsymbol{p} = \boldsymbol{r} + \boldsymbol{\varepsilon}$，$\boldsymbol{r}_d = \boldsymbol{r} - \boldsymbol{r}_s$，代入式(5-1)得

$$m\ddot{\boldsymbol{r}} + c\dot{\boldsymbol{r}} + k\boldsymbol{r} = k\boldsymbol{r}_s - m\ddot{\boldsymbol{\varepsilon}} \tag{5-2}$$

设：

$$\boldsymbol{r} = r\exp[\mathrm{j}(\omega t + \varphi_r)] = r\cos(\omega t + \varphi_r) + \mathrm{j}r\sin(\omega t + \varphi_r) = x_r + \mathrm{j}y_r \tag{5-3}$$

$$\boldsymbol{r}_s = r_s\exp[\mathrm{j}(\omega t + \varphi_s)] = r_s\cos(\omega t + \varphi_s) + \mathrm{j}r_s\sin(\omega t + \varphi_s) = x_s + \mathrm{j}y_s \tag{5-4}$$

$$\boldsymbol{\varepsilon} = \varepsilon\exp[\mathrm{j}(\omega t + \varphi_\varepsilon)] = \varepsilon\cos(\omega t + \varphi_\varepsilon) + \mathrm{j}\varepsilon\sin(\omega t + \varphi_\varepsilon) = x_\varepsilon + \mathrm{j}y_\varepsilon \tag{5-5}$$

将式(5-3)～式(5-5)代入式(5-2)，可以得到

$$\begin{cases} m\ddot{x}_r + c\dot{x}_r + kx_r = kx_s + m\omega^2 x_\varepsilon \\ m\ddot{y}_r + c\dot{y}_r + ky_r = ky_s + m\omega^2 y_\varepsilon \end{cases} \tag{5-6}$$

从式(5-6)中可以看出，初始弯曲和质量偏心为两个独立的激励力，不考虑式(5-6)中由质量偏心引起的不平衡激励力，则式(5-6)变为

$$\begin{cases} m\ddot{x}_r + c\dot{x}_r + kx_r = kx_s \\ m\ddot{y}_r + c\dot{y}_r + ky_r = ky_s \end{cases} \tag{5-7}$$

显然，该运动微分方程对应于图 5-7(a)、(b)的基础激励下的振动微分方程。由此可见，转子弯曲故障实质上是一种基础激励下的振动。

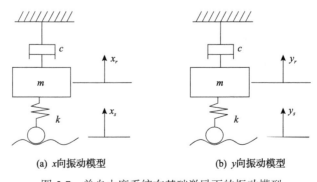

(a) x向振动模型　　　　　　　　(b) y向振动模型

图 5-7　单自由度系统在基础激励下的振动模型

5.2.2　具有初始弯曲的有限元转子系统运动方程

设转子第 i 个节点所在截面的径向偏差和端面偏差形成了截面的径向初始弯曲量为 y_i、z_i，以及绕径向的初始转角为 φ_{yi}、φ_{zi}，因此，初始弯曲构成的第 i 个节点的位移向量为 $\boldsymbol{r}_{si}=[0,y_i,z_i,0,\varphi_{yi},\varphi_{zi}]^{\mathrm{T}}$，显然，由所有节点构成的转子初始弯曲向量为

$$\boldsymbol{r}_s=[\boldsymbol{r}_{s1},\boldsymbol{r}_{s2},\cdots,\boldsymbol{r}_{si},\cdots,\boldsymbol{r}_{sN}]^{\mathrm{T}} \tag{5-8}$$

因此，考虑转子初始弯曲的运动微分方程为

$$\boldsymbol{M}_s\ddot{\boldsymbol{q}}_s+(\boldsymbol{C}_s-\omega\boldsymbol{G}_s)\dot{\boldsymbol{q}}_s+\boldsymbol{K}_s\boldsymbol{q}_s=\boldsymbol{K}_s\boldsymbol{r}_s+\boldsymbol{Q}_s \tag{5-9}$$

式中，$\boldsymbol{q}_s$、$\dot{\boldsymbol{q}}_s$、$\ddot{\boldsymbol{q}}_s$ 为转子广义位移、速度和加速度向量；$\boldsymbol{Q}_s$ 为转子系统广义外力向量；$\boldsymbol{M}_s$ 为转子系统质量矩阵；$\boldsymbol{G}_s$ 为转子系统陀螺矩阵；$\boldsymbol{K}_s$ 为转子系统刚度矩阵；$\boldsymbol{C}_s$ 为转子系统阻尼矩阵，将 $\boldsymbol{C}_s$ 假设为比例阻尼，即 $\boldsymbol{C}_s=\alpha_0\boldsymbol{M}_s+\alpha_1\boldsymbol{K}_s$，其中，$\alpha_0$、$\alpha_1$ 为常数，可由模态试验得到。

5.3　转子-滚动轴承试验器弯曲故障特征仿真分析

5.3.1　仿真分析研究对象

在航空发动机领域，转子不同心定义为转子截面的形心与旋转中心的偏差，与转子截面的质心和旋转中心形成的质量偏心属于两个独立的激励源，转子不同心故障和转子质量偏心均将引发转子的同步涡动振动，表现出典型的 1 倍频特征。但是从激励分析可以看出，转子不同心故障对转子系统表现为基础激励的性质，而转子质量偏心激励为转子系统的力激励，二者在幅频和相频特性曲线中具有较大差别。因此，深入研究转子弯曲故障和转子质量偏心对于振动的影响具有非常重要的意义。

为了简化研究问题，首先选择结构较为简单的转子-滚动轴承试验器进行研究，该试验器具有一个转盘 P_1 和一个法兰盘 P_2，实物图和模型图参见图 3-1。该试验器的转子-支承耦合动力学模型参数详见第 3 章，在此不再叙述。

5.3.2　仿真计算结果分析

为了仿真转子弯曲故障和转子质量偏心的频率响应函数，仿真的计算条件为转速从 0r/min 到 4000r/min 变化，仿真计算了三种情况。

(1)单独考虑转子质量偏心，不考虑转子弯曲故障。其中，转盘 P_1 和法兰盘

P_2 的质量偏心量分别为设置为 0.15mm。

（2）单独考虑转子弯曲故障，不考虑转盘 P_1 和法兰盘 P_2 的质量偏心，通过在转子节点 12 径向水平方向添加 0.03mm 的弯曲量模拟转子弯曲故障。

（3）同时考虑转子的弯曲故障和转盘 P_1 及法兰盘 P_2 的质量偏心。

当单独考虑两种故障时，假设转子的弯曲量和转盘 P_1 及法兰盘 P_2 的质量偏心量不变，偏心角度分别为 0°、90°、180°、270°时，转盘 P_1 处径向位移的幅频和相频曲线如图 5-8～图 5-11 所示。

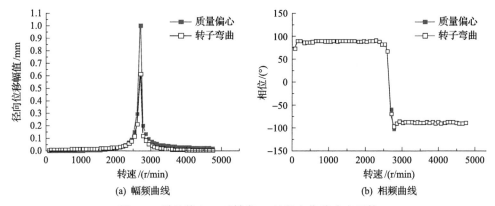

(a) 幅频曲线   (b) 相频曲线

图 5-8　质量偏心 0°时转盘 P_1 处径向位移响应函数

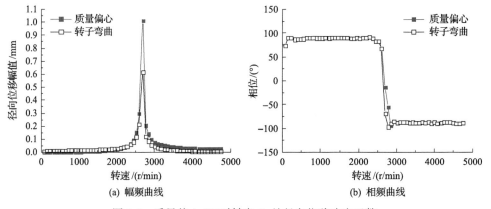

(a) 幅频曲线   (b) 相频曲线

图 5-9　质量偏心 90°时转盘 P_1 处径向位移响应函数

从图 5-8～图 5-11 幅频曲线以及相频曲线可以明显看出，单独考虑质量偏心时，转子质量偏心角度变化对转盘 P_1 处的径向位移幅值的影响不明显，且当转速很低时，振动响应接近于零，当转速接近临界转速时，转子产生共振，振幅达到最大值，相位出现突变，发生 180°变化。而单独考虑转子弯曲故障时，当转速很低时，振动响应趋于转子的初始弯曲量，因此，此时的响应能够反映转子弯曲激励的大小和方向，当转速接近临界转速时，转子产生共振，振幅达到最大值，相位也产生 180°的变化,这一点,转子弯曲故障和质量偏心故障的特征基本相同。

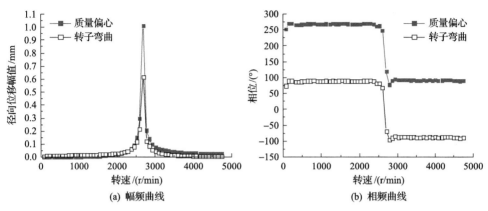

(a) 幅频曲线 　　　　　　　　　　(b) 相频曲线

图 5-10　质量偏心 180°时转盘 P_1 处径向位移响应函数

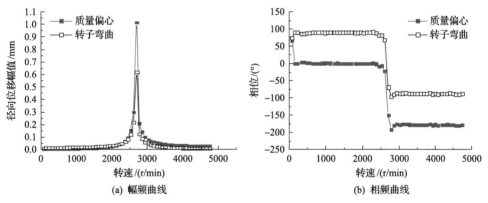

(a) 幅频曲线 　　　　　　　　　　(b) 相频曲线

图 5-11　质量偏心 270°时转盘 P_1 处径向位移响应函数

当同时考虑质量偏心和转子弯曲两种故障时,假设转盘 P_1 和法兰盘 P_2 处质量偏心量和转子的弯曲量不变,仅考虑质量偏心角度变化,仿真得到转盘 P_1 处径向位移的幅频曲线和相频曲线如图 5-12 所示。

从图 5-12 幅频曲线和相频曲线可以看出,同时考虑两种故障时,在一定转速下,转盘 P_1 处振动位移会产生共振,振幅达到最大值,相位出现突变。通过对比图 5-8~图 5-12 的幅频曲线可以发现,同时考虑两种故障时,转盘 P_1 处产生的振动位移幅值并不是两种故障单独考虑情况下位移幅值的叠加。同时,随着转盘质量偏心角度的改变,当转盘质量偏心角度为 0°时,转盘 P_1 处的径向位移幅值最大,转盘质量偏心角度为 270°和 90°时次之,转盘质量偏心角度为 180°时最小,且质量偏心 180°时,相比较单独考虑两种故障的情况,转盘 P_1 处径向位移幅值要小得多,由此可见,同时考虑两种故障时,由于质量偏心相位的改变,会出现振动减小的情况。

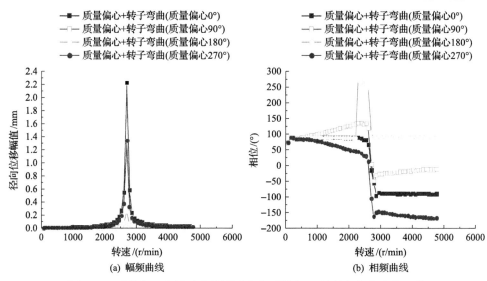

图 5-12　质量偏心和转子弯曲同时存在时转盘 P_1 处径向位移响应函数

　　由此可见，区分转子弯曲故障和转子质量偏心故障非常重要，转子弯曲故障关键在于低转速下也具有一定的振动。转子质量偏心故障通常可以用动平衡的方法进行平衡和补偿，然而转子弯曲故障很难通过动平衡的方法进行平衡和补偿，原因很简单，抵消轴的弯曲变形通常需要很大的力，而现场动平衡很难实现。

5.4　转子不同心测试方法

5.4.1　测量原理

　　由初始弯曲故障振动机理可知，当质量偏心量和初始弯曲同时存在时，在高转速下，$r = r_d + r_s$，即用电涡流位移传感器测取的是两个旋转向量的矢量和，当然无法分离出初始弯曲向量 r_s，如图 5-13(b)所示。

　　由初始弯曲和质量偏心引起的振动微分方程见式(5-2)。因为 $r = r\exp[\mathrm{j}(\omega t + \varphi_r)]$，$\varepsilon = \varepsilon\exp[\mathrm{j}(\omega t + \varphi_\varepsilon)]$，所以将其代入式(5-2)可得

$$-m\omega^2 r \exp[\mathrm{j}(\omega t + \varphi_r)] + \mathrm{j}\omega cr \exp[\mathrm{j}(\omega t + \varphi_r)] + kr = kr_s + m\omega^2 \varepsilon \exp[\mathrm{j}(\omega t + \varphi_\varepsilon)]$$

$$(5\text{-}10)$$

　　显然，当 $\omega = 0$，$r = r_s$，即转速很低时，电涡流位移传感器测得的转子响应可以近似为转子弯曲量，如图 5-13(a)所示。

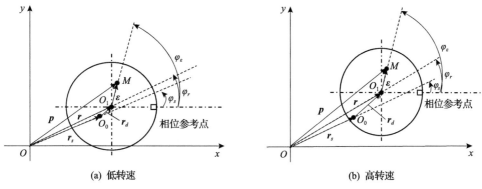

(a) 低转速　　　　　　　　　　　　　　　(b) 高转速

图 5-13　不同转速下的初始弯曲单盘转子模型示意图

5.4.2　基于电涡流位移传感器测量转子弯曲试验方案

根据上述转子弯曲测试原理，可以得到转子弯曲量测试方法[3,4]，其原理框图如图 5-14 所示，测试原理示意图如图 5-15 所示。具体的测试步骤如下。

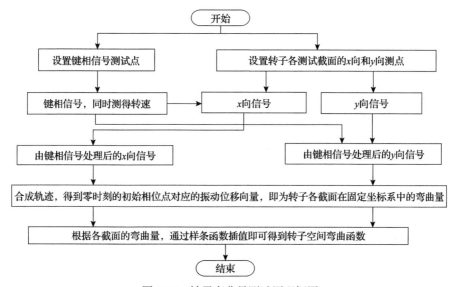

图 5-14　转子弯曲量测试原理框图

(1) 首先需要在转子上设置键相信号测试点，获取转速。键相信号提供统一的相位参考点，通常可以用光电转速传感器或电涡流传感器实现，当传感器对准键槽时，则产生一个脉冲，转子旋转一周产生一个脉冲，通过对一定时间内的脉冲数目统计，可以得到当前转速。

(2) 借助键相信号将各个测量面振动信号的起始时刻统一到键相传感器对准键相槽的时刻，剔除键相脉冲之前的数据点，不足部分补零。如图 5-15 所示，以

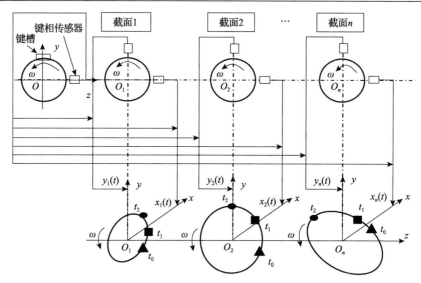

图 5-15　转子弯曲量测试原理示意图

键槽水平方向为 x 轴方向，垂直的轴为 y 轴方向，建立截面的坐标系，从 x 轴正方向按逆时针方向旋转到 y 轴方向。定义旋转角速度 ω 逆时针旋转方向为正方向。

（3）在转子的各个重要测试截面布置两个相互垂直的电涡流位移传感器，测试转子截面的水平 x 向和垂直 y 向的振动位移。分别经过键相信号处理后得到具有统一起始时刻的信号。

（4）将经过键相处理后的转子各截面响应信号，合成轴心轨迹。由测试原理可知，此时，零时刻（即起始时刻）的初始相位点对应的振动位移向量即为在坐标系 Oxy 中转子截面几何中心相对于旋转中心的初始弯曲量。

（5）如图 5-15 所示，定义 x 轴方向为转轴的轴向，各个截面的旋转中心分别为 $O_1, O_2, \cdots, O_n$。根据各个截面得到的转子弯曲量，通过样条函数拟合出转子在空间坐标系 $Oxyz$ 中的空间弯曲函数。

（6）利用 Visual C++编程，调用 OpenGL 图形函数库实现弯曲转子的三维建模和显示。

5.4.3　转子弯曲量测试系统开发构想

为了实现转子弯曲量在线测试和弯曲转子三维实体模型的空间展示，以便能更加清楚地反映出转子各部分的弯曲程度，本章利用 Visual C++ 6.0 软件开发了转子弯曲量测试系统，并进行了相关转子弯曲量的测量试验，以验证本章提出的利用电涡流位移传感器测量转子弯曲量方法的有效性和可行性。

转子弯曲量测试系统的核心目的是通过对转子的弯曲测试与动画显示集成系统的开发，可以实现转子的弯曲量在线测试与三维实体动画显示同时进行，获得弯曲转子三维实体模型的空间展示，更加清楚地反映出转子各部分的弯曲程度，该转子弯曲量测试系统具体实现流程图如图 5-16 所示。

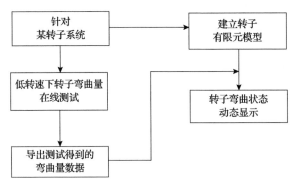

图 5-16　转子弯曲量测试系统实现流程

从流程图可以看出，首先针对某实际弯曲转子量测试系统进行低转速下转子弯曲量的在线测试，获取转子各个测试截面的轴心轨迹，进而得到转子各个测试截面的弯曲量，保存测试得到的转子弯曲量数据，然后建立该转子的有限元模型，最后将测试得到的转子弯曲量导入建好的转子有限元模型中，这样就可以实现转子三维实体的动画显示，进而可以清晰明了地看到转子系统的弯曲状态。

按照上述转子弯曲量测试系统软件的开发构想，进行系统功能的详细介绍。该转子弯曲量测试系统主要包含系统设置、振动数据采集、转子部件建模、转子弯曲量显示等模块，如图 5-17 所示。

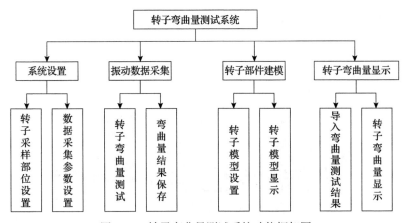

图 5-17　转子弯曲量测试系统功能框架图

(1)系统设置：在某转子弯曲量测试之前需要设置转子的采样部位，即确定转子弯曲量测试的截面数量及各个测试截面的轴向位置；然后需要对数据采集参数进行设置，包括测试变量的选择、传感器型号的选择、传感器灵敏度显示、数据采集器的选择、数据采集模块的选择等。

（2）振动数据采集：对需要测试的转子进行转子弯曲量在线测试，在该模块，一次可以测量 8 个测试截面的轴心轨迹，通过读取初始相位点的数值，得到各个测试截面的弯曲量，保存弯曲量测试结果，为后续转子弯曲量的显示提供数据依据。

（3）转子部件建模：对需要测试的转子进行简单的有限元建模。

（4）转子弯曲量显示：在建立好转子有限元模型的基础上，导入数据采集中获得的转子弯曲量测试结果，即可进行转子弯曲量的动态显示，能形象生动地展示转子的弯曲状态。

5.4.4　转子弯曲量测试系统介绍

1. 转子部件建模

转子弯曲量测试系统的测试界面如图 5-18 所示，转子部件建模界面如图 5-19 所示。转子部件建模模块是转子弯曲状态动态显示的前提条件，通过该模块完成对转子有限元梁单元的建模过程，该模块包括部件选择、显示单元、模型设置、模型显示等。点击"模型设置"，即可进入转子模型设置界面（图 5-20），在该界面可以将转轴从左端到右端等分为所需要的单元数，完成对转轴的有限元建模。在"部件选择"下面的"组件"中选择"转子"，"部件"中选择"转子弯曲"，"截面"中选择"部件"，"显示单元"下选中"所有单元"，点击"模型显示"即可显示出需要测试转子的三维实体图。

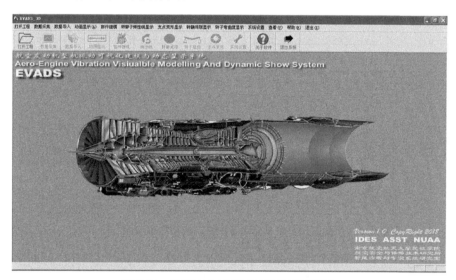

图 5-18　转子弯曲量测试系统的测试界面

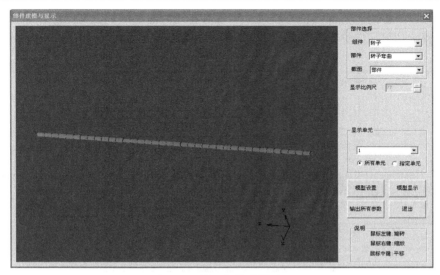

图 5-19　转子部件建模界面

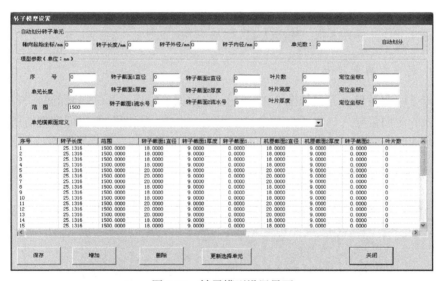

图 5-20　转子模型设置界面

2. 振动数据采集

转子弯曲量测试界面如图 5-21 所示。界面中左侧下角主要是数据采集信息，包括设备型号、采集箱型号、模块、通道、采样频率和采样点数的选择；左侧上角主要是单个截面转速、位移随时间的变化曲线；右侧下角主要用来显示转速、选择测试截面、控制振动位移幅值控制和保存数据等，右侧上角主要是各个测试截面轴心轨迹图。在该界面能够在线显示出测试部位的转速-时间曲线、位移-时间曲线以及各测试截面的轴心轨迹，实现对在线弯曲测试的数据保存，导出转子弯曲测试结果，最终得到各测试截面的位置坐标及相应的 x 向和 y 向弯曲量。

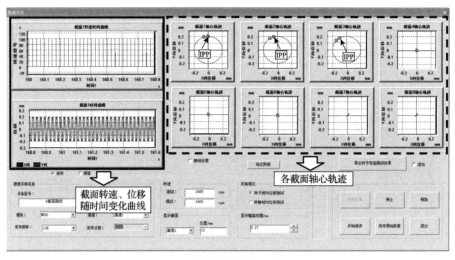

图 5-21　转子弯曲量测试界面

3. 转子弯曲量显示

转子弯曲量显示界面如图 5-22 所示。将数据采集模块测试得到的转子各个测试截面的弯曲量导入该转子弯曲量显示界面，点击"画图"按钮可实现对所测试转子弯曲状态的动态显示。

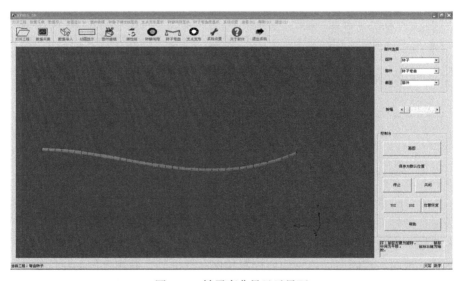

图 5-22　转子弯曲量显示界面

5.4.5 转子弯曲量测试试验分析

1. 初始弯曲较小转子弯曲量测试

为验证转子弯曲量测试方法及测试系统的准确性,本章首先针对初始弯曲较小的转子进行了转子弯曲量的测量,图 5-23 为转子弯曲量测试系统图,主要仪器设备包括美国 NI 公司的 NI9234 动态信号采集模块、光电转速传感器、电涡流位移传感器、前置放大器、转子弯曲量测试软件等。图 5-24 为电涡流位移传感器测试部位局部放大图,从图中可以看出,在每个截面的 x、y 方向垂直架设了两个电涡流位移传感器,用于测得转子的轴心轨迹。图 5-25 为测试坐标定义示意图,显示了转轴的初始相位点以及旋转方向。

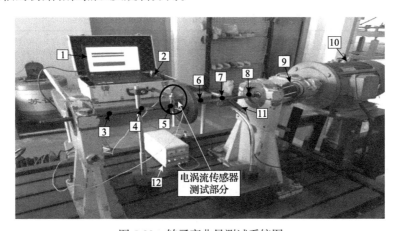

图 5-23 转子弯曲量测试系统图

1-计算机;2-NI 数据采集器;3~8-测点 1~测点 6;9-电机;10-尼龙绳联轴器;11-光电转速传感器;12-直流电源

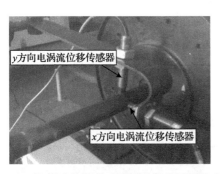

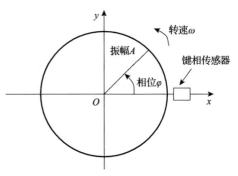

图 5-24 电涡流位移传感器测试部位局部放大图　　图 5-25 测试坐标定义示意图

本次试验在转轴上均匀选取了 6 个测试截面,由于电涡流位移传感器数量的限制,采用一次性测试 3 个截面的测量方式,分两次测量完成,如果传感器数量充足,可以选取更多的测试面同时进行一次性测试。具体的测试步骤按照上述转子弯曲量测试方案进行即可。

　　表 5-1 为在采样频率为 2.5kHz、旋转转速为 72r/min 下初始弯曲较小转子的弯曲量测试结果。根据表 5-1 中测试得到的转子各截面弯曲量，建立以轴向位置为横坐标，弯曲量为纵坐标的坐标系，分别得到实测转子 x、y 向弯曲曲线，通过样条函数插值即可拟合得到转子在其他截面处的弯曲量，x、y 向实测曲线与拟合曲线对比结果如图 5-26 所示，图 5-27 为试验测试得到的初始弯曲较小转子的三维实体图，从图中可以看出，该正常转子在 Oxz 平面内转子各测试截面的弯曲量很小，趋近于零，转子的弯曲变形状态不明显，认为该转子不存在弯曲变形，近似于直轴状态，而在 Oyz 平面及任意视角下转子最大截面的弯曲量为 0.0222mm，存在一定的弯曲变形。

表 5-1　转子各截面测量数据（初始弯曲较小）

轴向位置/m	截面	水平 x 向位移/mm	垂直 y 向位移/mm
0.200	1	−0.0033	0.0028
0.310	2	−0.0016	0.024
0.430	3	−0.0004	0.0143
0.530	4	0.0014	0.0222
0.625	5	−0.00193	−0.0150
0.740	6	−0.0008	−0.0109

(a) x 向转子弯曲曲线　　　　　　　　(b) y 向转子弯曲曲线

图 5-26　初始弯曲较小转子实测曲线与拟合曲线对比结果

(a) Oxz 平面　　　　　　　　(b) Oyz 平面

(c) 任意视角

图 5-27　初始弯曲较小转子的三维实体显示

2. 初始弯曲较大转子弯曲量测试

在初始弯曲较小转子弯曲量测试的基础上，针对带有明显初始弯曲转子也进行了转子弯曲量试验测试，测试方法与步骤参照初始弯曲较小转子弯曲量测试。

通过测试得到采样频率为 2.5kHz、旋转转速为 72r/min 下电涡流位移传感器测得的初始弯曲较大转子各个截面的轴心轨迹及其初始相位点(initial phase point, IPP)，6 个截面的轴心轨迹结果如图 5-28 所示，图中箭头所指圆圈即为初始相位点。初始相位点表示转子上贴感光片的位置在旋转中第一次对准反光片时，转子被测截面轴心的初始位置，由于感光片的位置固定，所以对每个截面测试得到的初始相位点反映了相对于某个固定位置下的各截面转子轴心位置。

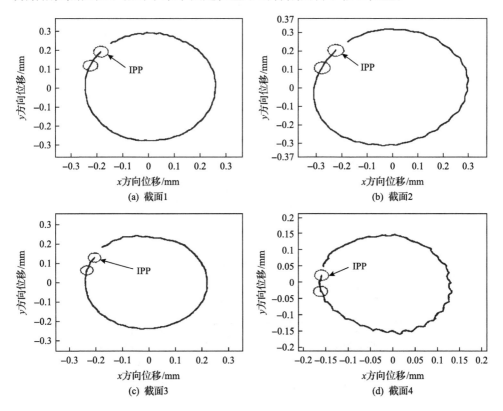

(a) 截面1

(b) 截面2

(c) 截面3

(d) 截面4

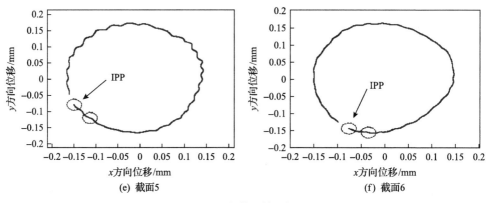

(e) 截面5　　　　　　　　　　　　(f) 截面6

图 5-28　6个截面轴心轨迹图

读取 6 个测试面的初相位点的数据，整理得到测试结果如表 5-2 所示。根据表 5-2 中的测试数据，建立以轴向位置为横坐标，弯曲量为纵坐标的坐标系，分别得到实测转子 x、y 向弯曲曲线，根据各个截面的弯曲量，通过样条函数插值即可拟合得到转子在其他截面处的弯曲量。x、y 向实测曲线与拟合曲线对比结果如图 5-29 所示。

表 5-2　转子各截面测量数据（初始弯曲较大）

轴向位置/m	截面	水平 x 向位移/mm	垂直 y 向位移/mm
0.209	1	−0.1995	0.1898
0.328	2	−0.23	0.2
0.435	3	−0.2039	0.1288
0.523	4	−0.159	0.0224
0.643	5	−0.1491	−0.0794
0.762	6	−0.0769	−0.1451

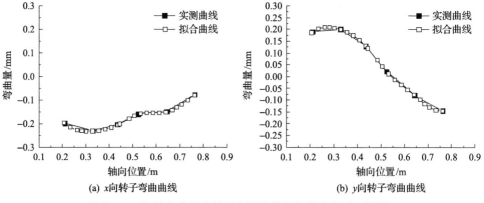

(a) x向转子弯曲曲线　　　　　　　　(b) y向转子弯曲曲线

图 5-29　初始弯曲较大转子实测曲线与拟合曲线对比结果

本章将该转子平均划分为 37 段,得到 38 个截面,设定转轴两支承点的弯曲量为 0,由拟合得到各截面弯曲量,利用 Visual C++ 6.0 编制程序调用 OpenGL 绘图函数,实现了弯曲转子的空间显示,图 5-30 为拟合得到的初始弯曲较大转子的三维实体图。

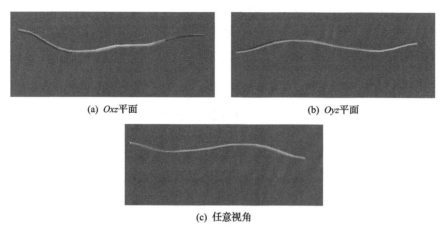

(a) *Oxz*平面　　　　　　　　　　　　(b) *Oyz*平面

(c) 任意视角

图 5-30　初始弯曲较大转子的三维实体显示

3. 基于百分表测量试验验证

百分表是测定转子径向偏差的常用方法,针对初始弯曲量大的转子,本章采用百分表测量法对新方法进行验证。使用的仪器为 TXY-III 型同心度测量仪,该测量仪由轴向和径向两块双面百分表组成,百分表测量转子弯曲实物图如图 5-31 所示,图 5-32 为百分表测量转子弯曲局部放大图。在试验器转轴上选取 6 个测试面,该 6 个测试面与电涡流测量试验中的 6 个测试面一致,将转子的截面分为 8 等份,按逆时针顺序编号,如图 5-33 所示。将编号 1 处径向和轴向两个百分表调零,沿着转子的旋转方向,转动转子,每转一等份,记录一次轴向和径向百分表的度数,当转动一圈后,检查百分表的度数,应仍回到零刻度。

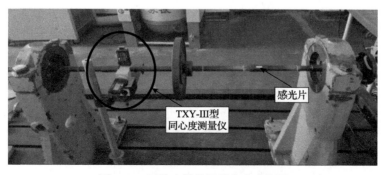

图 5-31　百分表测量转子弯曲实物图

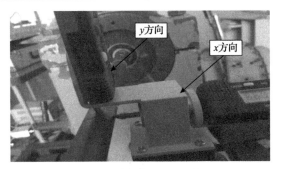

图 5-32　百分表测量转子弯曲局部放大图

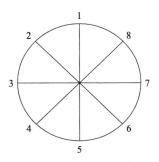

图 5-33　测点位置分布

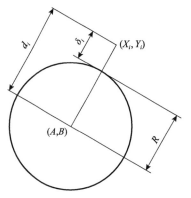

图 5-34　最小二乘法拟合圆

根据记录的测量数据，画出不规则圆形。然后运用最小二乘法分别对电涡流位移传感器测得的不规则圆形和百分表测得的不规则圆形进行拟合。最小二乘法拟合圆方程的基本原理就是用最简方法求得一些未知数据，并使这些数据与实际数据之间误差的平方和为最小，最小二乘法拟合圆示意图如图 5-34 所示。

设离散点 $(X_i, Y_i)(i = 1, 2, 3, \cdots, N)$ 到圆心 (A, B) 的距离为 d_i，即

$$d_i^2 = (X_i - A)^2 + (Y_i - B)^2 \qquad (5\text{-}11)$$

点 (X_i, Y_i) 到圆边缘距离计算公式如下：

$$\delta_i^2 = d_i^2 - R^2 = (X_i - A)^2 + (Y_i - B)^2 - R^2 = X_i^2 + Y_i^2 + aX_i + bY_i + c \qquad (5\text{-}12)$$

令 $Q(a, b, c)$ 为 δ_i^2 的平方和：

$$Q(a, b, c) = \sum_i \delta_i^2 = \sum_i [(X_i^2 + Y_i^2 + aX_i + bY_i + c)]^2 \qquad (5\text{-}13)$$

将 $Q(a, b, c)$ 对 a、b、c 求偏导，令偏导等于 0，得到极值点，比较所有极值点函数值即可得到最小值：

$$\frac{\partial Q(a, b, c)}{\partial a} = \sum_i 2(X_i^2 + Y_i^2 + aX_i + bY_i + c)X_i = 0 \qquad (5\text{-}14)$$

$$\frac{\partial Q(a, b, c)}{\partial b} = \sum_i 2(X_i^2 + Y_i^2 + aX_i + bY_i + c)Y_i = 0 \qquad (5\text{-}15)$$

$$\frac{\partial Q(a,b,c)}{\partial b} = \sum_i 2(X_i^2 + Y_i^2 + aX_i + bY_i + c) = 0 \tag{5-16}$$

令

$$C = N\sum_i X_i^2 - \sum_i X_i \sum_i X_i, \quad D = N\sum_i X_iY_i - \sum_i X_i \sum_i Y_i$$

$$E = N\sum_i X_i^3 + N\sum_i X_iY_i^2 - \sum_i (X_i^2 + Y_i^2)\sum_i X_i, \quad G = N\sum_i Y_i^2 - \sum_i X_i \sum_i Y_i$$

$$H = N\sum_i X_i^2Y_i + N\sum_i Y_i^3 - \sum_i (X_i^2 + Y_i^2)\sum_i Y_i$$

通过求极小值可以得到:

$$Ca + Db + E = 0, \quad Da + Gb + H = 0 \tag{5-17}$$

求解 a、b、c 的值,而圆的方程为

$$R^2 = x^2 - 2Ax + A^2 + y^2 - 2By + B^2 \tag{5-18}$$

令

$$a = -2A, \quad b = -2B, \quad c = A^2 + B^2 - R^2$$

由式(5-11)~式(5-18)拟合得出圆心坐标和半径 A、B、R 的拟合值:

$$A = -\frac{a}{2}, \quad B = -\frac{b}{2}, \quad R = \frac{1}{2}\sqrt{a^2 + b^2 - 4c} \tag{5-19}$$

由上述圆心及半径的拟合值,得到各个截面的拟合结果如图5-35~图5-40所示。从图中可以看出,电涡流位移传感器测量的结果与百分表测量的结果基本一致,两种测量方法的拟合圆结果基本重合。这表明电涡流位移传感器在低转速下能有效识别出转子的弯曲量。

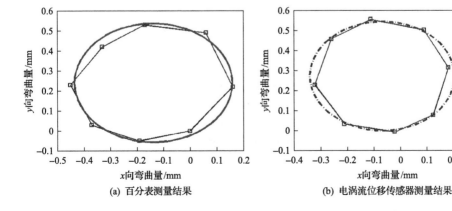

(a) 百分表测量结果   (b) 电涡流位移传感器测量结果

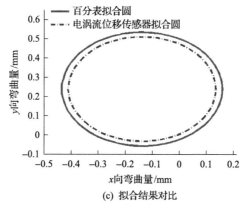

(c) 拟合结果对比

图 5-35　截面 1 结果

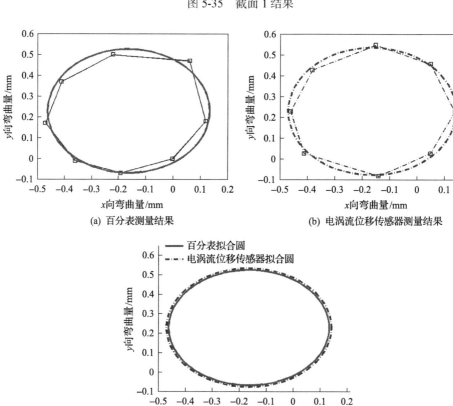

(a) 百分表测量结果　　　　　　　　(b) 电涡流位移传感器测量结果

(c) 拟合结果对比

图 5-36　截面 2 结果

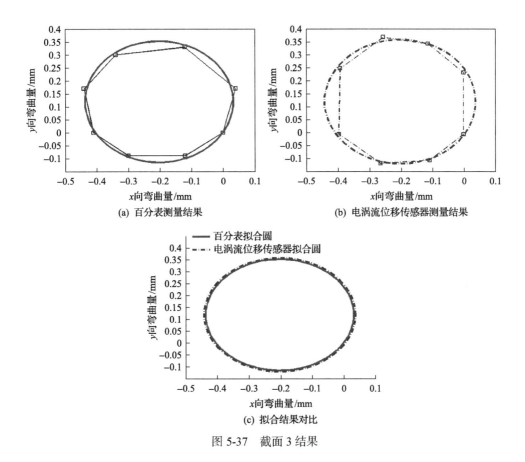

(a) 百分表测量结果　　　　　　　(b) 电涡流位移传感器测量结果

(c) 拟合结果对比

图 5-37　截面 3 结果

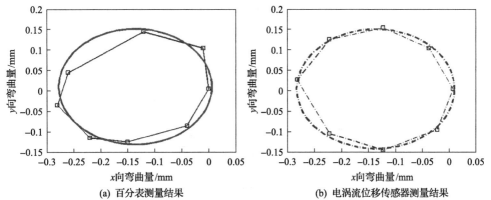

(a) 百分表测量结果　　　　　　　(b) 电涡流位移传感器测量结果

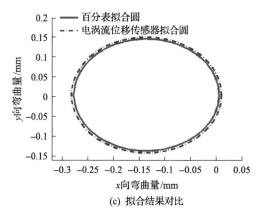

(c) 拟合结果对比

图 5-38　截面 4 结果

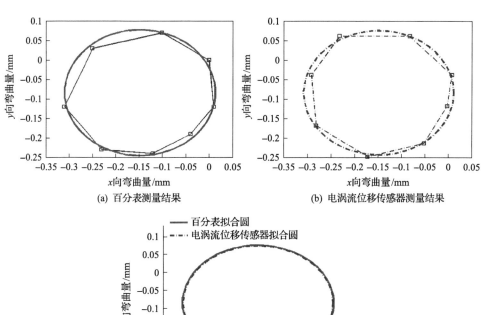

图 5-39　截面 5 结果

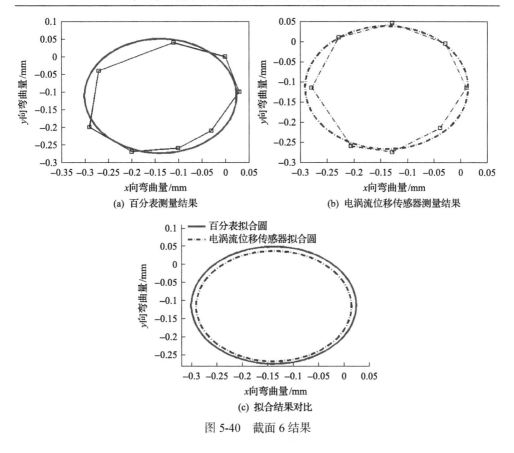

(a) 百分表测量结果　　　　(b) 电涡流位移传感器测量结果

(c) 拟合结果对比

图 5-40　截面 6 结果

5.5　转子不同心故障的仿真及试验研究

5.5.1　多螺栓连接面的高压转子模拟试验器简介

多螺栓连接面的高压转子模拟试验器几何尺寸根据真实航空发动机高压转子，在基于动力学相似理论的条件下缩比获得，试验器转子能够模拟真实航空发动机高压转子大鼓筒结构的振动特性。图 5-41～图 5-43 分别为多螺栓连接面高压转子模拟试验器的 CAD 图、三维模型图和实物图。从图中可以看出，多螺栓连接面的高压转子模拟试验器主要包括以下结构：与第 1 级轮盘连为一体的第 1 级鼓筒、第 2 级锥筒、第 2 级轮盘、与第 3 级轮盘连为一体的第 3 级鼓筒、第 4 级轮盘、第 4 级轮盘后鼓筒、与第 5 级轮盘连为一体的第 5 级鼓筒以及后轴颈鼓筒。试验器前后共有 4 个止口螺栓连接结构，连接 1 在第 2 级轮盘处，连接 2 在第 4 级轮盘处，连接 3 位于第 4 级轮盘后鼓筒右端，连接 4 位于后轴颈鼓筒左端。

图 5-44 为多螺栓连接面高压转子模拟试验器整体装配示意图。直流电机安装

在电机座上，电机座固定于右侧试验台；转子试验器左右两端分别安装轴承进行
支承，同时右端通过尼龙绳与直流电机的输出轴相连，通过直流电机带动转子试
验器旋转。

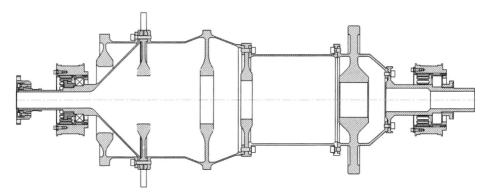

图 5-41　多螺栓连接面高压转子模拟试验器 CAD 图

(a) 侧视图　　　　　　　　　　　　　　　　　　(b) 剖视图

图 5-42　多螺栓连接面高压转子模拟试验器三维模型图

图 5-43　多螺栓连接面高压转子模拟试验器实物图

5.5.2　转子不同心故障装配仿真分析

航空发动机高压转子通常含有多个止口螺栓连接结构，但转子装配偏差、转
静碰摩、热变形等因素会造成转子连接界面滑移，使得转子各部件的惯性轴与转

图 5-44　多螺栓连接面高压转子模拟试验器整体装配示意图

子旋转轴之间出现偏差，从而产生高压转子不同心故障。高压转子不同心故障会
造成整机振动超限、轴承磨损等严重事故，但目前针对高压转子不同心故障的振
动响应分析和试验研究较少，因此本章针对高压转子装配不同心故障，建立考虑
端面偏差的转子接触有限元模型，仿真分析端面偏差下转子变形状态，在此基础
上，建立高压转子不同心故障的力学模型，计算不同心故障的振动响应，并通过
高压转子模拟试验器的装配变形试验和振动响应试验，验证不同心故障仿真的正
确性[5,6]。

1. 多螺栓连接面的转子试验器有限元建模

1) 三维实体模型

由于多螺栓连接面的高压转子模拟试验器结构较为复杂，一些细小结构对试
验器装配变形的仿真结果影响不大，但会导致有限元模型网格数量大大增加，大
幅度增加计算时间，甚至引起计算发散，难以得到计算结果。因此，对模型部分
结构进行合理简化：省略小的凸台、凹槽、倒角、圆角、小孔等不规则结构；省
略螺纹，并将螺帽与螺栓固结；轴承结构复杂，难以详细建模，在转子系统静力
学分析中轴承仅起到固定作用，因此将轴承简化为轴承位置的固定约束。基于上
述模型简化方法，采用三维建模软件 UG 建立高压转子模拟试验器三维实体模型，
如图 5-45 所示，试验器前后共有四个止口螺栓连接结构，从右至左依次为连接 1、
连接 2、连接 3 和连接 4，在连接 2 位置添加垫片，通过改变垫片的倾角来模拟连
接 2 的端面偏差。

2) 有限元建模

利用 ANSYS Workbench 有限元分析软件建立多螺栓连接面的高压转子模拟
试验器有限元模型，模型采用 SOLID187 四面体单元划分网格，有限元模型的总
体网格尺寸为 10mm，在四个连接部位进行局部网格加密，加密网格尺寸为
1.5mm，模型共有 489342 个单元，1097056 个节点。模型材料为 45#钢，基本材
料属性为：弹性模量 2.07×10^5 MPa，泊松比 0.3，密度 7800kg/m^3。有限元模型如

图 5-46 所示。

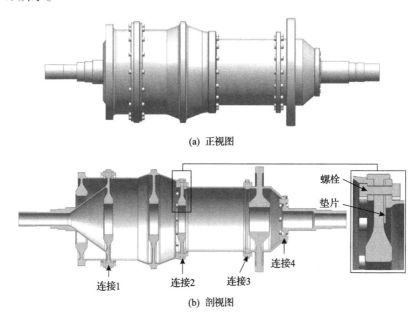

(a) 正视图

(b) 剖视图

图 5-45　多螺栓连接面的高压转子模拟试验器三维实体模型

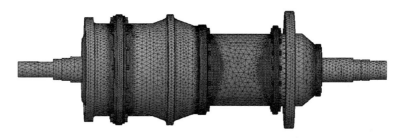

图 5-46　多螺栓连接面的高压转子模拟试验器有限元模型

多螺栓连接面的高压转子模拟试验器有限元模型载荷及约束设置示意图如图 5-47 所示。左右两侧轴承位置设置固定约束,前后四个止口螺栓连接位置通过 PRETS179 预紧力单元施加螺栓预紧力,螺栓预紧力根据 HB6125 标准设置为 10313N,前后共有 22 组接触面,接触面采用 CONTA174 和 TARGE170 单元建立接触对,接触类型选择摩擦接触,摩擦系数为 0.15,止口位置接触面 offset 选项设置为 0.04mm,以模拟止口区域的过盈配合,最终通过提取轴心线上节点的位移,来计算整个转子的变形情况。

2. 转子不同心故障装配变形有限元分析

在多螺栓连接面高压转子模拟试验器的连接 2 位置加入端面偏差为 1mm 的垫

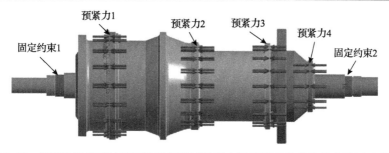

图 5-47 多螺栓连接面的高压转子模拟试验器有限元模型载荷及约束设置示意图

片,设置螺栓预紧力大小为 10313N,利用 ANSYS Workbench 仿真计算 1mm 端面偏差下高压转子的结构变形情况,如图 5-48 所示,提取轴心线节点的径向位移,并按照节点的轴向位置绘制轴心线变形图如图 5-49 所示,通过放大后的变形剖面图和轴心线变形图,可以明显看出在 1mm 的端面偏差下,高压转子模拟试验器整体发生了较为明显的变形,整体呈锥形,加入垫片的 C 点径向偏差最大,最大径向偏差为 0.6383mm。从轴心线变形图可以看出,转子在 A 点和 C 点发生弯曲变形,其中 A 点位于高压转子锥形鼓筒前端,此处刚性较弱,C 点位于止口螺栓连接面 4,由于螺栓数量较小,连接刚度较弱,螺栓连接面发生分离,A 点和 C 点前后轴心线均为直线,表明高压转子各部位的整体刚度较高,未发生弯曲变形。在 1mm 端面偏差下,前后各个连接面的接触状态如图 5-50 所示,仿真结果表明在 10313N 螺栓预紧力作用下,端面偏差施加位置,即螺栓连接面 2 达到了较好的贴合效果,螺栓连接面 1 和螺栓连接面 3 接触状态良好,螺栓连接面 4 发生分离,这与 C 点径向偏差发生变化相对应。

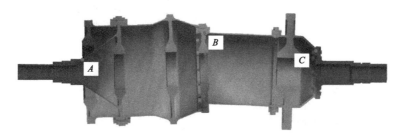

图 5-48 1mm 端面偏差下高压转子模拟试验器装配变形剖面图(放大 20 倍)

3. 特征参数影响规律分析

1) 端面偏差

保持螺栓预紧力大小为 10313N,分别进行 0.5mm、1.0mm、1.5mm 和 2.0mm 的端面偏差仿真计算,提取不同端面偏差下的计算结果,绘制不同端面偏差下的轴心线变形图,如图 5-51 所示。从图中可以看出,随着端面偏差不断增大,高压

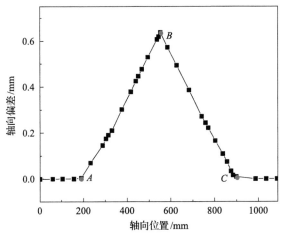

图 5-49 1mm 端面偏差下高压转子模拟试验器转子轴心线变形图

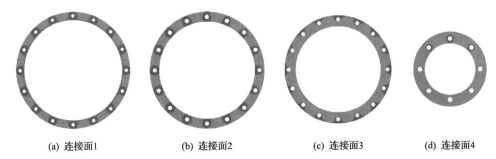

(a) 连接面1   (b) 连接面2   (c) 连接面3   (d) 连接面4

图 5-50 1mm 端面偏差下螺栓连接面接触状态

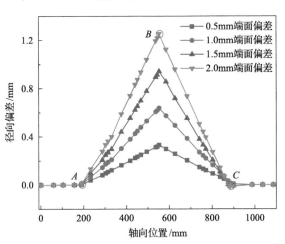

图 5-51 不同端面偏差下的轴心线变形图

转子模拟试验器的径向偏差不断增大，轴心线的变形也更加明显，转子的不同心量不断增加。0.5mm、1.0mm、1.5mm 和 2.0mm 端面偏差下，转子径向偏差最大值分别为 0.3177mm、0.6383mm、0.9135mm 和 1.2181mm，转子最大径向偏差值与端面偏差基本呈线性关系，这表明在不同端面偏差下，连接面 2 均保持较好的贴合状态，主要变形部位依旧集中于锥形鼓筒前端和螺栓连接面 4。

2) 螺栓预紧力

高压转子模拟试验器转子的螺栓为 M8 螺栓，表 5-3 所示为普通螺母的拧紧力矩标准。根据拧紧力矩和预紧力的换算公式，M8 螺栓最大拧紧力矩 19.3N·m 对应的螺栓预紧力为 12063N，最小拧紧力矩 14.1N·m 对应的螺栓预紧力为 8813N，中位数拧紧力矩 16.7N·m 对应的螺栓预紧力为 10313N，除此之外选取螺栓预紧力标准范围外的数个螺栓预紧力 4000N、6000N 和 14000N 进行仿真计算，对比分析螺栓预紧力对转子装配变形的影响规律。

表 5-3　普通螺母的拧紧力矩标准

螺纹代号	拧紧力矩值/(N·m)	
	最大值	最小值
M5	4.8	3.5
M6	8.3	6.1
M8	19.3	14.1
M10	37.5	27.3

保持端面偏差为 1mm，改变螺栓预紧力大小，得到不同预紧力下的转子轴心线变形图，如图 5-52 所示。从图中可以看出，当端面偏差一定时，转子的径向偏差随预紧力增加基本保持不变，这表明在不同预紧力下，连接面 1、连接面 2 和连接面 3 均保持较好的贴合状态。连接面 4(C 点)处的径向偏差随着预紧力减小

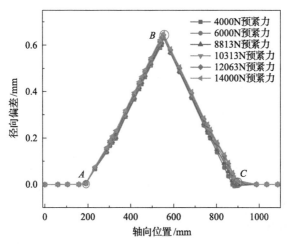

图 5-52　不同预紧力下高压转子模拟试验器轴心线变形图

略微增加，原因是当预紧力较小时，螺栓连接面 4 发生较为明显的分离与变形，使得右侧转子向上翘曲。总体而言，螺栓预紧力对转子装配变形影响不大。

3）螺栓数量

保持端面偏差为 1mm，螺栓预紧力为 10313N，改变连接处螺栓数量，讨论螺栓数量对转子装配变形的影响规律。螺栓数量选择为 16 颗、8 颗和 4 颗，仿真计算轴心线的径向偏差情况，得到不同螺栓数量下的转子轴心线变形图，如图 5-53 所示。由图可看出，在端面偏差和预紧力大小不变的情况下，当螺栓数量不断减少时，转子的径向偏差不断减小，螺栓数量为 16 颗、8 颗和 4 颗时，B 点的径向偏差分别为 0.6383mm、0.5705mm 和 0.5062mm，这表明随着螺栓数量减少，连接面 2 的接触状态变差，连接面不能完全贴合，致使转子轴心线的径向偏差减小。同时，随着螺栓数量减少，转子轴心线在 D 点出现拐点，D 点位置对应于连接面1，这表明，随着螺栓数量减少，连接面 1 也逐渐发生分离。

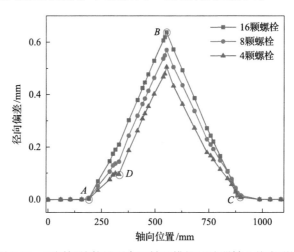

图 5-53　不同螺栓数量下高压转子模拟试验器轴心线变形图

5.5.3　转子不同心故障装配变形试验研究

1. 转子不同心故障装配变形模拟试验

1）试验目的

基于多螺栓连接面的高压转子模拟试验器进行转子不同心故障的装配变形模拟试验，研究端面偏差下转子系统的变形状态，为转子不同心故障振动响应仿真分析提供数据基础。

2）试验系统及试验设备

转子不同心故障装配变形模拟试验现场如图 5-54 所示，该转子试验器通过尼龙绳式联轴器与电动机相连,避免了电机轴和试验器转子不对中引起的振动响应。试验器由多段鼓筒结构构成,前后共有 4 个止口螺栓连接结构,其左右两端分别由支承 1 和支承 2 固定,支承 1 为圆柱滚子轴承,支承 2 为深沟球轴承。连接 2 位置装有垫片,可以通过更换不同倾角的垫片,模拟不同程度的不同心故障,如图 5-55 所示。

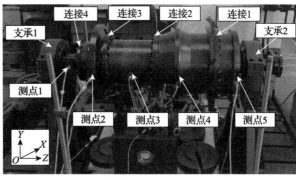

(a) 千分表　　　　　　　　　　(b) 电涡流位移传感器

图 5-54　转子不同心故障装配变形模拟试验现场图

图 5-55　转子试验器垫片装配现场图

　　测试系统包括传感器系统和数据采集系统。传感器系统包括千分表、E004 型电涡流位移传感器和 RL-1 型光电转速传感器。千分表和电涡流位移传感器主要用于测量振动位移,光电转速传感器通过测量反光片的键相信号测量转速。数据采集系统包括计算机、NI 数据采集模块及旋转机械故障智能诊断软件 RFIDS,该软件主要用于采集和分析转子系统的振动信号。信号采集点布置方案如图 5-56 所示,支承 1 右侧旋转轴、连接 4 和连接 3 之间鼓筒、连接 3 和连接 2 之间鼓筒、连接 2 和连接 1 之间鼓筒、连接 1 右侧悬臂鼓筒处分别布置有位移测点 1~5;在静止状态下,分别在测点 1~5 安装千分表,缓慢旋转转子,通过转子一周的位移变化计算径向偏差;旋转状态下,测点 1~5 安装有非接触式的电涡流位移传感器,获得的振动位移信号通过前置放大器进行放大,再通过数据采集器进行采集,最终输出到计算机端。尼龙绳式联轴器上贴有反光膜，利用光电转速传感器测量转子转速，信号经过数据采集器采集后输出到计算机端。

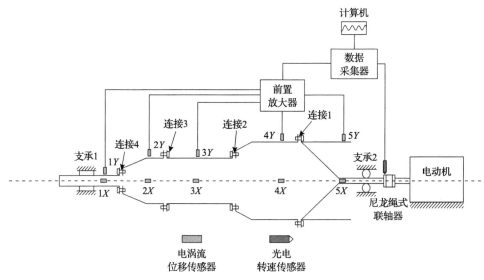

图 5-56　多连接面转子装配变形模拟试验信号采集点布置方案示意图

3) 试验方案

转子不同心故障装配变形模拟试验主要试验步骤为：当试验器未加垫片时，默认转子试验器处于同心状态，视为不同心工况 1；缓慢旋转转子，通过千分表测量转子一周的径向变化值，以此获取前后五个测点的径向偏差；由于极低转速下，转子的振动响应很小，其振动位移幅值可视为测点处的径向偏差，因此将转子转速调至 500r/min，通过电涡流位移传感器测量前后五个测点的振动位移，记录数据；在连接 2 位置更换带有倾角的垫片，记为不同心工况 2，同样进行静态千分表测量和低转速下电涡流位移传感器测量，记录数据；之后重复上述过程，直至完成所有工况。转子装配变形模拟试验的试验工况如表 5-4 所示，主要包括四种，即端面偏差分别为 0mm、0.1mm、1.0mm 和 2.0mm。

表 5-4　转子不同心模拟试验的试验工况

工况编号	1	2	3	4
端面偏差/mm	0	0.1	1.0	2.0

2. 转子不同心故障装配变形试验结果分析

1) 同心状态

当试验器未加垫片时，通过千分表测量前后五个测点的径向偏差大小，然后通过电涡流位移传感器测量转子转速为 500r/min 时各测点的振动位移幅值,即为转子径向偏差。表 5-5 为电涡流位移传感器和千分表的径向偏差测量结果,根据各个测点的轴向位置绘制转子轴心线变形图,如图 5-57 所示。由表 5-5 和图 5-57 可以看出,电涡流位移传感器和千分表的径向偏差测量结果基本相同,这表明两种测试方式获得的转子径向偏差准确有效,电涡流位移传感器和千分表均在测点 3 处测出最大径向偏差,测量结果分别为 0.0456mm 和 0.0435mm。总体来说转子整体径向偏差较小,表明转子处于相对同心状态。

表 5-5　同心状态各测点径向偏差

测量方式	径向偏差/mm				
	测点 1	测点 2	测点 3	测点 4	测点 5
电涡流位移传感器	0.0249	0.0333	0.0456	0.0344	0.0233
千分表	0.024	0.0390	0.0435	0.03	0.0235

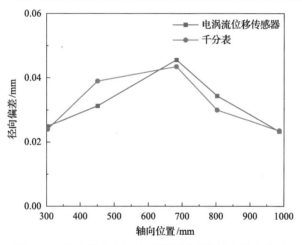

图 5-57　同心状态高压转子模拟试验器轴心线变形图

2)0.1mm 端面偏差

更换 0.1mm 端面偏差的垫片后,电涡流位移传感器、千分表和有限元仿真获得的转子各测点径向偏差如表 5-6 所示,根据各测点的轴向位置绘制转子轴心线变形如图 5-58 所示,由表 5-6 和图 5-58 可以看出,电涡流位移传感器和千分表的测量结果相近,两种测量方式均在测点 2 测出最大径向偏差,电涡流位移传感器测出的最大径向偏差为 0.0662mm,千分表测出的最大径向偏差为 0.0705mm,两者相近,进一步证明了两种测量方式径向偏差测量结果的准确有效。相对于同心状态,转子的轴心线进一步变形,测点 2~5 的径向偏差均增大。同时由图 5-58 可以看出,试验与仿真结果的径向偏差变化规律基本一致,均在测点 2(轴向位置

451mm)出现最大径向偏差, 总体而言有限元仿真结果略小于试验结果, 主要是因为同心状态存在一定的初始端面偏差。

表5-6 0.1mm 端面偏差下各测点径向偏差

测量方式	径向偏差/mm				
	测点 1	测点 2	测点 3	测点 4	测点 5
电涡流位移传感器	0.0171	0.0662	0.0475	0.0335	0.0304
千分表	0.0175	0.0705	0.0605	0.0410	0.0350
有限元仿真	0.0193	0.0496	0.0429	0.0183	0.0017

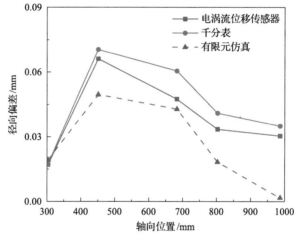

图 5-58 0.1mm 端面偏差下高压转子模拟试验器轴心线变形图

3) 1.0mm 端面偏差

更换 1.0mm 端面偏差的垫片, 采用上述相同方法进行装配变形模拟试验, 表5-7 为电涡流位移传感器、千分表和有限元仿真的径向偏差结果, 图 5-59 为转子轴心线变形图。由表 5-7 和图 5-59 可以看出, 电涡流位移传感器和千分表的测量结果相近, 两者均在测点 2 出现最大径向偏差, 分别为 0.6750mm 和 0.8437mm, 相对于 0.1mm 端面偏差状态, 径向偏差大幅度增加, 基本与端面偏差大小呈线性关系, 这与转子装配变形的仿真规律基本一致。同时由图 5-59 可以看出, 试验与仿真结果的径向偏差数值基本一致, 两者均在测点 2 (轴向位置 451mm) 出现最大径向偏差, 有限元仿真结果最大径向偏差为 0.4962mm, 略小于试验结果。

4) 2.0mm 端面偏差

更换 2.0mm 端面偏差的垫片, 进行转子不同心故障装配变形模拟试验, 电涡流位移传感器、千分表和有限元仿真获得的径向偏差如表 5-8 所示, 按照测点的

表 5-7   1.0mm 端面偏差下各测点径向偏差

测量方式	径向偏差/mm				
	测点 1	测点 2	测点 3	测点 4	测点 5
电涡流位移传感器	0.0790	0.6750	0.5020	0.2340	0.0800
千分表	0.0988	0.8437	0.6275	0.2925	0.1000
有限元仿真	0.1931	0.4962	0.4289	0.1831	0.0169

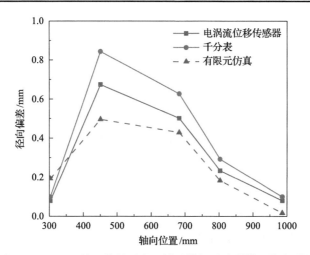

图 5-59   1.0mm 端面偏差下高压转子模拟试验器轴心线变形图

表 5-8   2.0mm 端面偏差下各测点径向偏差

测量方式	径向偏差/mm				
	测点 1	测点 2	测点 3	测点 4	测点 5
电涡流位移传感器	0.3210	1.3570	1.3850	0.7620	0.2860
千分表	0.4013	1.6963	1.7313	0.9525	0.3575
有限元仿真	0.4634	1.2134	1.0239	0.3794	0.0208

轴向位置绘制轴心线变形图如图 5-60 所示。由表 5-8 和图 5-60 可以看出，电涡流位移传感器和千分表的测量结果相近，以千分表的径向偏差为例，最大径向偏差出现在测点 3 为 1.7313mm，约为 1.0mm 端面偏差千分表测量径向偏差最大值的 2.1 倍，约为 0.1mm 端面偏差千分表测量径向偏差最大值的 24.6 倍，这表明径向偏差大小基本与端面偏差呈线性关系。同时由图 5-60 可以看出，试验与仿真结果的径向偏差变化规律基本一致，总体而言，有限元仿真结果小于试验结果。

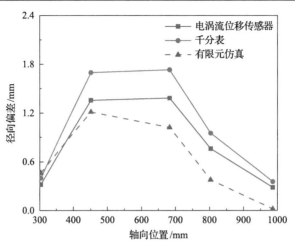

图 5-60　2.0mm 端面偏差下高压转子模拟试验器轴心线变形图

5.5.4　转子不同心故障振动响应仿真分析及试验验证

1. 故障模拟试验

为研究多螺栓连接面高压转子不同心故障的振动特征，首先测量各螺栓连接处端面偏差和径向偏差大小，然后进行定转速下高压转子模拟试验器振动响应测试。转子不同心故障模拟试验器现场如图 5-61 所示，该转子试验器通过尼龙绳式联轴器与电动机相连，避免了电机轴和试验器转子不同心引起的振动。试验器由多段鼓筒结构构成，前后共有 4 个止口螺栓连接结构，左右两端分别由支承 1 和支承 2 支撑，支承 1 为圆柱滚子轴承，支承 2 为深沟球轴承。

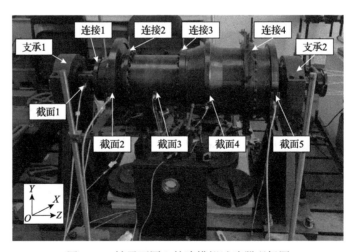

图 5-61　转子不同心故障模拟试验器现场图

　　信号采集测点布置方案如图 5-62 所示，支承 1 右侧旋转轴、连接 1 和连接 2 之间鼓筒、连接 2 和连接 3 之间鼓筒、连接 3 和连接 4 之间鼓筒、连接 4 右侧悬臂鼓筒处分别设置有测点 1~5。这些测点获得的振动位移信号通过前置放大器进行放大处理，再通过数据采集器进行采样，最终输出到计算机端。在尼龙绳式联轴器上贴有反光膜，利用光电转速传感器测量转子转速，信号经过数据采集器采样后输出到计算机端。

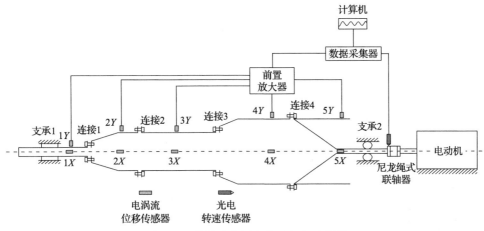

图 5-62　信号采集测点布置方案示意图

　　不同心故障模拟试验主要分为以下几个部分：当试验器未加垫片时，定义为转子相对同心状态，通过千分表测量各测点的径向偏差大小，然后进行定转速下相对同心状态的转子振动响应试验。然后将试验器连接 3 处拆解，在连接 3 处加入带倾角的垫片，通过千分表测量各测点的径向偏差，进行定转速下不对中状态的振动响应试验，特征转速选取 2000r/min、3000r/min 和 4000r/min 三个特征转速。图 5-63 为多螺栓连接面高压转子模拟试验器拆装现场图。

图 5-63　多螺栓连接面高压转子模拟试验器拆装现场图

2. 无垫片相对同心状态

当试验器未加垫片时，即转子相对同心状态下，通过千分表测量前后五个位移测点处的径向偏差，测量结果如表 5-9 所示，然后进行定转速下转子振动响应试验。基于上述不同心故障力学模型进行转子不同心故障振动响应仿真分析，对比仿真和试验结果，验证不同心故障模型的正确性。

表 5-9　　无垫片相对同心状态下各测点径向偏差

测量方式	径向偏差/mm				
	测点 1	测点 2	测点 3	测点 4	测点 5
千分表	0.0235	0.03	0.0435	0.0390	0.024

1) 特征转速 2000r/min

当特征转速选取 2000r/min 时，各测点的振动响应试验与仿真结果如图 5-64～图 5-68 所示。从试验结果来看，相对同心状态下，各测点振动幅值较小，在测点 3 的位置出现最大振动位移，时域波形的峰峰值约为 0.0701mm，在测点 1 的位置出现最小振幅位移，时域波形峰峰值为 0.0262mm。仿真结果与试验结果相比，在时域波形峰峰值方面基本吻合。

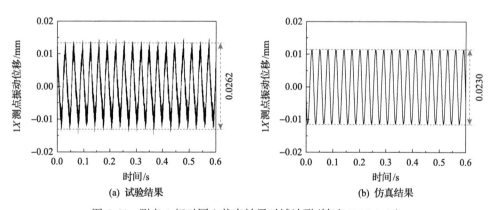

(a) 试验结果　　　　　　　　　　　　　(b) 仿真结果

图 5-64　测点 1 相对同心状态转子时域波形 (转速 2000r/min)

2) 特征转速 3000r/min

当特征转速选取 3000r/min 时，各测点的振动响应试验与仿真结果如图 5-69～图 5-73 所示。从试验结果来看，在测点 3 的位置出现最大振动位移，时域波形峰峰值大约为 0.0903mm，在测点 1 的位置出现最小振动位移，时域波形峰峰值大约为 0.0358mm，相比于 2000r/min 转速时，各测点振动幅值略微增加。仿真与试验结果相比，在时域波形峰峰值方面基本吻合。

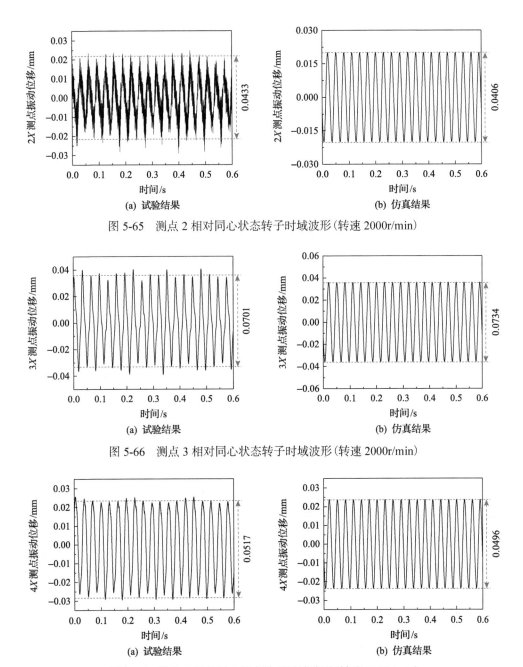

(a) 试验结果   (b) 仿真结果

图 5-65 测点 2 相对同心状态转子时域波形(转速 2000r/min)

(a) 试验结果   (b) 仿真结果

图 5-66 测点 3 相对同心状态转子时域波形(转速 2000r/min)

(a) 试验结果   (b) 仿真结果

图 5-67 测点 4 相对同心状态转子时域波形(转速 2000r/min)

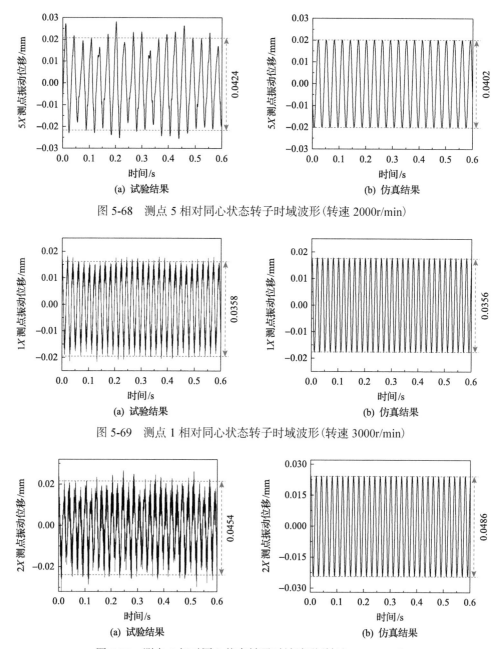

(a) 试验结果   (b) 仿真结果

图 5-68 测点 5 相对同心状态转子时域波形(转速 2000r/min)

(a) 试验结果   (b) 仿真结果

图 5-69 测点 1 相对同心状态转子时域波形(转速 3000r/min)

(a) 试验结果   (b) 仿真结果

图 5-70 测点 2 相对同心状态转子时域波形(转速 3000r/min)

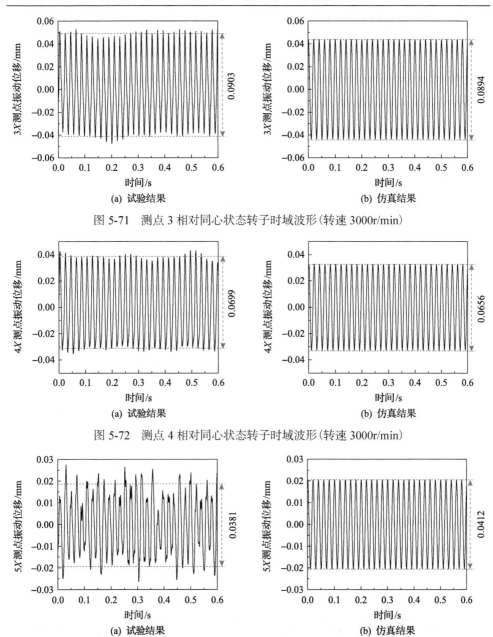

(a) 试验结果　　　　　　　　　　　(b) 仿真结果

图 5-71　测点 3 相对同心状态转子时域波形(转速 3000r/min)

(a) 试验结果　　　　　　　　　　　(b) 仿真结果

图 5-72　测点 4 相对同心状态转子时域波形(转速 3000r/min)

(a) 试验结果　　　　　　　　　　　(b) 仿真结果

图 5-73　测点 5 相对同心状态转子时域波形(转速 3000r/min)

3)特征转速 4000r/min

当特征转速选取 4000r/min 时,各测点的振动响应试验与仿真结果如图 5-74～图 5-78 所示。从试验结果来看,测点 3 位置仍为振幅最大位置,时域波形峰峰值大约 0.1172mm,测点 4 的振动位移最小,时域波形峰峰值大约为 0.0802mm。相比于 2000r/min 转速和 3000r/min 转速时，各测点振动幅值增加较为明显。仿真结果与试验结果相比，在时域波形峰峰值方面基本吻合。

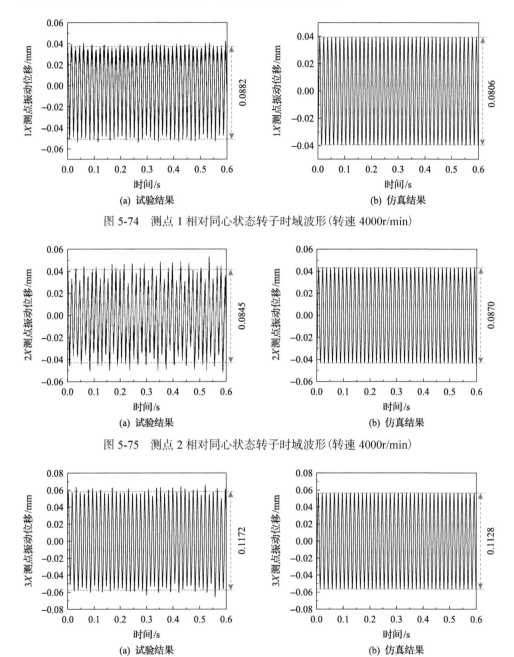

(a) 试验结果 (b) 仿真结果

图 5-74 测点 1 相对同心状态转子时域波形(转速 4000r/min)

(a) 试验结果 (b) 仿真结果

图 5-75 测点 2 相对同心状态转子时域波形(转速 4000r/min)

(a) 试验结果 (b) 仿真结果

图 5-76 测点 3 相对同心状态转子时域波形(转速 4000r/min)

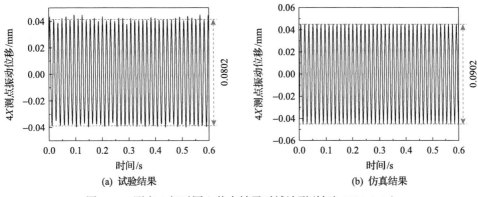

图 5-77　测点 4 相对同心状态转子时域波形(转速 4000r/min)

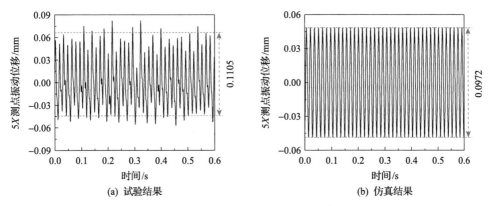

图 5-78　测点 5 相对同心状态转子时域波形(转速 4000r/min)

相对同心状态不同特征转速下各测点时域波形峰峰值的仿真与试验对比如表 5-10 所示,在不同特征转速下,各测点峰峰值相近,仿真误差最大为 12.47%,最小为 0.56%,平均误差为 6.37%,仿真精度达到 85%以上,试验与仿真达到较好的一致性。

表 5-10　相对同心状态不同特征转速下各测点时域波形峰峰值仿真与试验结果对比

转速/(r/min)	参数	测点 1	测点 2	测点 3	测点 4	测点 5
	试验峰峰值/mm	0.0262	0.0433	0.0701	0.0517	0.0424
2000	仿真峰峰值/mm	0.0230	0.0406	0.0734	0.0496	0.0402
	误差/%	12.21	6.24	4.71	4.06	5.19
	试验峰峰值/mm	0.0358	0.0454	0.0903	0.0699	0.0381
3000	仿真峰峰值/mm	0.0356	0.0486	0.0894	0.0656	0.0412
	误差%	0.56	7.05	1.00	6.15	8.14

续表

转速/(r/min)	参数	测点 1	测点 2	测点 3	测点 4	测点 5
	试验峰峰值/mm	0.0882	0.0845	0.1172	0.0802	0.1105
4000	仿真峰峰值/mm	0.0806	0.0870	0.1128	0.0902	0.0972
	误差/%	8.62	2.96	3.75	12.47	12.04

3. 0.1mm 端面偏差状态

在试验器连接 3 处添加带倾角的垫片，使转子连接面 3 处于 0.1mm 端面偏差状态，通过千分表测量前后五个位移测点处的径向偏差，测量结果如表 5-11 所示，然后进行定转速下转子振动响应试验，对比仿真和试验结果，验证不同心故障模型的正确性。

表 5-11　0.1mm 端面偏差下各测点径向偏差

测量方式	径向偏差/mm				
	测点 1	测点 2	测点 3	测点 4	测点 5
千分表	0.035	0.041	0.0605	0.0705	0.0175

1) 特征转速 2000r/min

当特征转速选取 2000r/min 时，各测点的振动响应试验与仿真结果如图 5-79~图 5-83 所示。通过时域波形图可以看出，在测点 4 的位置出现最大振动位移，时域波形峰峰值大约为 0.1299mm，在测点 5 的位置振动位移最小，时域波形峰峰值大约为 0.0298mm，相比于 2000r/min 转速相对同心状态时，各测点振动位移明显增大。仿真结果与试验结果相比，在时域波形峰峰值方面基本吻合。

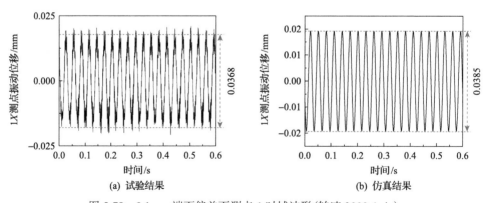

图 5-79　0.1mm 端面偏差下测点 1 时域波形(转速 2000r/min)

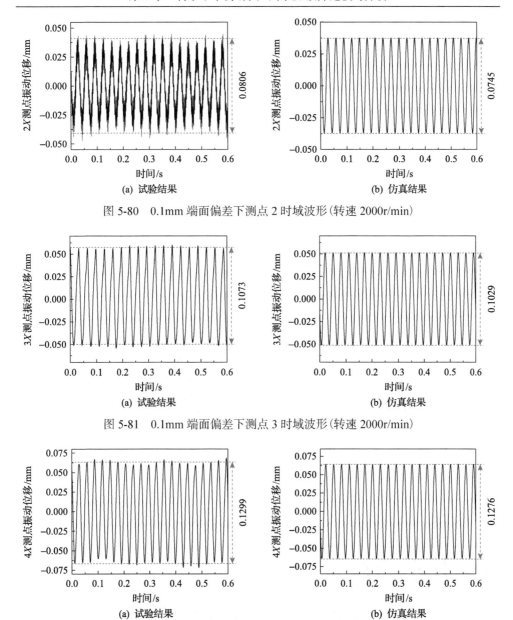

(a) 试验结果　　　　　　　　　　　　　(b) 仿真结果

图 5-80　0.1mm 端面偏差下测点 2 时域波形(转速 2000r/min)

(a) 试验结果　　　　　　　　　　　　　(b) 仿真结果

图 5-81　0.1mm 端面偏差下测点 3 时域波形(转速 2000r/min)

(a) 试验结果　　　　　　　　　　　　　(b) 仿真结果

图 5-82　0.1mm 端面偏差下测点 4 时域波形(转速 2000r/min)

2)特征转速 3000r/min

当特征转速选取 3000r/min 时,各测点的振动响应试验与仿真结果如图 5-84～图 5-88 所示。从试验结果来看,测点 4 的振动幅值最大,时域波形峰峰值约为 0.1628mm,测点 5 振动幅值最小,时域波形峰峰值约为 0.0649mm。相比于

3000r/min 转速相对同心状态时，各测点振动幅值明显增加。仿真结果与试验结果相比，在时域波形峰峰值方面基本吻合。

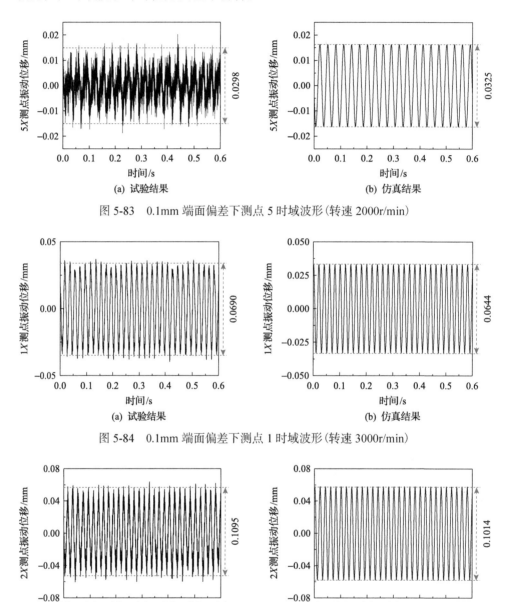

图 5-83　0.1mm 端面偏差下测点 5 时域波形（转速 2000r/min）

图 5-84　0.1mm 端面偏差下测点 1 时域波形（转速 3000r/min）

图 5-85　0.1mm 端面偏差下测点 2 时域波形（转速 3000r/min）

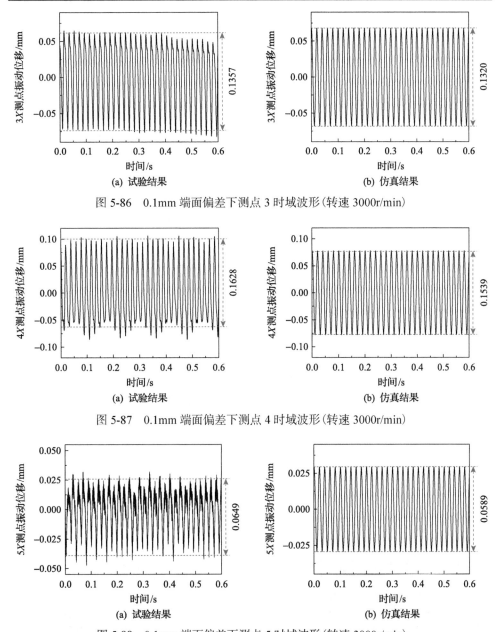

图 5-86　0.1mm 端面偏差下测点 3 时域波形(转速 3000r/min)

图 5-87　0.1mm 端面偏差下测点 4 时域波形(转速 3000r/min)

图 5-88　0.1mm 端面偏差下测点 5 时域波形(转速 3000r/min)

3)特征转速 4000r/min

当特征转速选取 4000r/min 时,各测点的振动响应试验与仿真结果如图 5-89～图 5-93 所示。从试验结果来看,测点 4 的位置振动幅值最大,时域波形峰峰值大约为 0.3231mm,测点 1 的位置振动幅值最小,时域波形峰峰值大约为 0.1545mm。

相比于 4000r/min 转速同心状态时，各测点振动幅值明显增加。仿真结果与试验结果相比，在时域波形峰峰值方面基本吻合。

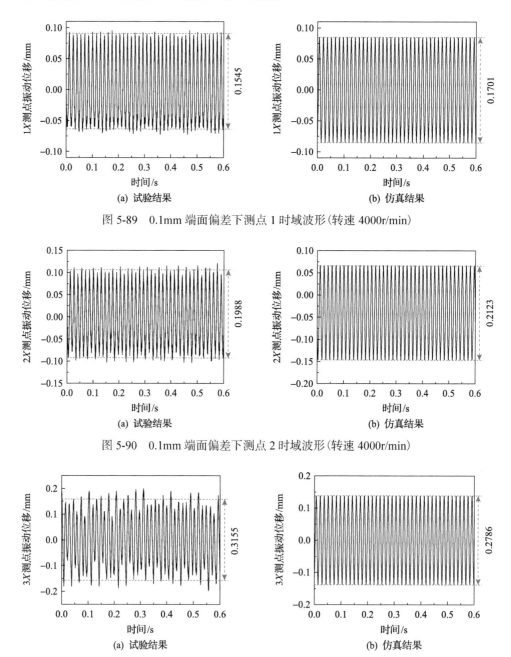

图 5-89 0.1mm 端面偏差下测点 1 时域波形(转速 4000r/min)

图 5-90 0.1mm 端面偏差下测点 2 时域波形(转速 4000r/min)

图 5-91 0.1mm 端面偏差下测点 3 时域波形(转速 4000r/min)

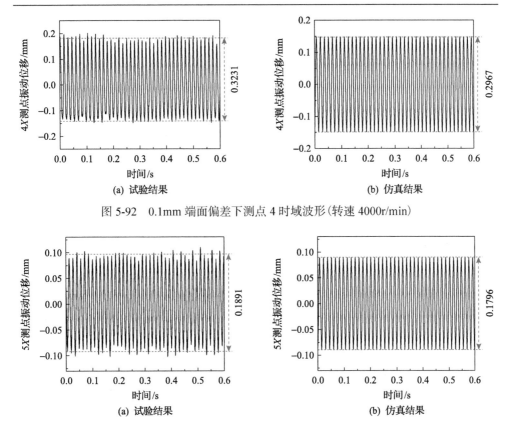

图 5-92 0.1mm 端面偏差下测点 4 时域波形(转速 4000r/min)

图 5-93 0.1mm 端面偏差下测点 5 时域波形(转速 4000r/min)

    0.1mm 端面偏差下不同特征转速时各测点时域波形峰峰值的仿真与试验对比如表 5-12 所示。在不同特征转速下，各测点峰峰值相近，仿真结果与试验结果误差最大为 11.70%，最小为 1.77%，平均误差为 6.69%，试验与仿真达到较好的一致性。

表 5-12 0.1mm 端面偏差下不同特征转速时各测点时域波形峰峰值仿真与试验结果对比

转速/(r/min)	参数	测点 1	测点 2	测点 3	测点 4	测点 5
	试验峰峰值/mm	0.0368	0.0806	0.1073	0.1299	0.0298
2000	仿真峰峰值/mm	0.0385	0.0745	0.1029	0.1276	0.0325
	误差/%	4.62	7.57	4.10	1.77	9.06
	试验峰峰值/mm	0.0690	0.1095	0.1357	0.1628	0.0649
3000	仿真峰峰值/mm	0.0644	0.1014	0.1320	0.1539	0.0589
	误差%	6.67	7.40	2.73	5.47	9.24

续表

转速/(r/min)	参数	测点 1	测点 2	测点 3	测点 4	测点 5
	试验峰峰值/mm	0.1545	0.1988	0.3155	0.3231	0.1891
4000	仿真峰峰值/mm	0.1701	0.2123	0.2786	0.2967	0.1796
	误差/%	10.10	6.79	11.70	8.17	5.02

5.6　某型高推重比双转子涡扇发动机高压转子不同心故障仿真分析

5.6.1　某型高推重比双转子涡扇发动机高压转子的不同心量概述

在航空发动机中，高压转子作为转子系统的重要部件，其振动故障是航空发动机振动故障的主要原因之一。实际某型高推重比双转子航空发动机高压转子结构见图 5-94。从图中可以看出，该高压转子结构包括 2 组压气机盘、1 级涡轮盘和 9 级篦齿盘，其中，1、2 级压气机盘为一体，4～9 级压气机盘为一体，3 级盘通过螺栓与前后轴颈连接构成高压压气机转子，9 级篦齿盘通过螺栓将高压压气机转子和高压涡轮转子连接在一起。由于螺栓连接结构的特点，在工作状态下，受到热变形、轴向力增加、装配误差及碰摩等因素的影响，当螺栓连接刚度小于转子刚度时，高压转子各连接面之间会产生滑移，从而造成高压转子产生不同心故障，最终导致整机振动超标，因此，分析航空发动机高压转子不同心故障对研究整机振动超标问题具有十分重要的工程应用价值。

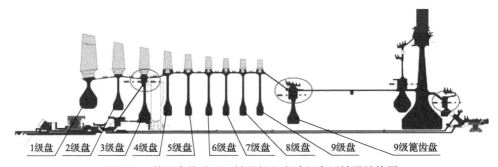

图 5-94　某型高推重比双转子航空发动机高压转子结构图

5.6.2　含高压转子不同心故障的航空发动机整机振动仿真计算条件

某型高推重比双转子航空发动机的转子-支承-机匣整机耦合动力学模型详见第 3 章，在此不再赘述。

工程实际中,高压转子不同心量的大小和方向都具有随机性,因此,为了真实模拟实际航空发动机的转子不同心故障,在上述整机耦合动力学模型的基础上,选取了高压转子上相对较容易产生不同心故障的四个截面,即第 4 级高压压气机盘(节点 4)、第 9 级高压压气机盘(节点 9)、第 9 级高压压气机盘后篦齿盘(节点 10)和高压涡轮叶片后修正面(节点 14),定量仿真分析这四个截面转子不同心故障对于整机振动的影响。仿真过程中考虑了如下三种情况。

(1)转子不同心相位随机:设选定的高压转子四个截面的不同心相位是随机的,转子不同心量大小为 Δ,其方向在 2π 角度内随机设置,其计算公式如式(5-20)所示,即

$$x = \Delta\cos\varphi, \quad y = \Delta\sin\varphi \tag{5-20}$$

式中, φ 在 $[0, 2\pi]$ 随机取值。

(2)转子不同心相位均相同:设选定的转子四个节点的不同心相位均相同,即转子向同一个方向弯曲。

(3)转子不同心相位对称反向:设选定的转子四个截面中前后两个截面的不同心相位设为相反。

在高压转子不同心量模拟中,除了指定的四个截面外,将转子其他截面的不同心量设为 0。由于航空发动机规范要求装配后的径向偏差和端面偏差的要求,本章设置的转子不同心量的大小不超过 0.03mm。为分析高压转子不同心故障对整机振动的影响,在机匣上选取了四个测点,即风扇机匣测点、中介机匣前测点、中介机匣后测点、涡轮机匣测点,各测点位置示意图如图 5-95 所示。

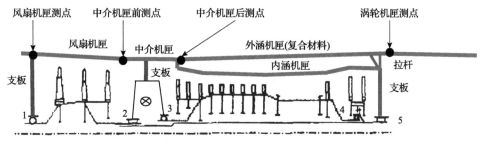

图 5-95 航空发动机机匣各测点分布位置

模拟实际航空发动机试车过程中的增速和减速过程,基于时间历程来进行航空发动机整机振动仿真计算。根据双转子航空发动机的转速变化规律,自定义时间历程如表 5-13 所示,双转子航空发动机用于临界转速计算的时间历程如图 5-96 所示。转静间隙取较大的值(10.0mm),表示在整个仿真过程中不发生碰摩。

表 5-13　自定义时间历程

时间/s	低压转子转速 N_1/(r/min)	高压转子转速 N_2/(r/min)	转静间隙/mm
0	0	0	10
50	3552	10656	10
100	8880	14675	10

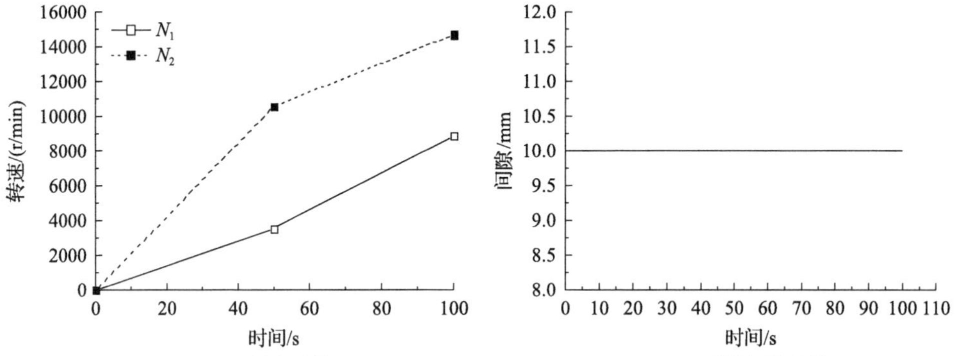

图 5-96　双转子航空发动机用于临界转速计算的时间历程

5.6.3　不同心故障的相位对发动机整机振动响应的影响分析

考虑各转盘质量偏心，在不同心量大小为 0.03mm 下，分别对同相、反相和随机三种相位下的整机振动响应进行仿真分析，研究高压转子不同心故障对航空发动机整机振动的影响。按照表 5-14 自定义的时间历程进行整机振动仿真计算，分别得到各机匣测点的振动响应，由于不同心故障的响应频率为转子旋转频率，由此提取机匣响应信号的高压转子旋转频率，得到机匣各个测点的高压转速频率分量的振幅随高压转子转速 N_2 的变化趋势图。

图 5-97 为风扇机匣测点、中介机匣前测点、中介机匣后测点及涡轮机匣测点处加速度振幅随高压转子转速的变化情况。从图 5-97 中可以明显看出，高压转子不同心故障的相位对机匣各测点振动响应具有较大的影响，其中同相位和反相位转子不同心对机匣各测点振动响应最为不利，其引起的振动较随机相位下机匣各测点振动要大。由此可见，在发动机装配中控制转子不同心的相位非常重要，尽量使相位产生更多的变化，能有效地减小由转子不同心故障所产生的整机振动量值。

5.6.4　不同心量的大小对航空发动机整机振动响应的影响分析

考虑各转盘质量偏心，在同相位情况下，分别进行了转子不同心量为 0.05mm、0.10mm、0.15mm 和 0.20mm 四种情况下整机振动响应仿真分析，研究高压转子不同心量的大小对航空发动机整机振动的影响。

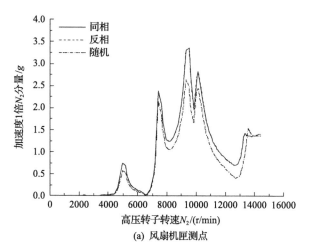

(a) 风扇机匣测点

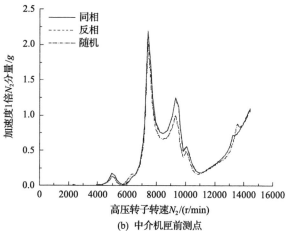

(b) 中介机匣前测点

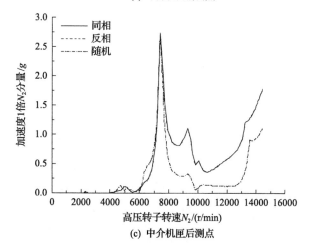

(c) 中介机匣后测点

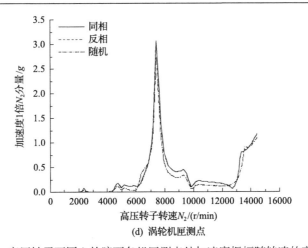

(d) 涡轮机匣测点

图 5-97　高压转子不同心故障下各机匣测点处加速度振幅随转速的变化曲线

图 5-98 为风扇机匣测点、中介机匣前测点、中介机匣后测点及涡轮机匣测点

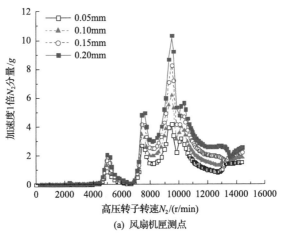

(a) 风扇机匣测点

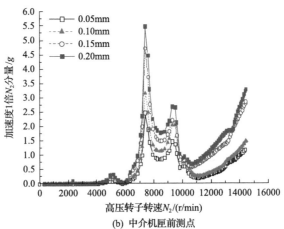

(b) 中介机匣前测点

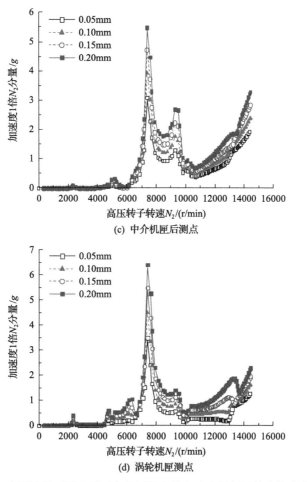

(c) 中介机匣后测点

(d) 涡轮机匣测点

图 5-98　高压转子不同心量下各机匣测点处加速度振幅随转速的变化曲线

处加速度幅值随高压转子转速的变化情况。从图 5-98 中可以明显看出,高压转子不同心量的大小对机匣各测点振动响应影响比较明显,随着不同心量的线性增加,机匣各测点响应值也呈线性增加,因此可见,有效控制不同心量的大小能够有效地控制航空发动机的整机振动。

5.6.5　转子质量偏心与转子不同心对于整机振动的影响分析

转子不同心与转子质量偏心是航空发动机转子系统两个独立的激励源,为研究转子质量偏心和转子不同心对整机振动的影响,三种仿真计算工况为:①仅考虑高压转子不同心故障,设同相位下,高压转子不同心量为 0.02mm;②仅考虑高压转子质量偏心,设高压转子质量偏心为 0.03mm,分别对其偏心方位角为 0°、

90°、180°、270°四种情况进行仿真；③两种激励共同作用下，分别对转子质量偏心方位角0°、90°、180°、270°四种情况进行仿真。

按照上述仿真计算条件，仿真得到转子质量偏心和转子不同心对整机振动的影响情况。其中，图5-99为高压转子质量偏心方位角为0°时，三种计算工况下风扇机匣测点、中介机匣前测点、中介机匣后测点、涡轮机匣测点加速度幅值随高压转子转速的变化情况。从图5-99中可以看出，同时考虑转子质量偏心和转子不同心时机匣各测点加速度幅值最大，对整机振动的影响最为明显，仅考虑转子质量偏心次之，仅考虑转子不同心情况下最小，并且两者激励同时存在时，机匣各测点加速度幅值近似于仅考虑转子质量偏心和仅考虑转子不同心情况下机匣各测点加速度幅值的叠加。

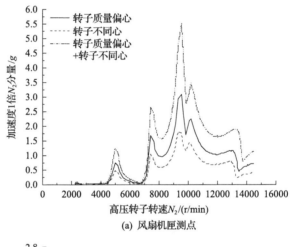

(a) 风扇机匣测点

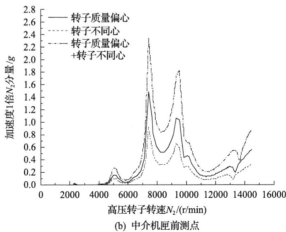

(b) 中介机匣前测点

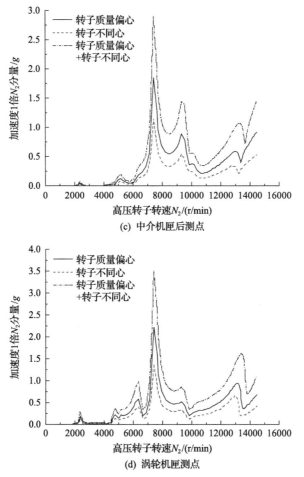

(c) 中介机匣后测点

(d) 涡轮机匣测点

图 5-99　高压转子质量偏心方位角为 0°时机匣各测点加速度幅值随转速变化曲线

　　图 5-100 为高压转子质量偏心方位角为 90°时,三种计算工况下风扇机匣测点、中介机匣前测点、中介机匣后测点、涡轮机匣测点加速度幅值随高压转子转速的变化情况。从图 5-100 中可以明显看出,同时考虑转子质量偏心和转子不同心时机匣各测点加速度幅值最大,对整机振动的影响最为明显,仅考虑转子质量偏心次之,仅考虑转子不同心情况下最小,并且两者激励同时存在时,机匣各测点加速度幅值略小于仅考虑转子质量偏心和仅考虑转子不同心情况下机匣各测点加速度幅值的叠加。

　　图 5-101 为高压转子质量偏心方位角为 180°时,三种计算工况下风扇机匣测点、中介机匣前测点、中介机匣后测点、涡轮机匣测点加速度幅值随高压转子转速的变化情况。从图 5-101 中可以明显看出,仅考虑转子质量偏心时机匣各测点加速度幅值最大,对整机振动的影响最为明显,仅考虑转子不同心情况次之,两

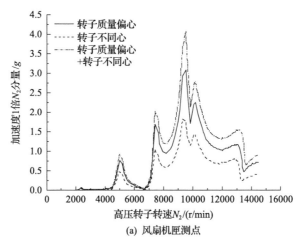

(a) 风扇机匣测点

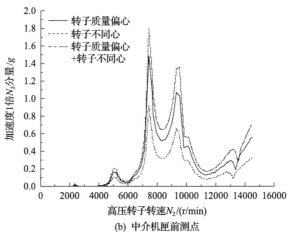

(b) 中介机匣前测点

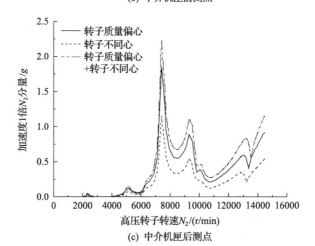

(c) 中介机匣后测点

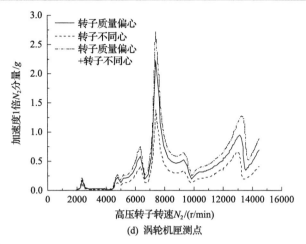

(d) 涡轮机匣测点

图 5-100　高压转子质量偏心方位角为 90°时机匣各测点加速度幅值随转速变化曲线

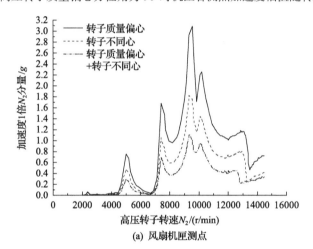

(a) 风扇机匣测点

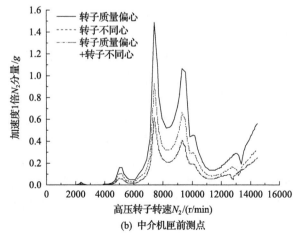

(b) 中介机匣前测点

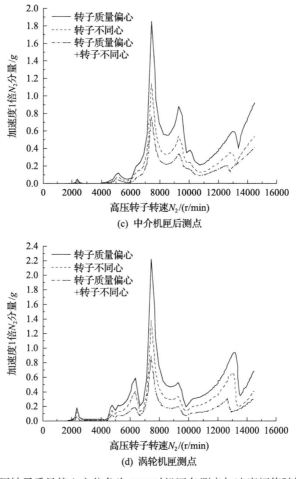

图 5-101　高压转子质量偏心方位角为 180°时机匣各测点加速度幅值随转速变化曲线

种激励同时考虑情况下最小。由此可以看出，转子质量偏心方位角对航空发动机整机振动具有显著影响，当质量偏心方位角为 180°时，转子质量偏心激励会抵消一部分转子不同心激励，造成两者激励共同作用下机匣各测点的加速度幅值明显小于两者激励单独考虑下的机匣各测点加速度幅值。

　　图 5-102 为高压转子质量偏心方位角为 270°时，三种计算工况下风扇机匣测点、中介机匣前测点、中介机匣后测点、涡轮机匣测点加速度幅值随高压转子转速的变化情况。从图 5-102 中可以明显看出，同时考虑转子质量偏心和转子不同心时机匣各测点加速度幅值最大，对整机振动的影响最为明显，仅考虑转子质量偏心次之，仅考虑转子不同心情况下最小，并且两者激励同时存在时，机匣各测点加速度幅值小于仅考虑转子质量偏心和仅考虑转子不同心情况下机匣各测点加速度幅值的叠加。

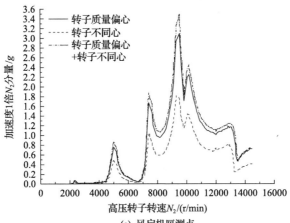

(a) 风扇机匣测点

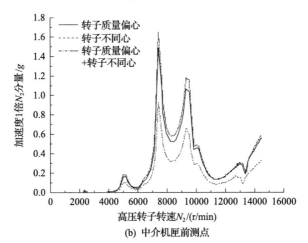

(b) 中介机匣前测点

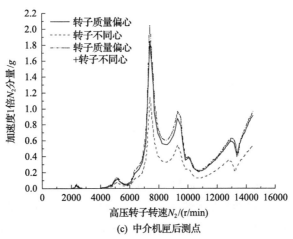

(c) 中介机匣后测点

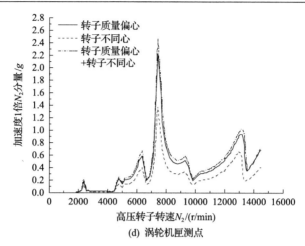

(d) 涡轮机匣测点

图 5-102　　高压转子质量偏心方位角为 270°时机匣各测点加速度幅值随转速变化曲线

5.7　本　章　小　结

本章主要介绍了转子不同心故障的振动机理，认为转子不同心故障实质上是一种类似于弯曲故障在基础激励下的振动，当转速很低时，用电涡流位移传感器测得的转子响应可以近似为转子的不对中度（即弯曲量），进而提出了一种利用电涡流位移传感器测量转子弯曲量的简易方法，解决了百分表测量时表架设的不方便，减少了人为因素的影响，提高了测量的精度，且操作简单、方便，为弯曲转子的测量提供了一种非常有效的手段。

为验证上述新方法的可行性，开发了转子弯曲量测试系统，实现了转子弯曲量在线测试与弯曲状态动态显示同时进行，并通过电涡流位移传感器对某实际转子的弯曲量进行了试验测试，最后利用百分表测量法对具有初始弯曲的转子进行了试验测试，通过对比分析，两种测量方法的拟合圆结果基本重合，这充分表明了利用电涡流位移传感器测量转子弯曲量方法的正确性。

针对某型高推重比双转子航空发动机整机振动模型，仿真分析了含高压转子不同心故障的整机振动，为有效地控制高压转子的不同心提供了理论依据。

参 考 文 献

[1] 吕玉红, 吴法勇, 魏秀鹏, 等. 整机装配阶段的同心度测量研究现状综述[C]. 第十五届中国科协年会第 13 分会场: 航空发动机设计、制造与应用技术研讨会, 贵阳, 2013: 123-128.

[2] 吴法勇, 王娟. 基于同心度测量的转子不平衡量装配优化技术[C]. 第十五届中国科协年会第 13 分会场: 航空发动机设计、制造与应用技术研讨会, 贵阳, 2013: 918-922.

[3] 宋培培. 航空发动机转子不同心故障振动机理分析及其应用研究[D]. 南京: 南京航空航天

大学, 2017.

[4] 宋培培, 陈果, 董超, 等. 一种转子空间弯曲轴线的测试方法及试验验证[J]. 航空动力学报, 2017, 32(9): 2219-2229.

[5] 李伦绪. 螺栓连接转子振动特性分析及装配不同心故障机理研究[D]. 南京: 南京航空航天大学, 2022.

[6] 李伦绪, 陈果, 于平超, 等. 止口螺栓连接结构非线性刚度机理分析及数值仿真[J]. 航空动力学报, 2021, 36(2): 358-368.

第6章 转子联轴器不对中故障建模与分析

本章分别针对由联轴器制造因素和轴系安装误差及其他因素所导致的转子联轴器不对中故障,分析联轴器不对中故障机理,建立相应的故障动力学模型,并利用带套齿联轴器的转子不对中试验器进行故障模型的试验验证。最后,针对某型双转子航空发动机,进行由联轴器不对中导致的低压转子不对中故障对整机振动响应的影响分析,得出具有工程应用价值的结论。

6.1 转子联轴器不对中故障概述

转轴和联轴器的设计偏差以及加工安装误差、较高温度下的热膨胀、承受一定载荷发生的挠曲变形、轴承座的沉降引起的高度偏差等外界因素的影响使转子系统在工作状态下转轴的轴心线会发生一定程度的倾斜或偏移,这种不对中故障一般称为联轴器不对中故障。联轴器不对中会使转子系统产生附加的力和力矩,从而使转子系统产生复杂振动,引起转子系统很大的振动、联轴器的偏转、轴承的损伤及轴的挠曲变形等。联轴器不对中一般分为平行不对中、角度不对中和平行角度不对中三种情况,如图 6-1 所示。

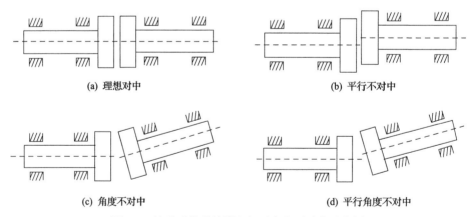

      (a) 理想对中   (b) 平行不对中

      (c) 角度不对中   (d) 平行角度不对中

图 6-1 转子系统联轴器理想对中和不对中示意图

现有研究表明不对中故障的主要特征如下。

(1)转子系统的最大振动一般将出现在联轴器两侧的轴承上,并且振动幅值将与转子的负荷成正相关,负荷越大幅值越大。

(2)时域曲线类似正弦曲线。典型的轴心轨迹为香蕉形,正进动。

（3）系统将产生 2 倍频共振，2 倍频共振发生在基频共振前，即当转速为临界转速的一半时，将产生很大的 2 倍频振动。

（4）联轴器平行不对中主要会引起径向振动，振动频率以 2 倍频为主，同时也存在多倍频，不对中程度越大，2 倍频所占比例成分越大，2 倍频越明显；联轴器两侧径向振动相位差基本上为 180°。

（5）联轴器角度不对中除引起径向振动外，还将引起轴向振动。径向振动为 2 倍频，轴向振动为 1 倍频。联轴器两侧轴向振动相位相差 180°，径向振动为同相。

在航空发动机设计中，广泛使用联轴器实现转子间的连接，以及转子间运动和功率的传递。联轴器主要分为刚性联轴器和柔性联轴器两类，其中，刚性联轴器主要有套齿式联轴器、套筒式联轴器、凸缘螺栓式联轴器等，除传递扭矩外，还传递轴向力、径向力和弯矩，但是该类联轴器对不对中的补偿能力很差；柔性联轴器主要有端齿式联轴器、膜片联轴器、膜盘联轴器、万向联轴器、链条联轴器及尼龙绳式联轴器等。柔性联轴器不仅传递扭矩、轴向力、径向力，而且能够允许转子轴线之间有一点的偏角和不同心，以及能够补偿一定的联轴器不对中故障，可以起到补偿两轴之间的相对位移和减振的作用。

6.2　转子联轴器不对中故障分类

转子轴系产生不对中的原因主要包括[1]：①联轴器的制造误差因素；②转子安装误差及其他因素。

6.2.1　制造误差

在联轴器的加工过程中，由工艺或测量等原因造成端面与轴心线不垂直（图 6-2(a)）或端面螺栓孔的圆心与轴颈不同心（图 6-2(b)）。这种情况下联轴器处会产生附加的力和弯矩，但是这个力和弯矩以转速频率变化，因此激发起转频振动，可以通过动平衡的方法在一定程度上进行消除。

(a) 角度不对中　　　　　　　　　　　(b) 平行不对中

图 6-2　由联轴器制造误差产生的不对中

6.2.2　安装误差及其他因素

在排除了制造误差引起的不对中后，实际可将不对中分为冷态不对中和热态不对中，其中冷态不对中主要是指在室温下由安装误差造成的对中不良；热态不对中指机组在运行过程中由温度等因素造成的不对中。如图 6-3 所示，在转子连接以前，两个转子就存在角度和平移偏差，用联轴器连接后，将会产生弯曲变形，转子上会产生附加弯矩，转子和轴承的接触也将变坏，动平衡对这种故障所激发的转频和 2 倍频振动不起作用。

(a) 角度不对中　　　　　　　　　　　　　　(b) 平行不对中

图 6-3　由安装误差及其他因素产生的不对中

6.3　联轴器制造误差产生的转子不对中故障建模

6.3.1　平行不对中

图 6-4 为由联轴器制造误差引起的平行不对中示意图。从图中可以看出，轴 1 和轴 2 是同轴的，轴 1 的端面螺栓孔的圆心与轴颈不同心，从而导致两个半联轴器相互连接处产生附加的力和力矩。图 6-5 为两根轴的轴心相互关系；图 6-6 为两个半联轴器的受力分析图。

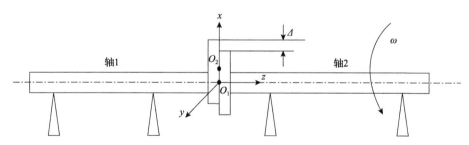

图 6-4　由联轴器制造误差引起的平行不对中

如图 6-6 所示，对于轴 1 和轴 2 中的每一根轴，假设其轴心 O_1 和 O_2 处的挠度 v_1、v_2 和截面转角 v_1'、v_2' 与作用在同一点上的力 P 和力矩 M 之间的关系为

$$\begin{cases} v_1 = a_1 P + b_1 M \\ v_1' = g_1 P + h_1 M \end{cases} \tag{6-1}$$

$$\begin{cases} v_2 = a_2 P + b_2 M \\ v_2' = g_2 P + h_2 M \end{cases} \tag{6-2}$$

式中，a_i、b_i、g_i、h_i($i=1, 2$) 为柔度系数。a_i 为单位力作用在各轴端截面后，该截面所产生的挠度；b_i 为单位力矩作用在各轴端截面后，该截面所产生的挠度；g_i 为单位力作用在各轴端截面后，该截面所产生的转角；h_i 为单位力矩作用在各轴端截面后，该截面所产生的转角。

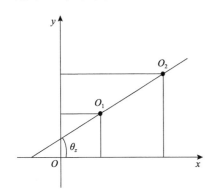

图 6-5　两根轴的轴心相互关系

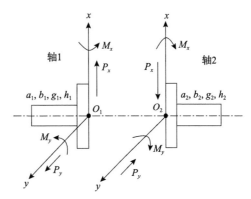

图 6-6　两个半联轴器的受力分析

如图 6-4～图 6-6 所示，引入固定坐标系 $Oxyz$，以确定半联轴器的位置。z 轴与轴心线重合。x 轴与系统平衡位置时不同轴连线 O_1O_2 相重合，其中 O_1 的坐标为 (x_1, y_1)；O_2 的坐标为 (x_2, y_2)。用 θ_x、θ_y、θ_z 分别表示半联轴器和轴端截面绕 x、y、z 轴的转角。考虑刚性联轴器，则各坐标的关系为

$$\begin{cases} x_2 = x_1 + \Delta\cos\theta_z \\ y_2 = y_1 + \Delta\sin\theta_z \\ \theta_{x1} = \theta_{x2} \\ \theta_{y1} = \theta_{y2} \end{cases} \tag{6-3}$$

假设，将半联轴器分开，并用相应的负荷代替一根轴对另一根轴的作用，可写出

$$\begin{cases} x_1 = a_1 P_x + b_1 M_y \\ y_1 = a_1 P_y - b_1 M_x \\ \theta_{x1} = -g_1 P_y + h_1 M_x \\ \theta_{y1} = g_1 P_x + h_1 M_y \end{cases} \tag{6-4}$$

$$\begin{cases} x_2 = -a_2 P_x - b_2 M_y \\ y_2 = -a_2 P_y - b_2 M_x \\ \theta_{x2} = -g_2 P_y - h_2 M_x \\ \theta_{y2} = g_2 P_x - h_2 M_y \end{cases} \tag{6-5}$$

　　设未知数向量为

$$\boldsymbol{x} = \left[P_x, P_y, M_x, M_y, x_1, y_1, \theta_{x1}, \theta_{y1}, x_2, y_2, \theta_{x2}, \theta_{y2} \right]^{\mathrm{T}} \tag{6-6}$$

假设转子以等角速度 ω 旋转，则在 t 时刻有：$\theta_z = \omega t$，代入式(6-3)，再结合式(6-4)和式(6-5)，可以得到

$$\begin{cases} a_1 P_x + b_1 M_y - x_1 = 0 \\ a_1 P_y - b_1 M_x - y_1 = 0 \\ -g_1 P_y + h_1 M_x - \theta_{x1} = 0 \\ g_1 P_x + h_1 M_y - \theta_{y1} = 0 \\ -a_2 P_x - b_2 M_y - x_2 = 0 \\ -a_2 P_y - b_2 M_x - y_2 = 0 \\ -g_2 P_y - h_2 M_x - \theta_{x2} = 0 \\ g_2 P_x - h_2 M_y - \theta_{y2} = 0 \\ x_2 - x_1 = \Delta \cos(\omega t) \\ y_2 - y_1 = \Delta \sin(\omega t) \\ \theta_{x2} - \theta_{x1} = 0 \\ \theta_{y2} - \theta_{y1} = 0 \end{cases} \tag{6-7}$$

将方程(6-7)用矩阵的方式表示为

$$\boldsymbol{Ax} = \boldsymbol{C} \tag{6-8}$$

式中，$\boldsymbol{A}$ 为系数矩阵；$\boldsymbol{C}$ 为常数向量。

$$\boldsymbol{A} = \begin{bmatrix} a_1 & 0 & 0 & b_1 & -1 & 0 & 0 & 0 & 0 & 0 & 0 & 0 \\ 0 & a_1 & -b_1 & 0 & 0 & -1 & 0 & 0 & 0 & 0 & 0 & 0 \\ 0 & -g_1 & h_1 & 0 & 0 & 0 & -1 & 0 & 0 & 0 & 0 & 0 \\ g_1 & 0 & 0 & h_1 & 0 & 0 & 0 & -1 & 0 & 0 & 0 & 0 \\ -a_2 & 0 & 0 & -b_2 & 0 & 0 & 0 & 0 & -1 & 0 & 0 & 0 \\ 0 & -a_2 & -b_2 & 0 & 0 & 0 & 0 & 0 & 0 & -1 & 0 & 0 \\ 0 & -g_2 & -h_2 & 0 & 0 & 0 & 0 & 0 & 0 & 0 & -1 & 0 \\ g_2 & 0 & 0 & -h_2 & 0 & 0 & 0 & 0 & 0 & 0 & 0 & -1 \\ 0 & 0 & 0 & 0 & -1 & 0 & 0 & 0 & 1 & 0 & 0 & 0 \\ 0 & 0 & 0 & 0 & 0 & -1 & 0 & 0 & 0 & 1 & 0 & 0 \\ 0 & 0 & 0 & 0 & 0 & 0 & -1 & 0 & 0 & 0 & 1 & 0 \\ 0 & 0 & 0 & 0 & 0 & 0 & 0 & -1 & 0 & 0 & 0 & 1 \end{bmatrix} \tag{6-9}$$

$$C = [0,0,0,0,0,0,0,0,\Delta\cos(\omega t),\Delta\sin(\omega t),0,0]^{\mathrm{T}} \tag{6-10}$$

求解方程(6-8)，即可得到每个时刻作用于轴端截面的力和力矩。

6.3.2　角度不对中

图 6-7 为由联轴器制造误差引起的角度不对中示意图。从图中可以看出，轴 1 和轴 2 是同轴的，轴 2 的端面由于加工原因，产生了绕 y 轴的不对中角度 φ，从而导致两个半联轴器相互连接处产生附加力和力矩。

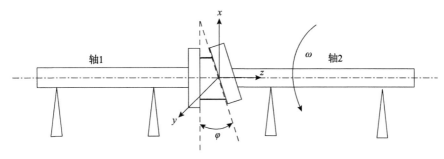

图 6-7　由联轴器制造误差引起的角度不对中示意图

角度不对中坐标系的定义与平行不对中相同，对于角度不对中，坐标间的关系为

$$\begin{cases} x_2 = x_1 \\ y_2 = y_1 \\ \theta_{x2} = \theta_{x1} - \varphi\sin\theta_z \\ \theta_{y2} = \theta_{y1} + \varphi\cos\theta_z \end{cases} \tag{6-11}$$

同样，按相同的推导，可以得到用矩阵的方式表示两个转轴端面的挠度、转角、力和力矩与截面的转轴柔度系数之间的关系，即

$$Ax = C_\alpha \tag{6-12}$$

式中，未知向量 x 与式(6-6)相同，系数矩阵 A 与式(6-9)相同。常数向量 C_α 为

$$C_\alpha = [0,0,0,0,0,0,0,0,0,0,-\varphi\sin(\omega t),\varphi\cos(\omega t)]^{\mathrm{T}} \tag{6-13}$$

6.3.3　柔性联轴器的情形

如果柔性联轴器的柔性元件完全属于左半联轴器，则柔性联轴器的模型与刚性联轴器完全相同，区别仅仅在于表达轴 1 的影响系数 a_1、b_1、g_1 及 h_1 的计算中

应考虑柔性元件的径向和角向柔度。柔性联轴器的两个半联轴器的受力分析如图 6-8 所示。可以通过改变轴 1 的影响系数 a_1、b_1、g_1 及 h_1 的值来实现对不同连接刚度的柔性联轴器建模分析。

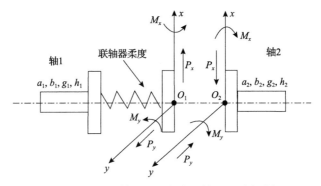

图 6-8　柔性联轴器的两个半联轴器的受力分析

6.4　安装误差等产生的转子不对中故障建模

安装误差等产生的转子不对中故障主要由支承的不对中引发，下面将这类故障统称为转子支承不对中。转子支承不对中故障的研究焦点是建立故障数学模型，针对刚性联轴器和柔性联轴器，以及平行、角度、复合不对中故障，国内外研究者做了很多的工作。总体来说，故障建模方法可以分为三类：①考虑不对中因素的几何关系和受力分析所给出联轴器环节的力和力矩激励公式[2-4]；②直接建立考虑具有不对中特征的联轴器环节在内的转子系统动力学方程[5,6]；③将联轴器环节视为包含平动和转动运动的 6 自由度节点所组成的单元、组集到转子系统中进行基于有限元的不对中动力学分析[7-9]。

该类故障与联轴器的刚度密切相关，目前相关研究工作所建立的转子不对中模型大多需要考虑联轴器的结构形式，不具有普适性，且未能很好地解释工程实际中发生的转子不对中故障现象。本节基于第一类方法，试图在联轴器刚度等效（包括径向刚度和角向刚度等效）的基础上，建立统一的转子支承不对中故障动力学模型，并将故障模型导入转子动力学模型进行仿真分析，通过故障仿真结果解释实际不对中故障所出现的各种特征及规律[10]。

6.4.1　转子支承不对中故障统一模型

1. 联轴器等效模型

为了对各种形式的联轴器进行转子支承不对中下的故障激励分析，需要建立联轴器等效模型，如图 6-9 所示，假设左右两个半联轴器用 N 个连接对连接而成，连接对的作用力均分布在以 R_b 为半径的圆周上。设每个连接对的径向刚度和轴向刚度分别为 k_r 和 k_a，其中径向刚度定义为在垂直于连接对轴线方向产生单位位移所需要施加的作用力；轴向刚度定义为在沿连接对轴线方向产生单位位移所需要施加的作用力。

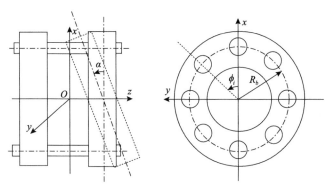

图 6-9　联轴器等效模型

1）整体径向刚度与等效联轴器连接对径向刚度的关系

如图 6-9 所示，设左右两个半联轴器在 x 轴方向产生相对位移 Δ，则两个半联轴器之间在 x 方向的相对作用力为

$$F_{Tr} = k_{Tr}\Delta \tag{6-14}$$

设 ϕ_i 为第 i 个连接对的角位置，即

$$\phi_i = \frac{(i-1)\times 2\pi}{N}, \quad i = 1, 2, \cdots, N-1 \tag{6-15}$$

则第 i 个连接对的径向变形量为

$$\Delta_{ri} = \Delta\cos\phi_i \tag{6-16}$$

第 i 个连接对的径向力及其在 x 方向的分力为

$$F_{Tri} = k_r\Delta_{ri} = k_r\Delta\cos\phi_i \tag{6-17}$$

$$F_{Trxi} = F_{Tri}\cos\phi_i = k_r\Delta\cos\phi_i\cos\phi_i \tag{6-18}$$

所有连接对在 x 方向的合力为

$$F_{Trx} = \sum_{i=1}^{N} k_r\Delta\cos\phi_i\cos\phi_i \tag{6-19}$$

由于 $F_{Tr} = F_{Trx}$ ，根据式(6-14)和式(6-19)可得联轴器的整体等效径向刚度为

$$k_{Tr} = \sum_{i=0}^{N-1} k_r \cos\phi_i \cos\phi_i \tag{6-20}$$

2) 整体轴向刚度与等效联轴器连接对轴向刚度的关系

联轴器的整体等效轴向刚度 k_{Ta} 为

$$k_{Ta} = Nk_a \tag{6-21}$$

3) 整体角向刚度与等效联轴器连接对轴向刚度的关系

若要使得右半联轴器在 Oxz 平面内产生一个转角 α ，如图 6-9 所示，则需要施加绕 y 轴的力矩，可按如下步骤分析。

第 i 个连接对的角位置为

$$\phi_i = \frac{(i-1)\times 2\pi}{N}, \quad i = 1, 2, \cdots, N-1 \tag{6-22}$$

每个连接对的轴向力为

$$F_{zi} = k_a \delta_i = -k_a R_b \sin\alpha \cos\phi_i \tag{6-23}$$

每个连接对轴向力产生的绕 y 轴的力矩为

$$M_{yi} = -F_{zi} R_b \cos\phi_i \tag{6-24}$$

所有连接对产生的绕 y 轴的力矩为

$$M_{Ty} = \sum_{i=1}^{N} M_{yi} = \sum_{i=1}^{N} -F_{zi} R_b \cos\phi_i = \sum_{i=1}^{N} k_a R_b^2 \sin\alpha \cos^2\phi_i \approx \left(k_a R_b^2 \sum_{i=1}^{N} \cos^2\phi_i \right)\alpha \tag{6-25}$$

可得联轴器整体等效角向刚度为

$$k_{T\theta} = M_{Ty}/\alpha = k_a R_b^2 \sum_{i=1}^{N} \cos^2\phi_i \tag{6-26}$$

由此可见，假设等效联轴器的模型参数包含：①连接对的数目 N ；②连接对的作用半径 R_b ；③连接对的径向刚度 k_r ；④连接对的轴向刚度 k_a 。则可以采用试验或仿真的方式获取联轴器的等效模型，其步骤如下：

步骤 1 对联轴器进行试验或仿真，获取联轴器整体等效径向刚度 k_{Tr} 和角向

刚度 $k_{T\theta}$。

步骤 2 测量联轴器的连接对数目及其作用半径 R_b。

步骤 3 根据式 (6-20) 求出单个连接对的径向刚度为

$$k_r = \frac{k_{Tr}}{\sum_{i=0}^{N-1} \cos^2 \phi_i} \tag{6-27}$$

单个连接对的轴向刚度为

$$k_a = \frac{k_{T\theta}}{R_b^2 \sum_{i=1}^{N} \cos^2 \phi_i} \tag{6-28}$$

2. 平行不对中

设左、右两个半联轴器有 N 对相互连接的点对。每对连接点的径向刚度为 k_r。设转轴产生平行不对中,其不对中量为 Δ,如图 6-10 所示,图中表示左、右半联轴器在 x 方向产生平行不对中,其中,左边比右边高。在实际情况中,存在如下三种不确定情况。

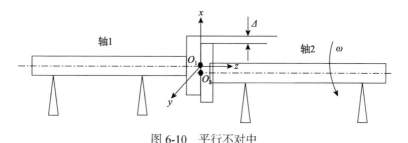

图 6-10 平行不对中

1) 连接对周向位置的不均匀性

对于左半联轴器,从右向左看,如图 6-11 所示,t 时刻,设第 i 个连接点与 x 轴的夹角为 $\phi_i(t)$,如式 (6-29) 所示:

$$\phi_i(t) = \frac{(i-1) \times 2\pi}{N} + \phi_0 + \omega t + r_i \times \frac{\Delta_{\mathrm{Deg}} \pi}{180} \tag{6-29}$$

式中,ϕ_0 为不对中的方向。$\phi_0 = 0$ 为 x 方向的不对中,其中左低右高;$\phi_0 = \pi$ 为 x 方向的不对中,其中左高右低;$\phi_0 = \pi/2$ 为 y 方向的不对中,其中左低右高;$\phi_0 = 3\pi/2$ 为 y 方向的不对中,其中左高右低;依次类推。Δ_{Deg} 为角向位置离散角度。$r_i(i=1,2,\cdots,N)$ 为–1 到 1 之间均匀分布的随机数。

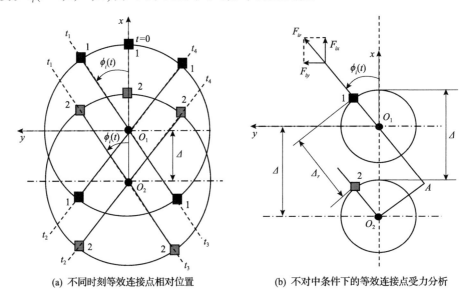

(a) 不同时刻等效连接点相对位置　　　　　(b) 不对中条件下的等效连接点受力分析

图 6-11　两个半联轴器上不同时刻等效连接点的相对位置示意图

2) 连接对连接刚度的差异性

实际上等效联轴器的各个连接对刚度不可能完全相同，由于装配和制造因素会存在较小差异。在仿真分析中，为了模拟各连接对的刚度所存在的较小差异，假设根据式 (6-27) 计算得到连接对的平均径向连接刚度 k_r，假设刚度离散系数为 $D=0.1$，$r_i(i=1,2,\cdots,N)$ 为–1 到 1 之间均匀分布的随机数，则考虑各连接对连接刚度差异性后的第 i 个连接对连接径向刚度值为

$$k_{ri} = (1 + Dr_i)k_r \tag{6-30}$$

3) 连接对连接刚度的非线性

实际上，等效联轴器各个连接对的径向刚度均具有一定非线性，往往存在硬弹簧的非线性特性。在仿真分析中，为了模拟各连接对的径向刚度存在的硬弹簧特性，假设根据式 (6-27) 计算得到连接对的径向刚度 k_r，设第 i 个连接对在 t 时刻的相对位移为 Δx，非线性因子为 γ，则非线性弹性力为

$$F_{ri} = k_r \Delta x + \gamma \Delta x^3 \tag{6-31}$$

在考虑以上三种不确定因素后，计算平行不对中所引发的不对中激励。

图 6-11 为两个半联轴器上不同时刻等效连接点的相对位置示意图。显然，如图 6-11 (b) 所示，在不同时刻，两个半联轴器的第 i 个等效连接点之间的径向距离随着转子的不同转动角位置 $\phi_i(t)$ 而发生变化。设 t 时刻，连接弹簧上的两个点 1

和点 2，分别作用于半联轴器 1 和 2，其周向角位置为 $\phi_i(t)$，则弹簧的径向变形为

$$\Delta_{ri} = \Delta\cos\phi_i(t) \tag{6-32}$$

因此，如图 6-11(b)所示，第 i 个连接弹簧的径向力在 x 和 y 方向的分力为

$$\begin{cases} F_{ix} = k_{ri}\Delta\cos\phi_i(t)\cos\phi_i(t) \\ F_{iy} = k_{ri}\Delta\cos\phi_i(t)\sin\phi_i(t) \end{cases} \tag{6-33}$$

在 t 时刻，作用于左半联轴器的力分别为

$$\begin{cases} F_x = \displaystyle\sum_{i=0}^{N-1} F_{ix} = \sum_{i=0}^{N-1} k_{ri}\Delta\cos\phi_i(t)\cos\phi_i(t) \\ F_y = \displaystyle\sum_{i=0}^{N-1} F_{iy} = \sum_{i=0}^{N-1} k_{ri}\Delta\cos\phi_i(t)\sin\phi_i(t) \end{cases} \tag{6-34}$$

3. 角度不对中

设两个半联轴器由螺栓或套齿等柔性或刚性联轴器连接，联轴器由 N 个连接点对连接而成，每对连接的轴向刚度为 k_a，作用半径为 R_b。转子角度不对中模型如图 6-12(a)所示，沿 z 轴从右向左观察，如图 6-12(b)所示。

同本节第 2 部分所述连接对存在三种不确定情况，类似地，给出以下结论。

考虑各连接对角向位置差异性后的连接对角向位置为

$$\phi_i(t) = \frac{(i-1)\times 2\pi}{N} + \phi_0 + \omega t + r_i \times \frac{\Delta_{\text{Deg}}\pi}{180} \tag{6-35}$$

式中，ϕ_0 为不对中的方向，$\phi_0 = 0°$ 和 $\phi_0 = 180°$ 为 Oxz 平面的角度不对中，如图 6-12(a)所示即为 $\phi_0 = 0°$ 的情形；$\phi_0 = 90°$ 和 $\phi_0 = 270°$ 为 Oyz 方向的不对中；依次类推，ϕ_0 为其他角度时将代表在其他平面的角度不对中。

考虑各连接对连接刚度差异性后的第 i 个连接对连接轴向刚度值为

$$k_{ai} = (1 + Dr_i)k_a \tag{6-36}$$

考虑连接对轴向连接刚度的非线性，可得非线性弹性力为

$$F_{ai} = k_a\Delta x + \gamma\Delta x^3 \tag{6-37}$$

同理，在考虑上述不确定性因素影响后，计算角度不对中所引发的不对中激励。

显然，在联轴器连接前，转轴 1 和转轴 2 已经存在角度不对中。设 $t = 0$ 时刻，转子 1 和转子 2 的角度不对中为绕 y 轴正向，不对中角度为 α。

图 6-12(c) 和 (d) 为两个半联轴器上不同时刻第 i 对连接点的相对位置示意图。显然，如图 6-12(c) 所示，在不同时刻，两个半联轴器的等效连接点之间的轴向距离随着转子的不同转动角位置而发生变化。

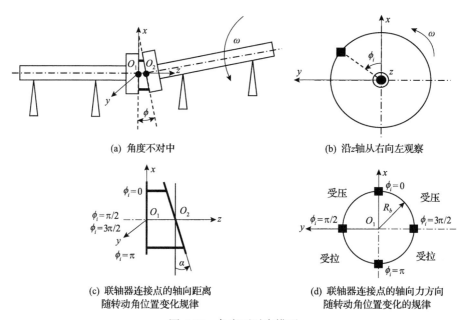

(a) 角度不对中

(b) 沿 z 轴从右向左观察

(c) 联轴器连接点的轴向距离
随转动角位置变化规律

(d) 联轴器连接点的轴向力方向
随转动角位置变化的规律

图 6-12　角度不对中模型

设第 i 对连接点在 $t = 0$ 时刻在 x 轴正上方，设转轴角速度为 ω。显然，随着转轴的旋转，当旋转角度 $\phi_i(t) = 0$ 时连接对受压；当 $\phi_i(t) = \pi/2$ 和 $\phi_i(t) = 3\pi/2$ 时连接对不受力；当 $\phi_i(t) = \pi$ 时，连接对受拉。由此可见，该连接对随转轴旋转一周时，第 i 对连接点从受压变为不受力，再变为受拉，再变为不受力，再变为受压，循环往复。显然第 i 对连接点的变形量与不对中角度和旋转角度均相关，即

$$\delta_i(t) = -R_b \sin\alpha \cos\phi_i(t) \tag{6-38}$$

该第 i 对连接点在 t 时刻的轴向力为

$$F_{zi}(t) = k_{ai}\delta_i(t) = -k_{ai}R_b\sin\alpha\cos\phi_i(t) \tag{6-39}$$

绕 x 轴的力矩为

$$M_{xi}(t) = F_{zi}(t)R_b\sin\phi_i(t) \tag{6-40}$$

绕 y 轴的力矩为

$$M_{yi}(t) = -F_{zi}(t)R_b\cos\phi_i(t) \tag{6-41}$$

在 t 时刻，作用于左半联轴器的力和力矩分别为

$$\begin{cases} F_x(t) = \sum_{i=1}^{N} F_{xi}(t) \\ M_x(t) = \sum_{i=1}^{N} M_{xi}(t) \\ M_y(t) = \sum_{i=1}^{N} M_{yi}(t) \end{cases} \tag{6-42}$$

由此可见，角度不对中将产生轴向附加力和绕径向 x 轴和径向 y 轴的附加力矩。显然，作用于右半联轴器的作用力为其反作用力和力矩。

6.4.2　转子支承不对中故障仿真分析及机理研究

1. 含膜片联轴器的转子试验器简介

为了通过仿真分析研究转子支承平行不对中和角度不对中的故障机理，利用一个含膜片联轴器的转子试验器进行仿真分析，该试验器模型如图 6-13 所示。该转子试验器主要包括短轴、长轴、两个转盘、联轴器、法兰盘、轴承座等。膜片联轴器三维模型如图 6-14 所示。

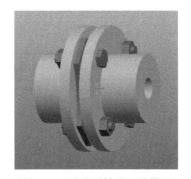

图 6-13　含膜片联轴器的转子试验器模型　　　图 6-14　膜片联轴器三维模型

2. 含膜片联轴器的转子试验器动力学模型

含膜片联轴器的转子试验器动力学模型如图 6-15 所示。在含膜片联轴器的转子试验器中，由一个膜片联轴器连接两段轴，即一段短轴和一段长轴。短轴上有

法兰盘 P_1、转盘 P_2。长轴上有转盘 P_3；试验器具有四个支承 S_1、S_2、S_3、S_4。其中，S_1、S_2 支承在短轴上，S_3、S_4 支承在长轴上。各部分在转轴上的位置分别为 L_1、L_2、L_3、L_4、L_5、L_6、L_7、L_8。

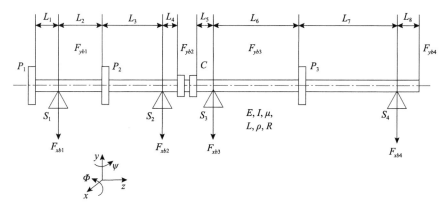

图 6-15　含膜片联轴器的转子试验器动力学模型

3. 含膜片联轴器的转子试验器动力学模型参数

利用第 1 章提出的航空发动机整机耦合动力学建模方法建立含膜片联轴器的转子试验器动力学模型，仿真分析含膜片联轴器的转子试验器不对中故障振动响应。短轴单元和节点信息分别如表 6-1 和表 6-2 所示。长轴单元和节点信息分别如表 6-3 和表 6-4 所示。转子-基础支承刚度参数和作用位置分别如表 6-5 和表 6-6 所示。联轴器刚度参数如表 6-7 所示。

表 6-1　短轴单元信息

序号	弹性模量/Pa	泊松比	长度/mm	密度/(kg/m³)	外径/mm	内径/mm	坐标 i/mm	坐标 j/mm
1	2.07×10^{11}	0.30	60.00	7800.00	18.00	0.00	0.00	60.00
2	2.07×10^{11}	0.30	60.00	7800.00	18.00	0.00	60.00	120.00
3	2.07×10^{11}	0.30	91.00	7800.00	21.00	0.00	120.00	211.00
4	2.07×10^{11}	0.30	91.00	7800.00	18.00	0.00	211.00	302.00
5	2.07×10^{11}	0.30	84.00	7800.00	22.00	0.00	302.00	386.00
6	2.07×10^{11}	0.30	84.00	7800.00	18.00	0.00	386.00	470.00
7	2.07×10^{11}	0.30	36.50	7800.00	21.00	0.00	470.00	506.50
8	2.07×10^{11}	0.30	36.50	7800.00	18.00	0.00	506.50	543.00

表 6-2　短轴节点信息

序号	坐标/mm	名称	集中质量/kg	偏心距/mm	赤道转动惯量/(kg·m²)	极转动惯量/(kg·m²)
1	0.00	法兰盘	0.45	0.01	0.00013	0.00025
2	60.00		0.00	0.00	0.00	0.00
3	120.00	支承 1	0.00	0.00	0.00	0.00
4	211.00		0.00	0.00	0.00	0.00
5	302.00	转盘 1	2.45	0.01	0.00625	0.01250
6	386.00		0.00	0.00	0.00	0.00
7	470.00	支承 2	0.00	0.00	0.00	0.00
8	506.50		0.00	0.00	0.00	0.00
9	543.00		2.54	0.00	0.00135	0.00269

表 6-3　长轴单元信息

序号	弹性模量/Pa	泊松比	长度/mm	密度/(kg/m³)	外径/mm	内径/mm	坐标 i/mm	坐标 j/mm
1	2.07×10^{11}	0.30	57.50	7800.00	18.00	0.00	543.00	600.50
2	2.07×10^{11}	0.30	57.50	7800.00	20.00	0.00	600.50	658.00
3	2.07×10^{11}	0.30	17.50	7800.00	21.00	0.00	658.00	675.50
4	2.07×10^{11}	0.30	17.50	7800.00	20.00	0.00	675.50	693.00
5	2.07×10^{11}	0.30	170.00	7800.00	20.00	0.00	693.00	863.00
6	2.07×10^{11}	0.30	170.00	7800.00	20.00	0.00	863.00	1033.00
7	2.07×10^{11}	0.30	7.50	7800.00	22.00	0.00	1033.00	1040.50
8	2.07×10^{11}	0.30	7.50	7800.00	20.00	0.00	1040.50	1048.00
9	2.07×10^{11}	0.30	175.00	7800.00	20.00	0.00	1048.00	1223.00
10	2.07×10^{11}	0.30	175.00	7800.00	20.00	0.00	1223.00	1398.00
11	2.07×10^{11}	0.30	50.00	7800.00	21.00	0.00	1398.00	1448.00
12	2.07×10^{11}	0.30	50.00	7800.00	18.00	0.00	1448.00	1498.00

表 6-4　长轴节点信息

序号	坐标/mm	名称	集中质量/kg	偏心距/mm	赤道转动惯量/(kg·m²)	极转动惯量/(kg·m²)
1	543.00		0.00	0.00	0.00	0.00
2	600.50		0.00	0.00	0.00	0.00
3	658.00	支承 3	0.00	0.00	0.00	0.00
4	675.50		0.00	0.00	0.00	0.00
5	693.00		0.00	0.00	0.00	0.00
6	863.00		0.00	0.00	0.00	0.00
7	1033.00	转盘 2	1.194	0.01	0.005	0.009

序号	坐标/mm	名称	集中质量/kg	偏心距/mm	赤道转动惯量/(kg·m²)	极转动惯量/(kg·m²)
8	1040.50		0.00	0.00	0.00	0.00
9	1048.00		0.00	0.00	0.00	0.00
10	1223.00		0.00	0.00	0.00	0.00
11	1398.00	支承4	0.00	0.00	0.00	0.00
12	1448.00		0.00	0.00	0.00	0.00
13	1498.00		0.00	0.00	0.00	0.00

表 6-5　转子-基础支承刚度参数

名称	轴向线刚度 /(N/m)	轴向线阻尼 /(N·s/m)	径向水平线刚度 /(N/m)	径向水平线阻尼 /(N·s/m)	径向垂直线刚度 /(N/m)	径向垂直线阻尼 /(N·s/m)
RK_1	1.00×10^7	1000.0000	1.00×10^8	1000.0000	1.00×10^8	1000.0000
RK_2	1.00×10^7	1000.0000	1.00×10^8	1000.0000	1.00×10^8	1000.0000
RK_3	1.00×10^7	1000.0000	1.00×10^8	1000.0000	1.00×10^8	1000.0000
RK_4	1.00×10^6	1000.0000	1.00×10^7	1000.0000	1.00×10^7	1000.0000

表 6-6　转子-基础支承作用位置

名称	转子模型	支承作用的转子节点
RK_1	短轴	3
RK_2	短轴	7
RK_3	长轴	3
RK_4	长轴	11

表 6-7　联轴器刚度参数

名称	径向刚度/(N/m)	角向刚度/(N/m)
FC_1	1.0×10^6	1.0×10^4

4. 不对中故障仿真分析

根据表 6-7 中的联轴器整体径向刚度和角向刚度，根据膜片联轴器的特征，设定连接对数目 $N = 4$ ，连接对作用半径 $R_b = 50\text{mm}$。则可根据式(6-27)和式(6-28)得到连接对的径向刚度 k_r 和轴向刚度 k_a 。

1)平行不对中仿真分析

(1)等效联轴器的理想情形(情形 1)。

首先考虑等效联轴器的理想情形，即等效联轴器的各个连接对刚度相同、角向位置均匀分布、连接对刚度不存在非线性。在仿真分析中设置各个转盘的不平衡偏心距均为 0.01mm，平行不对中量为 0.5mm，转速为 6000r/min。图 6-16 为膜片联轴器左端转子节点的振动加速度及频谱，图 6-17 为膜片联轴器右端转子节点的振动加速度及频谱。

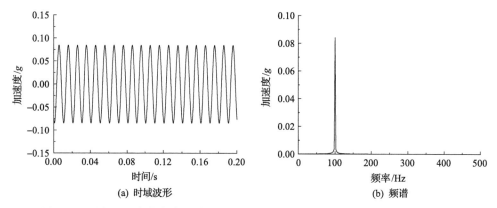

(a) 时域波形　　　　　　　　　　　(b) 频谱

图 6-16　平行不对中仿真中膜片联轴器左端转子节点的振动加速度及频谱(情形 1)

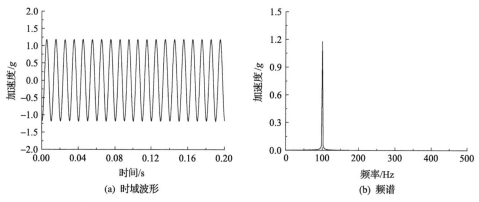

(a) 时域波形　　　　　　　　　　　(b) 频谱

图 6-17　平行不对中仿真中膜片联轴器右端转子节点的振动加速度及频谱(情形 1)

从仿真结果可以看出，平行不对中并没有出现 2 倍频现象。其原因在于，在平行不对中的情况下，尽管每个联轴器在 x 和 y 方向的分力均具有 2 倍频，但是由于多个连接对的 2 倍频作用力相互抵消，最终在合力中并不能产生 2 倍频。

(2)等效联轴器的各连接对角向位置不均匀的情形(情形 2)。

考虑等效联轴器各个连接对角向位置存在分布不均匀的情形。在该情形下，连接对的径向刚度相同且不存在非线性。在仿真分析中，假设角向位置离散角度 Δ_{Deg} 为 1°，$r_i(i=1,2,\cdots,N)$ 为 −1 到 1 之间均匀分布的随机数，则根据式(6-29)可以计算考虑各连接对角向位置差异性后的连接对角向位置。

设置各个转盘的不平衡偏心距均为 0.01mm，平行不对中设置为 0.5mm，转速为 6000r/min。图 6-18 为膜片联轴器左端转子节点的振动加速度及频谱，图 6-19

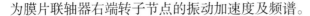

为膜片联轴器右端转子节点的振动加速度及频谱。

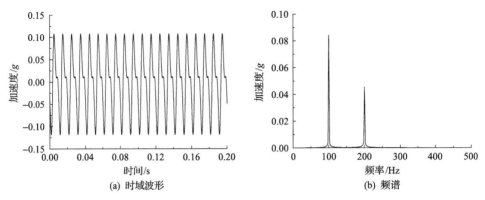

(a) 时域波形   (b) 频谱

图 6-18 平行不对中仿真中膜片联轴器左端转子节点的振动加速度及频谱(情形 2)

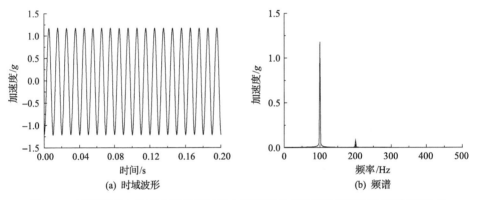

(a) 时域波形   (b) 频谱

图 6-19 平行不对中仿真中膜片联轴器右端转子节点的振动加速度及频谱(情形 2)

从仿真结果可以看出,考虑各连接对轴向位置不均匀后,出现了较为明显的 2 倍频特征。其原因在于,在平行不对中情况下,每个联轴器在 x 和 y 方向的分力均具有 2 倍频,理想情况下,多个连接对的 2 倍频作用力会相互抵消,但是在连接对的角向位置出现不均匀分布时,则不能完全抵消,所以最终在合力中产生了 2 倍频。

(3)等效联轴器的各连接对刚度存在差异性的情形(情形 3)。

考虑等效联轴器的各连接对刚度存在差异性的情形。在该情形下,连接对的角向位置均匀分布,连接对刚度不存在非线性。仿真计算中设定式(6-30)中的刚度离散系数 $D = 0.1$。

设置各个转盘的不平衡偏心距均为 0.01mm,平行不对中设置为 0.5mm,转速为 6000r/min。图 6-20 为膜片联轴器左端转子节点的振动加速度及频谱,图 6-21 为膜片联轴器右端转子节点的振动加速度及频谱。

从仿真结果可以看出,当考虑各连接对的刚度差异性时,转子振动加速度响

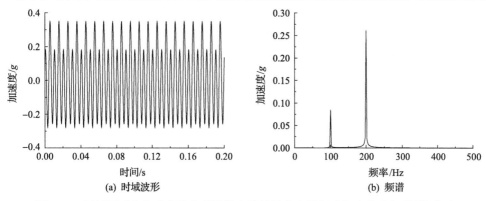

图 6-20 平行不对中仿真中膜片联轴器左端转子节点的振动加速度及频谱(情形 3)

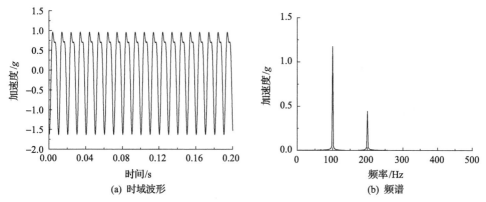

图 6-21 平行不对中仿真中膜片联轴器右端转子节点的振动加速度及频谱(情形 3)

应出现了明显的 2 倍频特征。其原因在于,当各连接对径向刚度不存在差异时,在平行不对中情况下,多个连接对的 2 倍频作用力不能完全抵消,所以最终在合力中产生了 2 倍频。

(4)等效联轴器的各连接对刚度非线性的情形(情形 4)。

考虑等效联轴器的各连接对的径向刚度存在硬弹簧的非线性特性的情形。在该情形下,连接对的径向刚度相同,不存在角向位置偏差。在仿真分析中,设置刚度的非线性因子 $\gamma = 1 \times 10^{11}$,根据式(6-31)计算得到第 i 个连接对在 t 时刻的非线性弹性力。

设置各个转盘的不平衡偏心距均为 0.01mm,平行不对中设置为 0.5mm,转速为 6000r/min。图 6-22 为膜片联轴器左端转子节点的振动加速度及频谱,图 6-23 为膜片联轴器右端转子节点的振动加速度及频谱。

从仿真结果可以看出,当考虑各连接对的刚度存在非线性时,转子振动加速度响应出现了明显的 4 倍频特征。其原因在于,当各连接对径向刚度存在非线性时,在平行不对中情况下,多个连接对的 2 倍频作用力仍然会完全抵消,所以最

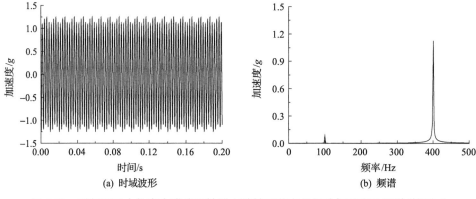

图 6-22　平行不对中仿真中膜片联轴器左端转子节点的振动加速度及频谱(情形 4)

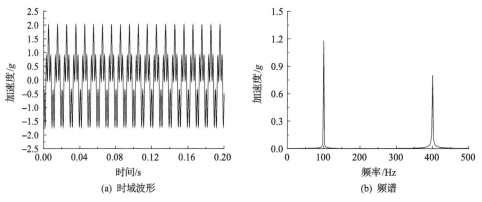

图 6-23　平行不对中仿真中膜片联轴器右端转子节点的振动加速度及频谱(情形 4)

终在合力中不产生 2 倍频, 但是由于非线性刚度的存在, 响应中出现了高次谐波, 导致 4 倍频的出现。由此可见, 不对中故障 4 倍频的出现是由连接刚度的非线性所致。需要指出的是, 如果转子支承不出现平行不对中, 则左右两个半联轴器的相对位移很小, 刚度非线性很难体现出来, 所以不可能出现 4 倍频成分, 4 倍频的出现是平行不对中和刚度非线性的综合结果。

(5)综合情形(情形 5)。

综合考虑等效联轴器的各个连接对的角向位置均匀性、径向刚度差异性及刚度非线性特性的情形, 进行不对中故障仿真。同时, 设置各个转盘的不平衡偏心距均为 0.01mm, 平行不对中设置为 0.5mm, 转速为 6000r/min。图 6-24 为膜片联轴器左端转子节点的振动加速度及频谱, 图 6-25 为膜片联轴器右端转子节点的振动加速度及频谱。

从仿真结果可以看出, 综合考虑各个连接对的角向位置均匀性、径向刚度差异性及刚度非线性特性时, 转子响应中出现了 2 倍频和 4 倍频分量, 其中各个连接对的角向位置均匀性、径向刚度差异性是 2 倍频分量的来源, 4 倍频分量是刚度非线性的来源。

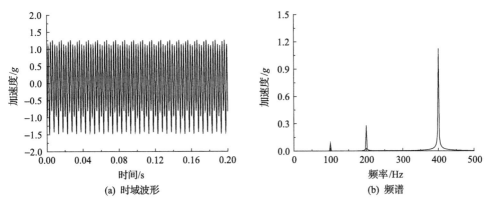

(a) 时域波形　　　　　　　　　　　　(b) 频谱

图 6-24　平行不对中仿真中膜片联轴器左端转子节点的振动加速度及频谱(情形 5)

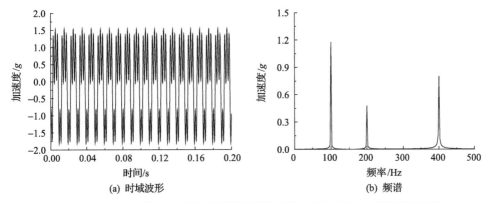

(a) 时域波形　　　　　　　　　　　　(b) 频谱

图 6-25　平行不对中仿真中膜片联轴器右端转子节点的振动加速度及频谱(情形 5)

2) 角度不对中仿真分析

(1) 等效联轴器的理想情形(情形 1)。

首先考虑等效联轴器的理想情形, 即等效联轴器的各个连接对刚度相同, 角向位置匀分布, 连接对刚度不存在非线性。在仿真分析中设置各个转盘的不平衡偏心距均为 0.1mm, 角度不对中设置为 0.5°, 转速为 6000r/min。图 6-26 为膜片联轴器左端转子节点的振动加速度及频谱, 图 6-27 为膜片联轴器右端转子节点的振动加速度及频谱。

从仿真结果可以看出, 在理想情形下, 角度不对中并没有使转子径向振动出现 2 倍频现象, 也没有使转子产生频率为转速 1 倍频的轴向振动。其原因在于, 在角度不对中情况下, 尽管每个联轴器在绕 x 和 y 方向的分力矩均具有 2 倍频, 但是由于多个连接对的 2 倍频作用力矩相互抵消, 最终在合力矩中并不能产生 2 倍频。尽管每个联轴器在轴向的分力均具有 1 倍频, 但是由于多个连接对的 1 倍频轴向作用力相互抵消，最终在轴向合力为 0，轴向振动并未出现。

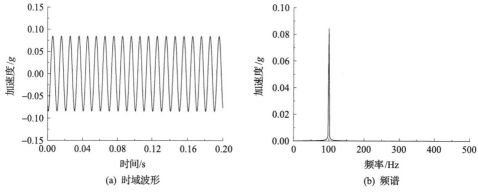

图 6-26　角度不对中仿真中膜片联轴器左端转子节点的振动加速度及频谱(情形 1)

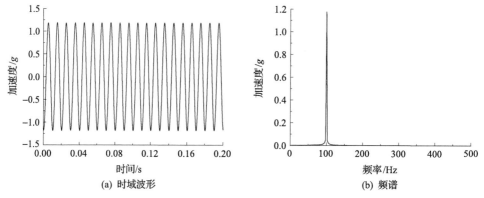

图 6-27　角度不对中仿真中膜片联轴器右端转子节点的振动加速度及频谱(情形 1)

(2)等效联轴器的各连接对角向位置不均匀的情形(情形 2)。

考虑等效联轴器的各连接对角向位置存在分布不均匀的情形。该情形下，连接对的径向刚度相同，且不存在非线性。在仿真分析中，假设角向位置离散角度 Δ_{Deg} 为 1°，$r_i(i=1,2,\cdots,N)$ 为–1 到 1 之间均匀分布的随机数，则根据式(6-35)可以计算考虑各连接对角向位置差异性后的连接对角向位置。

设置各个转盘的不平衡偏心距均为 0.01mm，角度不对中设置为 0.5°，转速为 6000r/min。图 6-28 为膜片联轴器左端转子节点的振动加速度及频谱，图 6-29 为膜片联轴器右端转子节点的振动加速度及频谱，图 6-30 为膜片联轴器两端转子节点的轴向振动。

从仿真结果可以看出，考虑各连接对轴向位置不均匀后，出现了较为明显的 2 倍频特征。角度不对中使在联轴器两端转子产生了频率为转速 1 倍频的轴向振动，且相位相反。其原因在于，考虑各连接对轴向位置不均匀后，多个连接对的

2 倍频作用力矩和 1 倍频轴向力不能相互完全抵消，最终在合力矩中产生了 2 倍频，在轴向合力中产生了轴向力，轴向振动出现，同时，联轴器两端的轴向振动为反相。

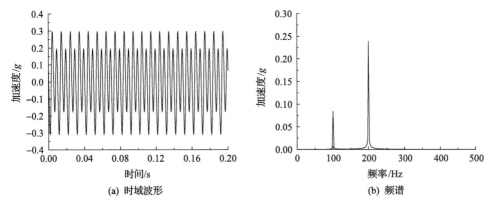

图 6-28　角度不对中仿真中膜片联轴器左端转子节点的振动加速度及频谱(情形 2)

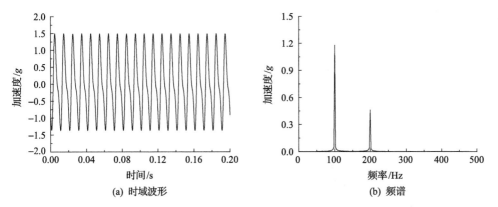

图 6-29　角度不对中仿真中膜片联轴器右端转子节点的振动加速度及频谱(情形 2)

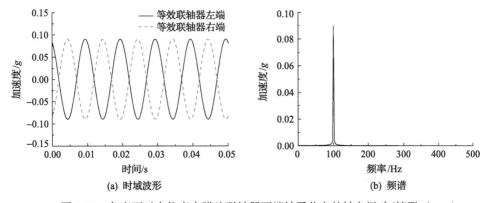

图 6-30　角度不对中仿真中膜片联轴器两端转子节点的轴向振动(情形 2)

(3)等效联轴器的各连接对刚度存在差异性的情形(情形 3)。

考虑等效联轴器的各连接对刚度存在差异性的情形。在该情形下，连接对的角向位置均匀分布，连接对刚度不存在非线性。仿真计算中设定式(6-36)中的刚度离散系数 $D = 0.1$。

设置各个转盘的不平衡偏心距均为 0.1mm，角度不对中设置为 0.5°，转速为 6000r/min。图 6-31 为膜片联轴器左端转子节点的振动加速度及频谱，图 6-32 为膜片联轴器右端转子节点的振动加速度及频谱，图 6-33 为膜片联轴器两端转子节点的轴向振动。

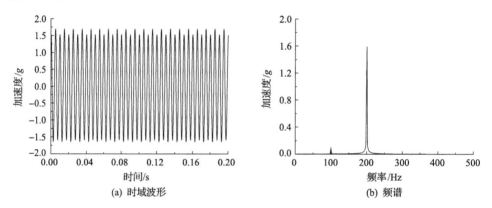

图 6-31　角度不对中仿真中膜片联轴器左端转子节点的振动加速度及频谱(情形 3)

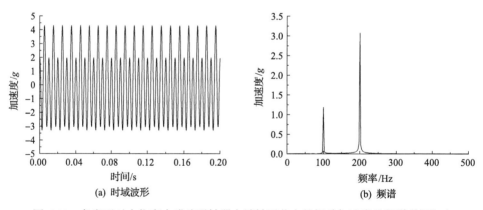

图 6-32　角度不对中仿真中膜片联轴器右端转子节点的振动加速度及频谱(情形 3)

从仿真结果可以看出，当考虑各连接对的刚度差异性时，转子振动加速度响应出现了明显的 2 倍频特征。同时，角度不对中使联轴器两端转子产生了频率为转速 1 倍频的轴向振动，且相位相反。其原因在于，当考虑各连接对的刚度差异性时，多个连接对的 2 倍频作用力矩和 1 倍频轴向力不能相互完全抵消，最终在合力矩中产生了 2 倍频，在轴向合力产生了轴向力，轴向振动出现，同时，联轴器两端的轴向振动为反相。

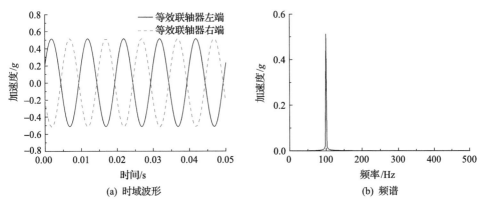

图 6-33   角度不对中仿真中膜片联轴器两端转子节点的轴向振动(情形 3)

(4)连接对刚度非线性的情形(情形 4)。

考虑等效联轴器的各个连接对的径向刚度存在硬弹簧的非线性特性的情形。在该情形下，连接对的径向刚度相同，不存在角向位置偏差。在仿真分析中，设置刚度的非线性因子 $\gamma = 1 \times 10^{11}$，根据式(6-37)计算得到第 i 个连接对在 t 时刻的非线性弹性力。

设置各个转盘的不平衡偏心距均为 0.01mm，平行不对中设置为 0.5mm，转速为 6000r/min。图 6-34 为膜片联轴器左端转子节点的振动加速度及频谱，图 6-35 为膜片联轴器右端转子节点的振动加速度及频谱。

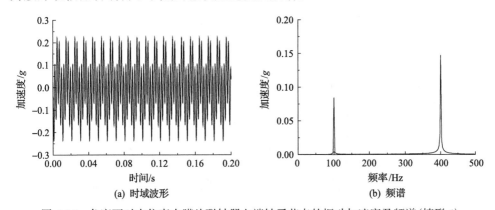

图 6-34   角度不对中仿真中膜片联轴器左端转子节点的振动加速度及频谱(情形 4)

从仿真结果可以看出，当考虑各连接对的轴向刚度存在非线性时，转子振动加速度响应出现了明显的 4 倍频特征。角度不对中并没有使转子径向振动出现 2 倍频现象，也没有使转子产生频率为转速 1 倍频的轴向振动。其原因在于，考虑各连接对的轴向刚度存在非线性的情况下，多个连接对的 2 倍频作用力矩和 1 倍

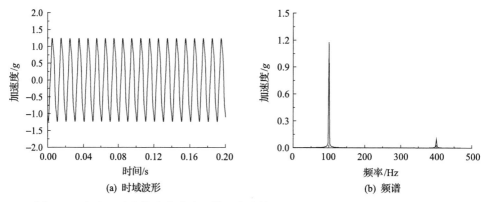

图 6-35　角度不对中仿真中膜片联轴器右端转子节点的振动加速度及频谱(情形 4)

频轴向力仍然相互完全抵消，最终在合力矩中不产生 2 倍频，在轴向合力不产生
轴向力，轴向振动不出现。但是在非线性轴向刚度下，由于角度不对中的存在，
刚度非线性被激发，从而产生 4 倍频振动。需要指出的是，如果没有角度不对中，
则轴向刚度的非线性不会被激发，系统也不会产生 4 倍频振动，4 倍频是角度不
对中和轴向刚度非线性的综合结果。

（5）综合情形（情形 5）。

综合考虑等效联轴器的各个连接对的角向位置均匀性、径向刚度差异性，以
及刚度非线性特性的情形，进行不对中故障仿真。同时，设置各个转盘的不平衡
偏心距均为 0.01mm，角度不对中设置为 0.5mm，转速为 6000r/min。图 6-36 为
膜片联轴器左端转子节点的振动加速度及频谱，图 6-37 为膜片联轴器右端转子节
点的振动加速度及频谱，图 6-38 为膜片联轴器两端转子节点的轴向振动。

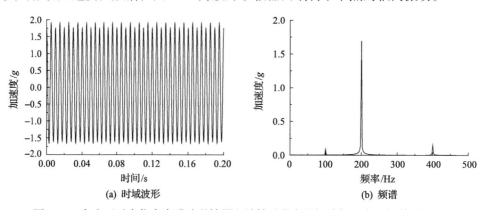

图 6-36　角度不对中仿真中膜片联轴器左端转子节点的振动加速度及频谱(情形 5)

从仿真结果可以看出，当综合考虑各连接对的均匀性、径向刚度差异性及刚
度非线性特性时，转子振动加速度响应出现了明显的 2 倍频和 4 倍频特征，同时，

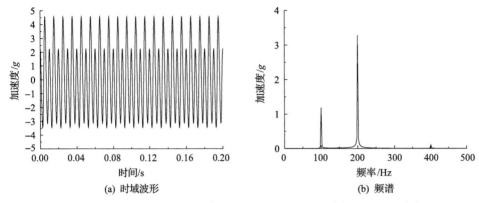

图 6-37　角度不对中仿真中膜片联轴器右端转子节点的振动加速度及频谱(情形 5)

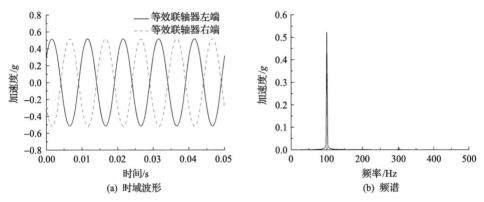

图 6-38　角度不对中仿真中膜片联轴器两端转子节点的轴向振动(情形 5)

角度不对中使联轴器两端转子产生了频率为转速 1 倍频的轴向振动,且相位相反。其中各个连接对的角向位置不均匀、径向刚度差异是角度不对中激励下 2 倍频径向振动和 1 倍频轴向振动的来源,而 4 倍频振动分量是径向刚度非线性的来源。

5. 含套齿联轴器的转子不对中试验

1)转子不对中故障模拟试验方案

为了研究某型航空发动机低压转子的不对中故障机理,设计并搭建了含套齿联轴器的三支点转子试验器,如图 6-39 所示。该试验器可通过转动径向偏移手柄实现支承 3 水平方向的平移,以此模拟不同程度的转子角度不对中故障。

依据航空发动机整机耦合动力学建模方法,建立了含套齿联轴器的三支点转子试验器耦合动力学模型,并通过模态试验验证了动力学模型的正确有效性。限于篇幅,详细的建模过程在此不再详述,详见第 1 章和第 2 章。将本章提出的支承不对中模型导入含套齿联轴器的三支点转子试验器动力学模型中,通过仿真分析得到不对中故障激励下的动力学响应,将仿真结果与试验结果进行比较分析,

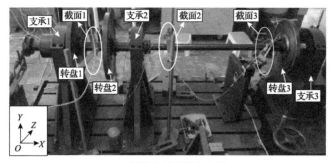

(a) 转子不对中试验实物图　　　　　　　　　(b) 支承3平移机构

图 6-39　含套齿联轴器的三支点转子试验器

并以此来验证不对中模型的正确有效性。

不对中模拟试验中，转子信号采集测点布置方案如图 6-40 所示，转盘 1 和转盘 2 之间、套齿联轴器附近和转盘 3 附近水平和铅垂方向布置有电涡流位移传感器，转子法兰盘处安装有光电转速传感器。传感器信号经过前置放大器和数据采集器处理后输出到计算机端，由计算机进行振动信号的采集和分析。

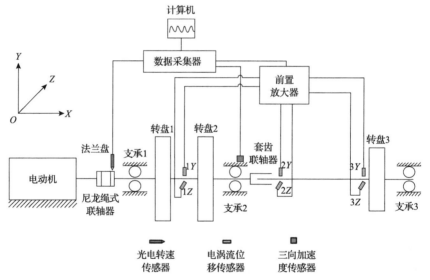

图 6-40　转子信号采集测点布置方案示意图

转子不对中故障模拟试验器第 1 阶临界转速为 3000～4000r/min，转子在 1800r/min 转速附近，振动信号表现出明显的不对中故障特征，故选取 1800r/min 为特征转速，分析多种不对中工况下各测点的振动信号特征，并与仿真结果进行对比验证。

2)试验结果与分析

测点 2 位于联轴器附近，故障特征信号更为明显，故以测点 2Y 为例进行振动响应分析，研究随角度不对中量增加，转子系统振动响应的演变趋势。

多种不对中工况下测点 2Y 振动位移响应时域波形及频谱特征试验和仿真结果如图 6-41～图 6-43 所示。从试验结果可以看出，在支承不对中故障下，转子振

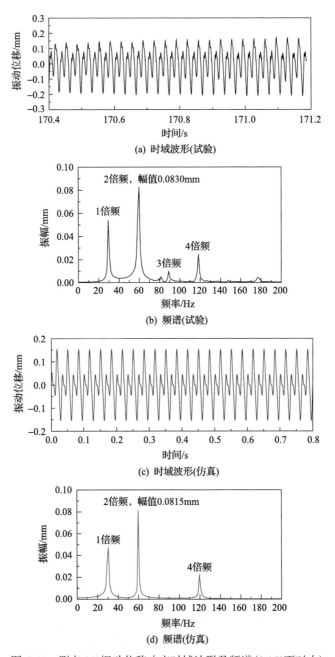

(a) 时域波形(试验)

(b) 频谱(试验)

(c) 时域波形(仿真)

(d) 频谱(仿真)

图 6-41　测点 2Y 振动位移响应时域波形及频谱(0.15°不对中)

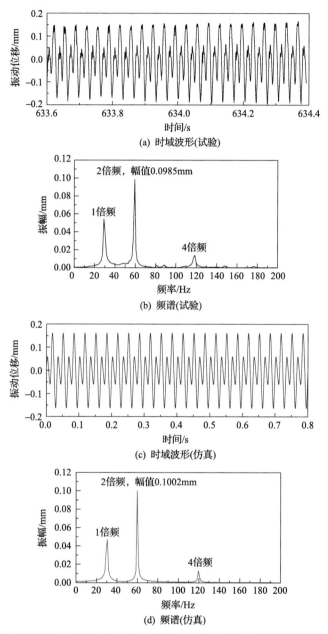

图 6-42　测点 2Y 振动位移响应时域波形及频谱(0.30°不对中)

动信号出现明显的 2 倍频和 4 倍频故障特征，且随着不对中量增加，2 倍频幅值逐渐增加，幅值增加速度逐渐加快。当转子不对中量增加到一定程度时，振动信号中出现更为复杂的频率成分，在角度不对中量为 0.45°时，振动信号中出现 3 倍频、5 倍频和 6 倍频等其他频率成分。

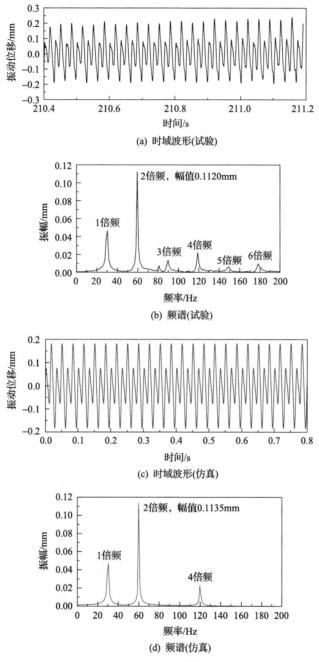

(a) 时域波形(试验)

(b) 频谱(试验)

(c) 时域波形(仿真)

(d) 频谱(仿真)

图 6-43　测点 2Y 振动位移响应时域波形及频谱(0.45°不对中)

试验与仿真振动位移响应倍频分量幅值对比如表 6-8 所示。从表中可以看出,多种不对中工况下,不对中故障振动响应 1 倍频、2 倍频、4 倍频幅值的仿真精度均达到 85%以上，仿真模型能够准确模拟实际转子试验器的动力学行为，验证了转子支承不对中故障模型的正确性。

表 6-8　试验与仿真振动位移响应倍频分量幅值对比

不对中工况	倍频分量	试验幅值/mm	仿真幅值/mm	误差/%
0.15°不对中	1 倍频	0.0538	0.0473	12.08
	2 倍频	0.0830	0.0815	1.81
	4 倍频	0.0245	0.0227	7.35
0.30°不对中	1 倍频	0.0541	0.0472	12.75
	2 倍频	0.0985	0.1002	1.73
	4 倍频	0.0141	0.0132	6.38
0.45°不对中	1 倍频	0.0462	0.0471	1.95
	2 倍频	0.1120	0.1135	1.34
	4 倍频	0.0221	0.0228	3.17

6. 结论

(1)本节提出一种通用的转子支承不对中故障模型，建立了等效联轴器模型，推导了等效联轴器参数计算方法。

(2)考虑实际联轴器中可能出现的连接对角向位置不均匀性、连接刚度的差异性及连接刚度的非线性等特性，推导了基于等效联轴器模型的转子平行不对中和角度不对中故障的激励力模型。

(3)以含膜片联轴器的转子试验器动力学模型为例，仿真分析了平行不对中和角度不对中故障下的转子振动响应，结果表明：①不考虑角向位置不均匀性、连接刚度的差异性及连接刚度的非线性等特性的理想情形下，平行不对中和角度不对中均不能产生工程实际中所观察到的 2 倍频和 4 倍频，以及轴向振动现象；②考虑角向位置不均匀性、连接刚度的差异性的情形，平行不对中和角度不对中将产生 2 倍频的径向振动，以及 1 倍频的轴向反相振动现象；③考虑刚度的非线性特性，平行不对中和角度不对中将激发刚度的非线性特征，从而使转子系统产生典型的 4 倍频特征。

(4)利用含套齿联轴器的三支点转子故障模拟试验器，进行了特征转速下多种不对中工况的振动响应试验，试验结果与仿真结果基本吻合，验证了转子支承不对中故障模型的正确有效性。

6.5　某型高推重比双转子航空发动机低压转子不对中故障仿真分析

6.5.1　某型高推重比双转子航空发动机低压转子的套齿连接结构特点

针对第 3 章建立的某型高推重比双转子航空发动机整机振动模型进行低压转子联轴器不对中故障仿真，研究联轴器不对中故障对航空发动机整机振动的影响规律。

该发动机的转子-支承-机匣整机耦合动力学模型详见第 3 章，在此不再详述。发动机低压转子和高压转子及机匣用梁单元模拟，轴承和支承用转子-机匣支承连接、安装节用机匣-基础(安装节)弹性支承连接模拟。发动机整机结构如图 6-44 所示，图 6-44 中的支点 2 处为一套齿联轴器，连接低压风扇轴和低压涡轮轴。

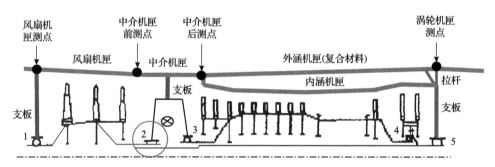

图 6-44　发动机整机结构简图

图 6-45 为航空发动机支点 2 处带有圆柱面定心的典型套齿连接结构。连接结构依靠套齿啮合传递扭矩，并由大螺母保证轴向锁紧，使其能够传递轴向力。连接结构中存在 A、B 等定心圆柱面，定心面采用紧配合。对于这种类型的连接结构，由于套齿的加工和安装等，显然存在本章所讨论的两种联轴器不对中现象。因此，需要仿真该套齿联轴器的不对中故障所引起的整机振动响应，研究其振动特征和规律，从而为有效地控制套齿联轴器的不对中提供理论依据。

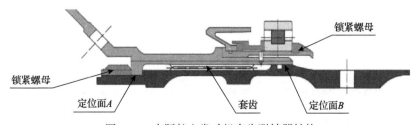

图 6-45　实际航空发动机套齿联轴器结构

6.5.2　联轴器制造误差导致的转子不对中故障仿真分析

1. 计算参数

低压压气机转子和低压涡轮转子套齿联轴器两轴端面的影响系数如表 6-9 所示，该数据需要根据实际结构实测得到，取决于联轴器的连接刚度。表 6-9 的数据为对实际结构的估计值，可以用于对不对中故障的振动特征和振动规律研究。在以下图的标注中，平行不对中(parallel misalignment)简记为 PM，角度不对中(angle misalignment)简记为 AM。

表 6-9　套齿联轴器两轴端面的影响系数

轴截面	力-挠度影响系数 /(m/N)	力矩-挠度影响系数 /(m/(N·s))	力-转角影响系数 /(rad/N)	力矩-转角影响系数 /(rad/(N·s))
低压压气机转子轴端截面	1.0×10^{-9}	1.0×10^{-8}	1.0×10^{-8}	1.0×10^{-6}
低压涡轮转子轴端截面	1.0×10^{-9}	1.0×10^{-8}	1.0×10^{-8}	1.0×10^{-6}

2. 平行不对中故障仿真分析

1) 振动特征分析

设由联轴器制造因素导致的两轴平行不对中为 0.1mm。在仿真计算中，为了凸显联轴器不对中对整机振动的影响，将高压转子和低压转子的不平衡量均设为 0，即不考虑高压转子和低压转子的激励频率对整机振动响应的影响(情形 1)。

图 6-46 为机匣振动加速度的 1 倍频分量和 2 倍频分量随低压转子转速的变化曲线。图 6-47 为支承 1 到支承 5 处的转子节点在 X 向的作用力随低压转子转速的变化曲线，它间接地反映了轴承作用力的大小。从图中可以看出，由制造误差造成的平行不对中主要引起机匣振动的 1 倍频分量，2 倍频分量很小。该类由制造误差引起的平行不对中产生的轴承力也主要是 1 倍频分量。

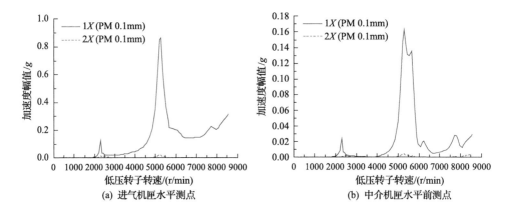

(a) 进气机匣水平测点　　　　　　　　　(b) 中介机匣水平前测点

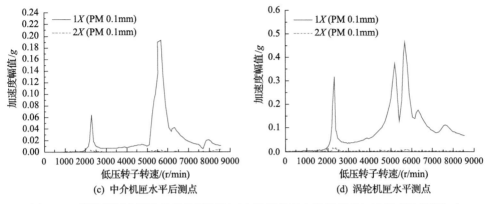

(c) 中介机匣水平后测点　　　　　　　(d) 涡轮机匣水平测点

图 6-46　联轴器制造误差导致的平行不对中故障仿真中机匣振动加速度变化(情形 1)

2)不对中量大小对振动的影响分析

(1)不考虑低压转子的不平衡量(情形 2)。

　　由联轴器制造误差导致的平行不对中仅仅影响振动的 1 倍频,因此在不考虑低压转子的不平衡量时,图 6-48 比较了平行不对中量大小对机匣整机振动加速度 1 倍频分量的影响。从图中可以看出,不考虑低压转子的不平衡量情况下,平行

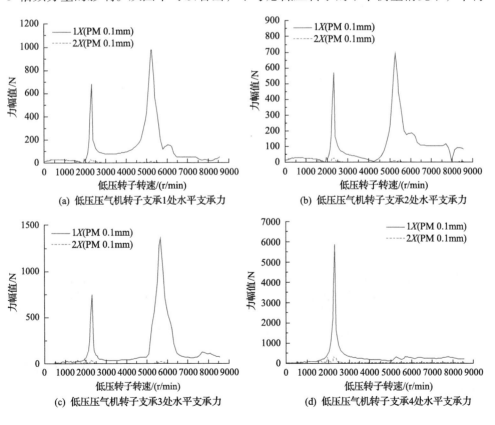

(a) 低压压气机转子支承1处水平支承力　　　(b) 低压压气机转子支承2处水平支承力

(c) 低压压气机转子支承3处水平支承力　　　(d) 低压压气机转子支承4处水平支承力

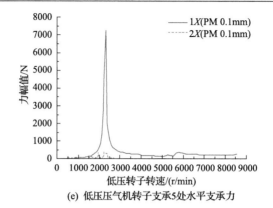

(e) 低压压气机转子支承5处水平支承力

图 6-47　联轴器制造误差导致的平行不对中故障仿真中支承处的转子节点在 X 向的作用力变化
（情形 1）

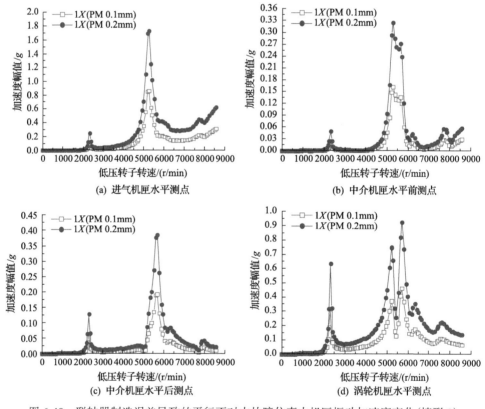

图 6-48　联轴器制造误差导致的平行不对中故障仿真中机匣振动加速度变化（情形 2）

不对中量引起的机匣处振动不大, 0.2mm 不对中量引起的振动是 0.1mm 不对中量引起的振动 2 倍左右。

（2）考虑低压转子的不平衡量（情形 3）。

在考虑低压转子的不平衡量的情形下，图 6-49 比较了平行不对中量大小对机匣整机振动加速度 1 倍频分量的影响。从图中可以看出，随着平行不对中量的增加，振动加速度有所增加，但是其量级不大。表明整机振动对该类不对中故障不够敏感。

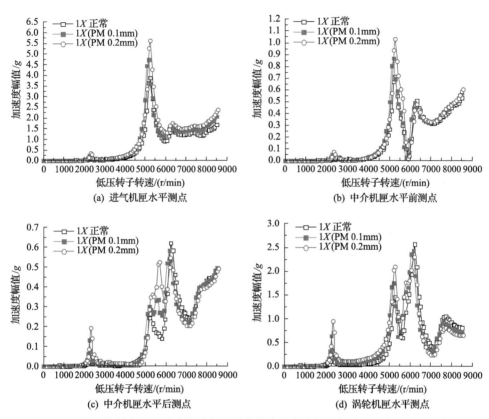

图 6-49　联轴器制造误差导致的平行不对中故障仿真中机匣振动加速度变化（情形 3）

3）联轴器两轴端面的影响系数变化对振动的影响分析

为分析联轴器两轴端面的影响系数对振动的影响（情形 4），将低压压气机转子和低压涡轮转子套齿联轴器的两轴端面影响系数设置为三种，具体设置如表 6-10 所示。

由联轴器制造误差导致的平行不对中仅仅影响振动的 1 倍频，因此，图 6-50 比较了联轴器两轴端面的影响系数变化对机匣整机振动加速度 1 倍频分量的影响。从图中可以看出随着影响系数的增加，机匣振动加速度的变化不大，规律不明显，由此可见，联轴器两端面影响系数的变化对该类平行不对中故障影响不明显。

表 6-10　平行不对中故障仿真中套齿联轴器两轴端面的影响系数

分类	轴截面	力-挠度影响系数 /(m/N)	力矩-挠度影响系数 /(m/(N·s))	力-转角影响系数 /(rad/N)	力矩-转角影响系数 /(rad/(N·s))
Case1	低压压气机 转子轴端截面	1.0×10^{-9}	1.0×10^{-8}	1.0×10^{-8}	1.0×10^{-6}
	低压涡轮转子轴端截面	1.0×10^{-9}	1.0×10^{-8}	1.0×10^{-8}	1.0×10^{-6}
Case2	低压压气机 转子轴端截面	1.0×10^{-8}	1.0×10^{-7}	1.0×10^{-7}	1.0×10^{-5}
	低压涡轮转子轴端截面	1.0×10^{-8}	1.0×10^{-7}	1.0×10^{-7}	1.0×10^{-5}
Case3	低压压气机 转子轴端截面	1.0×10^{-7}	1.0×10^{-6}	1.0×10^{-6}	1.0×10^{-4}
	低压涡轮转子轴端截面	1.0×10^{-7}	1.0×10^{-6}	1.0×10^{-6}	1.0×10^{-4}

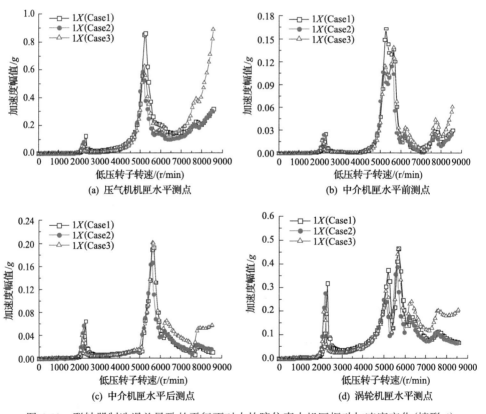

图 6-50　联轴器制造误差导致的平行不对中故障仿真中机匣振动加速度变化(情形 4)

3. 角度不对中故障仿真分析

1) 振动特征分析

设由联轴器制造因素导致的两轴角度不对中为 0.1°。在仿真计算中，为了凸显联轴器不对中对整机振动的影响，将高压转子、低压转子的不平衡量设为 0，即不考虑高压转子、低压转子的激励频率对整机振动响应的影响(情形 1)。

图 6-51 为机匣振动加速度的 1 倍频和 2 倍频分量随低压转子转速的变化曲线。图 6-52 为支承 1 到支承 5 处的转子节点在 X 向作用力随低压转子转速的变化曲线，它间接地反映了轴承作用力的大小。从图 6-51 可以看出，角度不对中主要引起机匣振动的 1 倍频分量，该结论正好符合前面关于联轴器制造误差产生的不对中故障机理，由于该故障仅仅引起 1 倍频的增加，可以通过动平衡的方法来实现有效消除。

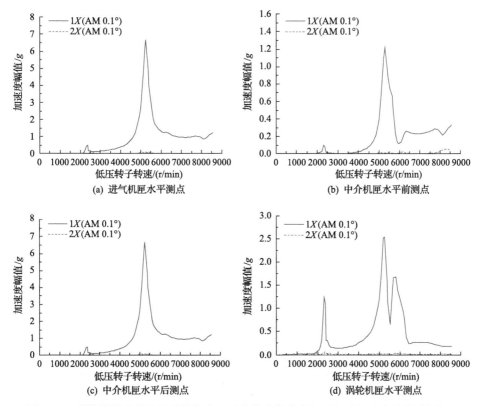

图 6-51　联轴器制造误差导致的角度不对中故障仿真中机匣振动加速度变化(情形 1)

2) 不对中大小对整机振动的影响分析

(1) 不考虑低压转子的不平衡量(情形 2)。

由联轴器制造误差导致的角度不对中仅仅影响振动的 1 倍频，因此在不考虑

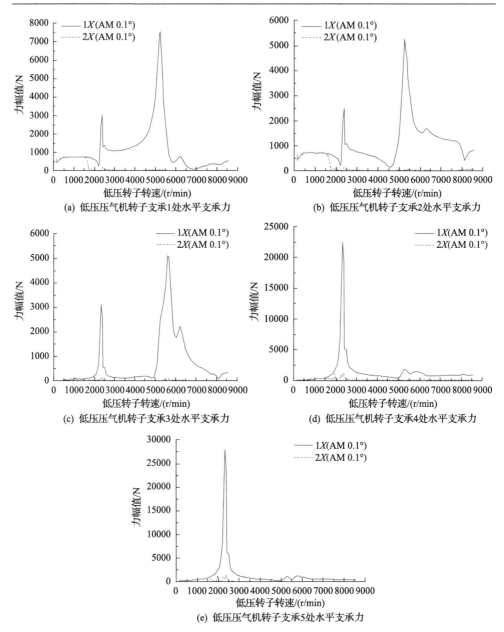

(a) 低压压气机转子支承1处水平支承力

(b) 低压压气机转子支承2处水平支承力

(c) 低压压气机转子支承3处水平支承力

(d) 低压压气机转子支承4处水平支承力

(e) 低压压气机转子支承5处水平支承力

图 6-52　联轴器制造误差导致的角度不对中故障仿真中支承处的转子节点在 X 向的作用力变化（情形 1）

低压转子的不平衡量情形下，图 6-53 比较了角度不对中量大小对机匣整机振动加速度 1 倍频分量的影响。从图中可以看出，随着角度不对中量的增加，振动加速度明显成比例显著增加。表明整机振动对该类不对中故障非常敏感。

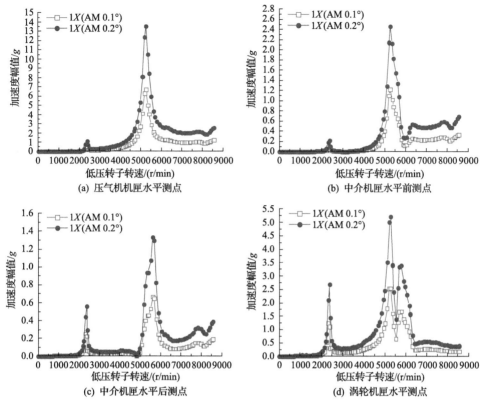

图 6-53　联轴器制造误差导致的角度不对中故障仿真中机匣振动加速度变化(情形 2)

(2)考虑低压转子的不平衡量(情形 3)。

在考虑低压转子不平衡量的情形下，图 6-54 比较了角度不对中量大小对机匣整机振动加速度 1 倍频分量的影响。从图中可以看出，随着角度不对中量的增加，振动加速度明显成比例显著增加。表明整机振动对该类不对中故障非常敏感。

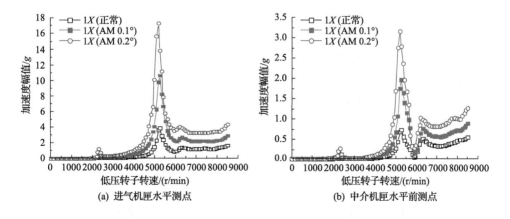

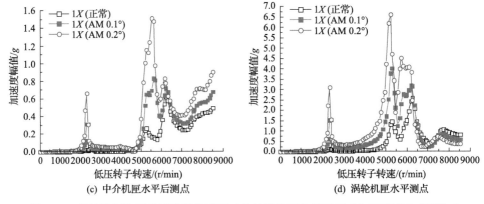

图 6-54　联轴器制造误差导致的角度不对中故障仿真中机匣振动加速度变化(情形 3)

3)联轴器两轴端面的影响系数变化对振动的影响分析

为分析联轴器两轴端面的影响系数对振动的影响(情形 4),将低压压气机转子和低压涡轮转子套齿联轴器的两轴端面影响系数设置为三种情况,具体设置如表 6-11 所示。

表 6-11　角度不对中故障仿真中套齿联轴器两轴端面的影响系数

分类	轴截面	力-挠度影响系数 /(m/N)	力矩-挠度影响系数 /(m/(N·s))	力-转角影响系数 /(rad/N)	力矩-转角影响系数 /(rad/(N·s))
Case1	低压压气机 转子轴端截面	1.0×10^{-9}	1.0×10^{-8}	1.0×10^{-8}	1.0×10^{-6}
	低压涡轮转子轴端截面	1.0×10^{-9}	1.0×10^{-8}	1.0×10^{-8}	1.0×10^{-6}
Case2	低压压气机 转子轴端截面	1.0×10^{-8}	1.0×10^{-7}	1.0×10^{-7}	1.0×10^{-5}
	低压涡轮转子轴端截面	1.0×10^{-8}	1.0×10^{-7}	1.0×10^{-7}	1.0×10^{-5}
Case3	低压压气机 转子轴端截面	1.0×10^{-7}	1.0×10^{-6}	1.0×10^{-6}	1.0×10^{-4}
	低压涡轮转子轴端截面	1.0×10^{-7}	1.0×10^{-6}	1.0×10^{-6}	1.0×10^{-4}

由联轴器制造误差导致的角度不对中仅仅影响振动的 1 倍频,因此,图 6-55 比较了联轴器两轴端面的影响系数变化对机匣振动加速度 1 倍频分量的影响。从图中可以看出,随着两轴端面影响系数的增加,振动加速度明显减少。表明联轴器两轴端面的影响系数对制造误差导致的角度不对中故障影响显著。

6.5.3　安装误差等因素导致的转子不对中仿真

1. 计算参数

低压压气机转子和低压涡轮转子套齿联轴器的两轴端面影响系数如表 6-9 所

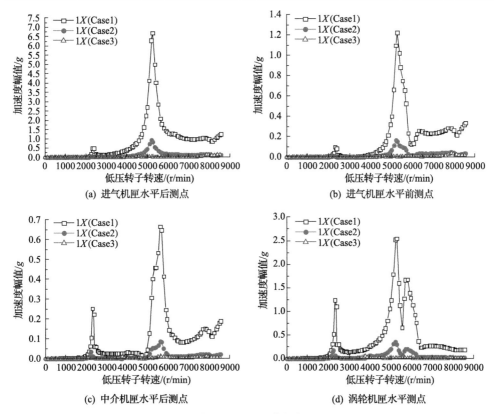

图 6-55　联轴器制造误差导致的角度不对中故障仿真中机匣振动加速度变化(情形 4)

示。套齿联轴器的等效刚度如表 6-12 所示。通常该刚度值需要实测得到，表 6-12
为估计值，可以进行套齿联轴器的振动影响规律研究。设定连接对数目 $N = 4$ ，
连接对作用半径 $R_b = 50\text{mm}$ ，则可根据式(6-27)和式(6-28)得到连接对的径向刚度
k_r 和轴向刚度 k_a 。

表 6-12　套齿联轴器等效刚度(一)　　　　　　　　　　　(单位：N/m)

轴向刚度	径向刚度	角向刚度
1.0×10^9	1.0×10^9	1.0×10^6

2. 平行不对中故障仿真分析

1)振动特征分析

设由安装误差因素导致的两轴平行不对中为 0.1mm。在仿真计算中，为了凸
显联轴器不对中对整机振动的影响，将高压转子、低压转子的不平衡量设为 0，
即不考虑高压转子和低压转子的激励频率对整机振动响应的影响(情形 1)。

图 6-56 为机匣振动加速度的 1 倍频分量和 2 倍频分量随低压转子转速的变化曲线。图 6-57 为支承 1 到支承 5 处的转子节点在 X 向作用力的 1 倍频分量和 2 倍频分量随低压转子转速的变化曲线，它间接地反映了轴承作用力的大小。从图中可以看出，由安装原因导致的转轴平行不对中，主要引起振动的 2 倍频分量。

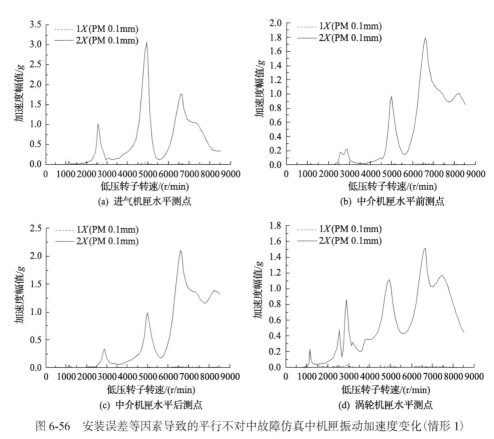

图 6-56 安装误差等因素导致的平行不对中故障仿真中机匣振动加速度变化(情形 1)

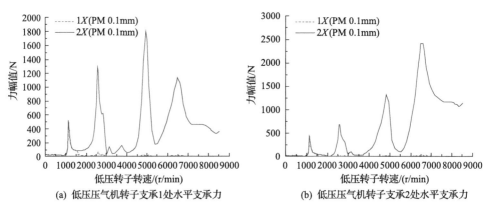

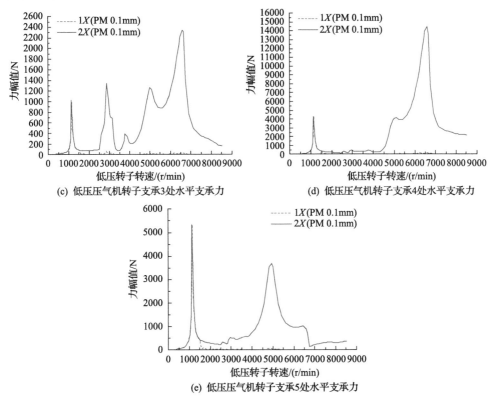

图 6-57　安装误差等因素导致的平行不对中故障仿真中支承处的转子节点在 X 向的作用力变化
(情形 1)

图 6-58(a) 为支承 2 处的低压压气机转子节点和低压涡轮转子节点在 X 向的振动位移时域波形比较，其中，LP1 和 LP2 分别表示低压轴 1(低压压气机轴)和低压轴 2(低压涡轮轴)。从时域波形图可以看出，联轴器两端转子节点的径向位移的相位为反相，主要是由 2 倍频造成的，即一端达到最大值，另一端达到最小值，这与目前对转子不对中故障的普遍认识规律完全相同。

图 6-58(b) 和 (c) 分别为支承 2 处的低压压气机转子节点和低压涡轮转子节点在 X 向的振动位移的频谱图。从图中可以看出平行不对中故障导致明显的 2 倍频分量。

2) 不对中大小对整机振动的影响分析

图 6-59 比较了平行不对中量大小对机匣整机振动加速度 2 倍频分量的影响(情形 2)。从图中可以看出，随着平行不对中量的增加，振动加速度明显成比例显著增加。表明整机振动对该类不对中故障非常敏感。

3) 套齿联轴器等效刚度变化对整机振动的影响分析

为分析套齿联轴器的等效刚度对振动的影响(情形 3)，将套齿联轴器的等效刚度设置为如下三种情况，三种情况下的等效刚度依次增加，具体设置情况如表 6-13 所示。

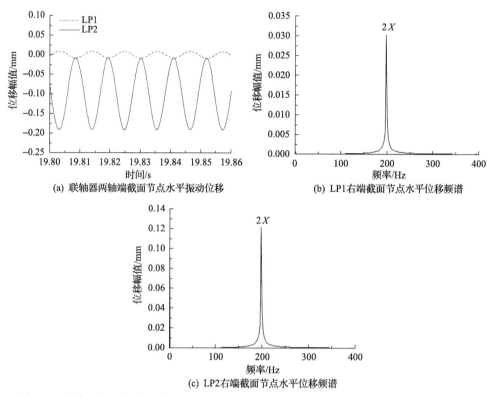

(a) 联轴器两轴端截面节点水平振动位移

(b) LP1右端截面节点水平位移频谱

(c) LP2右端截面节点水平位移频谱

图 6-58　安装误差等因素导致的平行不对中故障仿真中低压压气机和低压涡轮转子节点的振动位移时域波形和频谱(情形 1)

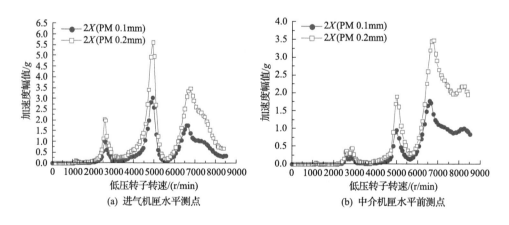

(a) 进气机匣水平测点

(b) 中介机匣水平前测点

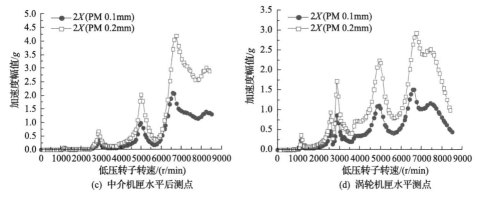

(c) 中介机匣水平后测点　　　　　　(d) 涡轮机匣水平测点

图 6-59　安装误差等因素导致的平行不对中故障仿真中机匣振动加速度变化(情形 2)

表 6-13　套齿联轴器等效刚度(二)　　　　　　　　(单位：N/m)

分类	轴向刚度	径向刚度	角向刚度
Case1	1.0×10^8	1.0×10^8	1.0×10^5
Case2	1.0×10^9	1.0×10^9	1.0×10^6
Case3	2.0×10^9	1.0×10^9	2.0×10^6

　　由安装误差导致的平行不对中对于机匣振动的 2 倍频影响比较明显，因此，图 6-60 比较了联轴器等效刚度的变化对机匣整机振动加速度 2 倍频分量的影响。从图中可以看出，随着等效刚度的增加，机匣振动加速度 2 倍频分量也成比例显著增加。表明套齿联轴器的等效刚度对机匣振动的影响较大。

3. 角度不对中故障仿真分析

1)振动特征分析

　　设由安装误差因素导致的两轴角度不对中为 0.1°。在仿真计算中，为了凸显联轴器不对中对整机振动的影响，将高压转子、低压转子的不平衡量设为 0，即不考虑高压转子和低压转子的激励频率对整机振动响应的影响(情形 1)。

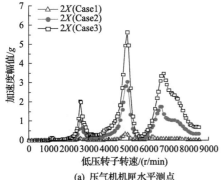

(a) 压气机机匣水平测点

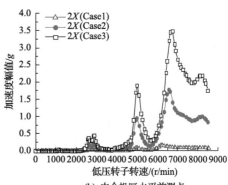

(b) 中介机匣水平前测点

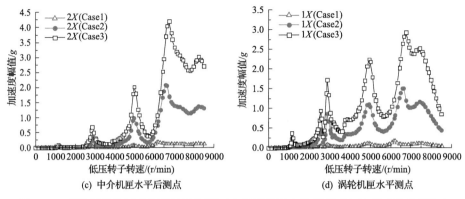

图 6-60　安装误差等因素导致的平行不对中故障仿真中机匣振动加速度变化(情形 3)

图 6-61 为机匣振动加速度的 1 倍频分量和 2 倍频分量随低压转子转速的变化曲线。从图中可以看出，由安装原因导致的角度不对中使机匣振动加速度产生了极大的 2 倍频分量。

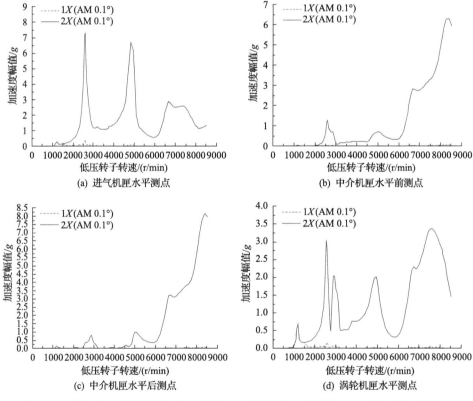

图 6-61　安装误差等因素导致的角度不对中故障仿真中机匣振动加速度变化(情形 1)

图 6-62 为支承 1 到支承 5 的转子节点在 X 向作用力的 1 倍频分量和 2 倍频分量随低压转子转速的变化曲线，它间接地反映了轴承作用力的大小。从图中可以看出，0.1° 的角度不对中使支承力处产生了极大的 2 倍频分量。

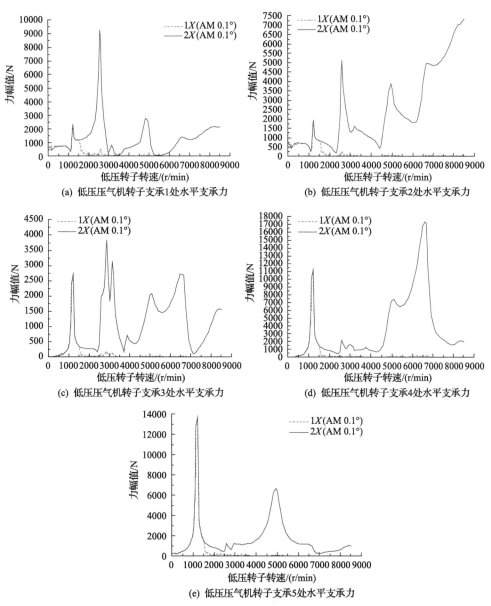

图 6-62　安装误差等因素导致的角度不对中故障仿真中支承处的转子节点在 X 向的作用力变化
（情形 1）

图 6-63(a) 为支承 2 处的低压压气机转子节点和低压涡轮转子节点在 X 向的

振动位移时域波形比较。从时域波形图可以看出，联轴器两端的转子节点径向位移的相位为同相。

图 6-63(b)为支承 2 处的低压压气机转子节点和低压涡轮转子节点在轴向的振动位移时域波形比较。从时域波形图可以看出，联轴器两端的转子节点轴向振动位移的相位为反相。该结论与关于转子角度不对中的普遍认识是一致的。

图 6-63(c)为低压压气机转子节点在水平方向和轴向的振动位移的频谱图。从图中可以看出，轴向振动频率为 1 倍频分量，径向水平方向的振动频率为 2 倍频分量。该结论与关于转子角度不对中的普遍认识是一致的。

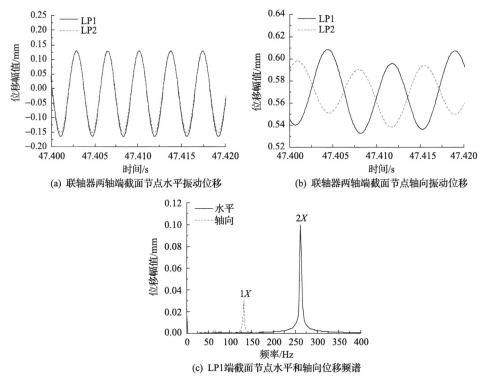

(a) 联轴器两轴端截面节点水平振动位移

(b) 联轴器两轴端截面节点轴向振动位移

(c) LP1端截面节点水平和轴向位移频谱

图 6-63　安装误差等因素导致的角度不对中故障仿真中低压压气机和低压涡轮转子节点的振动位移时域波形和频谱(情形 1)

2)不对中大小对整机振动的影响分析

由安装等误差导致的角度不对中仅仅影响振动的 2 倍频，因此，图 6-64 比较了角度不对中量大小对机匣整机振动加速度 2 倍频分量的影响(情形 2)。从图中可以看出，随着角度不对中量的增加，振动加速度明显成比例显著增加。表明整机振动对该类不对中故障非常敏感。

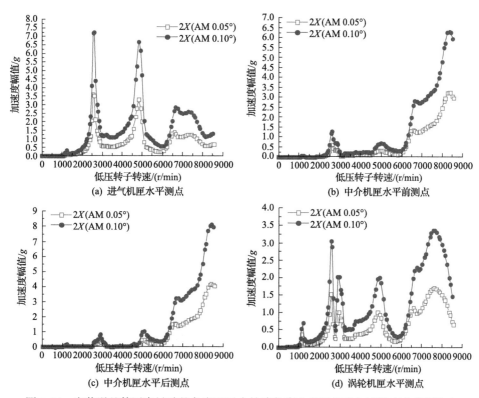

图 6-64　安装误差等因素导致的角度不对中故障仿真中机匣振动加速度变化(情形 2)

3)套齿联轴器等效刚度变化对整机振动的影响分析

为分析套齿联轴器的等效刚度对振动的影响(情形 3),将套齿联轴器的等效刚度设置分为三种情况,如表 6-14 所示。

表 6-14　套齿联轴器等效刚度(三)　　　　　　(单位:N/m)

分类	轴向刚度	径向刚度	角向刚度
Case1	1.0×10^8	1.0×10^8	1.0×10^5
Case2	1.0×10^9	1.0×10^9	1.0×10^6
Case3	2.0×10^9	2.0×10^9	2.0×10^6

由安装误差导致的角度不对中仅仅影响振动的 2 倍频分量,因此,图 6-65 比较了联轴器等效刚度的变化对机匣整机振动加速度 2 倍频分量的影响。从图中可以看出,随着等效刚度的增加,机匣振动的加速度 2 倍频分量也成比例显著增加。表明套齿联轴器的等效刚度对机匣振动的影响较大。

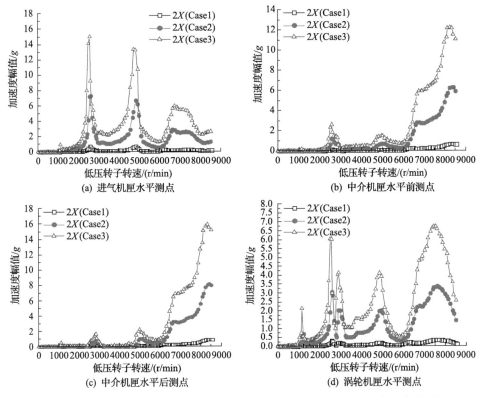

图 6-65　安装误差等因素导致的角度不对中故障仿真中机匣振动加速度变化(情形 3)

6.6　本 章 小 结

本章将转子不对中分为两种类型：①由联轴器制造因素导致的转子不对中；②由安装误差及其他因素导致的转子不对中。分析了两种类型的联轴器不对中故障机理，并建立了相应的故障动力学模型。针对某型双转子航空发动机，进行了两类转子不对中故障对整机振动响应的影响分析，得出了具有工程应用价值的结论。

(1)由联轴器制造误差导致的不对中仅仅影响转频分量的振动,将产生附加力和力矩,使联轴器处的轴承支承力增加,其重要特征为振动的 1 倍频增加,可以通过动平衡进行有效消除。

(2)由安装误差及其他原因导致的不对中将产生很大附加力和力矩,使联轴器处的轴承支承力大大增加。平行不对中的重要特征为振动的 2 倍频分量增加,不产生轴向振动,联轴器两端的转子振动表现为反相特征。角度不对中的重要特征为径向振动的 2 倍频分量增加,并产生以 1 倍频为频率的轴向振动,联轴器两端的转子轴向振动表现为反相特征，径向振动为同相特征。该故障难以通过动平衡进行有效消除。

参 考 文 献

[1] 屈梁生. 机械故障的全息诊断原理[M]. 北京: 科学出版社, 2007.

[2] 韩捷. 齿式联接不对中转子的故障物理特性研究[J]. 振动工程学报, 1996, (3): 87-91.

[3] 李明, 虞烈. 齿轮联轴器的齿轮变形分析[J]. 机械传动, 1998, (1): 14-16.

[4] 赵广, 刘占生, 陈锋, 等. 花键联轴器对转子-轴承系统稳定性影响研究[J]. 振动工程学报, 2009, 22(3): 280-286.

[5] Al-Hussain K M, Redmond I. Dynamic response of two rotors connected by rigid mechanical coupling with parallel misalignment[J]. Journal of Sound and Vibration, 2002, 249(3): 483-498.

[6] Al-Hussain K M. Dynamic stability of two rigid rotors connected by a flexible coupling with angular misalignment[J]. Journal of Sound and Vibration, 2003, 266(2): 217-234.

[7] 张振波, 马艳红, 李骏, 等. 带有支承不同心转子系统的动力响应[J]. 航空动力学报, 2012, 27(10): 2321-2328.

[8] Patel T H, Darpe A K. Vibration response of misaligned rotors[J]. Journal of Sound and Vibration, 2009, 325(3): 609-628.

[9] Sarkar S, Nandi A, Neogy S, et al. Finite element analysis of misaligned rotors on oil-film bearings[J]. Sadhana, 2010, 35(1): 45-61.

[10] 杨默晗. 含套齿联轴器的柔性转子不对中故障机理研究[D]. 南京: 南京航空航天大学, 2021.

第7章　转子叶片-机匣碰摩故障建模与分析

在航空发动机设计中，伴随人们对工作效率的不懈追求，转子与静子之间的间隙将作为设计者首先优化的对象，显然，更小的转静间隙将有效提高机械的工作效率，然而，在追求小间隙、高效率的同时，即使微小的不平衡或扰动，也将导致转子与静子之间的碰撞和摩擦，而这种碰撞和摩擦将导致转子系统出现很大的法向力和切向力，产生巨大的振动和噪声，严重时可能在几秒钟内对发动机产生破坏，并产生灾难性事故。而在航空发动机转静碰摩故障中，叶片-机匣间的径向碰摩更为常见。本章主要介绍一种新型的转子叶片-机匣碰摩模型建模方法，利用带机匣的转子试验器验证碰摩故障模型，将碰摩故障模型导入某型高推重比双转子航空发动机整机模型中，进行转静碰摩故障激励下的发动机整机振动响应，为实际航空发动机碰摩故障诊断提供理论指导。

7.1　转子叶片-机匣碰摩故障概述

航空发动机叶片-机匣碰摩故障经常发生，现有的碰摩故障研究[1,2]存在几个不可回避的问题：①模型未充分考虑由机匣变形或转子中心偏移而导致的转静间隙不均匀的现象。因此，现有碰摩模型很难模拟出机匣上的单点、多点、局部、全周碰摩，以及转子上的单点、局部和全周碰摩现象，从而最终导致仿真出的碰摩故障特征与实际故障特征存在较大差异。②碰摩模型未直接应用于转子-支承-机匣耦合模型，无法仿真碰摩故障在整机振动中所体现出的故障特征。③现有碰摩故障特征多是基于转子振动位移提取的，而对静子机匣的加速度特征分析很少，然而，对于航空发动机，机匣加速度信号几乎是判断碰摩故障的唯一依据，因此分析机匣加速度碰摩故障特征具有重要的工程实用价值。

在现有弹性碰摩模型的基础上[3,4]，本章提出一种新的叶片-机匣碰摩模型，新模型可以考虑叶片数以及动态变化的转静间隙，能够实现机匣和转子上的单点、局部和全周碰摩故障仿真，并将该新模型运用于转子-支承-机匣耦合动力学模型，仿真碰摩故障下的整机振动响应。新的叶片-机匣碰摩模型利用带机匣的航空发动机转子试验器进行试验验证。

本章基于某型双转子涡扇发动机，针对高压涡轮叶片-机匣碰摩、高压压气机第4级叶片-机匣碰摩进行碰摩故障仿真分析，得到碰摩故障激励下的机匣振动特征，分析碰摩故障对机匣测点响应的灵敏度。

7.2 新型叶片-机匣碰摩模型

7.2.1 碰摩力模拟

针对航空发动机叶片-机匣碰摩故障，本章提出一种新型叶片-机匣碰摩模型。该模型在传统弹性碰摩模型的基础上，考虑了叶片数和转静间隙变化对碰摩力的影响，能够模拟机匣单点、局部及整圈、转子的单点、局部和整圈的碰摩规律。图 7-1 为新型叶片-机匣碰摩模型，设转子叶片数为 N，转速为 ω_r，转静间隙分布曲线为 $c(\alpha)$；碰摩刚度为 k_r，摩擦系数为 f。

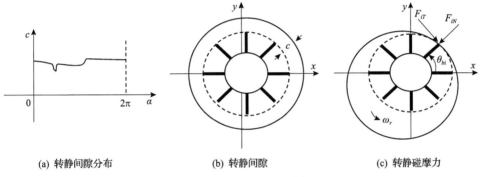

(a) 转静间隙分布   (b) 转静间隙   (c) 转静碰摩力

图 7-1 新型叶片-机匣碰摩模型

设 N 个叶片均匀分布,则在 t 时刻第 i 叶片与 x 轴的夹角为: $\theta_{bi} = 2\pi i/N + \omega_r t$。设 t 时刻转子振动位移为 (x_r, y_r)，机匣振动位移为 (x_c, y_c)，则在转子第 i 个叶片的径向上，叶片和机匣在径向的位移分别为

$$\begin{cases} r_{bi} = x_r\cos\theta_{bi} + y_r\sin\theta_{bi} \\ r_{ci} = x_c\cos\theta_{bi} + y_c\sin\theta_{bi} \end{cases} \tag{7-1}$$

又设在角度 θ_{bi} 处转静间隙为 $c(\theta_{bi})$，则在 t 时刻转子第 i 叶片与机匣的碰摩判断条件为: $r_{bi} - r_{ci} > c(\theta_{bi})$。显然，不满足碰摩条件，则碰摩力为零，碰摩后，作用于转子第 $i(i=1, 2, \cdots, N)$ 个叶片上的碰摩力如下。

(1) 法向力为

$$F_{iN} = k_r(r_{bi} - r_{ci}) \tag{7-2}$$

则分解在 X 和 Y 方向上的力为

$$\begin{cases} F_{iNx} = -k_r(r_{bi} - r_{ci})\cos\theta_{bi} \\ F_{iNy} = -k_r(r_{bi} - r_{ci})\sin\theta_{bi} \end{cases} \tag{7-3}$$

（2）切向力为

$$F_{iT} = fF_{iN} = fk_r(r_{bi} - r_{ci}) \tag{7-4}$$

则分解在 X 和 Y 方向上的力为

$$\begin{cases} F_{iTx} = fk_r(r_{bi} - r_{ci})\sin\theta_{bi} \\ F_{iTy} = -fk_r(r_{bi} - r_{ci})\cos\theta_{bi} \end{cases} \tag{7-5}$$

则 t 时刻作用于转子第 i 个叶片上的碰摩力为

$$\begin{cases} F_{ix} = F_{iNx} + F_{iTx} \\ F_{iy} = F_{iNy} + F_{iTy} \end{cases} \tag{7-6}$$

显然，t 时刻作用于转子的碰摩力为 N 个叶片碰摩力之和，即

$$\begin{cases} F_x = \sum_{i=1}^{N} F_{ix} \\ F_y = \sum_{i=1}^{N} F_{iy} \end{cases} \tag{7-7}$$

7.2.2　转静间隙模拟

1）机匣单点碰摩模拟

机匣单点碰摩可以通过将机匣某个位置设置一个局部变形来实现，设在角度 θ 处，变形量为 A，则考虑在 $\pm\beta$ 范围内用余弦函数来模拟，即

$$c(\alpha) = \begin{cases} D, & |\alpha - \theta| > \beta \\ D - A\left[0.5 + 0.5\cos\dfrac{\pi(\alpha - \theta)}{\beta}\right], & |\alpha - \theta| \leqslant \beta \end{cases}, \quad 0 < \alpha \leqslant 2\pi \tag{7-8}$$

图 7-2(a) 为模拟机匣单点碰摩的转静间隙，其中，A=0.05mm，θ=180°，β=5°。原始间隙为 0.1mm。

2）机匣多点碰摩模拟

基于单点碰摩思想，在机匣多个位置设置局部变形可以实现机匣多点碰摩。

3）机匣局部变形模拟

考虑机匣在工作状态中产生的热应力所导致的局部变形，其模拟函数为：设在角度 θ 处，变形量为 A，则考虑在 $\pm\beta$ 范围内用分段函数来模拟，即

$$c(\alpha) = \begin{cases} D - A, & |\alpha - \theta| < \beta/2 \\ D - A\left[0.5 - 0.5\cos\dfrac{\pi(\alpha - \theta)}{(\beta/2)}\right], & \beta \geqslant |\alpha - \theta| \geqslant \beta/2 \\ D, & |\alpha - \theta| > \beta \end{cases} \tag{7-9}$$

图 7-2(b)为机匣局部碰摩模拟的转静间隙，其中，A=0.05mm，θ=180°，β=20°。原始间隙为 0.1mm。

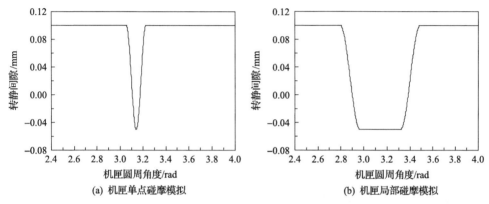

(a) 机匣单点碰摩模拟　　　　　　　　(b) 机匣局部碰摩模拟

图 7-2　转静间隙随机匣圆周角度变化曲线

4) 由转静子件不同心引起的碰摩

转静子间的不同心将引起转静偏摩，设转子相对于静子机匣的位移为(Δx, Δy)。则只需将其叠加到转子的动态振动位移(x_r, y_r)上即可。

7.2.3　碰摩故障的时域仿真计算方法

由于复杂转子-支承-机匣耦合系统动力学模型自由数较多，且存在大量非线性因素，求取系统非线性响应的唯一有效方法是数值积分法。采用 Newmark-β 法和翟方法相结合的方法对微分方程组进行求解，其中利用 Newmark-β 法对容易形成矩阵的转子和机匣有限元模型进行求解，利用翟方法对不需要形成矩阵的支承连接部件进行求解。该方法的特点是只需要组装单个转子或机匣部件的动力学矩阵，而不需要形成整个系统庞大的矩阵，求解效率很高。含碰摩的转子-支承-机匣耦合动力学求解流程图如图 7-3 所示。

7.2.4　机匣单点-转子全周的叶片-机匣碰摩故障仿真与试验验证

1. 带机匣的航空发动机转子试验器叶片-机匣碰摩试验

带机匣的航空发动机转子试验器如图 7-4 所示。碰摩发生在涡轮机匣端，试验时在涡轮机匣处设计了四个碰摩螺钉，实现四个部位的碰摩试验，沿涡轮机匣相应布置四个加速度传感器以采集机匣加速度信号。涡轮机匣径向测点周向分布如图 7-5 所示。试验时用扳手拧碰摩螺栓，使碰摩环产生变形，从而与旋转的涡轮叶片产生单点碰摩。当碰摩严重时，将产生碰摩火花。

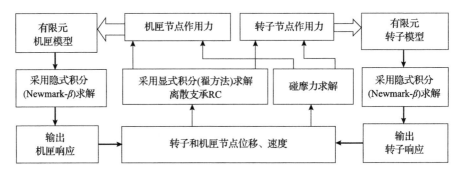

图 7-3 含碰摩的转子-支承-机匣耦合动力学求解流程

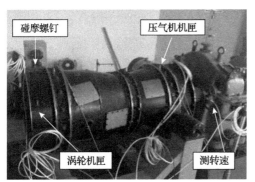

图 7-4 带机匣的航空发动机转子试验器

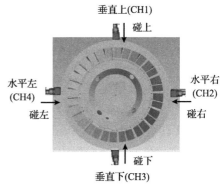

图 7-5 涡轮机匣径向测点周向分布

2. 计算条件

带机匣的航空发动机转子试验器的转子-支承-机匣整机耦合动力学模型详见第 3 章，在此不再详述。利用本节方法进行碰摩故障下的整机振动响应分析，仿真计算在机匣单点和转子全周下的碰摩故障机匣加速度响应，并与机匣单点-转子全周的碰摩故障试验进行比较。仿真计算条件为：①碰摩刚度 k_r 为 1.2×10^8N/m；②原始碰摩间隙 c 为 0.1mm；③考虑机匣单点碰摩，在机匣圆周 90° 处间隙减小量 δ_c 为 0.15mm；④叶片数为 32；⑤摩擦系数为 0.3；⑥压气机盘和涡轮盘的偏心距均为 0.3mm；⑦转速为 1489r/min。

3. 试验与仿真比较分析

对航空发动机转子试验器进行单点-转子全周碰摩试验，碰摩点为垂直上方，选择与涡轮机匣相连的中介机匣垂直上方的测点数据进行分析。试验转速为

1489r/min=24.8Hz。机匣振动加速度数据采用 NI 9234 数据采集器进行采集，采样频率为 10.24kHz。

将仿真结果与试验结果比较，图7-6和图7-7为加速度信号的时域波形。图7-8～图 7-10 为加速度信号频谱。图 7-11 为加速度信号的倒频谱。图 7-12 表明了在仿真计算中机匣和转子上的碰摩位置为机匣单点-转子全周，即转子上每个叶片轮流与机匣接触并发生碰摩。试验中发生的碰摩情况也与此相同。

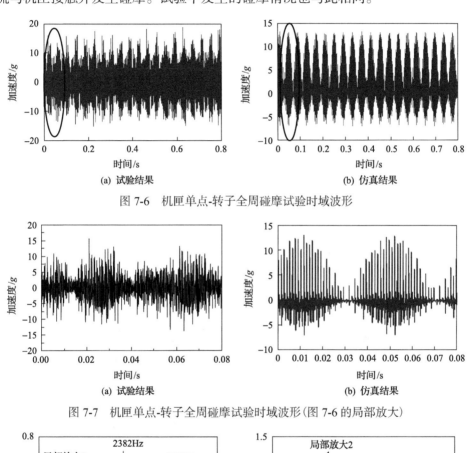

(a) 试验结果　　　　　　　(b) 仿真结果

图 7-6　机匣单点-转子全周碰摩试验时域波形

(a) 试验结果　　　　　　　(b) 仿真结果

图 7-7　机匣单点-转子全周碰摩试验时域波形（图 7-6 的局部放大）

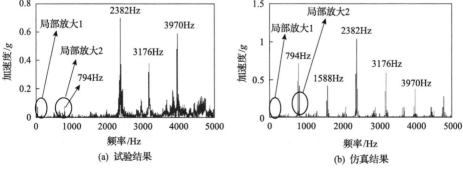

(a) 试验结果　　　　　　　(b) 仿真结果

图 7-8　机匣单点-转子全周碰摩试验频谱

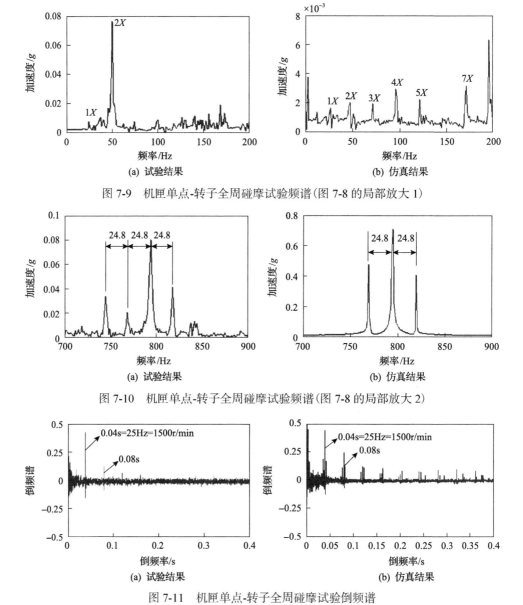

图 7-9　机匣单点-转子全周碰摩试验频谱(图 7-8 的局部放大 1)

图 7-10　机匣单点-转子全周碰摩试验频谱(图 7-8 的局部放大 2)

图 7-11　机匣单点-转子全周碰摩试验倒频谱

对于试验和仿真结果可以得出以下结论：①机匣振动加速度信号的碰摩特征具有明显的周期冲击特征，其冲击频率为叶片通过机匣的频率，在数值上等于旋转频率与叶片数的积；②在频谱高频段出现了叶片通过频率及其倍频，冲击的大小受旋转频率调制，在频谱上表现为，在叶片通过频率及其倍频两侧出现了以旋转频率为间隔的边频带族；③在频谱低频段出现了旋转频率的倍频分量；④从信号的倒频谱图中可以明显看出旋转频率及其倍频的倒频率成分。

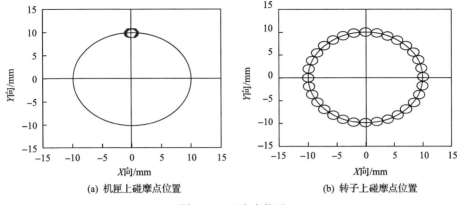

(a) 机匣上碰摩点位置   (b) 转子上碰摩点位置

图 7-12   碰摩点位置

试验和仿真均反映了该特征和规律,从而验证了本节碰摩模型的正确有效性。

由于试验条件所限,在实验室仅仅研究了机匣单点-转子全周的碰摩试验,而机匣单点-转子局部、机匣两点-转子全周、机匣两点-转子局部、机匣局部-转子局部、机匣全周-转子全周碰摩故障试验难以实现,因此,有必要对更多碰摩情况进行模拟仿真。

4. 多种碰摩部位下的叶片-机匣碰摩故障仿真分析

1)机匣单点-转子局部碰摩仿真

计算条件为:①碰摩刚度 k_r 为 1.2×10^8N/m;②原始碰摩间隙 c 为 0.1mm;③考虑单点碰摩,在机匣圆周 90°处间隙减小量 δ_c 为 0.11mm;④叶片数为 32;⑤摩擦系数为0.3;⑥压气机盘和涡轮盘的偏心距均为0.1mm;⑦转速为 1489r/min=24.8Hz。

图 7-14 为图 7-13 时域波形的局部放大,可以看出,在机匣单点-转子局部碰摩状态下,转子旋转一周仅有一部分叶片参与碰摩,因此,其在频谱(图 7-15)上的高频分量就失去了叶片通过频率及其倍频的分布规律,但是,由碰摩产生的冲击强度仍然受到旋转频率的调制,因此在倒频谱上仍然具有旋转频率及其倍频的倒频率成分,如图 7-16 所示。图 7-17 表明了机匣和转子上的碰摩位置为机匣单点-转子局部。

2)机匣两点-转子全周碰摩仿真

计算条件为:①碰摩刚度 k_r 为 1.2×10^8N/m;②原始碰摩间隙 c 为 0.1mm;③考虑机匣上两点碰摩,分别在机匣圆周 80°和 100°处间隙减小量 δ_c 为 0.15mm;④叶片数为 32;⑤摩擦系数为 0.3;⑥压气机盘和涡轮盘的偏心距均为 0.3mm;⑦转速为 1489r/min=24.8Hz。

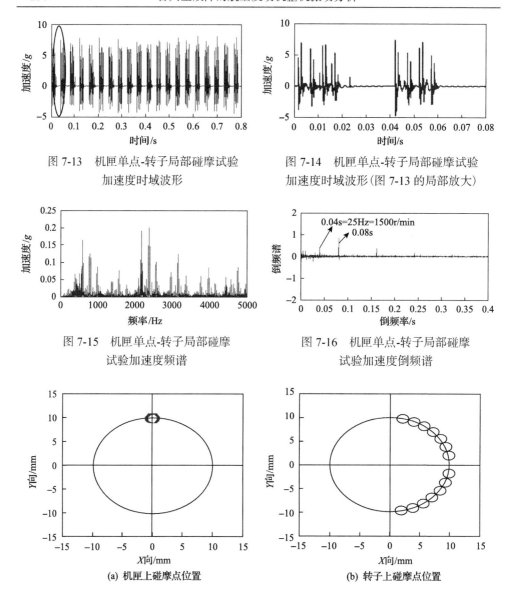

图 7-13　机匣单点-转子局部碰摩试验
加速度时域波形

图 7-14　机匣单点-转子局部碰摩试验
加速度时域波形(图 7-13 的局部放大)

图 7-15　机匣单点-转子局部碰摩
试验加速度频谱

图 7-16　机匣单点-转子局部碰摩
试验加速度倒频谱

(a) 机匣上碰摩点位置

(b) 转子上碰摩点位置

图 7-17　机匣单点-转子局部碰摩试验碰摩点位置

图 7-19 为图 7-18 时域波形的局部放大,可以看出,在机匣两点-转子全周碰摩状态下,转子旋转一周,机匣上两点同时与不同叶片接触碰摩,而每个叶片轮流与机匣上两点碰摩,该特征与机匣单点-转子全周碰摩规律相同,因此,其在频谱(图 7-20)上的高频分量仍表现为叶片通过频率及其倍频的分布规律,碰摩产生的冲击强度仍然受到旋转频率的调制,因此在倒频谱上仍然具有旋转频率及其倍频的倒频率成分,如图 7-21 所示。图 7-22 给出了机匣和转子上的碰摩位置为机

匣两点-转子全周。

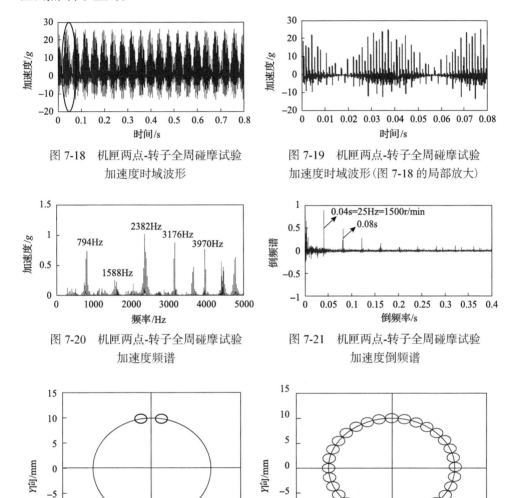

图 7-18 机匣两点-转子全周碰摩试验
加速度时域波形

图 7-19 机匣两点-转子全周碰摩试验
加速度时域波形(图 7-18 的局部放大)

图 7-20 机匣两点-转子全周碰摩试验
加速度频谱

图 7-21 机匣两点-转子全周碰摩试验
加速度倒频谱

(a) 机匣上碰摩点位置

(b) 转子上碰摩点位置

图 7-22 机匣两点-转子全周碰摩试验碰摩点位置

3) 机匣两点-转子局部碰摩仿真

计算条件为：①碰摩刚度 k_r 为 1.2×10^8N/m；②原始碰摩间隙 c 为 0.1mm；③考虑机匣两点碰摩，分别在机匣圆周 80° 和 100° 处间隙减小量 δ_c 为 0.12mm；④叶片数为 32；⑤摩擦系数为 0.3；⑥压气机盘和涡轮盘的偏心距均为 0.3mm；

⑦转速为 1489r/min=24.8Hz。

图 7-24 为图 7-23 时域波形的局部放大，可以看出，在机匣两点-转子局部碰摩状态下，转子旋转一周仅有一部分叶片参与碰摩，机匣上两点同时与不同叶片接触碰摩，而参与碰摩的叶片轮流与机匣上两点碰摩，该特征与机匣单点-转子局部碰摩规律相同。因此，其在频谱(图 7-25)上的高频分量就失去了叶片通过频率及其倍频的分布规律，但是，碰摩产生的冲击强度仍然受到旋转频率的调制，因此在倒频谱上仍然具有旋转频率及其倍频的倒频率成分，如图 7-26 所示。图 7-27给出了机匣和转子上的碰摩位置为机匣单点-转子局部。显然，机匣两点-转子局部碰摩的特征与机匣单点-转子局部碰摩特征基本相似。

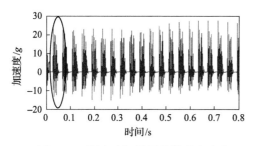

图 7-23　机匣两点-转子局部碰摩试验
加速度时域波形

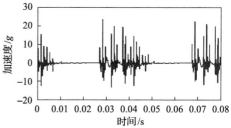

图 7-24　机匣两点-转子局部碰摩试验
加速度时域波形(图 7-23 的局部放大)

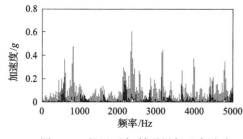

图 7-25　机匣两点-转子局部碰摩试验
加速度频谱

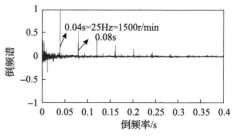

图 7-26　机匣两点-转子局部碰摩试验
加速度倒频谱

4) 机匣局部-转子局部碰摩仿真

该碰摩状态将转静间隙考虑为均匀分布状态，碰摩是由较大的不平衡响应导致的，该现象通常发生在通过临界转速的情况下，其特点是机匣上为不断变化的局部区域碰摩，转子也为一部分转子参与碰摩。在仿真中考虑转子在临界转速附近碰摩。仿真计算条件为：①碰摩刚度 k_r 为 1.2×10^8N/m；②原始碰摩间隙 c 为 0.01mm；③不考虑机匣变形，转静间隙沿圆周均匀分布；④叶片数为 32；⑤摩擦系数为 0.1；⑥压气机盘和涡轮盘的偏心距为 0.3mm；⑦转速为 6000r/min。

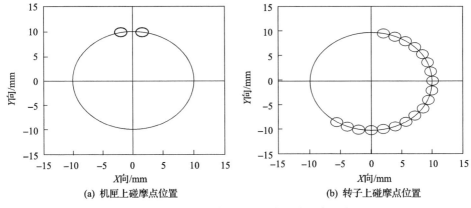

(a) 机匣上碰摩点位置　　　　　　　　(b) 转子上碰摩点位置

图 7-27　机匣两点-转子局部碰摩试验碰摩点位置

图 7-29 为图 7-28 时域波形的局部放大,可以看出,在机匣局部(沿全周变化)-转子局部碰摩状态下,由于机匣碰摩位置不固定,转子旋转一周,叶片与机匣轮流接触的现象就不存在了,因此,其在频谱(图 7-30)上的高频分量就失去了叶片通过频率及其倍频的分布规律。而在该碰摩状态下,机匣加速度呈现出周期冲击特征,其周期为旋转周期,且冲击幅值恒定,由周期函数的傅里叶级数可以知道该周期冲击信号的频谱上必定表现出了旋转频率的许多倍频成分,从而,在倒频谱上也将出现旋转频率及其倍频的倒频率成分,如图 7-31 所示。图 7-32 给出了机匣和转子上的碰摩位置。

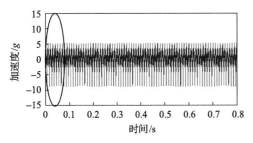

图 7-28　机匣局部-转子局部碰摩试验
加速度时域波形

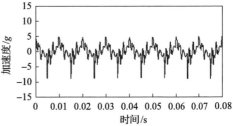

图 7-29　机匣局部-转子局部碰摩试验
加速度时域波形(图 7-28 的局部放大)

5)机匣全周-转子全周碰摩仿真

该碰摩状态模拟机匣全周-转子全周碰摩,即每时刻转子每个叶片与机匣均接触碰摩,当然,这在实际中基本不可能发生。仿真计算条件为:①碰摩刚度 k_r 为 1.2×10^8 N/m;②原始碰摩间隙 c 为-0.01mm(负间隙表示每时刻均碰摩);③考虑间隙沿圆周机匣均匀分布;④叶片数为 32;⑤摩擦系数为 0.3;⑥压气机盘和涡轮盘的偏心距均为 0.3mm;⑦转速为 6000r/min。

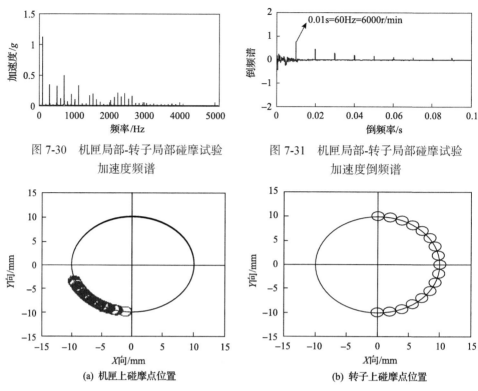

图 7-30　机匣局部-转子局部碰摩试验
加速度频谱

图 7-31　机匣局部-转子局部碰摩试验
加速度倒频谱

(a) 机匣上碰摩点位置

(b) 转子上碰摩点位置

图 7-32　机匣局部-转子局部碰摩试验碰摩点位置

图 7-34 为图 7-33 时域波形的局部放大，可以看出，在该碰摩状态下，由于每时刻转子每个叶片均与机匣接触，显然不存在叶片轮流冲击机匣的现象，因此，其在频谱(图 7-35)上基本上不出现高频分量，失去了叶片通过频率及其倍频的分布规律。

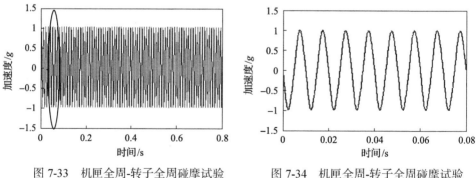

图 7-33　机匣全周-转子全周碰摩试验
加速度时域波形

图 7-34　机匣全周-转子全周碰摩试验
加速度时域波形(图 7-33 的局部放大)

同时，由于转子叶片与机匣不脱离，由碰摩产生的冲击效应也消失了，显然，机匣加速度响应主要由转子不平衡力产生。因此，在频谱上表现出了非常突出的旋转频率分量，基本上没有其他倍频分量；另外，由于转子叶片与机匣始终接触，转子叶片相当于成为机匣的支承，而该支承刚度又是变化的，其变化频率应为叶片数乘以旋转频率，因此，该碰摩状态下还存在由支撑刚度周期变化而产生的变刚度激励，因此，在频谱中仍然具有微弱的倍频分量，在倒频谱上仍然表现出了转频及其倍频的倒频率成分，同时也说明了倒频谱对于检测微弱倍频分量的灵敏性，如图 7-36 所示。图 7-37 显示了每时刻机匣和转子均产生接触状态。

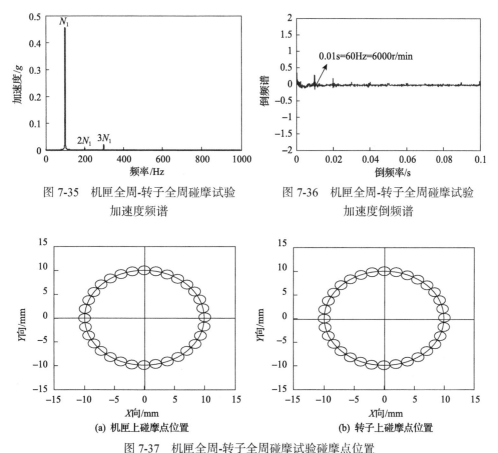

图 7-35　机匣全周-转子全周碰摩试验
加速度频谱

图 7-36　机匣全周-转子全周碰摩试验
加速度倒频谱

(a) 机匣上碰摩点位置

(b) 转子上碰摩点位置

图 7-37　机匣全周-转子全周碰摩试验碰摩点位置

5. 结论

(1)提出了一种新型叶片-机匣碰摩模型，该模型在传统弹性碰摩模型的基础上，考虑了叶片数和转静间隙变化对碰摩力的影响，能够模拟机匣和转子的单点、局部及全周的碰摩规律。

(2)将所提出的碰摩模型运用于转子-支承-机匣耦合动力学模型中，利用数值积分获取碰摩故障下的机匣加速度响应。本节利用带机匣的航空发动机转子试验器，进行了转子叶片-机匣的机匣单点-转子全周的碰摩试验，仿真和试验取得了很好的一致性。发现了在机匣单点-转子全周的碰摩状态下，机匣振动加速度信号的碰摩特征具有明显的周期冲击特征，其冲击频率为叶片通过机匣的频率，在数值上等于旋转频率与叶片数的积，在频谱上出现了叶片通过频率及其倍频，冲击的大小受旋转频率调制，倒频谱具有旋转频率及其倍频的倒频率成分。仿真和试验结果的一致性充分表明了本节提出的叶片-机匣碰摩模型的正确有效性。

(3)利用该模型仿真计算了机匣和转子在其他碰摩接触状态下的机匣加速度响应特征，结果表明：①机匣两点-转子全周碰摩的特征与机匣单点-转子全周相似；②机匣单点-转子局部、机匣两点-转子局部的碰摩特征相似，高频段不具有叶片通过频率及其倍频的特征，但是其冲击强度均受到旋转频率的调制；③对于机匣局部-转子局部的碰摩状态，机匣加速度信号具有周期冲击特征，高频段不具有叶片通过频率及其倍频的特征，每个冲击强度均相等，在频谱上表现出许多旋转频率的倍频分量；④对于机匣全周-转子全周的碰摩状态，转子叶片始终与机匣接触，所以机匣响应主要由转子不平衡力激励产生，在频谱上表现出非常突出的旋转频率分量。

7.3 某型高推重比双转子航空发动机碰摩故障仿真分析

7.3.1 计算条件

1. 计算时间历程

叶片-机匣碰摩仿真的计算时间历程如表 7-1 所示。从表中可以看出，在 0～28s，转静间隙很大，其目的是避免转静碰摩；在 28～30s，转静间隙降至 0.5mm，其目的是人为产生转静碰摩；在 30～100s，转静间隙一直为 0.5mm，保证碰摩一直存在。

表 7-1 叶片-机匣碰摩仿真的计算时间历程

时间/s	低压转子转速/(r/min)	高压转子转速/(r/min)	转静间隙/mm
0	1000	3000	10
28	3000	9000	10
30	3552	10656	0.5
100	8880	14675	0.5

2. 碰摩位置

(1)考虑高压压气机第 4 级叶片(高压转子节点 4)与内涵机匣节点 2 之间的局部碰摩;

(2)考虑高压涡轮叶片(高压转子节点 13)与内涵机匣节点 6 之间的局部碰摩。

3. 碰摩计算参数

(1)碰摩刚度为 $2.5 \times 10^7 \text{N/m}$;

(2)摩擦系数为 0.1;

(3)转静间隙为 0.5mm;

(4)高压压气机转子 Y 向偏移量为 –0.5mm,产生局部偏摩;

(5)高压涡轮转子 Y 向偏移量为 –0.4mm,产生局部偏摩;

(6)叶片数:高压压气机第 4 级叶片数 N 为 68;高压涡轮叶片数 N 为 72。

4. 输出信号

(1)进气机匣测点 Y 向振动加速度;

(2)中介机匣前测点 Y 向振动加速度;

(3)中介机匣后测点 Y 向振动加速度;

(4)涡轮机匣测点 Y 向振动加速度;

(5)转子-机匣碰摩力。

7.3.2　高压涡轮叶片-机匣碰摩仿真

1. 机匣振动特征分析

1)进气机匣测点

图 7-38 为高压涡轮叶片-机匣碰摩情况下的进气机匣测点振动加速度三维瀑布图。从图中可以看出,在低转速下,高压涡轮碰摩主要表现为转速的倍频及组合频率;在高转速下,频谱主要表现为转速的分频及其组合频率,组合频率可统一为 $N_1 + \dfrac{m \times (N_2 - N_1)}{n}$。图 7-39 和图 7-40 为 N_1=4884r/min、N_2=11594r/min 转速下进气机匣测点振动加速度的时域波形和频谱,在该转速下,频谱主要为 N_1、$2N_1$、N_2 等。图 7-41 和图 7-42 为 N_1=7128r/min、N_2=13324r/min 转速下进气机匣测点振动加速度的时域波形和频谱,在该转速下,频谱出现明显的 N_2–N_1 的 8 分频,主要表现为固有频率 66Hz、$7(N_2-N_1)/8$、N_1、$N_1+3(N_2-N_1)/8$、$N_1+4(N_2-N_1)/8$、$N_1+5(N_2-N_1)/8$ 和 N_2 等。图 7-43 和图 7-44 为 N_1=8727r/min、N_2=14557r/min 转速下进气机匣测点振动加速度的时域波形和频谱,在该转速下,频谱主要表现为 N_1、

N_2 及固有频率 66Hz。

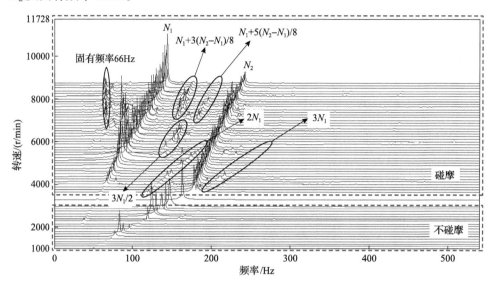

图 7-38　高压涡轮叶片-机匣碰摩情况下进气机匣测点振动加速度三维瀑布图

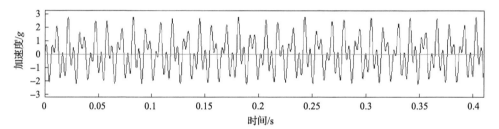

图 7-39　进气机匣测点振动加速度的时域波形（N_1=4884r/min，N_2=11594r/min）

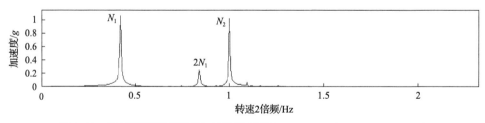

图 7-40　进气机匣测点振动加速度的频谱（N_1=4884r/min，N_2=11594r/min）

2) 中介机匣前测点

图 7-45 为高压涡轮叶片-机匣碰摩情况下的中介机匣前测点振动加速度三维
瀑布图。从图中可以看出，在低转速下，高压涡轮碰摩主要表现为转速的倍频及
组合频率；在高转速下，频谱主要表现为转速的分频及其组合频率，组合频率可
统一为 $N_1 + \dfrac{m \times (N_2 - N_1)}{n}$。图 7-46 和图 7-47 为 N_1=4884r/min、N_2=11594r/min 转

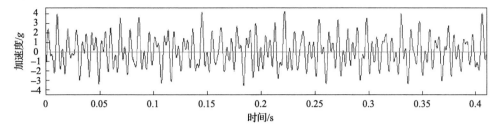

图 7-41 进气机匣测点振动加速度的时域波形(N_1=7128r/min, N_2=13324r/min)

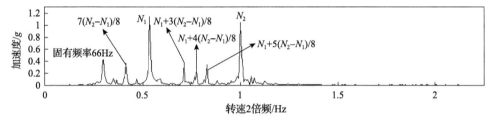

图 7-42 进气机匣测点振动加速度的频谱(N_1=7128r/min, N_2=13324r/min)

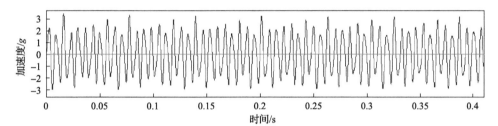

图 7-43 进气机匣测点振动加速度的时域波形(N_1=8727r/min, N_2=14557r/min)

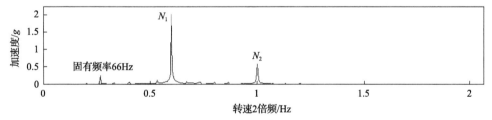

图 7-44 进气机匣测点振动加速度的频谱(N_1=8727r/min, N_2=14557r/min)

速下中介机匣前测点振动加速度的时域波形和频谱,在该转速下,频谱主要为 N_1、$2N_1$、N_2、$3N_1$ 和 N_1+N_2 等。图 7-48 和图 7-49 为 N_1=7128r/min、N_2=13324r/min 转速下中介机匣前测点振动加速度的时域波形和频谱,在该转速下,频谱出现明显的 N_2-N_1 的 8 分频,主要表现为 $7(N_2-N_1)/8$、N_2-N_1、N_1、$N_1+(N_2-N_1)/8$、$N_1+4(N_2-N_1)/8$、$N_1+5(N_2-N_1)/8$、N_2、$2N_1$、$N_2+4(N_2-N_1)/8$、$N_2+5(N_2-N_1)/8$ 等。图 7-50 和图 7-51 为 N_1=8727r/min、N_2=14557r/min 转速下中介机匣前测点振动加

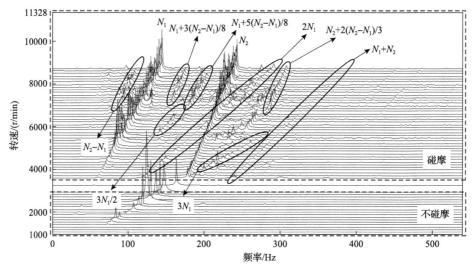

图 7-45 高压涡轮叶片-机匣碰摩情况下中介机匣前测点振动加速度三维瀑布图

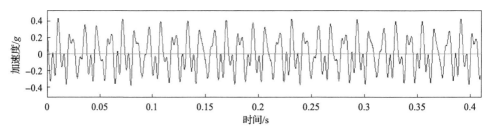

图 7-46 中介机匣前测点振动加速度的时域波形 (N_1=4884r/min, N_2=11594r/min)

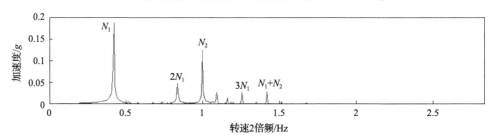

图 7-47 中介机匣前测点振动加速度的频谱 (N_1=4884r/min, N_2=11594r/min)

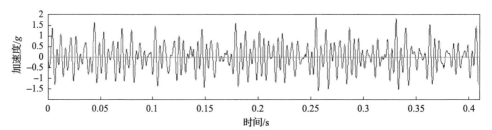

图 7-48 中介机匣前测点振动加速度的时域波形 (N_1=7128r/min, N_2=13324r/min)

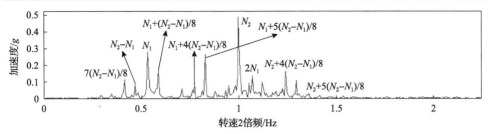

图 7-49　中介机匣前测点振动加速度的频谱(N_1=7128r/min, N_2=13324r/min)

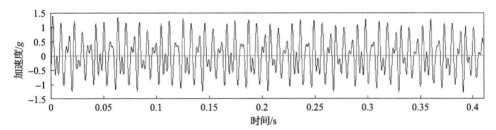

图 7-50　中介机匣前测点振动加速度的时域波形(N_1=8727r/min, N_2=14557r/min)

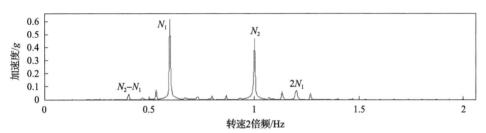

图 7-51　中介机匣前测点振动加速度的频谱(N_1=8727r/min, N_2=14557r/min)

速度的时域波形和频谱，在该转速下，频谱主要表现为 N_2-N_1、N_1、N_2 和 $2N_1$ 等。

3）中介机匣后测点

图 7-52 为高压涡轮叶片-机匣碰摩情况下的中介机匣后测点振动加速度三维瀑布图。从图中可以看出，在低转速下，高压涡轮碰摩主要表现为转速的倍频及组合频率；在高转速下，频谱主要表现为转速的分频及其组合频率，组合频率可统一为 $N_1 + \dfrac{m \times (N_2 - N_1)}{n}$。图 7-53 和图 7-54 为 N_1=4884r/min、N_2=11594r/min 转速下中介机匣后测点振动加速度的时域波形和频谱，在该转速下，频谱主要为 N_1、$2N_1$、N_2、$3N_1$ 和 N_1+N_2 等。图 7-55 和图 7-56 为 N_1=7128r/min、N_2=13324r/min 转速下中介机匣后测点振动加速度的时域波形和频谱，在该转速下，频谱出现明显的 N_2-N_1 的 8 分频，主要表现为固有频率 66Hz 和 132Hz、$7(N_2-N_1)/8$、N_2-N_1、N_1、$N_1+4(N_2-N_1)/8$、$N_1+5(N_2-N_1)/8$、N_2、$2N_1$、$N_2+4(N_2-N_1)/8$、$N_1+5(N_2-N_1)/8$ 等。图 7-57 和图 7-58 为 N_1=8727r/min、N_2=14557r/min 转速下中介机匣后测点振

动加速度的时域波形和频谱，在该转速下，频谱主要表现为 N_2-N_1、N_1、N_2 和 $2N_1$ 等。

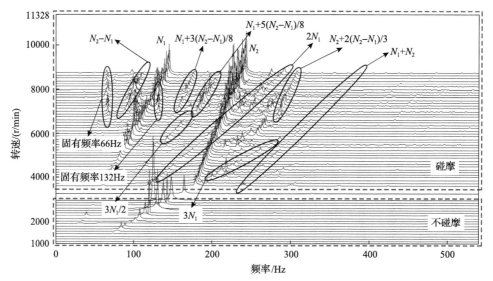

图 7-52 高压涡轮叶片-机匣碰摩情况下中介机匣后测点振动加速度三维瀑布图

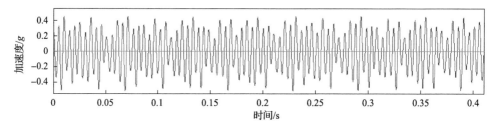

图 7-53 中介机匣后测点振动加速度的时域波形（$N_1=4884$r/min，$N_2=11594$r/min）

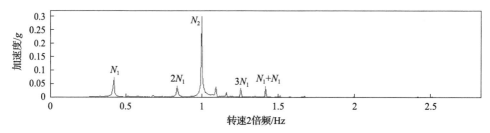

图 7-54 中介机匣后测点振动加速度的频谱（$N_1=4884$r/min，$N_2=11594$r/min）

4）涡轮机匣测点

图 7-59 为高压涡轮叶片-机匣碰摩情况下的涡轮机匣测点振动加速度三维瀑布图。从图中可以看出，在低转速下，高压涡轮碰摩主要表现为转速的倍频及组合频率；在高转速下，频谱主要表现为转速的分频及其组合频率，组合频率可统

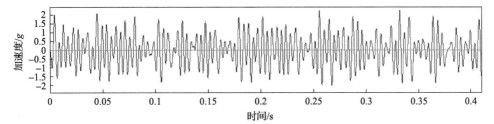

图 7-55　中介机匣后测点振动加速度的时域波形（N_1=7128r/min，N_2=13324r/min）

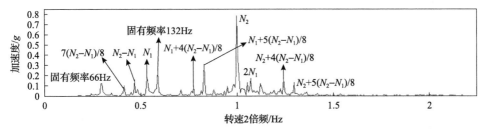

图 7-56　中介机匣后测点振动加速度的频谱（N_1=7128r/min，N_2=13324r/min）

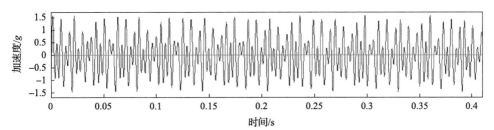

图 7-57　中介机匣后测点振动加速度的时域波形（N_1=8727r/min，N_2=14557r/min）

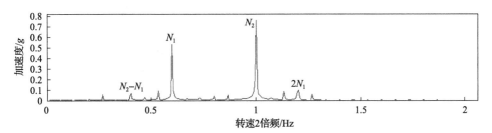

图 7-58　中介机匣后测点振动加速度的频谱（N_1=8727r/min，N_2=14557r/min）

一为 $N_1 + \dfrac{m \times (N_2 - N_1)}{n}$。图 7-60 和图 7-61 为 N_1=4884r/min、N_2=11594r/min 转速下涡轮机匣测点振动加速度的时域波形和频谱，在该转速下，频谱主要为 N_1、$2N_1$、N_2 和 $3N_1$ 等。图 7-62 和图 7-63 为 N_1=7128r/min、N_2=13324r/min 转速下涡轮机匣测点振动加速度的时域波形和频谱，在该转速下，频谱出现明显的 $N_2 - N_1$ 的 8 分频，主要表现为固有频率 66Hz 和 132Hz、7($N_2 - N_1$)/8、$N_2 - N_1$、N_2、N_1+3($N_2 - N_1$)/8、

$N_1+5(N_2-N_1)/8$ 和 $2N_1$ 等。图 7-64 和图 7-65 为 N_1=8727r/min、N_2=14557r/min 转速下涡轮机匣测点振动加速度的时域波形和频谱，在该转速下，频谱主要表现为固有频率 66Hz、N_2-N_1、$7N_1/9$、$8N_1/9$、N_1、N_2 等。

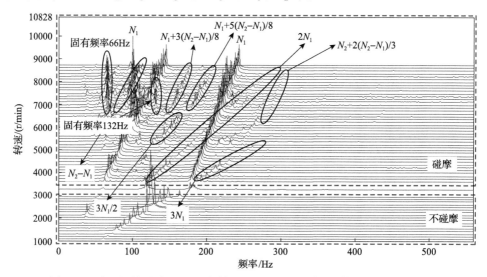

图 7-59　高压涡轮叶片-机匣碰摩情况下涡轮机匣测点振动加速度三维瀑布图

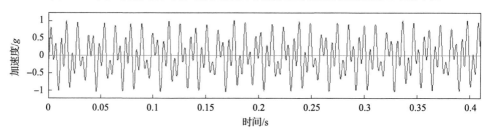

图 7-60　涡轮机匣测点振动加速度的时域波形（N_1=4884r/min, N_2=11594r/min）

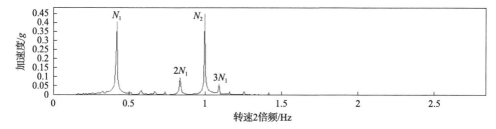

图 7-61　涡轮机匣测点振动加速度的频谱（N_1=4884r/min, N_2=11594r/min）

2. 转子-机匣碰摩位置及碰摩力分析

1）转速 N_1=4884r/min，N_2=11594r/min

图 7-66(a) 为该转速下的高压涡轮叶片-机匣碰摩时，碰摩点在机匣上的位置；

图 7-66(b) 为碰摩点在转子上的位置，从图中可以看出，机匣上表现为局部，而转子的每个叶片都参与了碰摩。图 7-66(c) 和 (d) 分别为碰摩力时域波形及其频谱，可以看出，碰摩出现了瞬间脱离的情况，因为出现了大量为 0 的时刻，Y 向碰摩力基本上均大于 0，表明转子在 Y 向产生偏摩，碰摩力频谱主要为系统的固有频率 66Hz、N_1、$2N_1$、N_2、$3N_1$、N_1+N_2 和 $4N_1$ 等。

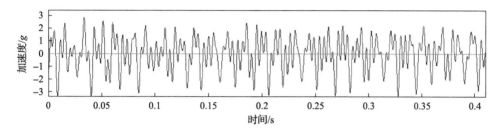

图 7-62　涡轮机匣测点振动加速度的时域波形 (N_1=7128r/min, N_2=13324r/min)

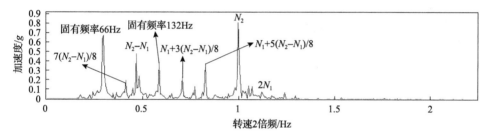

图 7-63　涡轮机匣测点振动加速度的频谱 (N_1=7128r/min, N_2=13324r/min)

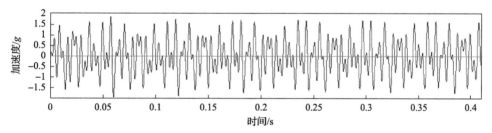

图 7-64　涡轮机匣测点振动加速度的时域波形 (N_1=8727r/min, N_2=14557r/min)

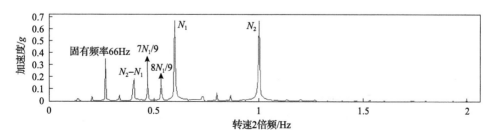

图 7-65　涡轮机匣测点振动加速度的频谱 (N_1=8727r/min, N_2=14557r/min)

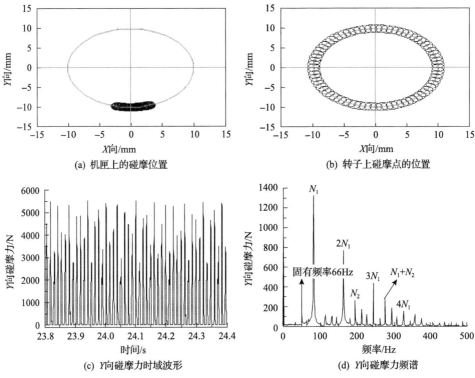

(a) 机匣上的碰摩位置

(b) 转子上碰摩点的位置

(c) Y向碰摩力时域波形

(d) Y向碰摩力频谱

图 7-66　转速 N_1=4884r/min、N_2=11594r/min 的碰摩位置及碰摩力

2)转速 N_1=7128r/min，N_2=13324r/min

图 7-67(a)为该转速下的高压涡轮叶片-机匣碰摩时，碰摩点在机匣上的位置；图 7-67(b)为碰摩点在转子上的位置，从图中可以看出，机匣上表现为局部，而转子的每个叶片都参与了碰摩。图 7-67(c)和(d)分别为碰摩力时域波形及其频谱，可以看出，碰摩出现了瞬间脱离的情况，因为出现了大量为 0 的时刻，Y 向碰摩力基本上均大于 0，表明转子在 Y 向产生偏摩，碰摩力频谱出现明显的 N_2-N_1 的 8 分频，主要表现为固有频率 132Hz、$7(N_2-N_1)/8$、N_1、$N_1+3(N_2-N_1)/8$、N_1+

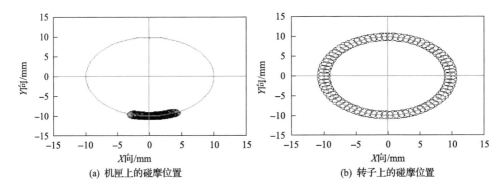

(a) 机匣上的碰摩位置

(b) 转子上的碰摩位置

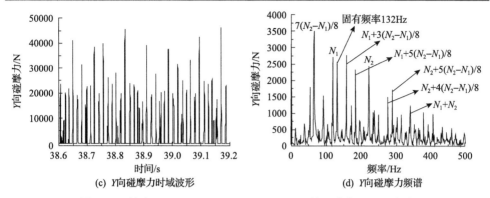

(c) Y向碰摩力时域波形　　　　(d) Y向碰摩力频谱

图 7-67　转速 N_1=7128r/min、N_2=13324r/min 的碰摩位置及碰摩力

$5(N_2-N_1)/8$、N_2、$N_2+4(N_2-N_1)/8$、$N_2+5(N_2-N_1)/8$ 和 N_1+N_2 等。

3)转速 N_1=8727r/min，N_2=14557r/min

图 7-68(a)为该转速下的高压涡轮叶片-机匣碰摩时，碰摩点在机匣上的位置；图 7-68(b)为碰摩点在转子上的位置，从图中可以看出，机匣上表现为局部，转子上的部分叶片参与了碰摩。图 7-68(c)和(d)分别为碰摩力时域波形及其频谱，Y

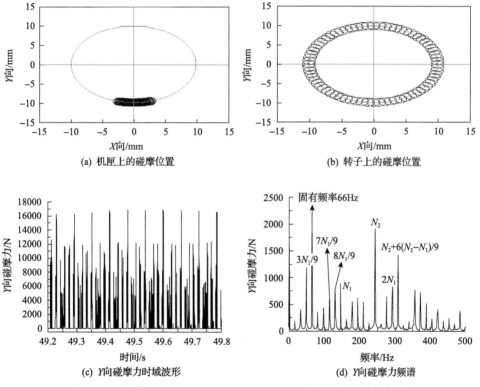

(a) 机匣上的碰摩位置　　　　(b) 转子上的碰摩位置

(c) Y向碰摩力时域波形　　　　(d) Y向碰摩力频谱

图 7-68　转速 N_1=8727r/min、N_2=14557r/min 的碰摩位置及碰摩力

向碰摩力基本上均大于 0，表明转子在 Y 向产生偏摩，碰摩力频谱主要表现为系统的固有频率 66Hz、$3N_1/9$、$7N_1/9$、$8N_1/9$、N_1、N_2、$2N_1$ 和 $N_2+6(N_2-N_1)/9$ 等。

3. 对机匣测点的振动有效值和最大值影响分析

图 7-69 和图 7-70 为正常和高压涡轮叶片-机匣碰摩情况下机匣测点振动加速度有效值和最大值随高压转子转速的变化情况。从图中可以看出：

(1) 对于机匣各测点加速度响应有效值及最大值，在高压转子转速 8000r/min 之前，高压涡轮叶片-机匣碰摩导致各机匣测点加速度响应明显增大；在高压转子转速 8000~10000r/min 时，碰摩导致各机匣测点加速度响应基本均小于正常情况下的加速度响应；在高压转子转速 10000r/min 之后，高压涡轮叶片-机匣碰摩导致临界转速发生偏移，且在临界转速测点加速度响应值基本均大于正常情况下的加速度响应值。

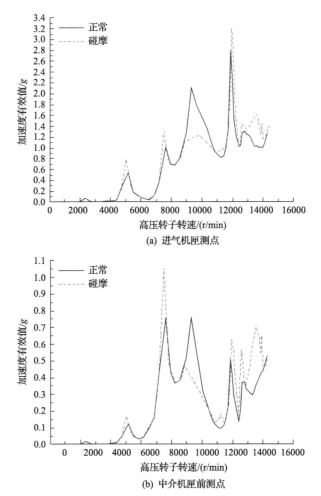

(a) 进气机匣测点

(b) 中介机匣前测点

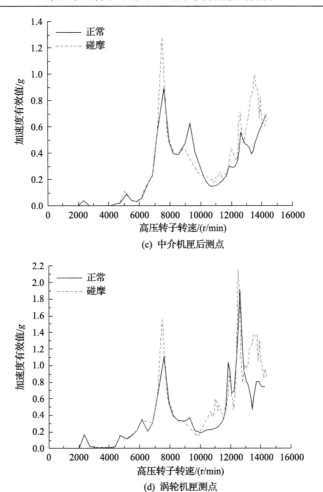

(c) 中介机匣后测点

(d) 涡轮机匣测点

图 7-69　高压涡轮叶片-机匣碰摩故障对机匣测点的振动有效值影响

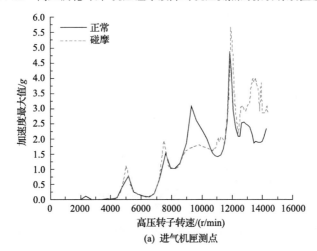

(a) 进气机匣测点

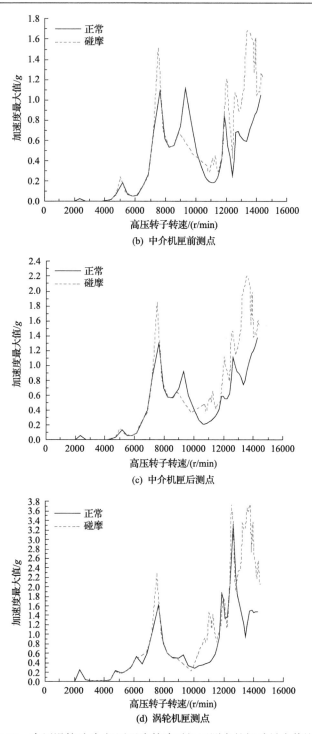

(b) 中介机匣前测点

(c) 中介机匣后测点

(d) 涡轮机匣测点

图 7-70　高压涡轮叶片-机匣碰摩故障对机匣测点的振动最大值影响

(2)高压涡轮叶片-机匣碰摩对于涡轮机匣测点的振动响应影响最为明显，中介机匣测点次之，风扇机匣测点影响最小。

7.3.3　高压压气机第 4 级叶片-机匣碰摩仿真

1. 机匣振动特征分析

1)进气机匣测点

图 7-71 为高压压气机第 4 级叶片-机匣碰摩情况下进气机匣测点振动加速度三维瀑布图。由图可知，在低转速下，频谱主要表现为转速的倍频及其组合频率，在高转速下，频谱主要表现为转速的分频及其组合频率，分频形式可统一为 $N_1+\dfrac{m\times(N_2-N_1)}{n}$。图 7-72 和图 7-73 分别为 N_1=4998r/min、N_2=11681r/min 转速下的进气机匣测点振动加速度时域波形和频谱，在该转速下，频谱主要表现为系统的固有频率 39Hz、N_1、$4N_2/5$、N_2、$6N_2/5$、$7N_2/5$、$8N_2/5$ 及 $2N_2$ 等分频分量。图 7-74 和图 7-75 分别为 N_1=6482r/min、N_2=12826r/min 转速下的进气机匣测点振动加速度时域波形和频谱，在该转速下，频谱出现明显的 N_2-N_1 的 11 分频，主要表现为 $6(N_2-N_1)/11$、N_1、$N_1+5(N_2-N_1)/11$、$N_1+6(N_2-N_1)/11$ 和 N_2 等组合频率。图 7-76 和图 7-77 分别为 N_1=8613r/min、N_2=14469r/min 转速下的进气机匣测点振动加速度时域波形和频谱，在该转速下，主要表现为 N_2-N_1、N_1 和 N_2 等组合频率。

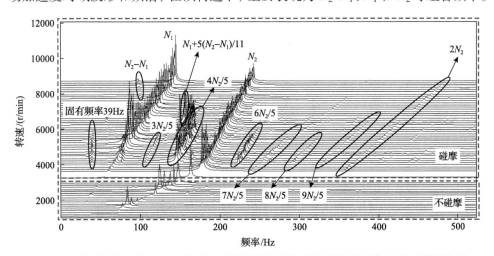

图 7-71　高压压气机第 4 级叶片-机匣碰摩情况下进气机匣测点振动加速度三维瀑布图

2)中介机匣前测点

图 7-78 为高压压气机第 4 级叶片-机匣碰摩情况下中介机匣前测点振动加速度的三维瀑布图。由图可知，在低转速下，频谱主要表现为转速的倍频及其组合频率；在高转速下，频谱主要表现为转速的分频及其组合频率，分频形式可统一

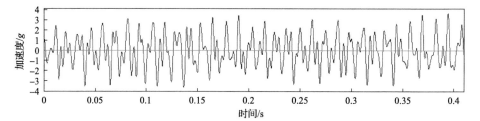

图 7-72　进气机匣测点振动加速度时域波形（N_1=4998r/min, N_2=11681r/min）

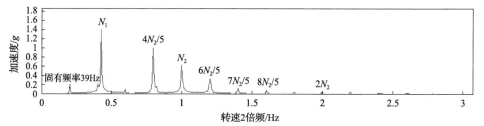

图 7-73　进气机匣测点振动加速度频谱（N_1=4998r/min, N_2=11681r/min）

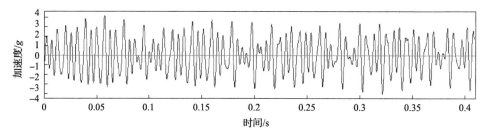

图 7-74　进气机匣测点振动加速度时域波形（N_1=6482r/min, N_2=12826r/min）

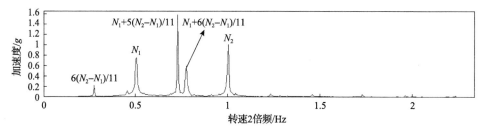

图 7-75　进气机匣测点振动加速度频谱（N_1=6482r/min, N_2=12826r/min）

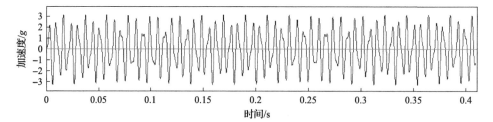

图 7-76　进气机匣测点振动加速度时域波形（N_1=8613r/min, N_2=14469r/min）

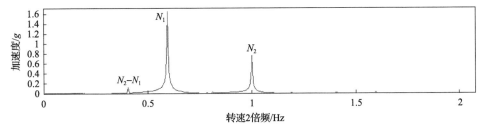

图 7-77 进气机匣测点振动加速度频谱（N_1=8613r/min, N_2=14469r/min）

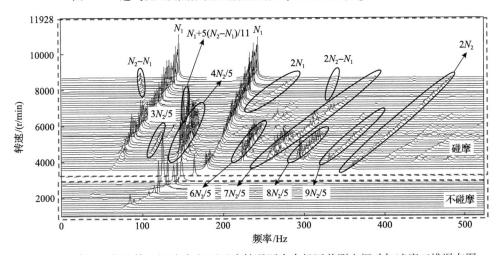

图 7-78 高压压气机第 4 级叶片-机匣碰摩情况下中介机匣前测点振动加速度三维瀑布图

为 $N_1 + \dfrac{m \times (N_2 - N_1)}{n}$。图 7-79 和图 7-80 分别为 N_1=4998r/min、N_2=11681r/min 转速下的中介机匣前测点振动加速度时域波形和频谱，在该转速下，频谱主要表现为 N_1、$3N_2/5$、$4N_2/5$、N_2、$6N_2/5$、$7N_2/5$、$8N_2/5$、$9N_2/5$ 和 $2N_2$ 等。图 7-81 和图 7-82 分别为 N_1=6482r/min、N_2=12826r/min 转速下的中介机匣前测点振动加速度时域波形和频谱，在该转速下，频谱出现明显的 N_2–N_1 的 11 分频，主要表现为 $10(N_2{-}N_1)/11$、N_1、$N_1{+}5(N_2{-}N_1)/11$、$N_1{+}6(N_2{-}N_1)/11$、N_2、$N_2{+}5(N_2{-}N_1)/11$ 和 $N_2{+}6(N_2{-}N_1)/11$ 等。图 7-83 和图 7-84 分别为 N_1=8613r/min、N_2=14469r/min

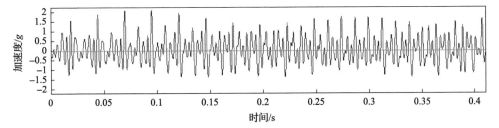

图 7-79 中介机匣前测点振动加速度时域波形（N_1=4998r/min, N_2=11681r/min）

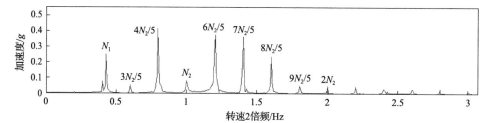

图 7-80　中介机匣前测点振动加速度频谱(N_1=4998r/min, N_2=11681r/min)

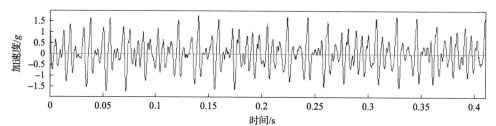

图 7-81　中介机匣前测点振动加速度时域波形(N_1=6482r/min, N_2=12826r/min)

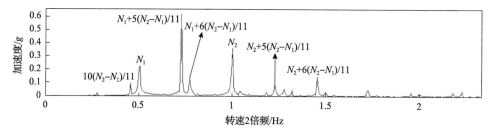

图 7-82　中介机匣前测点振动加速度频谱(N_1=6482r/min, N_2=12826r/min)

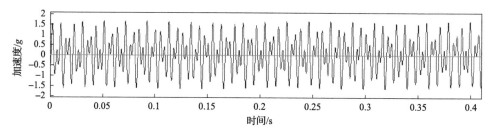

图 7-83　中介机匣前测点振动加速度时域波形(N_1=8613r/min, N_2=14469r/min)

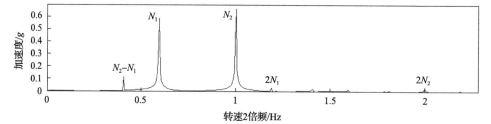

图 7-84　中介机匣前测点振动加速度频谱(N_1=8613r/min, N_2=14469r/min)

转速下的中介机匣前测点振动加速度时域波形和频谱，在该转速下，频谱主要表现为 N_2–N_1、N_1、N_2、$2N_1$ 和 $2N_2$ 等。

3）中介机匣后测点

图 7-85 为高压压气机第 4 级叶片-机匣碰摩情况下中介机匣后测点振动加速度的三维瀑布图。由图可知，在低转速下，频谱主要表现为转速的倍频及其组合频率；在高转速下，频谱主要表现为转速的分频及其组合频率，分频形式可统一为 $N_1 + \dfrac{m \times (N_2 - N_1)}{n}$。图 7-86 和图 7-87 分别为 N_1=4998r/min、N_2=11681r/min 转速下的中介机匣后测点振动加速度时域波形和频谱，在该转速下，频谱主要表现为系统的固有频率 39Hz、N_1、$3N_2/5$、$4N_2/5$、N_2、$6N_2/5$、$7N_2/5$、$8N_2/5$、$9N_2/5$ 和 $2N_2$ 等。图 7-88 和图 7-89 分别为 N_1=6482r/min、N_2=12826r/min 转速下的中介机匣后测点振动加速度时域波形和频谱，在该转速下，频谱出现明显的 N_2–N_1 的 11 分频，主要表现为 $5(N_2-N_1)/11$、$10(N_2-N_1)/11$、N_1、$N_1+5(N_2-N_1)/11$、$N_1+6(N_2-N_1)/11$、N_2、$N_2+5(N_2-N_1)/11$ 和 $N_2+6(N_2-N_1)/11$ 等。图 7-90 和图 7-91 分别为 N_1=8613r/min、N_2=14469r/min 转速下的中介机匣后测点振动加速度时域波形和频谱，在该转速下，频谱主要表现为 N_2–N_1、N_1、N_2 和 $2N_1$ 等。

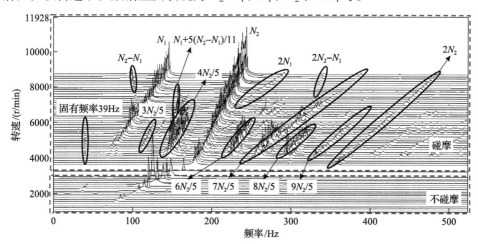

图 7-85 高压压气机第 4 级叶片-机匣碰摩情况下中介机匣后测点振动加速度三维瀑布图

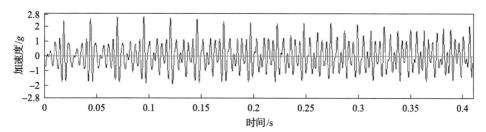

图 7-86 中介机匣后测点振动加速度时域波形（N_1=4998r/min，N_2=11681r/min）

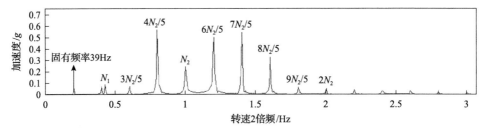

图 7-87　中介机匣后测点振动加速度频谱(N_1=4998r/min, N_2=11681r/min)

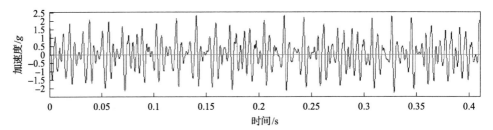

图 7-88　中介机匣后测点振动加速度时域波形(N_1=6482r/min, N_2=12826r/min)

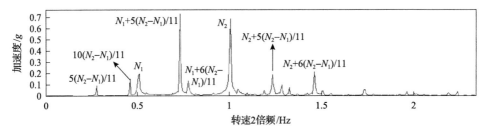

图 7-89　中介机匣后测点振动加速度频谱(N_1=6482r/min, N_2=12826r/min)

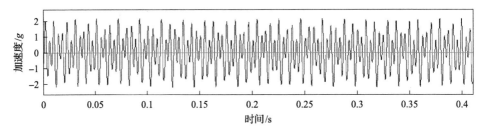

图 7-90　中介机匣后测点振动加速度时域波形(N_1=8613r/min, N_2=14469r/min)

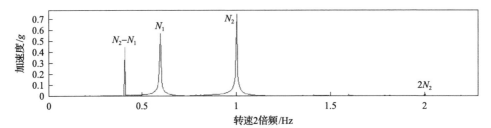

图 7-91　中介机匣后测点振动加速度频谱(N_1=8613r/min, N_2=14469r/min)

4)涡轮机匣测点

图 7-92 为高压压气机第 4 级叶片-机匣碰摩情况下涡轮机匣测点振动加速度的三维瀑布图。由图可知，在低转速下，频谱主要表现为转速的倍频及其组合频率；在高转速下，频谱主要表现为转速的分频及其组合频率，分频形式可统一为 $N_1 + \dfrac{m \times (N_2 - N_1)}{n}$。图 7-93 和图 7-94 分别为 N_1=4998r/min、N_2=11681r/min 转速下的涡轮机匣测点振动加速度时域波形和频谱，在该转速下，频谱主要表现为固有频率 39Hz、N_1、$3N_2/5$、$4N_2/5$、N_2、$6N_2/5$、$7N_2/5$、$8N_2/5$、$9N_2/5$ 和 $2N_2$ 等。图 7-95 和图 7-96 分别为 N_1=6482r/min、N_2=12826r/min 转速下的涡轮机匣测点振动加速度时域波形和频谱，在该转速下，频谱出现明显的 N_2–N_1 的 11 分频，主要表现为 $5(N_2-N_1)/11$、$10(N_2-N_1)/11$、N_1、$N_1+5(N_2-N_1)/11$、N_2、$N_2+5(N_2-N_1)/11$ 等。图 7-97 和图 7-98 分别为 N_1=8613r/min、N_2=14469r/min 转速下的涡轮机匣测点振动加速度时域波形和频谱，在该转速下，频谱主要表现为 N_2–N_1、N_1 和 N_2 等。

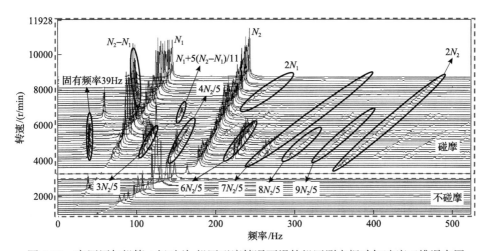

图 7-92　高压压气机第 4 级叶片-机匣碰摩情况下涡轮机匣测点振动加速度三维瀑布图

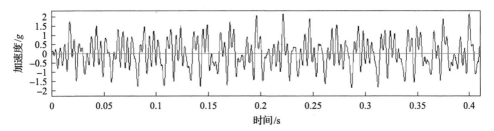

图 7-93　涡轮机匣测点振动加速度时域波形(N_1=4998r/min, N_2=11681r/min)

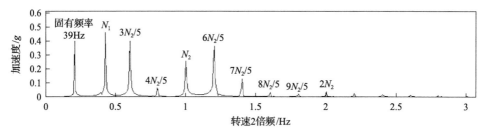

图 7-94　涡轮机匣测点振动加速度频谱(N_1=4998r/min, N_2=11681r/min)

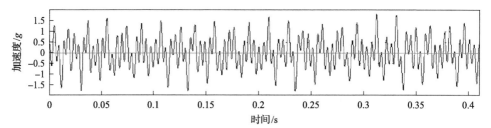

图 7-95　涡轮机匣测点振动加速度时域波形(N_1=6482r/min, N_2=12826r/min)

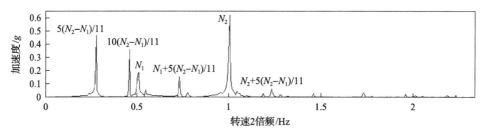

图 7-96　涡轮机匣测点振动加速度频谱(N_1=6482r/min, N_2=12826r/min)

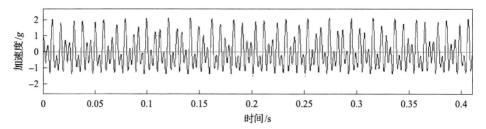

图 7-97　涡轮机匣测点振动加速度时域波形(N_1=8613r/min, N_2=14469r/min)

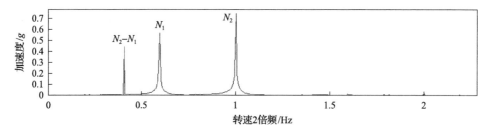

图 7-98　涡轮机匣测点振动加速度频谱(N_1=8613r/min, N_2=14469r/min)

2. 转子-机匣碰摩位置及碰摩力分析

1) 转速 N_1=4998r/min, N_2=11681r/min

图 7-99(a)为该转速下的高压压气机第 4 级叶片-机匣碰摩时,碰摩点在机匣上的位置;图 7-99(b)为碰摩点在转子上的位置,从图中可以看出,机匣上表现为局部,而转子的每个叶片都参与了碰摩。图 7-99(c)和(d)分别为碰摩力及其频谱,可以看出,碰摩出现了瞬间脱离的情况,因为出现了大量为 0 的时刻,Y 向碰摩力基本上均大于 0,表明转子在 Y 方向产生偏摩,频谱明显表现出 N_2 的分频,主要有 $N_2/5$、$2N_2/5$、$3N_2/5$、$4N_2/5$、N_2、$6N_2/5$、$7N_2/5$、$8N_2/5$、$9N_2/5$ 和 $2N_2$ 等。

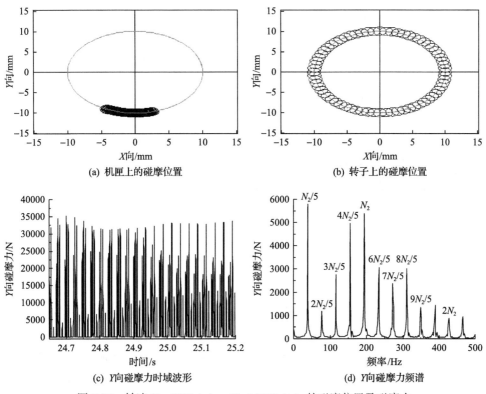

图 7-99 转速 N_1=4998r/min、N_2=11681r/min 的碰摩位置及碰摩力

2) 转速 N_1=6482r/min,N_2=12826r/min

图 7-100(a)为该转速下的高压压气机第 4 级叶片-机匣碰摩时,碰摩点在机匣上的位置;图 7-100(b)为碰摩点在转子上的位置,从图中可以看出,机匣上表现为局部,而转子的每个叶片都参与了碰摩。图 7-100(c)和(d)分别为碰摩力时域波形及其频谱,可以看出,碰摩出现了瞬间脱离的情况,Y 向碰摩力基本上均大于 0,表明转子在 Y 方向产生偏摩,碰摩力的频谱明显表现出 N_2–N_1 的 11 分频,主要表

现为 $6(N_2-N_1)/11$、N_1、$N_1+5(N_2-N_1)/11$、N_2、$N_2+5(N_2-N_1)/11$、$N_2+10(N_2-N_1)/11$ 和 $N_1+N_2+5(N_2-N_1)/11$ 等。

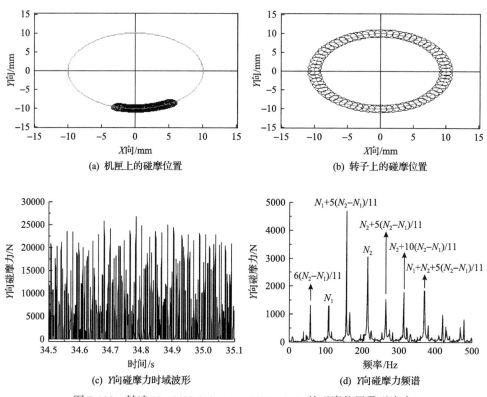

(a) 机匣上的碰摩位置

(b) 转子上的碰摩位置

(c) Y向碰摩力时域波形

(d) Y向碰摩力频谱

图 7-100　转速 N_1=6482r/min、N_2=12826r/min 的碰摩位置及碰摩力

3) 转速 N_1=8613r/min，N_2=14469r/min

图 7-101(a)为该转速下的高压压气机第 4 级叶片-机匣碰摩时，碰摩点在机匣上的位置；图 7-101(b)为碰摩点在转子上的位置，从图中可以看出，机匣上表现为局部，而转子的每个叶片都参与了碰摩。图 7-101(c)和(d)分别为碰摩力时域波形及其频谱，可以看出，碰摩出现了瞬间脱离的情况，Y 向碰摩力基本上均大于 0，表明转子在 Y 方向产生偏摩，碰摩力的频谱表现出 N_2-N_1、N_1、N_2、$2N_2-N_1$、N_2+N_1、$2N_2$ 等。

3. 对机匣测点振动有效值和最大值影响分析

对比正常和高压压气机第 4 级叶片-机匣碰摩情况下，机匣测点振动加速度有效值和最大值，探究高压压气机第 4 级叶片-机匣碰摩对机匣响应的影响。图 7-102 和图 7-103 分别为正常与高压压气机第 4 级叶片-机匣碰摩情况下机匣测点振动加速度有效值和最大值随高压转子转速的变化情况。由图可知，高压压气机第 4 级叶片-机匣碰摩故障对机匣各测点响应有较大影响。

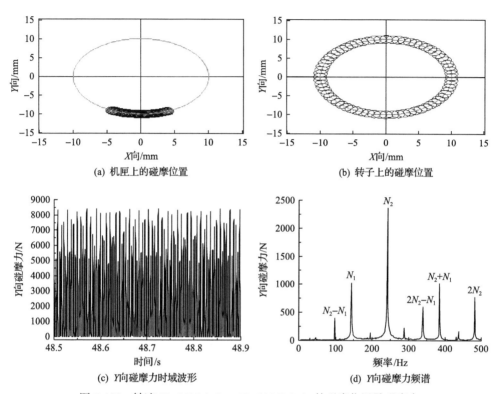

(a) 机匣上的碰摩位置　　　　　　　　(b) 转子上的碰摩位置

(c) Y 向碰摩力时域波形　　　　　　　(d) Y 向碰摩力频谱

图 7-101　转速 $N_1=8613$r/min、$N_2=14469$r/min 的碰摩位置及碰摩力

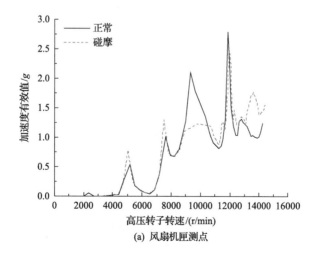

(a) 风扇机匣测点

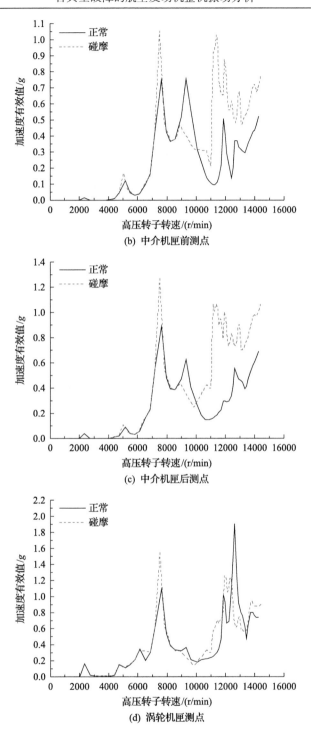

图 7-102　正常与高压压气机第 4 级叶片-机匣碰摩情况下机匣测点振动加速度有效值对比

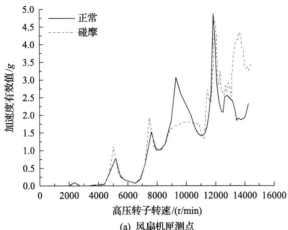

(a) 风扇机匣测点

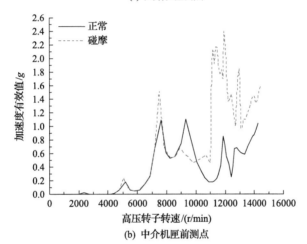

(b) 中介机匣前测点

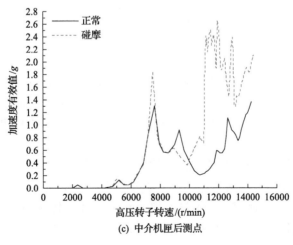

(c) 中介机匣后测点

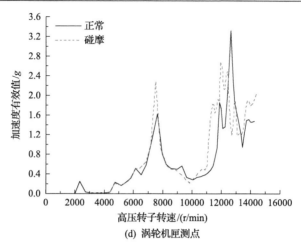

图 7-103 正常与高压压气机第 4 级叶片-机匣碰摩情况下机匣测点振动加速度最大值对比

(1)对于机匣各测点加速度响应有效值及最大值,在高压转子转速 8000r/min 之前,碰摩导致风扇机匣测点加速度响应明显增大;在高压转子转速 8000~11000r/min 时,碰摩导致风扇机匣测点加速度响应基本均小于正常情况下的加速度响应;在高压转子转速 11000r/min 之后,高压压气机第 4 级叶片-机匣碰摩导致临界转速发生偏移,且在临界转速测点加速度响应值基本均大于正常情况下的加速度响应值。

(2)高压压气机第 4 级叶片-机匣碰摩对于中介机匣测点的振动响应影响比较明显,对于风扇机匣测点和涡轮机匣测点振动响应影响较小。

7.3.4 仿真分析结论

(1)针对航空发动机叶片-机匣碰摩故障,本节提出了一种新型叶片-机匣碰摩模型,该模型在传统弹性碰摩模型的基础上,考虑了叶片数和转静间隙变化对碰摩力的影响,能够模拟机匣和转子的单点、局部和全周的碰摩规律。

(2)针对某型双转子涡扇发动机,针对考虑高压压气机第 4 级叶片(高压转子节点 4)与内涵机匣节点 2 之间的局部碰摩、考虑高压涡轮叶片(高压转子节点 13)与内涵机匣节点 6 之间的局部碰摩,分别进行了仿真计算,得到风扇机匣、中介机匣前测点、中介机匣后测点及涡轮机匣测点的振动加速度在碰摩故障激励下的响应值。

(3)碰摩故障下的机匣加速度振动特征在低转速下,频谱表现出了 N_2 的分频及其组合频率成分,在高转速下,频谱主要表现为 N_2 的倍频及其组合频率。

(4)碰摩故障对机匣测点加速度有效值和最大值有不同程度的影响,碰摩故障导致支承刚度变化,从而使振动有效值随转速的变化曲线峰值产生偏移,从而可能导致系统的临界转速发生变化。

7.4 本 章 小 结

在现有弹性碰摩模型的基础上，本章提出一种新型叶片-机匣碰摩模型，新模型可以考虑叶片数以及动态变化的转静间隙，能够实现机匣和转子上的单点、局部和全周碰摩故障仿真，并将该新模型运用于转子-支承-机匣耦合动力学模型，对碰摩故障下的整机振动响应进行仿真，利用带机匣的航空发动机转子试验器进行了模型验证。并基于某型双转子涡扇发动机，针对高压涡轮叶片-机匣碰摩、高压压气机第4级叶片-机匣碰摩进行碰摩故障仿真分析，得到了碰摩故障激励下的机匣振动特征，分析了碰摩故障对机匣测点响应的灵敏度。

参 考 文 献

[1] 陈果, 王海飞, 刘永泉, 等. 新型叶片-机匣碰摩模型及其验证[J]. 航空动力学报, 2015, 30(4): 952-965.

[2] Chen G. Simulation of casing vibration resulting from blade-casing rubbing and its verifications[J]. Journal of Sound and Vibration, 2016, 361: 190-209.

[3] 陈果, 李成刚, 王德友. 航空发动机转子-滚动轴承-支承-机匣耦合系统的碰摩故障分析与验证[J]. 航空动力学报, 2008, 23(7): 1304-1311.

[4] Chen G, Li C G, Wang D Y. Nonlinear dynamic analysis and experiment verification of rotor-ball bearings-support-stator coupling system for aeroengine with rubbing coupling faults[J]. Journal of Engineering for Gas Turbines and Power, 2010, 132: 022501.

第8章　滚动轴承配合松动故障建模与分析

航空发动机中轴承座和轴承外圈之间往往是间隙配合，在装配和使用过程中，由于温度及预紧力的变化，配合间隙可能将出现配合松动现象，配合间隙主要表现为松动间隙方向的刚度非线性变化，松动故障将激发航空发动机的整机非线性振动。本章建立滚动轴承外圈与轴承座之间的配合松动故障模型，并将其导入到转子-支承-机匣整机耦合动力学模型进行故障仿真分析。本章首先基于转子-滚动轴承试验器进行故障模拟试验和仿真分析；然后基于某型无人飞行器用小型发动机整机模型进行轴承配合松动故障仿真，并结合试车数据进行故障特征分析和验证；最后基于某型双转子涡扇发动机，针对各支承的轴承外圈和轴承座之间的间隙配合松动故障，进行建模和仿真分析，得到配合松动故障的振动特征，分析各支承处配合松动故障对机匣测点响应的灵敏度。

8.1　滚动轴承外圈与轴承座配合松动故障建模

8.1.1　配合松动故障模型

轴承外圈和轴承座之间的间隙配合松动模型如图8-1所示[1-5]。在图8-1中，O_1为轴承座孔的中心，O_2为轴承外圈的中心，θ为接触点角度位置，P_N为法向碰撞力，P_T为切向摩擦力。

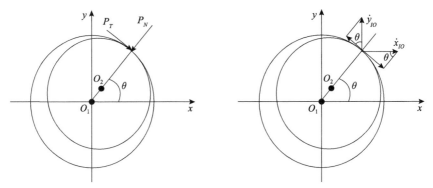

(a) 外圈与轴承座之间的作用力示意图　　　(b) 外圈与轴承座接触点处切向速度分解示意图

图 8-1　间隙配合松动模型

设 t 时刻，轴承外圈的位移为 (x_1, y_1)，速度为 $(\dot{x}_1, \dot{y}_1)$；轴承座的位移为

(x_O,y_O)，速度为 $(\dot{x}_O,\dot{y}_O)$。设轴承座与轴承外圈之间的配合间隙为 c，则外圈相对于轴承座的位移和速度为

$$\begin{cases} x_{IO} = x_I - x_O \\ y_{IO} = y_I - y_O \end{cases} \tag{8-1}$$

$$\begin{cases} \dot{x}_{IO} = \dot{x}_I - \dot{x}_O \\ \dot{y}_{IO} = \dot{y}_I - \dot{y}_O \end{cases} \tag{8-2}$$

设 r 为外圈与轴承座之间的径向相对位移，表达式为

$$r = \sqrt{x_{IO}^2 + y_{IO}^2} = \sqrt{(x_I - x_O)^2 + (y_I - y_O)^2} \tag{8-3}$$

当 $r>c$ 时，轴承外圈与轴承座之间发生碰撞，接触点位置确定为

$$\begin{cases} \sin\theta = \dfrac{y_{IO}}{r} = \dfrac{y_I - y_O}{r} \\ \cos\theta = \dfrac{x_{IO}}{r} = \dfrac{x_I - x_O}{r} \end{cases} \tag{8-4}$$

当轴承外圈与轴承座之间碰撞接触点切向存在相对运动速度时，将产生切向摩擦力，在实际工程中也常常发现轴承外圈存在明显的划痕，正是由二者的相对运动产生的摩擦作用所致。假设摩擦符合库仑摩擦定律，并设图 8-1 所示的轴承座作用于外圈的碰撞力和摩擦力为正方向，则法向碰撞力为

$$P_N = k_r(r - c) \tag{8-5}$$

因此，该法向接触力在 x 方向和 y 方向分解得到的分力为

$$\begin{cases} P_{Nx} = -P_N\cos\theta \\ P_{Ny} = -P_N\sin\theta \end{cases} \tag{8-6}$$

假设图 8-1 所示的接触点处的轴承座对外圈的摩擦力方向为正方向，则外圈相对于轴承座的切向速度为

$$v_T = \dot{y}_{IO}\cos\theta - \dot{x}_{IO}\sin\theta \tag{8-7}$$

则摩擦力为

$$P_T = fP_N\frac{v_T}{|v_T|} \tag{8-8}$$

该切向摩擦力在 x 方向和 y 方向分解得到的分力为

$$\begin{cases} P_{Tx} = P_T \sin\theta \\ P_{Ty} = -P_T \cos\theta \end{cases} \tag{8-9}$$

因此，作用在外圈上的力为

$$\begin{cases} P_x = P_{Tx} + P_{Nx} \\ P_y = P_{Ty} + P_{Ny} \end{cases} \tag{8-10}$$

式中，P_x 和 P_y 为出现配合松动故障后，轴承座作用于外圈的力，显然，该作用力为一种强非线性关系，从而将引发系统的非线性振动。

另外，滚动轴承外环通常需要利用锁紧螺母进行锁紧，在锁紧螺母压力作用下，当外圈与轴承座存在相对运动时，外环与锁紧螺母内表面将产生摩擦效应，该摩擦效应主要表现为干摩擦阻尼效应，而轴承拧紧力矩将改变接触面间的摩擦力，从而改变摩擦阻尼。不失一般性，为了使研究问题简化，将摩擦阻尼等效为黏性阻尼，拧紧力矩的变化间接反映了等效黏性阻尼系数的变化。因此，可以通过改变等效黏性阻尼的大小来间接研究拧紧力矩大小对系统非线性振动响应的影响。

8.1.2　滚动轴承配合松动故障在整机耦合动力学模型中的导入

为了进行含滚动轴承配合松动的整机振动仿真分析，需要将故障模型导入到整机模型中，整机耦合动力学的建模方法详见第 2 章，在转子-机匣支承连接模型中考虑了详细的滚动轴承模型，可以在此基础上建立含轴承配合松动的转子-机匣间的支承连接。

首先建立转子-机匣之间的支承模型，然后在该模型中考虑轴承外圈与轴承座

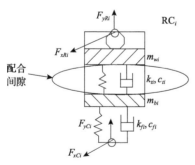

图 8-2　转子-机匣支承示意图

之间的配合松动故障模型。设转子-机匣支承模型 $RC_i(i=1,2,\cdots,N)$，支承处包含滚动轴承与轴承座，如图 8-2 所示，设 RC_i 第 i 个支承与转子第 m 个节点和机匣第 n 个节点相连，m_{wi} 为滚动轴承外圈的质量；m_{bi} 为轴承座的质量；k_{ti} 为轴承外圈与轴承座之间的线刚度；c_{ti} 为轴承外圈与轴承座之间的线阻尼；k_{fi} 为机匣与轴承座之间的线刚度；c_{fi} 为机匣与轴承座之间的线阻尼；F_{yRi} 和 F_{xRi} 分别为转子作用于轴承外圈的非线性赫兹力；F_{yCi} 和 F_{xCi} 分别为机匣作用于轴承座的线性弹性力。

当轴承外圈与轴承座之间存在配合间隙时，轴承座作用于轴承外圈的力表现出强非线性，设配合间隙为 c，摩擦系数为 μ，t 时刻轴承外圈的位移和速度为

$(x_{wi}, y_{wi}), (\dot{x}_{wi}, \dot{y}_{wi})$；轴承座的位移和速度为 $(x_{bi}, y_{bi}), (\dot{x}_{bi}, \dot{y}_{bi})$。则轴承座作用于轴承外圈的力可表示为

$$\begin{cases} P_{xi} = f_x(k_{ti}, x_{wi}, y_{wi}, \dot{x}_{wi}, \dot{y}_{wi}, x_{bi}, y_{bi}, \dot{x}_{bi}, \dot{y}_{bi}, c, \mu) \\ P_{yi} = f_y(k_{ti}, x_{wi}, y_{wi}, \dot{x}_{wi}, \dot{y}_{wi}, x_{bi}, y_{bi}, \dot{x}_{bi}, \dot{y}_{bi}, c, \mu) \end{cases} \quad (8\text{-}11)$$

假设滚动轴承的外圈固定于轴承座上，滚动轴承内圈固定于转子上，利用滚动轴承动力学模型，可得到第 i 个支承的轴承力 F_{xRi} 和 F_{yRi}。

因此，滚动轴承外圈的运动微分方程为

$$\begin{cases} m_{wi}\ddot{x}_{wi} + P_{xi} + F_{dxi} = F_{xRi} \\ m_{wi}\ddot{y}_{wi} + P_{yi} + F_{dyi} = F_{yRi} - m_{wi}g \end{cases}, \quad i = 1, 2, \cdots, N \quad (8\text{-}12)$$

式中，F_{dxi} 和 F_{dyi} 为阻尼力。该阻尼为锁紧螺母与外圈之间的干摩擦作用所产生的摩擦阻尼，为了简化问题，将其考虑为黏性阻尼，阻尼作用大小与拧紧力矩的大小直接相关。则

$$\begin{cases} F_{dxi} = c_{ti}(\dot{x}_{wi} - \dot{x}_{bi}) \\ F_{dyi} = c_{ti}(\dot{y}_{wi} - \dot{y}_{bi}) \end{cases} \quad (8\text{-}13)$$

设机匣的第 n 个节点横向位移和垂向位移分别为 x_{cn} 和 y_{cn}，支承 RC_i 处的轴承座横向位移和垂向位移分别为 x_{bi} 和 y_{bi}，则机匣作用于支承 RC_i 上的力分别为

$$\begin{cases} F_{xCi} = k_{fi}(x_{cn} - x_{bi}) + c_{fi}(\dot{x}_{cn} - \dot{x}_{bi}) \\ F_{yCi} = k_{fi}(y_{cn} - y_{bi}) + c_{fi}(\dot{y}_{cn} - \dot{y}_{bi}) \end{cases}, \quad i = 1, 2, \cdots, N \quad (8\text{-}14)$$

则支承 RC_i 的轴承座的运动微分方程为

$$\begin{cases} m_{bi}\ddot{x}_{bi} + k_{ti}(x_{bi} - x_{wi}) - F_{dxi} = F_{xCi} \\ m_{bi}\ddot{y}_{bi} + k_{ti}(y_{bi} - y_{wi}) - F_{dyi} = F_{yCi} - m_{bi}g \end{cases}, \quad i = 1, 2, \cdots, N \quad (8\text{-}15)$$

8.2　基于转子-滚动轴承试验器的滚动轴承配合松动故障分析

8.2.1　仿真计算条件

转子-滚动轴承试验器的整机耦合动力学模型详见第 3 章。仿真转速从 1000r/min 到 7000r/min 穿越了第 1 阶临界转速（2800r/min 附近）。输出支承 S_1 和支承 S_2 处轴承座垂向振动加速度以及靠近 S_2 处的转子节点 18 的水平方向和垂直方向的振动位移，并基于输出信号进行故障分析。转子-滚动轴承试验器测点示意图和实物

图如图 8-3 所示。

 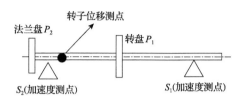

(a) 测点实物图　　　　　　　　　　　　　　(b) 测点示意图

图 8-3　转子-滚动轴承试验器测点实物图和示意图

8.2.2　不同配合间隙下的故障仿真分析

设转盘偏心距为 0.08mm，法兰盘偏心距为 0.1mm，考虑由外圈拧紧力矩产生的摩擦效应的等效黏性阻尼系数 c_e 为 200N·s/m。仿真计算了配合间隙 0μm、50μm、100μm、200μm、500μm 下的振动响应。图 8-4～图 8-7 为仿真计算结果。其中，图 8-4 和图 8-5 为支承 S_1 和支承 S_2 处轴承座的垂向振动加速度有效值随转速变化的曲线，图 8-6 和图 8-7 为转子节点 18 的水平方向和垂直方向的振动位移有效值随转速变化的曲线。根据仿真计算结果，可以得出以下结论[6]。

(1)轴承外圈与轴承座之间的配合间隙故障所引发的轴承座振动加速度响应对转速非常敏感，在临界转速附近和高转速下，转子由于产生了较大的振动而被周期性抬起，由于间隙的存在，当转子振动位移不足以使轴承外圈和轴承座之间贴紧时，二者之间将产生周期性冲击，从而引发很大的振动加速度；当转子振动位移足以使轴承外圈和轴承座之间贴紧时，二者之间将不会产生冲击，转子振动反而减小。所以，对于 50μm 和 100μm 的松动间隙，转速在 6000～7000r/min 时，

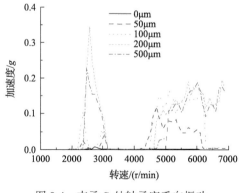 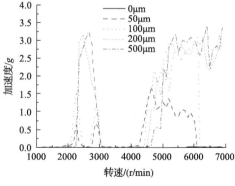

图 8-4　支承 S_1 处轴承座垂向振动　　　　　图 8-5　支承 S_2 处轴承座垂向振动
　　　　加速度有效值　　　　　　　　　　　　　　加速度有效值

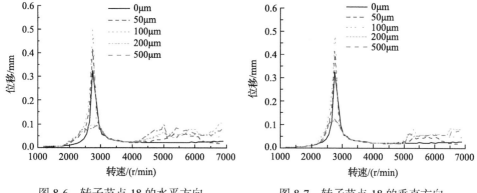

图 8-6　转子节点 18 的水平方向　　　　图 8-7　转子节点 18 的垂直方向
　　　　振动位移有效值　　　　　　　　　　　　振动位移有效值

转子振动反而下降。而当间隙为 200μm 和 500μm 时，转速在 6000～7000r/min 的转子振动位移不足以使轴承外圈和轴承座之间贴紧，因此二者之间将产生周期性冲击，从而引发很大的振动加速度。

（2）随着配合间隙的增加，支承刚度将产生很大的变化，系统处于严重非线性，因此，在原线性系统下的临界转速附近，随着配合间隙的增加，如间隙为 200μm 和 500μm 时，转子临界转速附近的振动位移反而减小，当间隙为 50μm 和 100μm 时，尽管仍有明显的共振峰，但是临界转速也有一些明显的改变，即共振峰位置有明显的偏移。

8.2.3　轴承外圈与轴承座相对运动轨迹分析

为了进一步分析轴承配合松动故障机理，进行轴承外圈与轴承座之间的相对运动轨迹分析。图 8-8 为配合间隙 50μm 时支承 S_2 处轴承座的垂向振动加速度有效值随转速变化的曲线，在图中选择了 8 个转速进行轨迹分析。图 8-9 为支承 S_2 处轴承座的垂向振动加速度三维瀑布图。图 8-10～图 8-17 为 8 个转速分别对应的相对轨迹。从图 8-8 和图 8-9 可以看出：

（1）图 8-8 上对应振动有效值大的转速点，如 $n_2 =2259$r/min、$n_4 =2867$r/min、$n_6 =4652$r/min、$n_7 =5892$r/min，在瀑布图上对应的高频振动分量很大，表明此时间隙的存在导致外圈和轴承座之间产生了强烈的冲击和摩擦。从图 8-11、图 8-13、图 8-15 和图 8-16 的相对轨迹可以看出，外圈相对于轴承座的运动轨迹不是一个完整的圆，表明外圈与轴承座之间存在瞬间脱离接触和瞬间冲击的情况，即转子振动位移不足以使轴承外圈和轴承座之间贴紧时，二者之间产生了周期性冲击，激发了系统固有频率振动，因此，从振动加速度瀑布图中可以看出许多共振峰，大量的高频分量导致了振动加速度的有效值急剧增加。

（2）图 8-8 上对应振动有效值很小的转速点，如 $n_1 =1500$r/min、$n_3 =2592$r/min、

n_5 =3500r/min、n_8 =6500r/min，在瀑布图上基本上不出现高频分量，表明间隙的存在并未导致外圈和轴承座之间产生冲击和摩擦。事实上：①从图 8-10、图 8-14 的相对轨迹可以看出，外圈相对于轴承座的运动轨迹基本上为一个点，表明转子振动位移很小，轴承外圈始终与轴承座底部接触，因此并未出现二者之间脱离接触和瞬间冲击的现象；②从图 8-12、图 8-17 的相对轨迹可以看出，外圈相对于轴

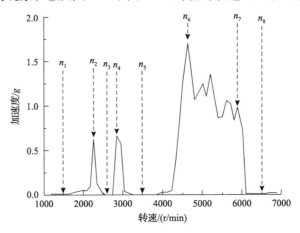

图 8-8　转速点的选择

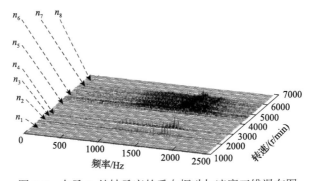

图 8-9　支承 S_2 处轴承座的垂向振动加速度三维瀑布图

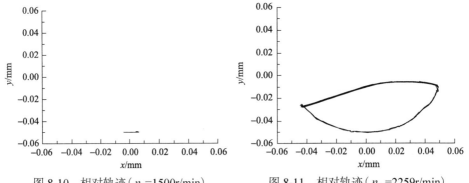

图 8-10　相对轨迹（n_1 =1500r/min）　　　图 8-11　相对轨迹（n_2 =2259r/min）

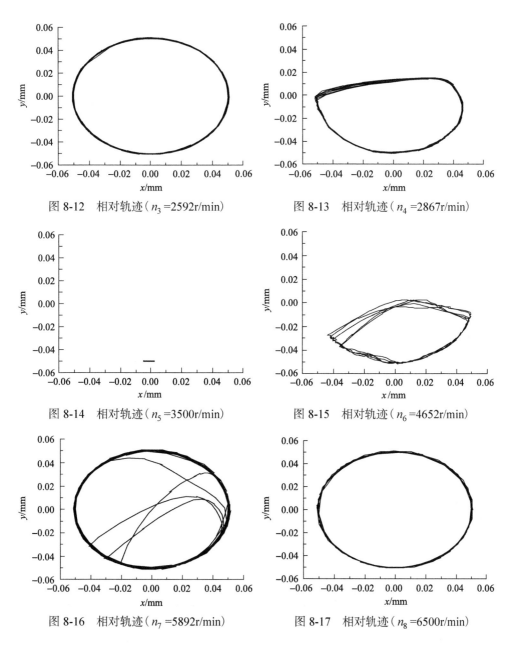

图 8-12　相对轨迹（n_3 =2592r/min）　　　图 8-13　相对轨迹（n_4 =2867r/min）

图 8-14　相对轨迹（n_5 =3500r/min）　　　图 8-15　相对轨迹（n_6 =4652r/min）

图 8-16　相对轨迹（n_7 =5892r/min）　　　图 8-17　相对轨迹（n_8 =6500r/min）

承座的运动轨迹是一个完整的圆，表明转子振动位移足以使轴承外圈和轴承座之间贴紧，二者之间仍然不会产生周期性冲击。在这两种情况下，均不存在外圈与轴承座间的瞬间脱离和接触而产生的周期性冲击，因此在振动加速度瀑布图中就不会出现由冲击而产生的高频共振峰，相应地，振动加速度的有效值也很小。

8.2.4 轴承外圈与轴承座之间的摩擦效应影响分析

在实际工程中常常发现轴承外圈存在明显的划痕,表明轴承外圈与轴承座之间不仅存在碰撞冲击,还存在由外圈和轴承座的相对运动而引起的径向摩擦。为了研究轴承外圈与轴承座之间的摩擦效应对振动响应的影响程度,本节以支承 S_2 的垂向加速度研究轴承外圈与轴承座之间的摩擦效应对振动响应的影响规律。图 8-18~图 8-21 分别为轴承外圈和轴承座之间配合间隙 50μm、100μm、200μm、500μm 下摩擦系数 f 对振动加速度的影响。可以看出,径向摩擦在小的配合间隙下影响更大,其原因在于,更小的间隙下,冲击和摩擦效应基本相当,而在更大的间隙下时,冲击效应远比摩擦效应要大,从而导致径向摩擦对振动影响较小。

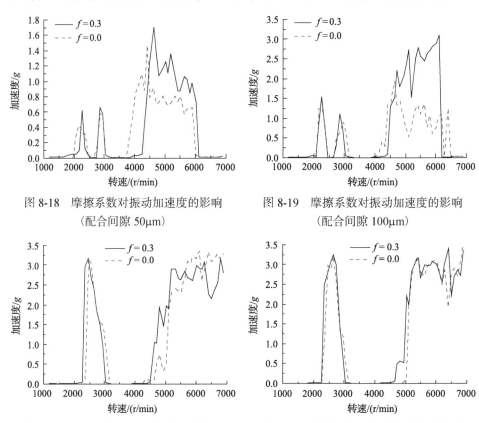

图 8-18 摩擦系数对振动加速度的影响 (配合间隙 50μm)

图 8-19 摩擦系数对振动加速度的影响 (配合间隙 100μm)

图 8-20 摩擦系数对振动加速度的影响 (配合间隙 200μm)

图 8-21 摩擦系数对振动加速度的影响 (配合间隙 500μm)

8.2.5 转子不平衡量对轴承外圈与轴承座配合松动故障的影响分析

以支承 S_2 的垂向加速度研究转子不平衡量对轴承外圈与轴承座配合松动故障

的影响规律。仿真分析了各种配合松动间隙在各种不平衡量下的振动响应，仿真计算中是通过改变转盘偏心距 e 来实现改变不平衡量。图 8-22～图 8-25 分别为在配合间隙 50μm、100μm、200μm 及 500μm 下的不平衡量对振动加速度的影响。从图中可以看出：①不平衡量的增加，引起强烈周期冲击的转速降低，即在低转速下也可能引起很强的周期性冲击摩擦作用，其根本原因在于大的不平衡量在低转速下也可能会产生很大的不平衡力，从而将转轴周期性抬起而引起强烈冲击；②随着间隙的增加，周期冲击的强度也增加，其根本原因在于随着配合间隙的增加，转子被抬起的高度也将增加，因此引起的周期性冲击也更为强烈。

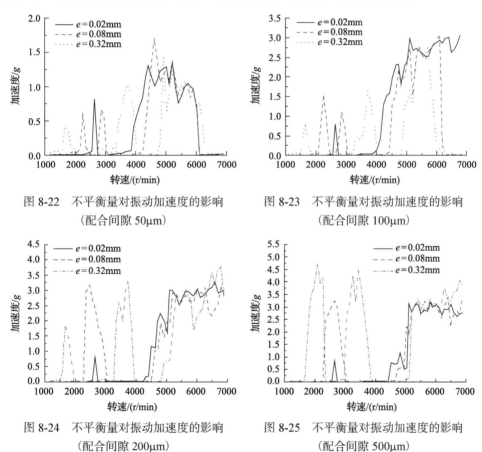

图 8-22　不平衡量对振动加速度的影响
（配合间隙 50μm）

图 8-23　不平衡量对振动加速度的影响
（配合间隙 100μm）

图 8-24　不平衡量对振动加速度的影响
（配合间隙 200μm）

图 8-25　不平衡量对振动加速度的影响
（配合间隙 500μm）

8.2.6　拧紧力矩对轴承外圈与轴承座配合松动故障的影响分析

以支承 S_2 的垂向加速度研究转子不平衡量对轴承外圈与轴承座配合松动故障的影响规律。计算条件为：在配合松动间隙为 200μm 和 500μm 的情况下，等效阻尼系数分别为 200N·s/m、2000N·s/m、5000N·s/m。

以支承 S_2 的垂向加速度研究外圈拧紧力矩对轴承外圈与轴承座配合松动故障的影响规律。仿真分析了各种配合松动间隙在拧紧力矩下的振动响应，仿真计算中拧紧力矩的改变通过外圈与锁紧螺母之间的干摩擦等效阻尼系数 c_e 的改变来实现。图 8-26～图 8-29 分别为配合间隙 50μm、100μm、200μm 及 500μm 下的拧紧力矩对振动加速度的影响。从图中可以看出，随着拧紧力矩的增加，即干摩擦等效阻尼系数的增加，配合松动故障使引发的冲击效应将大大降低，引起强烈周期冲击的转速降低。由此可见，拧紧力矩对该类故障具有较强的抑制作用。需要指出的是，关于拧紧力矩与干摩擦等效阻尼系数的关系需要进一步研究。该结论仅为定性结论。

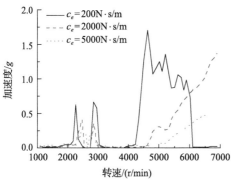

图 8-26　拧紧力矩对振动加速度的影响
（配合间隙 50μm）

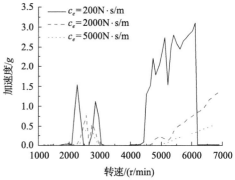

图 8-27　拧紧力矩对振动加速度的影响
（配合间隙 100μm）

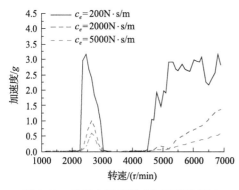

图 8-28　拧紧力矩对振动加速度的影响
（配合间隙 200μm）

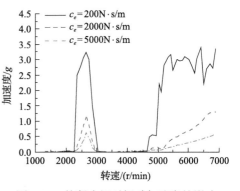

图 8-29　拧紧力矩对振动加速度的影响
（配合间隙 500μm）

8.2.7　试验验证

为了验证本节仿真计算的正确有效性，针对转子-滚动轴承试验器的支承 S_2 加工了一个轴承座，图 8-30 为转子与轴承的装配关系图。图 8-31 为所加工的轴承座实物图，将轴承座与轴承外圈之间的间隙设置为 50μm，进行配合松动下的故障模拟试验。图 8-32 为振动测试现场图。试验中，通过光电传感器测得转速信号，通过电涡流位移传感器测得支承 S_2 配合松动处的位移，通过加速度传感器测得支承 S_2 的垂向加速度。

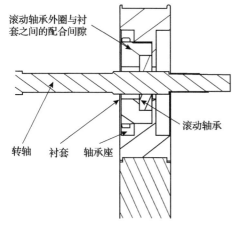

图 8-30　转子与轴承装配关系图

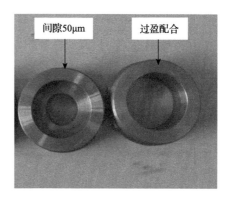

图 8-31　轴承座实物图

图 8-32　振动测试现场图

图 8-33 和图 8-34 分别为支承 S_2 垂向加速度有效值和转子测点垂向位移有效值随转速变化的试验结果；图 8-35 和图 8-36 为对应的仿真计算结果。从试验结果可以看出，配合松动故障下的振动加速度有效值在高转速下引起了更大的振动，而转子位移的变化不很明显。对比仿真结果可以看出，转子位移的变化规律与衰减结果基本相似，但是加速度相差很远，其原因主要是，一方面，仿真计算中对结构所引起的高频振动难以准确模拟，因此加速度的振动大小相差很大；另一方面，实际试验中配合松动间隙难以控制。

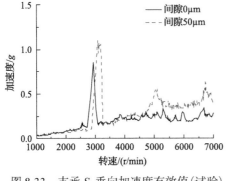

图 8-33　支承 S_2 垂向加速度有效值(试验)

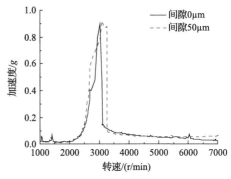

图 8-34　转子测点的垂向位移有效值(试验)

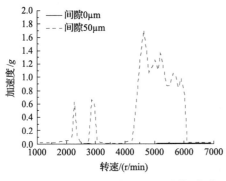

图 8-35　支承 S_2 垂向加速度有效值(仿真)

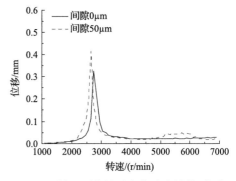

图 8-36　转子测点的垂向位移有效值(仿真)

　　图 8-37～图 8-40 为不同转速时支承 S_2 处轴承座的垂向加速度时域波形和对应频谱。其中,图 8-37 和图 8-39 为试验转速 3085r/min 下的支承 S_2 处轴承座的垂向加速度时域波形和频谱,图 8-38 和图 8-40 为仿真转速 2950r/min 下的支承 S_2 处轴承座的垂向加速度时域波形和频谱。从图中可以看出,在配合间隙下所引起的轴承座周期冲击振动,冲击的周期为转速周期,冲击激发了系统的固有频率,因此,在加速度频谱上观察出明显的共振频带,放大后可以看出共振频率两侧具

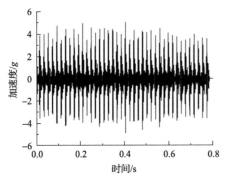

图 8-37　支承 S_2 处轴承座的垂向加速度
时域波形(试验转速 3085r/min)

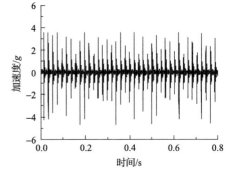

图 8-38　支承 S_2 处轴承座的垂向加速度
时域波形(仿真转速 2950r/min)

有以转子旋转频率为间隔的调制边频带族。仿真和试验结果均表现了该现象,如图 8-41 和图 8-42 所示。图 8-43 为仿真转速 2950r/min 下的轴承外圈与轴承座的相对轨迹计算结果,从轨迹中也可以看出,转子已经被抬起,但是轴承外圈并不能与轴承座贴紧,因此导致了周期性冲击振动。

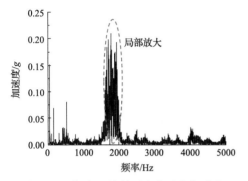

图 8-39　支承 S_2 处轴承座的垂向加速度
频谱(试验转速 3085r/min)

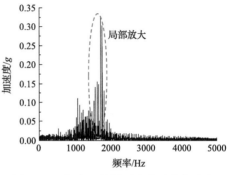

图 8-40　支承 S_2 处轴承座的垂向加速度
频谱(仿真转速 2950r/min)

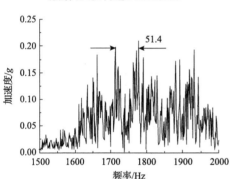

图 8-41　支承 S_2 处轴承座的垂向加速度
频谱的局部放大(试验转速 3085r/min)

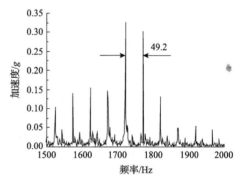

图 8-42　支承 S_2 处轴承座的垂向加速度
频谱的局部放大(仿真转速 2950r/min)

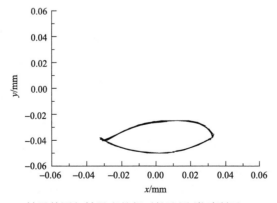

图 8-43　轴承外圈与轴承座的相对轨迹图(仿真转速 2950r/min)

由此可见，该试验结果在一定程度上验证了仿真计算的正确性。

8.3　某型无人飞行器用小型发动机滚动轴承
配合松动故障分析

8.3.1　发动机支点轴承配合松动故障仿真分析

1. 仿真分析条件

1) 仿真模型

某型无人飞行器用小型发动机整机耦合动力学模型详见第 3 章，在此不再详述。将风扇支承、压气机前支承、压气机后支承及涡轮支承点的滚动轴承配合故障导入发动机整机模型进行整机振动仿真，基于机匣测点信号分析支承滚动轴承配合松动故障对整机振动的影响及典型故障特征。

2) 仿真时间历程

仿真计算的时间历程如表 8-1 所示。

表 8-1　仿真计算的时间历程（一）

时间/s	转子转速/(r/min)
0	20000
50	40000

输出信号为机匣节点加速度响应，测点如图 8-44 所示。

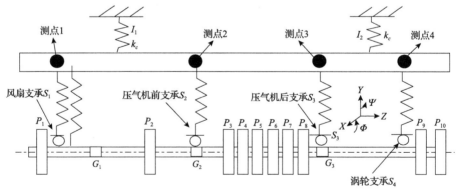

图 8-44　某型无人飞行器用小型发动机整机仿真的输出测点示意图

(1) 测点 1：风扇支承对应的机匣节点 2 的 X 向振动加速度。

(2) 测点 2：压气机前支承对应的机匣节点 6 的 X 向振动加速度。

(3) 测点 3：压气机后支承对应的机匣节点 9 的 X 向振动加速度。

(4) 测点 4：涡轮支承对应的机匣节点 13 的 X 向振动加速度。

2. 风扇支承松动

图 8-45 为测点 1 振动加速度的三维瀑布图,从图中可以看出,在瀑布图中表现为明显的高倍频分量。图 8-46 为测点 1 加速度振幅随转速变化的幅频响应曲线,从图中可以看出,松动间隙的存在,使得轴承外圈与轴承座之间产生剧烈冲击,从而产生了较大的倍频分量。

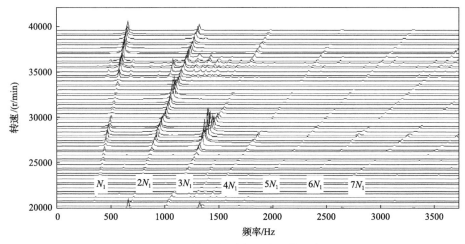

图 8-45　测点 1 振动加速度三维瀑布图

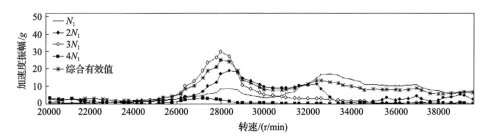

图 8-46　测点 1 加速度振幅随转速变化的幅频响应曲线

图 8-47 和图 8-48 为转速 30000r/min 下的测点 1 振动加速度通过自相关降噪后的时域波形和对应的频谱。可以看出,机匣振动加速度的特征为:在时域波形

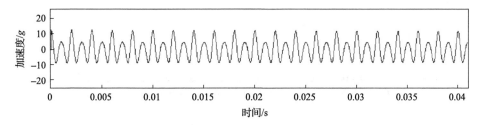

图 8-47　转速 30000r/min 下测点 1 振动加速度时域波形

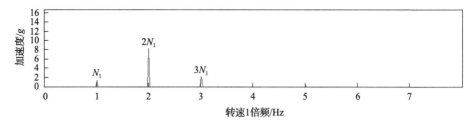

图 8-48 转速 30000r/min 下测点 1 振动加速度频谱

上表现为明显的周期冲击特征、波形上下不对称、呈现"截头状"波形等特征，如图 8-47 所示。在频谱上出现显著的 2 倍频分量和 3 倍频分量，如图 8-48 所示。

3. 压气机前支承松动

图 8-49 为测点 2 振动加速度的三维瀑布图，从图中可以看出，在瀑布图中表现为明显的高倍频分量。图 8-50 为测点 2 加速度振幅随转速变化的幅频响应曲线，从图中可以看出，松动间隙的存在，使得轴承外圈与轴承座产生剧烈冲击和摩擦，从而产生了较大的倍频分量。

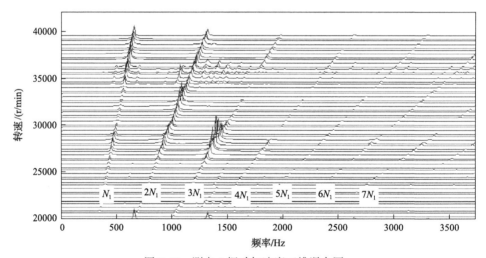

图 8-49 测点 2 振动加速度三维瀑布图

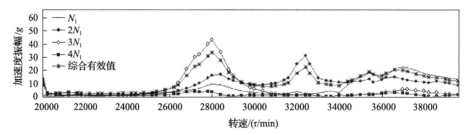

图 8-50 测点 2 加速度振幅随转速变化的幅频响应曲线

图 8-51 和图 8-52 为转速 34400r/min 下的测点 2 振动加速度通过自相关降噪后的时域波形和对应的频谱。可以看出,机匣振动加速度的特征为:在时域波形上表现为明显的周期冲击特征、波形上下不对称、呈现"截头状"波形等特征,如图 8-51 所示。在频谱上出现显著的 2 倍频分量,如图 8-52 所示。

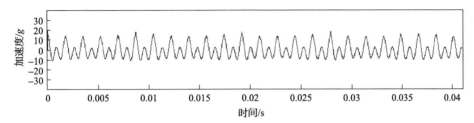

图 8-51　转速 34400r/min 下测点 2 振动加速度时域波形

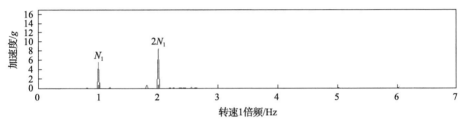

图 8-52　转速 34400r/min 下测点 2 振动加速度频谱

4. 压气机后支承松动

图 8-53 为测点 3 振动加速度的三维瀑布图,从图中可以看出,在瀑布图中表现为明显的高倍频分量。图 8-54 为测点 3 加速度振幅随转速变化的幅频响应曲线,

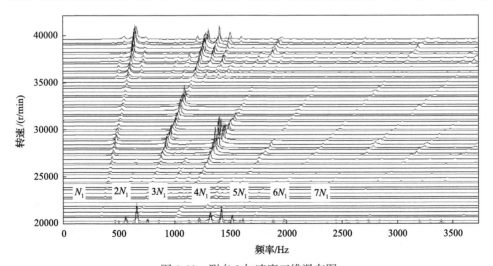

图 8-53　测点 3 加速度三维瀑布图

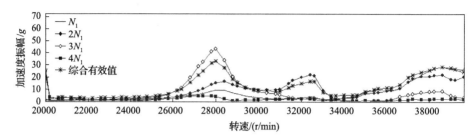

图 8-54　测点 3 加速度振幅随转速变化的幅频响应曲线

从图中可以看出，松动间隙的存在，使得轴承外圈与轴承座之间产生剧烈冲击和摩擦，从而产生了较大的倍频。

图 8-55 和图 8-56 为转速 34400r/min 下的测点 3 振动加速度通过自相关降噪后的时域波形和对应的频谱。可以看出，机匣振动加速度时域波形上下不对称、呈现"截头状"波形等特征，如图 8-55 所示。在频谱上出现了许多高倍频特征，如图 8-56 所示。

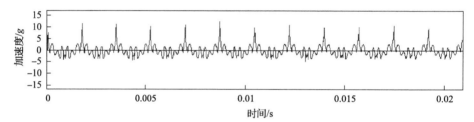

图 8-55　转速 34400r/min 下测点 3 振动加速度时域波形

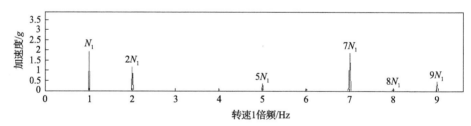

图 8-56　转速 34400r/min 下测点 3 振动加速度频谱

5. 涡轮支承松动

图 8-57 为测点 4 振动加速度的三维瀑布图，从图中可以看出，在瀑布图中表现为明显的高倍频分量。图 8-58 为测点 4 加速度振幅随转速变化的幅频响应曲线，从图中可以看出，松动间隙的存在，使得轴承外圈与轴承座之间产生剧烈冲击，从而产生了较大的倍频分量。

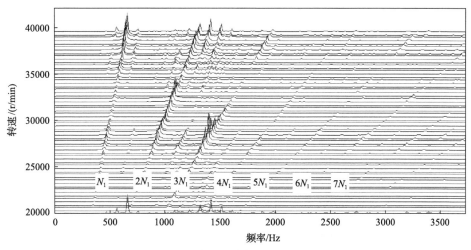

图 8-57 测点 4 振动加速度三维瀑布图

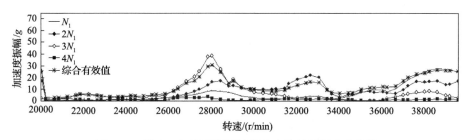

图 8-58 测点 4 加速度振幅随转速变化的幅频响应曲线

图 8-59 和图 8-60 为转速 30800r/min 下的测点 4 加速度通过自相关降噪后的

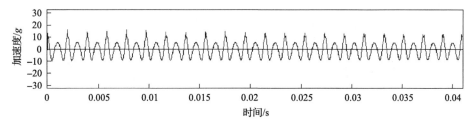

图 8-59 转速 30800r/min 下测点 4 振动加速度时域波形

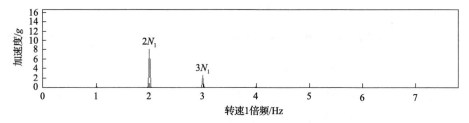

图 8-60 转速 30800r/min 下测点 4 振动加速度频谱

时域波形和对应的频谱。可以看出，机匣振动加速度的特征为：在时域波形上表现为明显的周期冲击特征、波形上下不对称、呈现"截头状"波形等特征，如图 8-59 所示。在频谱上出现显著的 2 倍频分量和 3 倍频分量，如图 8-60 所示。

6. 仿真分析结论

本节模拟了风扇支承、压气机前支承、压气机后支承及涡轮支承四个支承的轴承外圈和轴承座之间的配合间隙松动故障，通过仿真分析，发现发动机轴承外圈和轴承座之间的配合松动故障特征表现为：时域波形曲线表现出了不对称、"截头状"，频域出现了丰富的倍频成分，在高转速还出现了分频现象。

该结论对于诊断和分析实际航空发动机出现支承松动故障具有重要意义。

8.3.2 发动机试车数据分析

该发动机仅仅在压气机前支点 S_2 对应的中介机匣上水平和垂直方向各布置了一个测点。图 8-61 为该型某编号发动机某次实际试车数据，其中上方曲线表示水平方向的振动数据；下方曲线表示垂直方向的数据，选择 550s 时间区间进行分析。

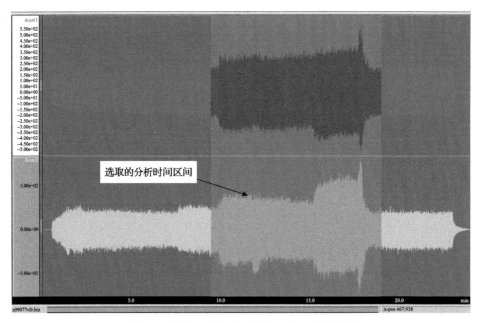

图 8-61　某编号发动机试车数据原始振动数据

图 8-62 为振动数据的三维瀑布图。从水平方向振动的三维瀑布图中可以明显看出，1 倍频分量占有主导地位。而在转速为 33187r/min 附近 3 倍频分量占有主

导地位。在垂直方向的振动，表现出了非常明显的 2 倍频、3 倍频和 4 倍频分量。

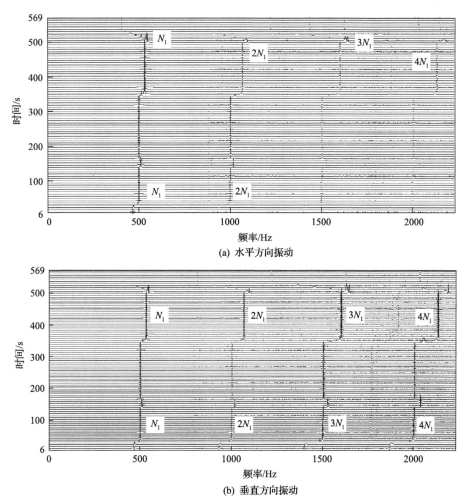

图 8-62　振动数据的三维瀑布图

图 8-63 为转速 31968r/min 下水平和垂直方向降噪后的振动加速度时域波形和频谱；图 8-64 为转速 32812r/min 下水平和垂直方向降噪后的振动加速度的时域波形和频谱。从图中可以看出，在转速为 31968r/min 时，水平方向振动主要为 1 倍频分量，其他倍频分量很小，而垂直方向振动的倍频分量异常明显，时域波形表现出明显的上下不对称的周期冲击特征；当转速增加到 32812r/min 时，水平方向振动的 3 倍频分量非常明显，而垂直方向振动的 3 倍频更加突出，较 1 倍频明显要大，同时 4 倍频也很突出。

从振动信号分析中可以得出如下结论。

(1)在所有转速下，垂直方向振动频谱上的倍频分量均非常明显。

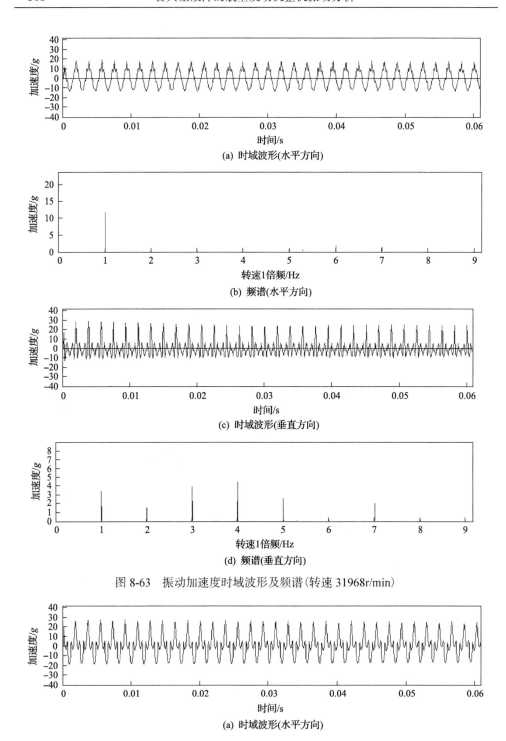

(a) 时域波形(水平方向)

(b) 频谱(水平方向)

(c) 时域波形(垂直方向)

(d) 频谱(垂直方向)

图 8-63　振动加速度时域波形及频谱(转速 31968r/min)

(a) 时域波形(水平方向)

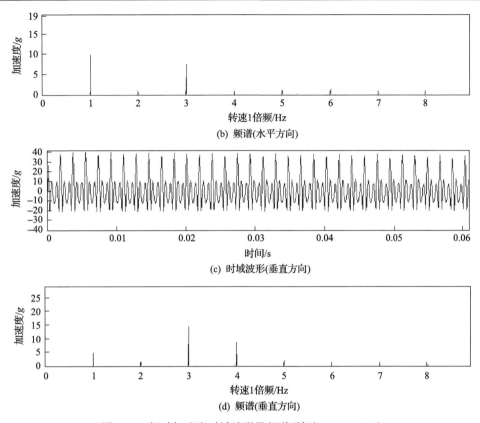

图 8-64　振动加速度时域波形及频谱(转速 32812r/min)

(2) 在 32812r/min 转速下不仅 1 倍频增加,倍频分量也迅速增加,这是由于较大的不平衡力激发了松动故障。

(3) 异常振动下的时域波形表现出了上下不对称的周期冲击特征,频谱出现大量的倍频分量。

8.3.3　仿真结果与试车数据分析结论

通过数值模拟,发现风扇支承、压气机前支承、压气机后支承及涡轮支承四个支承的轴承外圈和轴承座之间的配合间隙松动故障,机匣振动加速度主要振动特征表现为:时域波形曲线表现出了不对称、“截头状”,频域出现了丰富的倍频成分。同时,通过对试车数据分析,机匣振动加速度信号呈现上下不对称的周期冲击特征,表现出丰富的倍频分量。

通过大量实际现场故障分析也发现了滚动轴承外圈的大量擦痕,表明了滚动轴承配合松动故障是该类发动机的典型故障。显然,仿真分析和试车结果表现了很好的一致性,该结论对于诊断和分析实际航空发动机出现支承轴承的配合松动故障具有重要意义。

8.4 某型高推重比双转子航空发动机滚动轴承配合松动故障仿真分析

8.4.1 计算条件

1. 整机振动仿真模型

某型高推重比双转子航空发动机整机振动耦合动力学模型详见第 3 章，在此不再详述。

2. 转速变化规律

仿真计算的时间历程如表 8-2 所示。

表 8-2 仿真计算的时间历程(二)

时间/s	低压转子转速/(r/min)	高压转子转速/(r/min)	转静间隙/mm
0	0	0	10
30	3552	10656	10
100	8880	14675	10

3. 考虑实际发动机的不平衡量分布

(1)第 1 级和第 3 级风扇叶片不平衡量为 100g·cm。

(2)第 4 级和第 9 级高压压气机叶片不平衡量为 127g·cm。

(3)第 9 级高压压气机盘后 1 节点(篦齿盘)和高压涡轮叶片后 1 节点(修正面)不平衡量为 120g·cm。

(4)第 1 级和第 2 级低压涡轮叶片不平衡量为 250g·cm。

4. 仿真测点及轴承配合松动部位

仿真测点和轴承配合松动部位如图 8-65 所示。仿真测点的输出信号为机匣测点加速度响应，包括：①风扇机匣测点 X 向；②中介机匣前测点 X 向；③中介机匣后测点 X 向；④涡轮机匣测点 X 向。

轴承配合松动故障部位包括 5 个支点的滚动轴承外圈和轴承座之间的配合松动。

(1)支点 1 轴承座与轴承外圈间，松动量为 100μm，支承刚度为 $3.5×10^7$N/m。

(2)支点 2 轴承座与轴承外圈间，松动量为 100μm，支承刚度为 $1.0×10^8$N/m。

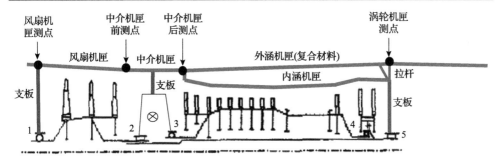

图 8-65　某型高推重比双转子航空发动机整机结构简图

(3) 支点 3 轴承座与轴承外圈间，松动量为 100μm，支承刚度为 1.0×10^{8}N/m。

(4) 支点 4 轴承座与轴承外圈间，松动量为 100μm，支承刚度为 5.0×10^{7}N/m。

(5) 支点 5 轴承座与轴承外圈间，松动量为 100μm，支承刚度为 2.5×10^{7}N/m。

8.4.2　支点 1 配合松动故障特征分析

1. 机匣测点加速度特征分析

1) 进气机匣测点

图 8-66 为进气机匣测点振动加速度的三维瀑布图，由图可知，低转速下主要表现为转速的倍频及组合频率，高转速下主要表现为转速的分频及组合频率，组合频率形式可统一为 $N_1 + \dfrac{m\times(N_2 - N_1)}{n}$。随着转速的升高，逐渐进入混沌现象，频谱表现为连续谱。图 8-67 和图 8-68 分别为 N_1=4297r/min、N_2=11141r/min 的测

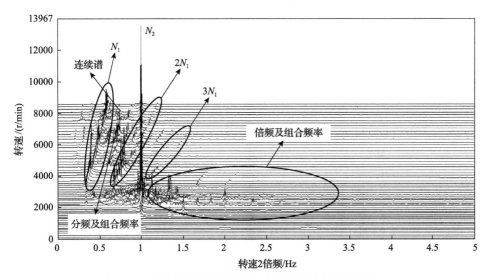

图 8-66　进气机匣测点振动加速度三维瀑布图（支点 1）

点振动加速度时域波形和频谱，该转速下，频谱主要表现为 N_1、N_2、$2N_1$、$3N_1$ 和 $4N_1$ 等。图 8-69 和图 8-70 为 N_1=6429r/min、N_2=12785r/min 的测点振动加速度时域波形和频谱，该转速下，频谱出现了明显的 N_2-N_1 的 5 分频，主要表现为 N_1、N_2、$N_1+(N_2-N_1)/5$、$N_1+2(N_2-N_1)/5$、$N_1+3(N_2-N_1)/5$ 和 $N_1+4(N_2-N_1)/5$ 等。图 8-71 和图 8-72 为 N_1=8134r/min、N_2=14100r/min 的测点振动加速度时域波形和频谱，该转速下，转子进入无序混沌状态，频谱特性表现为连续谱。

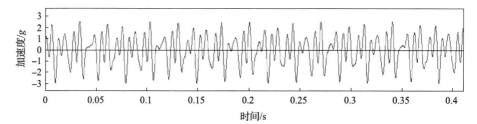

图 8-67　进气机匣测点振动加速度时域波形（N_1=4297r/min，N_2=11141r/min）（支点 1）

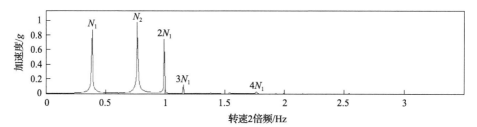

图 8-68　进气机匣测点振动加速度频谱（N_1=4297r/min，N_2=11141r/min）（支点 1）

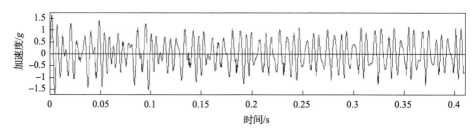

图 8-69　进气机匣测点振动加速度时域波形（N_1=6429r/min，N_2=12785r/min）（支点 1）

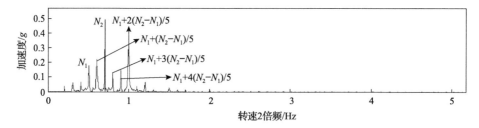

图 8-70　进气机匣测点振动加速度频谱（N_1=6429r/min，N_2=12785r/min）（支点 1）

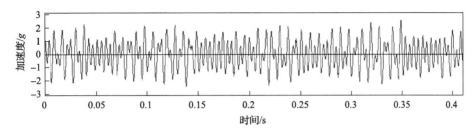

图 8-71 进气机匣测点振动加速度时域波形(N_1=8134r/min，N_2=14100r/min)(支点 1)

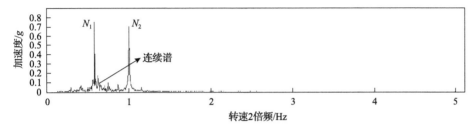

图 8-72 进气机匣测点振动加速度频谱(N_1=8134r/min，N_2=14100r/min)(支点 1)

2) 中介机匣前测点

图 8-73 为中介机匣前测点振动加速度的三维瀑布图，由图可知，低转速下主要表现为转速的倍频及组合频率，高转速下主要表现为转速的分频及组合频率，组合频率形式可统一为 $N_1 + \dfrac{m \times (N_2 - N_1)}{n}$。图 8-74 和图 8-75 分别为 N_1=4297r/min、N_2=11141r/min 的测点振动加速度时域波形和频谱，该转速下，频谱主要表现为

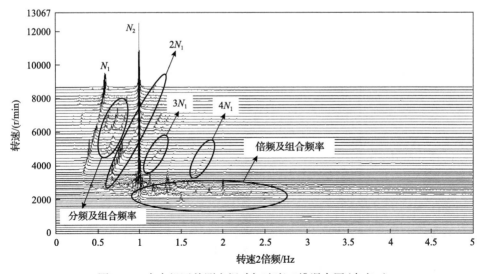

图 8-73 中介机匣前测点振动加速度三维瀑布图(支点 1)

N_1、N_2、$2N_1$ 和 $3N_1$ 等。图 8-76 和图 8-77 为 N_1=6429r/min、N_2=12785r/min 的测点振动加速度时域波形和频谱，该转速下，频谱出现了明显的 $N_2–N_1$ 的 5 分频，主要表现为 N_1、N_2、N_1+$(N_2–N_1)$/5、N_1+2$(N_2–N_1)$/5、N_1+3$(N_2–N_1)$/5 和 N_1+4$(N_2–N_1)$/5 等。图 8-78 和图 8-79 为 N_1=8134r/min、N_2=14100r/min 的测点振动加速度时域波形和频谱，该转速下，频谱主要表现为 N_1 和 N_2。

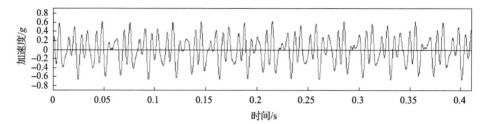

图 8-74 中介机匣前测点振动加速度时域波形（N_1=4297r/min，N_2=11141r/min）（支点 1）

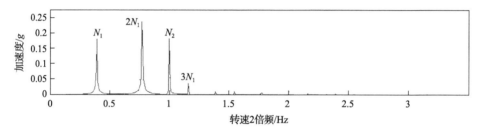

图 8-75 中介机匣前测点振动加速度频谱（N_1=4297r/min，N_2=11141r/min）（支点 1）

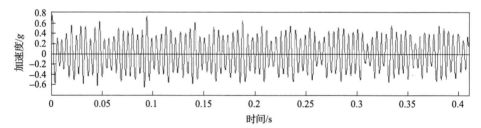

图 8-76 中介机匣前测点振动加速度时域波形（N_1=6429r/min，N_2=12785r/min）（支点 1）

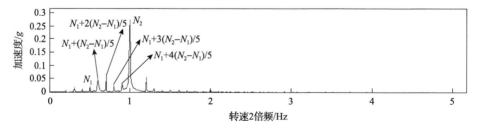

图 8-77 中介机匣前测点振动加速度频谱（N_1=6429r/min，N_2=12785r/min）（支点 1）

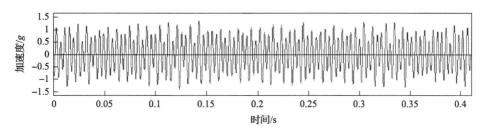

图 8-78　中介机匣前测点振动加速度时域波形（N_1=8134r/min，N_2=14100r/min）（支点 1）

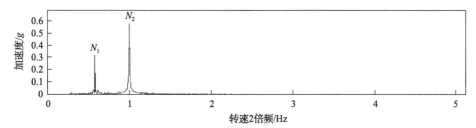

图 8-79　中介机匣前测点振动加速度频谱（N_1=8134r/min，N_2=14100r/min）（支点 1）

3）中介机匣后测点

图 8-80 为中介机匣后测点振动加速度的三维瀑布图，由图可知，低转速下主要表现为转速的倍频及组合频率，高转速下主要表现为转速的分频及组合频率，组合频率形式可统一为 $N_1 + \dfrac{m \times (N_2 - N_1)}{n}$。图 8-81 和图 8-82 分别为 N_1=4297r/min、N_2=11141r/min 的测点振动加速度时域波形和频谱，该转速下，频谱主要表现为

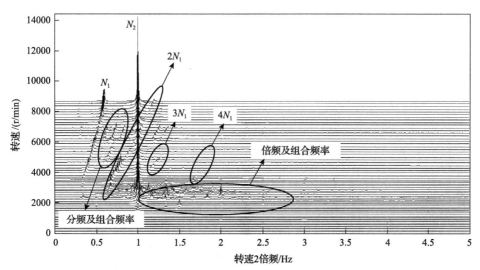

图 8-80　中介机匣后测点振动加速度三维瀑布图（支点 1）

N_1、N_2、$2N_1$ 和 $3N_1$ 等。图 8-83 和图 8-84 为 N_1=6429r/min、N_2=12785r/min 的测点振动加速度时域波形和频谱，该转速下，频谱出现了明显的 N_2–N_1 的 5 分频，主要表现为 N_1、N_2、N_1+(N_2–N_1)/5、N_1+2(N_2–N_1)/5 等。图 8-85 和图 8-86 为 N_1=8134r/min、N_2=14100r/min 的测点振动加速度时域波形和频谱，该转速下，频谱主要表现为 N_1、N_2。

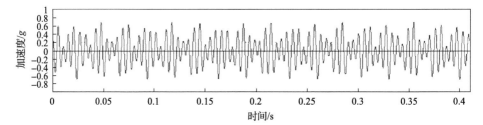

图 8-81　中介机匣后测点振动加速度时域波形（N_1=4297r/min，N_2=11141r/min）（支点 1）

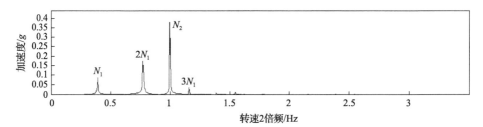

图 8-82　中介机匣后测点振动加速度频谱（N_1=4297r/min，N_2=11141r/min）（支点 1）

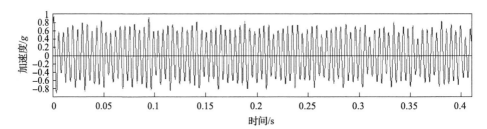

图 8-83　中介机匣后测点振动加速度时域波形（N_1=6429r/min，N_2=12785r/min）（支点 1）

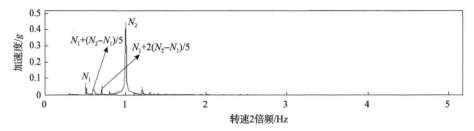

图 8-84　中介机匣后测点振动加速度频谱（N_1=6429r/min，N_2=12785r/min）（支点 1）

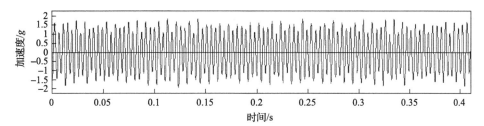

图 8-85　中介机匣后测点振动加速度时域波形(N_1=8134r/min，N_2=14100r/min)(支点 1)

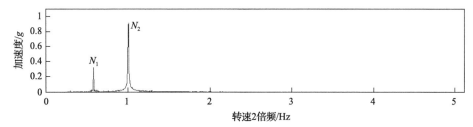

图 8-86　中介机匣后测点振动加速度频谱(N_1=8134r/min，N_2=14100r/min)(支点 1)

4)涡轮机匣测点

图 8-87 为涡轮机匣测点振动加速度的三维瀑布图，由图可知，低转速下主要表现为转速的倍频及组合频率，高转速下主要表现为转速的分频及组合频率，组合频率形式可统一为 $N_1 + \dfrac{m \times (N_2 - N_1)}{n}$。图 8-88 和图 8-89 分别为 N_1=4297r/min、N_2=11141r/min 的测点振动加速度时域波形和频谱，该转速下，频谱主要表现为

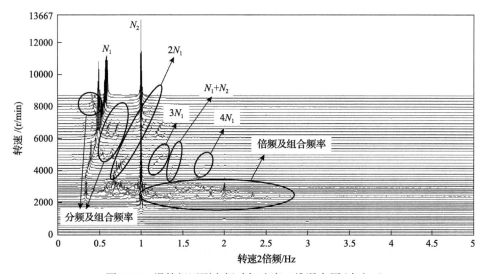

图 8-87　涡轮机匣测点振动加速度三维瀑布图(支点 1)

N_1、N_2、$2N_1$、$3N_1$ 和 N_1+N_2 等。图 8-90 和图 8-91 为 N_1=6429r/min、N_2=12785r/min 的测点振动加速度时域波形和频谱，该转速下，频谱出现了明显的 N_2-N_1 的 5 分频，主要表现为 N_1、N_2、$N_1+(N_2-N_1)/5$、$N_1+2(N_2-N_1)/5$ 等。图 8-92 和图 8-93 为 N_1=8134r/min、N_2=14100r/min 的测点振动加速度时域波形和频谱，该转速下，频谱主要表现为 N_1 和 N_2。

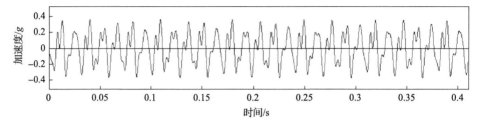

图 8-88　涡轮机匣测点振动加速度时域波形（N_1=4297r/min，N_2=11141r/min）（支点 1）

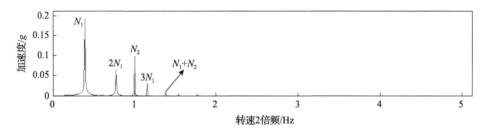

图 8-89　涡轮机匣测点振动加速度频谱（N_1=4297r/min，N_2=11141r/min）（支点 1）

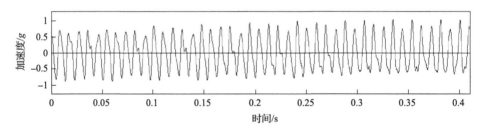

图 8-90　涡轮机匣测点振动加速度时域波形（N_1=6429r/min，N_2=12785r/min）（支点 1）

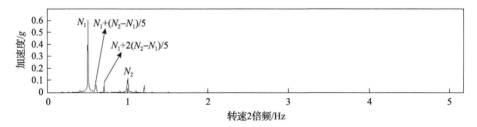

图 8-91　涡轮机匣测点振动加速度频谱（N_1=6429r/min，N_2=12785r/min）（支点 1）

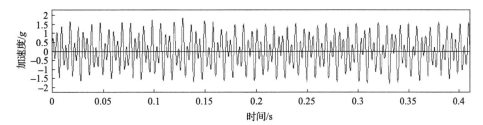

图 8-92 涡轮机匣测点振动加速度时域波形(N_1=8134r/min，N_2=14100r/min)（支点 1）

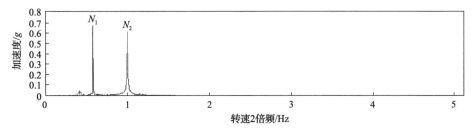

图 8-93 涡轮机匣测点振动加速度频谱(N_1=8134r/min，N_2=14100r/min)（支点 1）

2. 对机匣测点的振动有效值影响分析

图 8-94 为支点 1 处配合松动故障对机匣各测点的振动加速度有效值的影响。从图中可以明显看出，支承配合松动故障使支承刚度产生了很大的变化，从而在一定程度上影响了系统的固有频率和临界转速，因此，各测点所表现出的临界转速附近的共振峰出现了偏移，从机匣各测点振动加速度有效值可以看出，支点 1 处的配合松动故障对进气机匣测点的振动影响最大，中介机匣测点次之，对涡轮机匣测点的振动影响最小。

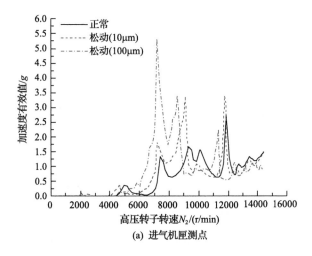

(a) 进气机匣测点

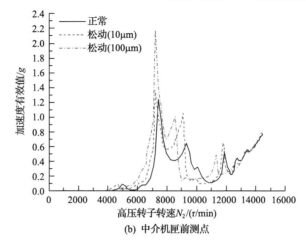

(b) 中介机匣前测点

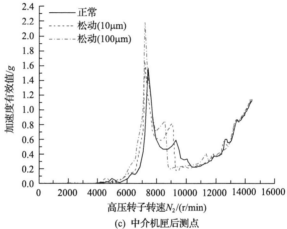

(c) 中介机匣后测点

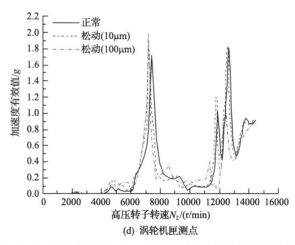

(d) 涡轮机匣测点

图 8-94　支点 1 处配合松动故障对机匣各测点的振动加速度有效值影响

8.4.3 支点 2 配合松动故障特征分析

1. 机匣测点加速度特征分析

1) 进气机匣测点

图 8-95 为进气机匣测点振动加速度的三维瀑布图，由图可知，低转速下主要表现为转速的倍频及组合频率，高转速下主要表现为转速的分频及组合频率，组合频率形式可统一为 $N_1 + \dfrac{m \times (N_2 - N_1)}{n}$。图 8-96 和图 8-97 分别为 N_1=4297r/min、N_2=11141r/min 的测点振动加速度时域波形和频谱，该转速下，频谱主要表现为 N_1、N_2、$2N_1$ 和 $3N_1$ 等。图 8-98 和图 8-99 为 N_1=6429r/min、N_2=12785r/min 的测点振动加速度时域波形和频谱，该转速下，频谱出现了明显的 N_2–N_1 的 7 分频，主要表现为 N_1、N_2、$5(N_2-N_1)/7$、$N_1+2(N_2-N_1)/7$、$N_1+3(N_2-N_1)/7$、$N_1+4(N_2-N_1)/7$ 和 $N_1+5(N_2-N_1)/7$ 等。图 8-100 和图 8-101 为 N_1=8134r/min、N_2=14100r/min 的测点振动加速度时域波形和频谱，该转速下，频谱主要表现出 $N_1/2$、N_1、$3N_1/2$ 和 N_2 等。

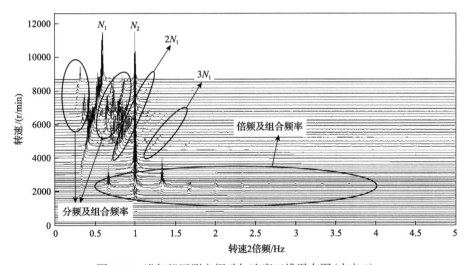

图 8-95 进气机匣测点振动加速度三维瀑布图（支点 2）

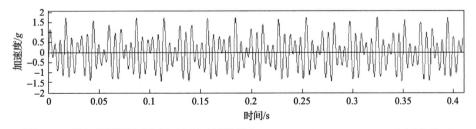

图 8-96 进气机匣测点振动加速度时域波形（N_1=4297r/min，N_2=11141r/min）（支点 2）

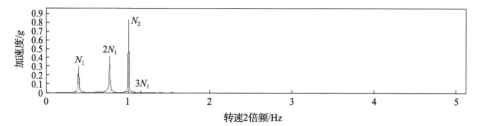

图 8-97　进气机匣测点振动加速度频谱(N_1=4297r/min，N_2=11141r/min)(支点 2)

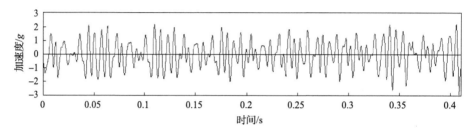

图 8-98　进气机匣测点振动加速度时域波形(N_1=6429r/min，N_2=12785r/min)(支点 2)

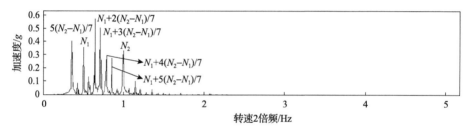

图 8-99　进气机匣测点振动加速度频谱(N_1=6429r/min，N_2=12785r/min)(支点 2)

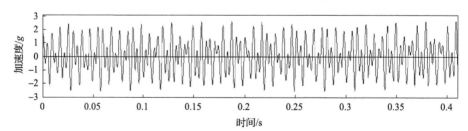

图 8-100　进气机匣测点振动加速度时域波形(N_1=8134r/min，N_2=14100r/min)(支点 2)

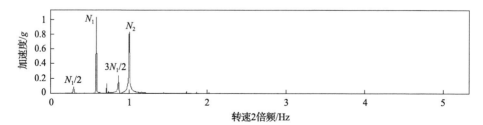

图 8-101　进气机匣测点振动加速度频谱(N_1=8134r/min，N_2=14100r/min)(支点 2)

2) 中介机匣前测点

图 8-102 为中介机匣前测点振动加速度的三维瀑布图，由图可知，低转速下主要表现为转速的倍频及组合频率，高转速下主要表现为转速的分频及组合频率，组合频率形式可统一为 $N_1 + \dfrac{m \times (N_2 - N_1)}{n}$。图 8-103 和图 8-104 分别为 N_1=4297r/min、N_2=11141r/min 的测点振动加速度时域波形和频谱，该转速下，频谱主要表现为 N_1、N_2、$2N_1$、$3N_1$ 和 $4N_1$ 等。图 8-105 和图 8-106 为 N_1=6429r/min、N_2=12785r/min

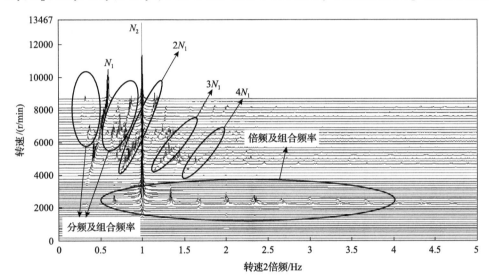

图 8-102　中介机匣前测点振动加速度三维瀑布图（支点 2）

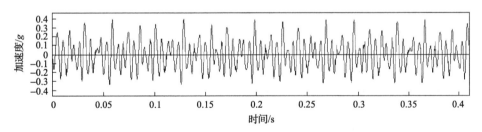

图 8-103　中介机匣前测点振动加速度时域波形（N_1=4297r/min，N_2=11141r/min）（支点 2）

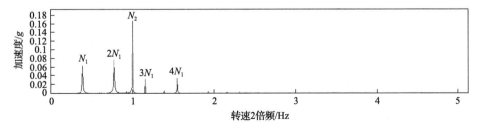

图 8-104　中介机匣前测点振动加速度频谱（N_1=4297r/min，N_2=11141r/min）（支点 2）

的测点振动加速度时域波形和频谱，该转速下，频谱出现了明显的 N_2–N_1 的 7 分频，主要表现为 N_1、N_2、$5(N_2$–$N_1)/7$、$N_1+2(N_2$–$N_1)/7$、$N_1+3(N_2$–$N_1)/7$、$N_1+4(N_2$–$N_1)/7$ 和 $N_2+5(N_2$–$N_1)/7$ 等。图 8-107 和图 8-108 为 N_1=8134r/min、N_2=14100r/min 的测点振动加速度时域波形和频谱，该转速下，频谱主要表现出 N_1、$3N_1/2$、N_2 和 $2N_1$ 等。

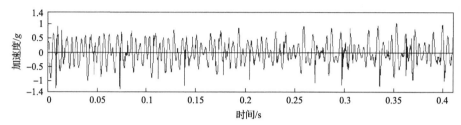

图 8-105　中介机匣前测点振动加速度时域波形（N_1=6429r/min，N_2=12785r/min）（支点 2）

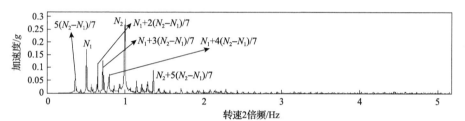

图 8-106　中介机匣前测点振动加速度频谱（N_1=6429r/min，N_2=12785r/min）（支点 2）

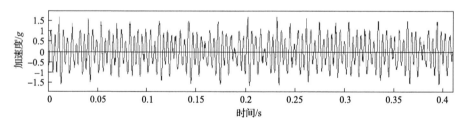

图 8-107　中介机匣前测点振动加速度时域波形（N_1=8134r/min，N_2=14100r/min）（支点 2）

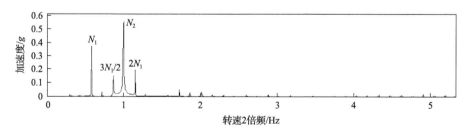

图 8-108　中介机匣前测点振动加速度频谱（N_1=8134r/min，N_2=14100r/min）（支点 2）

3）中介机匣后测点

图 8-109 为中介机匣后测点振动加速度的三维瀑布图，由图可知，低转速下主

要表现为转速的倍频及组合频率，高转速下主要表现为转速的分频及组合频率，组合频率形式可统一为 $N_1 + \dfrac{m \times (N_2 - N_1)}{n}$。图 8-110 和图 8-111 分别为 N_1=4297r/min、N_2=11141r/min 的测点振动加速度时域波形和频谱，该转速下，频谱主要表现为 N_1、N_2、$2N_1$、$3N_1$ 和 $4N_1$ 等。图 8-112 和图 8-113 为 N_1=6429r/min、N_2=12785r/min 的测点振动加速度时域波形和频谱，该转速下，频谱出现了明显的 N_2-N_1 的 7 分频，主要表现为 N_1、N_2、$5(N_2-N_1)/7$、$N_1+2(N_2-N_1)/7$、$N_1+3(N_2-N_1)/7$、$N_1+4(N_2-$

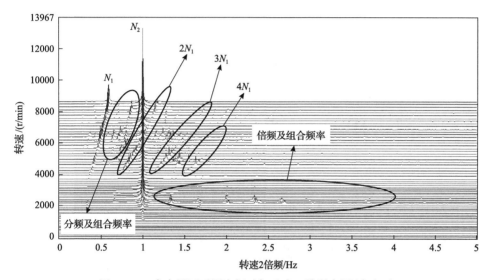

图 8-109　中介机匣后测点振动加速度三维瀑布图（支点 2）

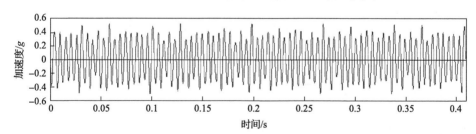

图 8-110　中介机匣后测点振动加速度时域波形（N_1=4297r/min，N_2=11141r/min）（支点 2）

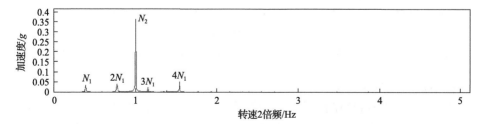

图 8-111　中介机匣后测点振动加速度频谱（N_1=4297r/min，N_2=11141r/min）（支点 2）

$N_1)/7$ 和 $N_2+5(N_2-N_1)/7$ 等。图 8-114 和图 8-115 为 N_1=8134r/min、N_2=14100r/min 的测点振动加速度时域波形和频谱，该转速下，频谱主要表现出 N_1、N_2、$3N_1/2$ 和 $2N_1$ 等。

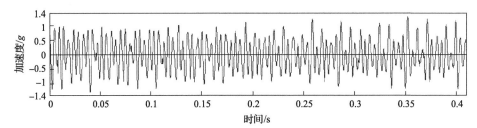

图 8-112　中介机匣后测点振动加速度时域波形（N_1=6429r/min，N_2=12785r/min）（支点 2）

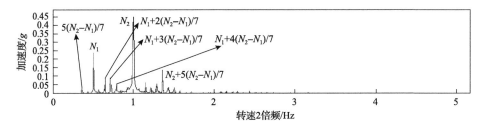

图 8-113　中介机匣后测点振动加速度频谱（N_1=6429r/min，N_2=12785r/min）（支点 2）

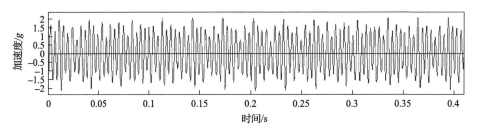

图 8-114　中介机匣后测点振动加速度时域波形（N_1=8134r/min，N_2=14100r/min）（支点 2）

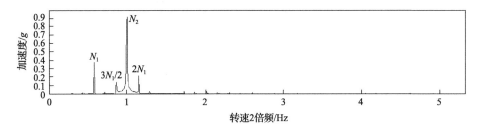

图 8-115　中介机匣后测点振动加速度频谱（N_1=8134r/min，N_2=14100r/min）（支点 2）

4）涡轮机匣测点

图 8-116 为涡轮机匣测点振动加速度的三维瀑布图，由图可知，低转速下主要表现为转速的倍频及组合频率，高转速下主要表现为转速的分频及组合频率，组合

频率形式可统一为 $N_1 + \dfrac{m \times (N_2 - N_1)}{n}$。图 8-117 和图 8-118 分别为 N_1=4297r/min、
N_2=11141r/min 的测点振动加速度时域波形和频谱，该转速下，频谱主要表现为
N_1、N_2、$2N_1$、$3N_1$ 和 $4N_1$ 等。图 8-119 和图 8-120 为 N_1=6429r/min、N_2=12785r/min
的测点振动加速度时域波形和频谱，该转速下，频谱出现了明显的 N_2–N_1 的 7 分
频，主要表现为 N_1、N_2、$5(N_2–N_1)/7$、N_1+2$(N_2–N_1)/7$ 等。图 8-121 和图 8-122 为
N_1=8134r/min、N_2=14100r/min 的测点振动加速度时域波形和频谱，该转速下，频
谱主要表现出 N_1、N_2、$3N_1/2$ 和 $2N_1$ 等。

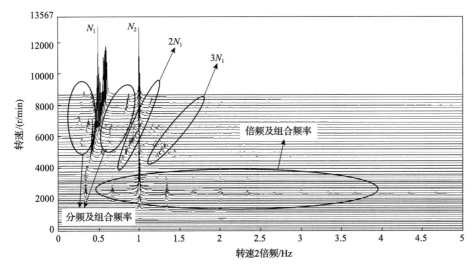

图 8-116　涡轮机匣测点振动加速度三维瀑布图（支点 2）

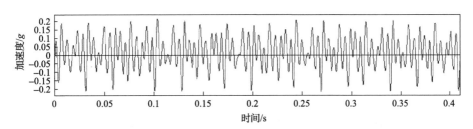

图 8-117　涡轮机匣测点振动加速度时域波形（N_1=4297r/min，N_2=11141r/min）（支点 2）

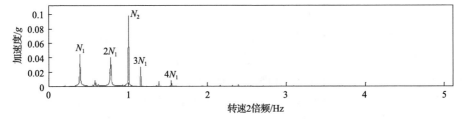

图 8-118　涡轮机匣测点振动加速度频谱（N_1=4297r/min，N_2=11141r/min）（支点 2）

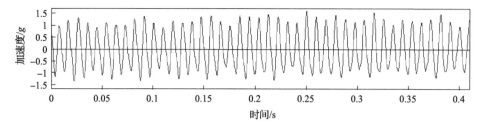

图 8-119　涡轮机匣测点振动加速度时域波形(N_1=6429r/min，N_2=12785r/min)(支点 2)

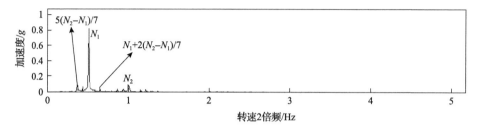

图 8-120　涡轮机匣测点振动加速度频谱(N_1=6429r/min，N_2=12785r/min)(支点 2)

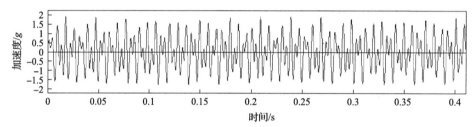

图 8-121　涡轮机匣测点振动加速度时域波形(N_1=8134r/min，N_2=14100r/min)(支点 2)

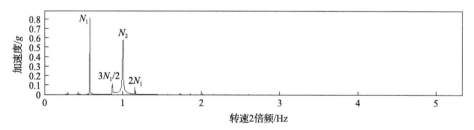

图 8-122　涡轮机匣测点振动加速度频谱(N_1=8134r/min，N_2=14100r/min)(支点 2)

2. 对机匣测点的振动有效值影响分析

图 8-123 为支点 2 处配合松动故障对机匣各测点的振动加速度有效值的影响。从图中可以明显看出，支承配合松动故障使支承刚度产生了很大的变化，从而在一定程度上影响了系统固有频率和临界转速的变化，因此，各测点所表现出的临界转速附近的共振峰出现了偏移。从机匣各测点的振动加速度有效值可以看出，支点 2 处的配合松动故障对进气机匣的影响最为明显，中介机匣前测点次之，涡

轮机匣测点影响最不明显。

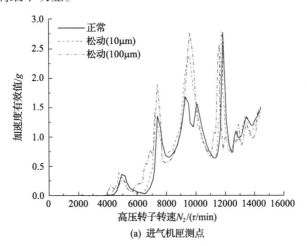

(a) 进气机匣测点

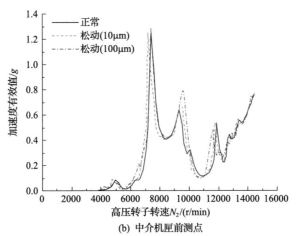

(b) 中介机匣前测点

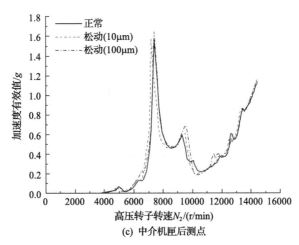

(c) 中介机匣后测点

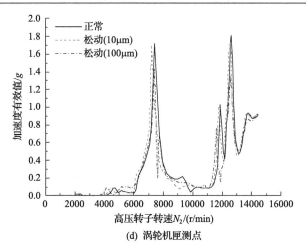

(d) 涡轮机匣测点

图 8-123　支点 2 处配合松动故障对机匣各测点的振动加速度有效值影响

8.4.4　支点 3 配合松动故障特征分析

1. 机匣测点加速度特征分析

1) 进气机匣测点

图 8-124 为进气机匣测点振动加速度的三维瀑布图，由图可知，低转速下主要表现为转速的倍频及组合频率，高转速下主要表现为转速的分频及组合频率，组合频率形式可统一为 $N_1 + \dfrac{m \times (N_2 - N_1)}{n}$ 。图 8-125 和图 8-126 分别为 N_1=1937r/min、

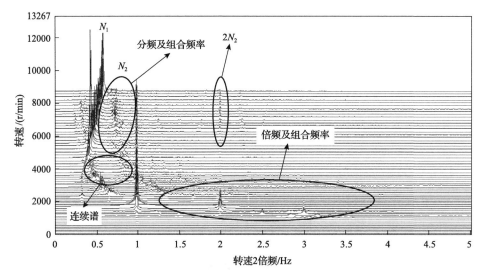

图 8-124　进气机匣测点振动加速度三维瀑布图(支点 3)

N_2=5811r/min 的测点振动加速度时域波形和频谱，该转速下，频谱主要表现为 N_2、$2N_2$ 和 $3N_2$ 等。图 8-127 和图 8-128 为 N_1=4297r/min、N_2=11141r/min 的测点振动加速度时域波形和频谱，该转速下，转子开始进入混沌状态，频谱主要表现为 N_1、N_2、N_1+7(N_2-N_1)/9 等以及连续谱。图 8-129 和图 8-130 为 N_1=6908r/min、N_2=13154r/min 的测点振动加速度时域波形和频谱，该转速下，频谱出现明显的 N_2–N_1 的 9 分频，主要表现出 N_1、N_2、N_1+4(N_2-N_1)/9 等。

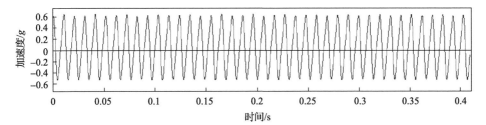

图 8-125　进气机匣测点振动加速度时域波形（N_1=1937r/min，N_2=5811r/min）（支点 3）

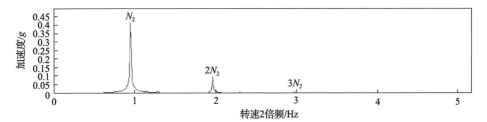

图 8-126　进气机匣测点振动加速度频谱（N_1=1937r/min，N_2=5811r/min）（支点 3）

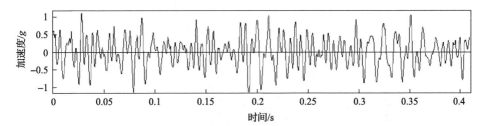

图 8-127　进气机匣测点振动加速度时域波形（N_1=4297r/min，N_2=11141r/min）（支点 3）

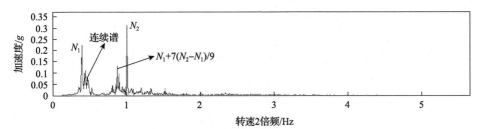

图 8-128　进气机匣测点振动加速度频谱（N_1=4297r/min，N_2=11141r/min）（支点 3）

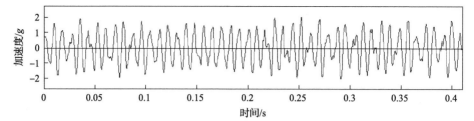

图 8-129 进气机匣测点振动加速度时域波形（N_1=6908r/min，N_2=13154r/min）（支点 3）

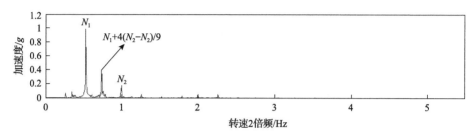

图 8-130 进气机匣测点振动加速度频谱（N_1=6908r/min，N_2=13154r/min）（支点 3）

2）中介机匣前测点

图 8-131 为中介机匣前测点振动加速度的三维瀑布图，由图可知，低转速下主要表现为转速的倍频及组合频率，高转速下主要表现为转速的分频及组合频率，组合频率形式可统一为 $N_1 + \dfrac{m \times (N_2 - N_1)}{n}$。图 8-132 和图 8-133 分别为 N_1=1937r/min、N_2=5811r/min 的测点振动加速度时域波形和频谱，该转速下，频谱主要表现为 N_1、N_2、N_1+N_2、$2N_2$ 和 $3N_2$ 等。图 8-134 和图 8-135 为 N_1=4297r/min、

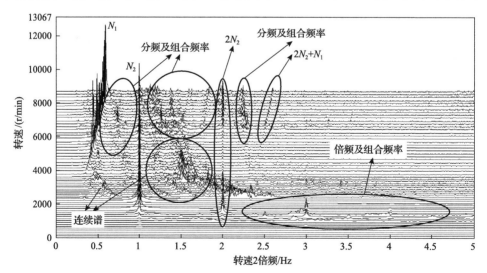

图 8-131 中介机匣前测点振动加速度三维瀑布图（支点 3）

N_2=11141r/min 的测点振动加速度时域波形和频谱，该转速下，转子开始进入混沌状态，频谱主要表现为 N_1、N_2、$2N_2$、$N_1+7(N_2-N_1)/9$、$N_2+N_1+2(N_2-N_1)/9$ 等以及连续谱。图 8-136 和图 8-137 为 N_1=6908r/min、N_2=13154r/min 的测点振动加速度时域波形和频谱，该转速下，频谱出现明显的 N_2-N_1 的 9 分频，主要表现出 N_1、N_2、N_1+N_2、$2N_2$、$N_1+4(N_2-N_1)/9$、$N_2+5(N_2-N_1)/9$ 和 $2N_2+5(N_2-N_1)/9$ 等。

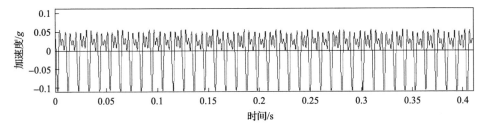

图 8-132　中介机匣前测点振动加速度时域波形（N_1=1937r/min，N_2=5811r/min）（支点 3）

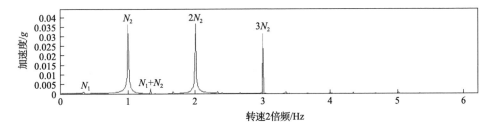

图 8-133　中介机匣前测点振动加速度频谱（N_1=1937r/min，N_2=5811r/min）（支点 3）

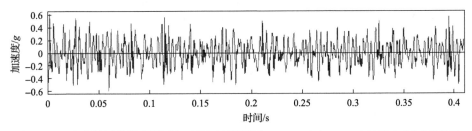

图 8-134　中介机匣前测点振动加速度时域波形（N_1=4297r/min，N_2=11141r/min）（支点 3）

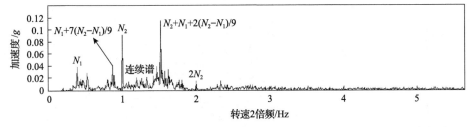

图 8-135　中介机匣前测点振动加速度频谱（N_1=4297r/min，N_2=11141r/min）（支点 3）

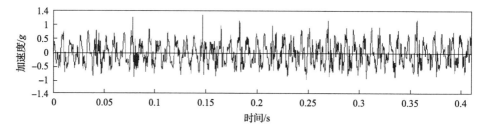

图 8-136　中介机匣前测点振动加速度时域波形（N_1=6908r/min，N_2=13154r/min）（支点 3）

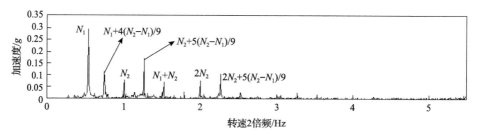

图 8-137　中介机匣前测点振动加速度频谱（N_1=6908r/min，N_2=13154r/min）（支点 3）

3）中介机匣后测点

图 8-138 为中介机匣后测点振动加速度的三维瀑布图，由图可知，低转速下主要表现为转速的倍频及组合频率，高转速下主要表现为转速的分频及组合频率，组合频率形式可统一为 $N_1 + \dfrac{m \times (N_2 - N_1)}{n}$。图 8-139 和图 8-140 分别为 N_1=1937r/min、N_2=5811r/min 的测点振动加速度时域波形和频谱，该转速下，频谱主要表现为 N_1、N_2、N_1+N_2、$2N_2$ 和 $3N_2$ 等。图 8-141 和图 8-142 为 N_1=4297r/min、N_2=11141r/min

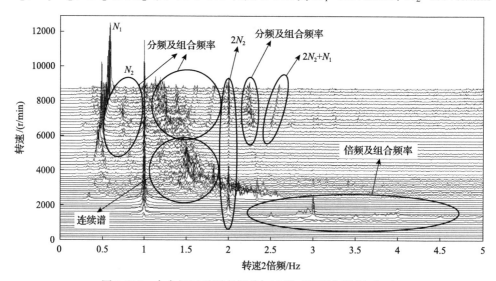

图 8-138　中介机匣后测点振动加速度三维瀑布图（支点 3）

的测点振动加速度时域波形和频谱，该转速下，转子开始进入混沌状态，频谱主要表现为 N_1、N_2、$2N_2$、$N_1+7(N_2-N_1)/9$、$N_1+N_2+2(N_2-N_1)/9$ 等以及连续谱。图 8-143 和图 8-144 为 $N_1=6908$r/min、$N_2=13154$r/min 的测点振动加速度时域波形和频谱，该转速下，频谱出现明显的 N_2-N_1 的 9 分频，主要表现出 N_1、N_2、N_1+N_2、$2N_2$、$N_1+4(N_2-N_1)/9$、$N_2+5(N_2-N_1)/9$ 和 $2N_2+5(N_2-N_1)/9$ 等。

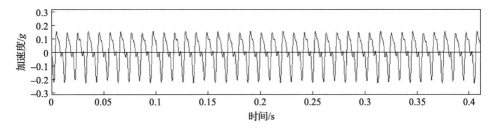

图 8-139　中介机匣后测点振动加速度时域波形（$N_1=1937$r/min，$N_2=5811$r/min）（支点 3）

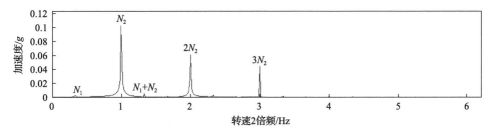

图 8-140　中介机匣后测点振动加速度频谱（$N_1=1937$r/min，$N_2=5811$r/min）（支点 3）

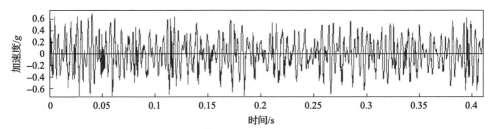

图 8-141　中介机匣后测点振动加速度时域波形（$N_1=4297$r/min，$N_2=11141$r/min）（支点 3）

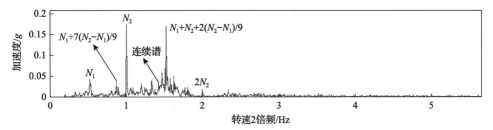

图 8-142　中介机匣后测点振动加速度频谱（$N_1=4297$r/min，$N_2=11141$r/min）（支点 3）

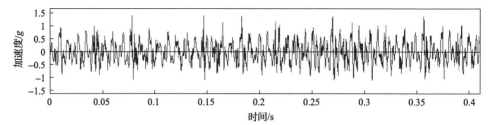

图 8-143 中介机匣后测点振动加速度时域波形(N_1=6908r/min，N_2=13154r/min)(支点 3)

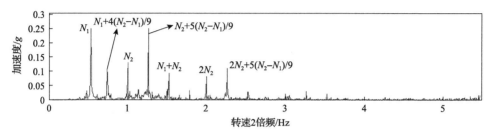

图 8-144 中介机匣后测点振动加速度频谱(N_1=6908r/min，N_2=13154r/min)(支点 3)

4)涡轮机匣测点

图 8-145 为涡轮机匣测点振动加速度的三维瀑布图，由图可知，低转速下主要表现为转速的倍频及组合频率，高转速下主要表现为转速的分频及组合频率，组合频率形式可统一为 $N_1 + \dfrac{m \times (N_2 - N_1)}{n}$。图 8-146 和图 8-147 分别为 N_1=1937r/min、N_2=5811r/min 的测点振动加速度时域波形和频谱，该转速下，频谱主要表现为 N_1、N_2、$2N_2$ 和 $3N_2$ 等。图 8-148 和图 8-149 为 N_1=4297r/min、N_2=11141r/min 的测点

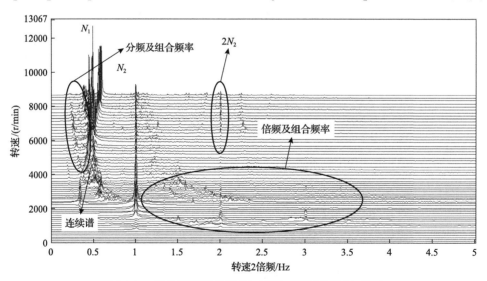

图 8-145 涡轮机匣测点振动加速度三维瀑布图(支点 3)

振动加速度时域波形和频谱，该转速下，转子开始进入混沌状态，频谱主要表现为 N_1、N_2、$N_1+2(N_2-N_1)/9$ 等以及连续谱；图 8-150 和图 8-151 为 N_1=6908r/min、N_2=13154r/min 的测点振动加速度时域波形和频谱，该转速下，频谱出现明显的 N_2-N_1 的 9 分频，主要表现出 $5(N_2-N_1)/9$、N_1、$N_1+4(N_2-N_1)/9$、N_2、$N_2+5(N_2-N_1)/9$、$2N_2$、$2N_2+5(N_2-N_1)/9$ 等。

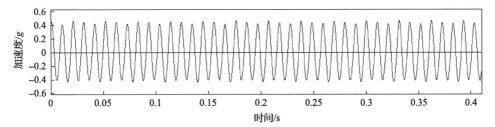

图 8-146　涡轮机匣测点振动加速度时域波形（N_1=1937r/min，N_2=5811r/min）（支点 3）

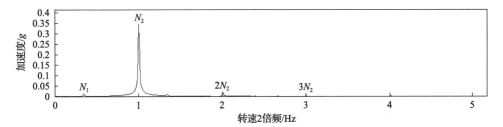

图 8-147　涡轮机匣测点振动加速度频谱（N_1=1937r/min，N_2=5811r/min）（支点 3）

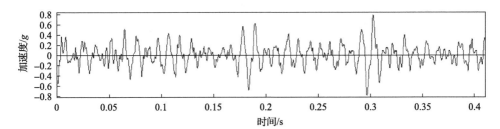

图 8-148　涡轮机匣测点振动加速度时域波形（N_1=4297r/min，N_2=11141r/min）（支点 3）

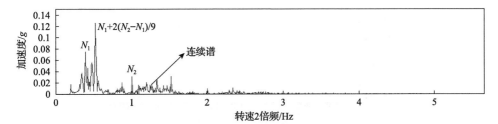

图 8-149　涡轮机匣测点振动加速度频谱（N_1=4297r/min，N_2=11141r/min）（支点 3）

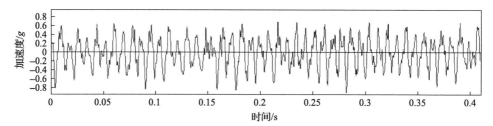

图 8-150　涡轮机匣测点振动加速度时域波形(N_1=6908r/min，N_2=13154r/min)(支点 3)

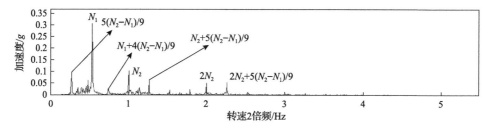

图 8-151　涡轮机匣测点振动加速度频谱(N_1=6908r/min，N_2=13154r/min)(支点 3)

2. 对机匣测点的振动有效值影响分析

图 8-152 为支点 3 处配合松动故障对机匣各测点的振动加速度有效值的影响。从图中可以明显看出，支承配合松动故障使支承刚度产生了很大的变化，从而在一定程度上影响了系统固有频率和临界转速的变化，因此，各测点所表现出的临界转速附近的共振峰出现了偏移。从机匣各测点的振动加速度有效值可以看出，支点 3 处的配合松动故障对中介机匣的影响最为明显，涡轮测点次之，进气机匣测点影响最不明显。

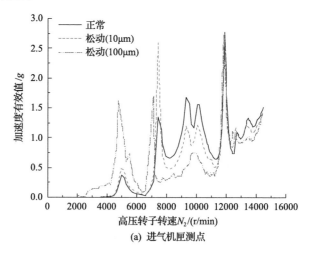

(a) 进气机匣测点

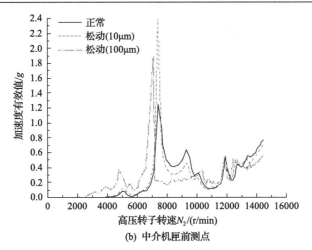

(b) 中介机匣前测点

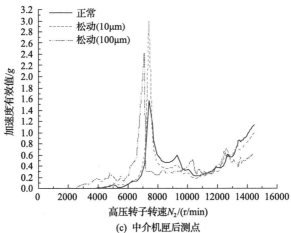

(c) 中介机匣后测点

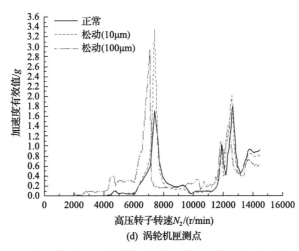

(d) 涡轮机匣测点

图 8-152　支点 3 处配合松动故障对机匣各测点的振动加速度有效值影响

8.4.5 支点 4 配合松动故障特征分析

1. 机匣测点加速度特征分析

1) 进气机匣测点

图 8-153 为进气机匣测点振动加速度的三维瀑布图，由图可知，低转速下主要表现为转速的倍频及组合频率，高转速下主要表现为转速的分频及组合频率，组合频率形式可统一为 $N_1+\dfrac{m\times(N_2-N_1)}{n}$。图 8-154 和图 8-155 分别为 N_1=2415r/min、N_2=7245r/min 的测点振动加速度时域波形和频谱，该转速下，频谱主要表现为 N_1、$2N_1$、N_2、$4N_1$、$5N_1$ 和 $2N_2$ 等。图 8-156 和图 8-157 为 N_1=7281r/min、N_2=13442r/min 的测点振动加速度时域波形和频谱，该转速下，频谱表现出明显的 N_2–N_1 的 6 分频，主要表现为 N_1、N_2、$5(N_2-N_1)/6$、$N_1+(N_2-N_1)/3$ 和 $N_1+2(N_2-N_1)/3$、$2N_1$ 等。图 8-158 和图 8-159 为 N_1=8666r/min、N_2=14510r/min 的测点振动加速度时域波形和频谱，该转速下，频谱主要表现出 N_1、N_2、$2N_1$ 等。

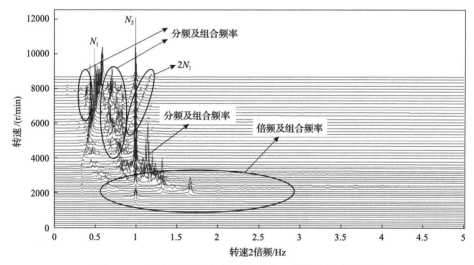

图 8-153　进气机匣测点振动加速度三维瀑布图（支点 4）

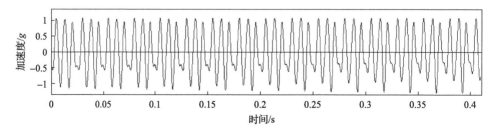

图 8-154　进气机匣测点振动加速度时域波形（N_1=2415r/min，N_2=7245r/min）（支点 4）

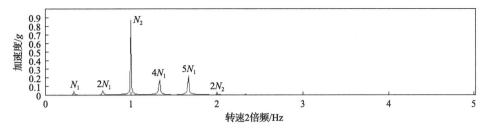

图 8-155　进气机匣测点振动加速度频谱(N_1=2415r/min，N_2=7245r/min)(支点 4)

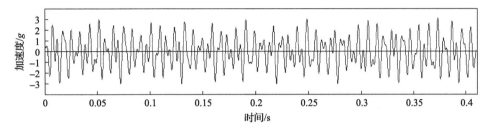

图 8-156　进气机匣测点振动加速度时域波形(N_1=7281r/min，N_2=13442r/min)(支点 4)

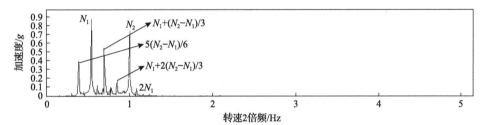

图 8-157　进气机匣测点振动加速度频谱(N_1=7281r/min，N_2=13442r/min)(支点 4)

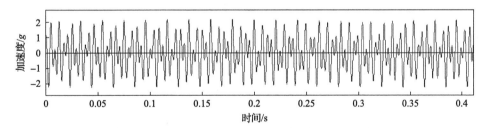

图 8-158　进气机匣测点振动加速度时域波形(N_1=8666r/min，N_2=14510r/min)(支点 4)

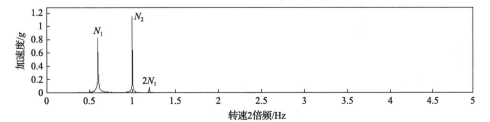

图 8-159　进气机匣测点振动加速度频谱(N_1=8666r/min，N_2=14510r/min)(支点 4)

2)中介机匣前测点

图 8-160 为中介机匣前测点振动加速度的三维瀑布图，由图可知，低转速下主要表现为转速的倍频及组合频率，高转速下主要表现为转速的分频及组合频率，组合频率形式可统一为 $N_1 + \dfrac{m \times (N_2 - N_1)}{n}$。图 8-161 和图 8-162 分别为 N_1=2415r/min、N_2=7245r/min 的测点振动加速度时域波形和频谱，该转速下，频谱主要表现为 N_1、N_2、$4N_1$、$5N_1$ 等。图 8-163 和图 8-164 为 N_1=7281r/min、N_2=13442r/min 的测点振

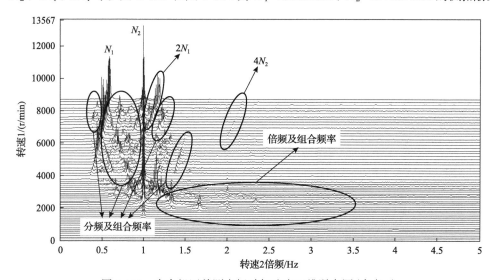

图 8-160　中介机匣前测点振动加速度三维瀑布图（支点 4）

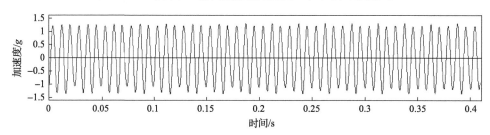

图 8-161　中介机匣前测点振动加速度时域波形（N_1=2415r/min，N_2=7245r/min）（支点 4）

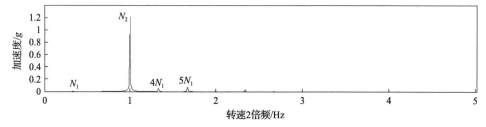

图 8-162　中介机匣前测点振动加速度频谱（N_1=2415r/min，N_2=7245r/min）（支点 4）

动加速度时域波形和频谱，该转速下，频谱表现出明显的 N_2-N_1 的 6 分频，主要表现为 N_1、N_2、$5(N_2-N_1)/6$、$N_1+(N_2-N_1)/3$ 和 $N_1+5(N_2-N_1)/3$、$2N_1$ 和 $2N_1+(N_2-N_1)/3$ 等。图 8-165 和图 8-166 为 N_1=8666r/min、N_2=14510r/min 的测点振动加速度时域波形和频谱，该转速下，频谱主要表现出 N_1、N_2、$2N_1$ 等。

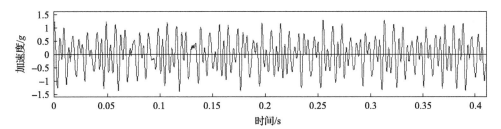

图 8-163　中介机匣前测点振动加速度时域波形（N_1=7281r/min，N_2=13442r/min）（支点 4）

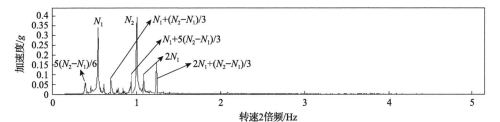

图 8-164　中介机匣前测点振动加速度频谱（N_1=7281r/min，N_2=13442r/min）（支点 4）

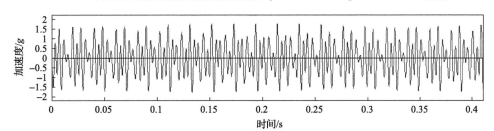

图 8-165　中介机匣前测点振动加速度时域波形（N_1=8666r/min，N_2=14510r/min）（支点 4）

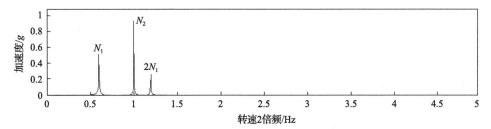

图 8-166　中介机匣前测点振动加速度频谱（N_1=8666r/min，N_2=14510r/min）（支点 4）

3）中介机匣后测点

图 8-167 为中介机匣后测点振动加速度的三维瀑布图，由图可知，低转速下主

要表现为转速的倍频及组合频率，高转速下主要表现为转速的分频及组合频率，组合频率形式可统一为 $N_1 + \dfrac{m \times (N_2 - N_1)}{n}$。图 8-168 和图 8-169 分别为 N_1=2415r/min、N_2=7245r/min 的测点振动加速度时域波形和频谱，该转速下，频谱主要表现为 N_1、N_2、$4N_1$、$5N_1$ 等。图 8-170 和图 8-171 为 N_1=7281r/min、N_2=13442r/min 的测点振动加速度时域波形和频谱，该转速下，频谱表现出明显的 N_2–N_1 的 6 分频，主要表现为 N_1、N_2、$5(N_2–N_1)/6$、$N_1+(N_2–N_1)/3$ 和 $N_1+5(N_2–N_1)/6$、$2N_1$ 和 $2N_1+(N_2–$

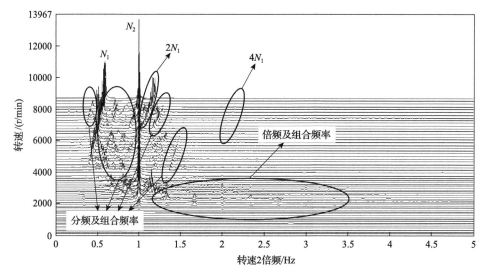

图 8-167　中介机匣后测点振动加速度三维瀑布图（支点 4）

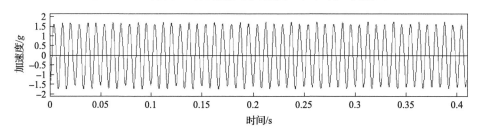

图 8-168　中介机匣后测点振动加速度时域波形（N_1=2415r/min，N_2=7245r/min）（支点 4）

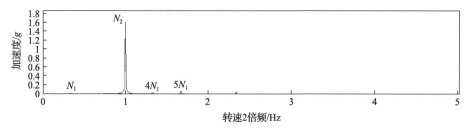

图 8-169　中介机匣后测点振动加速度频谱（N_1=2415r/min，N_2=7245r/min）（支点 4）

N_1)/3 等。图 8-172 和图 8-173 为 N_1=8666r/min、N_2=14510r/min 的测点振动加速度时域波形和频谱，该转速下，频谱主要表现出 N_1、N_2、$2N_1$ 等。

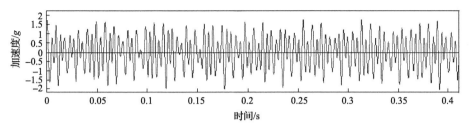

图 8-170　中介机匣后测点振动加速度时域波形（N_1=7281r/min，N_2=13442r/min）（支点 4）

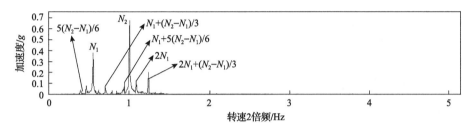

图 8-171　中介机匣后测点振动加速度频谱（N_1=7281r/min，N_2=13442r/min）（支点 4）

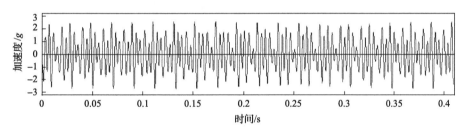

图 8-172　中介机匣后测点振动加速度时域波形（N_1=8666r/min，N_2=14510r/min）（支点 4）

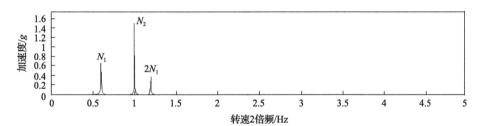

图 8-173　中介机匣后测点振动加速度频谱（N_1=8666r/min，N_2=14510r/min）（支点 4）

4）涡轮机匣测点

图 8-174 为涡轮机匣测点振动加速度的三维瀑布图，由图可知，低转速下主要表现为转速的倍频及组合频率，高转速下主要表现为转速的分频及组合频率，组合频率形式可统一为 $N_1 + \dfrac{m \times (N_2 - N_1)}{n}$。图 8-175 和图 8-176 分别为 N_1=2415r/min、

N_2=7245r/min 的测点振动加速度时域波形和频谱，该转速下，频谱主要表现为 N_1、N_2、$4N_1$、$5N_1$ 等。图 8-177 和图 8-178 为 N_1=7281r/min、N_2=13442r/min 的测点振动加速度时域波形和频谱，该转速下，频谱表现出明显的 N_2–N_1 的 6 分频，主要表现为 N_1、N_2、$5(N_2-N_1)/6$、N_2-N_1、$N_1+(N_2-N_1)/3$、$N_1+2(N_2-N_1)/3$、$2N_1$ 和 $2N_1+(N_2-N_1)/3$ 等。图 8-179 和图 8-180 为 N_1=8666r/min、N_2=14510r/min 的测点振动加速度时域波形和频谱，该转速下，频谱主要表现出 N_1、N_2、$2N_1$ 等。

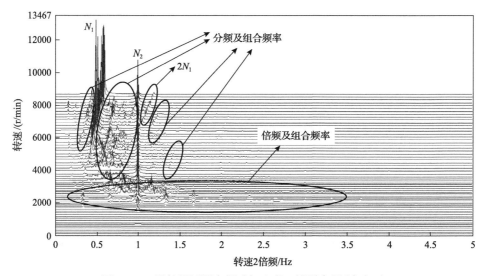

图 8-174　涡轮机匣测点振动加速度三维瀑布图（支点 4）

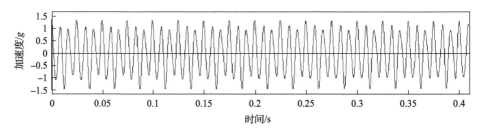

图 8-175　涡轮机匣测点振动加速度时域波形（N_1=2415r/min，N_2=7245r/min）（支点 4）

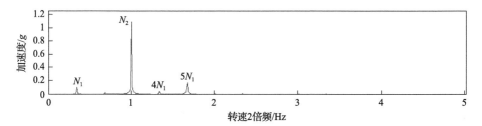

图 8-176　涡轮机匣测点振动加速度频谱（N_1=2415r/min，N_2=7245r/min）（支点 4）

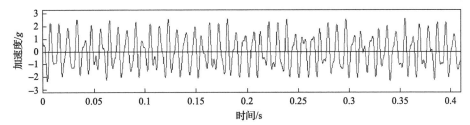

图 8-177　涡轮机匣测点振动加速度时域波形(N_1=7281r/min，N_2=13442r/min)(支点 4)

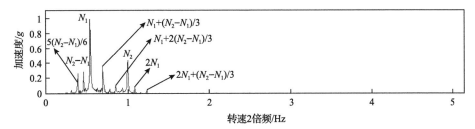

图 8-178　涡轮机匣测点振动加速度频谱(N_1=7281r/min，N_2=13442r/min)(支点 4)

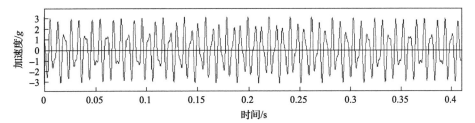

图 8-179　涡轮机匣测点振动加速度时域波形(N_1=8666r/min，N_2=14510r/min)(支点 4)

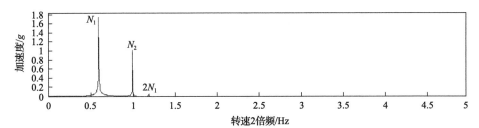

图 8-180　涡轮机匣测点振动加速度频谱(N_1=8666r/min，N_2=14510r/min)(支点 4)

2. 对机匣测点的振动有效值影响分析

图 8-181 为支点 4 处配合松动故障对机匣各测点的振动加速度有效值的影响。从图中可以明显看出，当配合松动量为 10μm 时，机匣各测点的振动响应相对于正常情况下机匣各测点的振动响应变化不是很明显，当配合松动量为 100μm 时，机匣各测点的振动响应相对于正常情况下机匣各测点的振动响应发生了明显变化。支承配合松动故障使支承刚度产生了很大的变化，从而在一定程度上影响了

系统的固有频率和临界转速，因此，各测点所表现出的临界转速附近的共振峰出

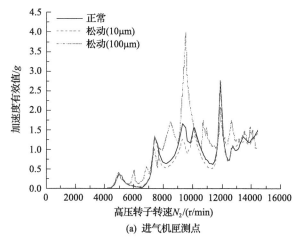

(a) 进气机匣测点

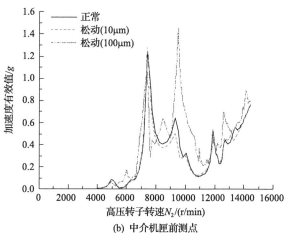

(b) 中介机匣前测点

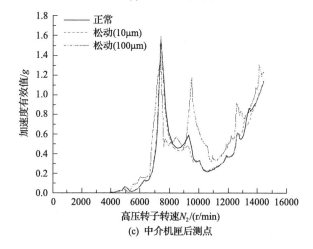

(c) 中介机匣后测点

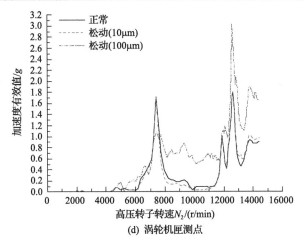

(d) 涡轮机匣测点

图 8-181　支点 4 处配合松动故障对机匣各测点的振动加速度有效值影响

现了偏移，从机匣各测点振动加速度有效值可以看出，支点 4 处的配合松动故障对涡轮机匣测点的振动影响最大，中介机匣测点次之，进气机匣测点的振动影响最小。

8.4.6　支点 5 配合松动故障特征分析

1. 机匣测点加速度特征分析

1）进气机匣测点

图 8-182 为进气机匣测点振动加速度的三维瀑布图，由图可知，低转速下主要表现为转速的倍频及组合频率，高转速下主要表现为转速的分频及组合频率，组合频率形式可统一为 $N_1+\dfrac{m\times(N_2-N_1)}{n}$。图 8-183 和图 8-184 分别为 N_1=1937r/min、N_2=5811r/min 的测点振动加速度时域波形和频谱，该转速下，频谱主要表现为 N_1、N_2、$2N_1$、$4N_1$、$5N_1$、$6N_1$ 和 N_2+$2N_1$ 等。图 8-185 和图 8-186 为 N_1=6748r/min、N_2=13031r/min 的测点振动加速度时域波形和频谱，该转速下，频谱出现了明显的 N_2–N_1 的 11 分频，主要表现为 N_1、N_2、N_1+6(N_2–N_1)/11 和 N_2+5(N_2–N_1)/11 等。图 8-187 和图 8-188 为 N_1=8666r/min、N_2=14510r/min 的测点振动加速度时域波形和频谱，该转速下，频谱主要表现为 N_1、N_2、$2N_1$ 等。

2）中介机匣前测点

图 8-189 为中介机匣前测点振动加速度的三维瀑布图，由图可知，低转速下主要表现为转速的倍频及组合频率，高转速下主要表现为转速的分频及组合频率，组合频率形式可统一为 $N_1+\dfrac{m\times(N_2-N_1)}{n}$。图 8-190 和图 8-191 分别为 N_1=1937r/min、N_2=5811r/min 的测点振动加速度时域波形和频谱，该转速下，频谱主要表现为 N_1、

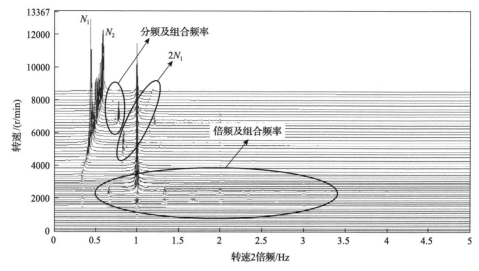

图 8-182　进气机匣测点振动加速度三维瀑布图（支点 5）

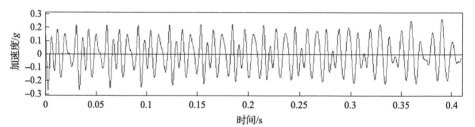

图 8-183　进气机匣测点振动加速度时域波形（N_1 =1937r/min，N_2=5811r/min）（支点 5）

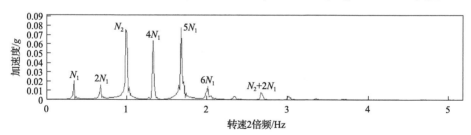

图 8-184　进气机匣测点振动加速度频谱（N_1=1937r/min，N_2=5811r/min）（支点 5）

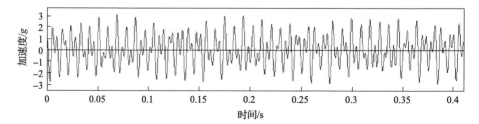

图 8-185　进气机匣测点振动加速度时域波形（N_1=6748r/min，N_2=13031r/min）（支点 5）

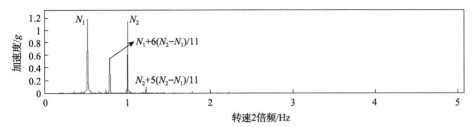

图 8-186　进气机匣测点振动加速度频谱(N_1=6748r/min，N_2=13031r/min)(支点 5)

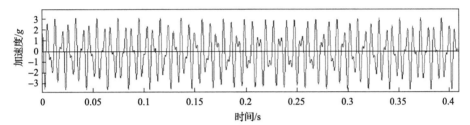

图 8-187　进气机匣测点振动加速度时域波形(N_1=8666r/min，N_2=14510r/min)(支点 5)

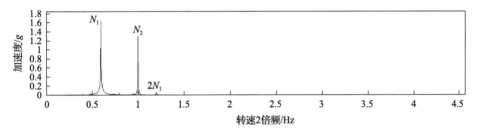

图 8-188　进气机匣测点振动加速度频谱(N_1=8666r/min，N_2=14510r/min)(支点 5)

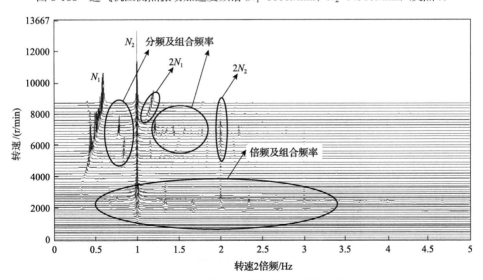

图 8-189　中介机匣前测点振动加速度三维瀑布图(支点 5)

N_2、$4N_1$、$5N_1$、N_2+N_1、N_2+2N_1 和 $3N_2$ 等。图 8-192 和图 8-193 为 N_1=6748r/min、N_2=13031r/min 的测点振动加速度时域波形和频谱，该转速下，频谱出现了明显的 N_2–N_1 的 11 分频，主要表现为 N_1、N_2、$N_1+6(N_2-N_1)/11$ 和 $N_2+5(N_2-N_1)/11$ 等。图 8-194 和图 8-195 为 N_1=8666r/min、N_2=14510r/min 的测点振动加速度时域波形和频谱，该转速下，频谱主要表现为 N_1、N_2、$2N_1$ 等。

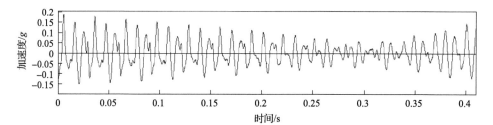

图 8-190　中介机匣前测点振动加速度时域波形（N_1=1937r/min，N_2=5811r/min）（支点 5）

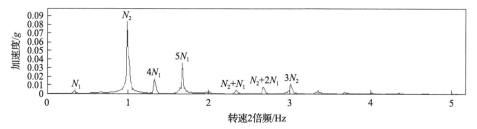

图 8-191　中介机匣前测点振动加速度频谱（N_1=1937r/min，N_2=5811r/min）（支点 5）

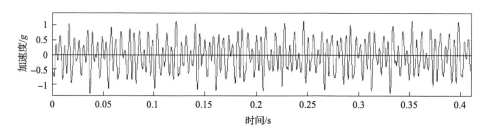

图 8-192　中介机匣前测点振动加速度时域波形（N_1=6748r/min，N_2=13031r/min）（支点 5）

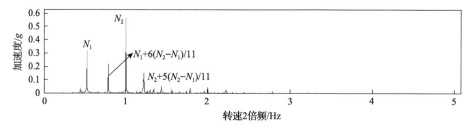

图 8-193　中介机匣前测点振动加速度频谱（N_1=6748r/min，N_2=13031r/min）（支点 5）

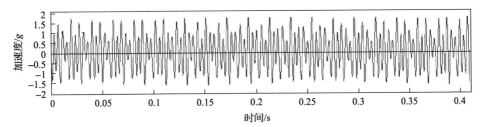

图 8-194　中介机匣前测点振动加速度时域波形（N_1=8666r/min，N_2=14510r/min）（支点 5）

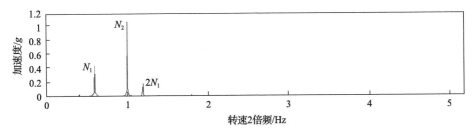

图 8-195　中介机匣前测点振动加速度频谱（N_1=8666r/min，N_2=14510r/min）（支点 5）

3）中介机匣后测点

图 8-196 为中介机匣后测点振动加速度的三维瀑布图，由图可知，低转速下主要表现为转速的倍频及组合频率，高转速下主要表现为转速的分频及组合频率，组合频率形式可统一为 $N_1 + \dfrac{m \times (N_2 - N_1)}{n}$。图 8-197 和图 8-198 分别为 N_1=1937r/min、N_2=5811r/min 的测点振动加速度时域波形和频谱，该转速下，频谱主要表现为 N_1、

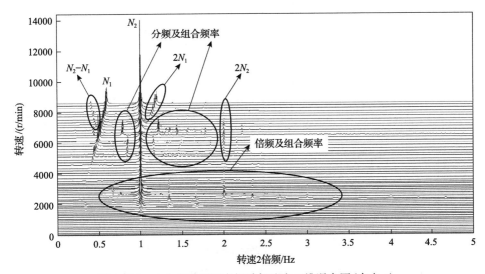

图 8-196　中介机匣后测点振动加速度三维瀑布图（支点 5）

N_2、$4N_1$、$5N_1$、N_2+N_1、N_2+2N_1 和 $3N_2$ 等。图 8-199 和图 8-200 为 N_1=6748r/min、N_2=13031r/min 的测点振动加速度时域波形和频谱，该转速下，频谱出现了明显的 N_2-N_1 的 11 分频，主要表现为 N_1、N_2、N_1+6(N_2-N_1)/11 和 N_2+5(N_2-N_1)/11 等。图 8-201 和图 8-202 为 N_1=8666r/min、N_2=14510r/min 的测点振动加速度时域波形和频谱，该转速下，频谱主要表现为 N_1、N_2、$2N_1$ 等。

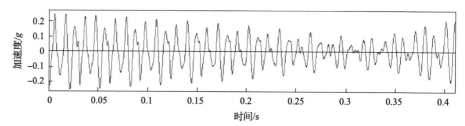

图 8-197　中介机匣后测点振动加速度时域波形(N_1=1937r/min，N_2=5811r/min)(支点 5)

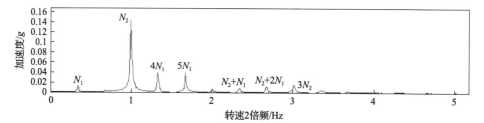

图 8-198　中介机匣后测点振动加速度频谱(N_1=1937r/min，N_2=5811r/min)(支点 5)

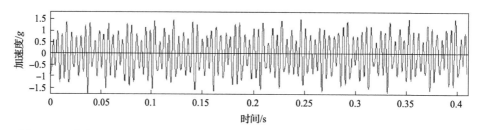

图 8-199　中介机匣后测点振动加速度时域波形(N_1=6748r/min，N_2=13031r/min)(支点 5)

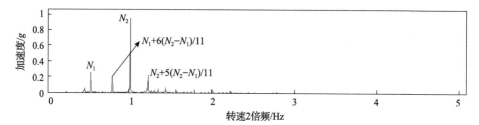

图 8-200　中介机匣后测点振动加速度频谱(N_1=6748r/min，N_2=13031r/min)(支点 5)

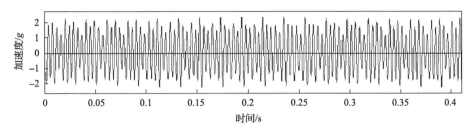

图 8-201 中介机匣后测点振动加速度时域波形(N_1=8666r/min，N_2=14510r/min)(支点 5)

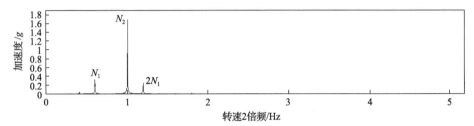

图 8-202 中介机匣后测点振动加速度频谱(N_1=8666r/min，N_2=14510r/min)(支点 5)

4) 涡轮机匣测点

图 8-203 为涡轮机匣测点振动加速度的三维瀑布图，由图可知，低转速下主要表现为转速的倍频及组合频率，高转速下主要表现为转速的分频及组合频率，组合频率形式可统一为 $N_1 + \dfrac{m \times (N_2 - N_1)}{n}$。图 8-204 和图 8-205 分别为 N_1=1937r/min、N_2=5811r/min 的测点振动加速度时域波形和频谱，该转速下，频谱主要表现为 N_1、

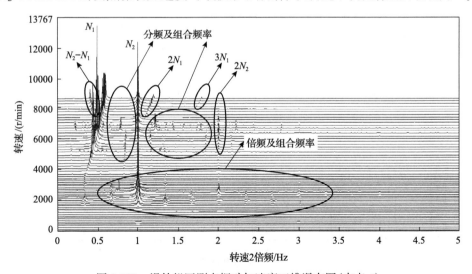

图 8-203 涡轮机匣测点振动加速度三维瀑布图(支点 5)

N_2、$2N_1$、$4N_1$、$5N_1$、$2N_2$ 和 N_2+2N_1 等；图 8-206 和图 8-207 为 N_1=6748r/min、N_2=13031r/min 的测点振动加速度时域波形和频谱，该转速下，频谱出现了明显的 N_2-N_1 的 11 分频，主要表现为 N_1、N_2、$10(N_2-N_1)/11$、$N_1+6(N_2-N_1)/11$ 和 $N_2+5(N_2-N_1)/11$ 等。图 8-208 和图 8-209 为 N_1=8666r/min、N_2=14510r/min 的测点振动加速度时域波形和频谱，该转速下，频谱主要表现为 N_1、N_2、$2N_1$ 和 N_2-N_1 等。

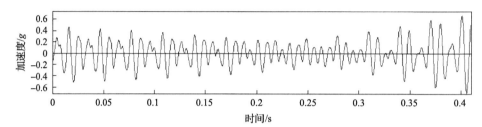

图 8-204　涡轮机匣测点振动加速度时域波形（N_1=1937r/min，N_2=5811r/min）（支点 5）

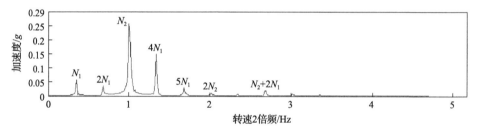

图 8-205　涡轮机匣测点振动加速度频谱（N_1=1937r/min，N_2=5811r/min）（支点 5）

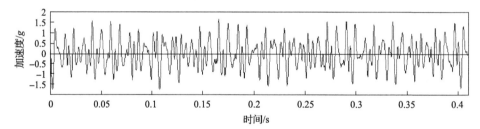

图 8-206　涡轮机匣测点振动加速度时域波形（N_1=6748r/min，N_2=13031r/min）（支点 5）

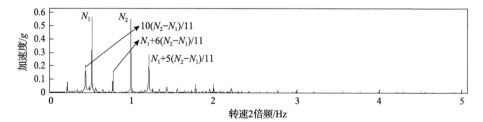

图 8-207　涡轮机匣测点振动加速度频谱（N_1=6748r/min，N_2=13031r/min）（支点 5）

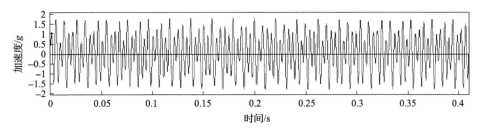

图 8-208　涡轮机匣测点振动加速度时域波形(N_1=8666r/min，N_2=14510r/min)(支点 5)

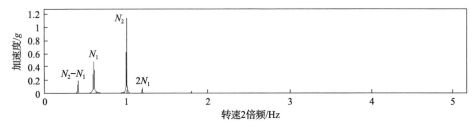

图 8-209　涡轮机匣测点振动加速度频谱(N_1=8666r/min，N_2=14510r/min)(支点 5)

2. 对机匣测点的振动有效值影响分析

图 8-210 为支点 5 处配合松动故障对机匣各测点的振动加速度有效值的影响。从图中可以明显看出，支承配合松动故障使支承刚度产生了很大的变化，从而在一定程度上影响了系统的固有频率和临界转速，因此，各测点所表现出的临界转速附近的共振峰出现了偏移，从机匣各测点振动加速度有效值可以看出，支点 5 处的配合松动故障对涡轮机匣测点的振动影响最大，中介机匣测点次之，进气机匣测点的振动影响最小。

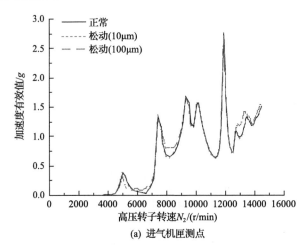

(a) 进气机匣测点

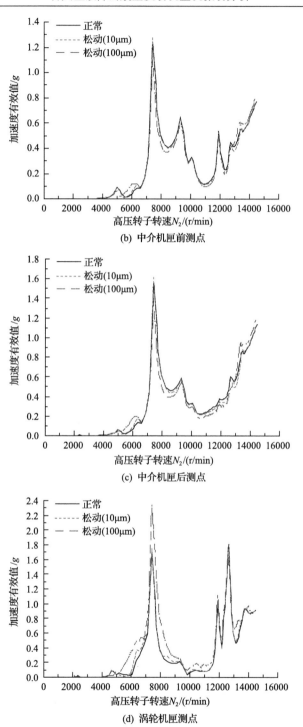

图 8-210　支点 5 处配合松动故障对机匣各测点的振动加速度有效值影响

8.5　本　章　小　结

(1)本章建立了轴承外圈与轴承座之间的配合松动故障模型,在模型中考虑了轴承座和轴承外圈之间的径向冲击和摩擦效应,以及由外圈拧紧力矩导致的等效摩擦效应。

(2)基于轴承配合故障的转子-滚动轴承试验器耦合动力学模型,进行了轴承配合松动故障的仿真计算,研究了配合间隙量、不平衡量、拧紧力矩对轴承座振动加速度和转子位移的影响。研究结果表明:①配合间隙的存在将导致转子被不平衡力周期性抬起,同时又无法与轴承座贴紧而引发周期性冲击振动,该振动将导致很大的轴承力和轴承加速度,严重影响轴承寿命和可靠性;②大的不平衡量将可能在更低的转速下激发强烈的冲击振动;③大的间隙使转子被抬起的高度增加,从而产生更大的冲击振动;④大的外圈拧紧力矩对于抑制配合间隙故障具有积极作用;⑤利用转子-滚动轴承试验器进行了轴承配合松动故障试验,试验结果在一定程度上与仿真结果达到了很好的一致性,验证了仿真结果的正确性。

(3)针对某型无人飞行器用小型发动机松动故障,通过数值模拟,发现风扇支承、压气机前支承、压气机后支承以及涡轮支承四个支承的轴承外圈和轴承座之间的配合间隙松动故障,机匣振动加速度主要振动特征表现为:时域波形曲线表现出了不对称、"截头状",频域出现了丰富的倍频成分。同时,通过对试车数据分析,机匣振动加速度信号的特征也是上下不对称的周期冲击特征,表现出丰富的倍频分量。

(4)针对某型双转子涡扇发动机,针对其支点 1~支点 5 的配合松动故障,分别进行了仿真计算,计算了进气机匣测点、中介机匣前测点、中介机匣后测点及涡轮机匣测点共计四个测点的振动加速度在连接松动故障激励下的响应值,得到如下仿真结果:

①配合松动故障下的机匣加速度振动特征频谱在低转速下主要表现出转速的倍频及组合频率,高转速下主要表现为转速的分频及组合频率,组合频率形式可统一为 $N_1 + \dfrac{m \times (N_2 - N_1)}{n}$。

②从配合松动故障对机匣测点振动加速度有效值有不同程度的影响可以看出,配合松动故障导致支承刚度变化,从而使振动加速度有效值随转速的变化曲线峰值产生偏移,从而导致系统的临界转速变化。

③由支点 1~支点 5 的配合松动故障对机匣各测点振动响应影响分析可知,支点 1、支点 2 处配合松动故障对进气机匣的影响最为明显,支点 3 处配合松动故障对中介机匣的影响最为明显,支点 4、支点 5 处配合松动故障对涡轮机匣的

影响最为明显。

参 考 文 献

[1] 王海飞, 陈果, 廖仲坤, 等. 含支承松动故障的弹用涡扇发动机整机振动建模与机匣响应特征分析[J]. 航空动力学报, 2015, 30(3): 627-638.

[2] 王海飞, 陈果. 连接件松动的非同步振动响应特征分析与验证[J]. 工程力学, 2016, 33(4): 225-232.

[3] Wang H F, Chen G, Song P P. Asynchronous vibration response characteristics of aero-engine with support looseness fault[J]. Journal of Computational and Nonlinear Dynamics, 2016, 11(3): 031013.

[4] Wang H F, Chen G, Song P P. Simulation analysis of casing vibration response and its verification under blade-casing rubbing fault[J]. Journal of Vibration and Acoustics, 2016, 138(3): 031004.

[5] 王海飞, 陈果, 廖仲坤, 等. 含支承松动故障的航空发动机非同步响应特征[J]. 振动、测试与诊断, 2016, 36(5): 858-864, 1020, 1021.

[6] Chen G, Qu M J. Modeling and analysis of fit clearance between rolling bearing outer ring and housing bearings[J]. Journal of Sound and Vibration, 2019, 438: 419-440.

第9章 滚动轴承早期表面损伤的故障建模与分析

由滚动轴承的振动机理可以知道,滚动轴承早期的微弱故障信号是在转子-滚动轴承-机匣耦合系统下的动力学振动响应,该响应与轴承型号、缺陷点位置、转子转速、测点位置等信息密切相关。为了分析滚动轴承缺陷所引发的微弱故障振动特征,必须进行滚动轴承故障动力学建模,然后结合转子-滚动轴承-机匣耦合动力学模型建立含滚动轴承故障的转子-滚动轴承-机匣耦合动力学模型,通过非线性动力学仿真得到机匣响应信号,并在此基础上进行微弱故障机理分析和故障特征提取研究。本章研究滚动轴承外圈、内圈、滚动体故障模型,分析滚动轴承故障特征和动力学机理,并针对带机匣的航空发动机转子试验器和某型双转子航空发动机整机模型进行滚动轴承故障仿真分析。

9.1 滚动轴承振动产生原理与特点

轴承是航空发动机的关键部件之一,用来支撑整个轴系、降低动力传递过程中的阻力、保持轴中心位置固定并承受传递给支架的载荷,对航空发动机系统的各项性能、寿命等有着重要影响。由于滚动轴承具有低温下易于启动、摩擦损失小、润滑简单、便于更换且在低速下润滑油系统失灵时仍可维持短时间的工作等特点,航空发动机主轴承几乎无例外地均采用滚动轴承。

在滚动轴承运转过程中,大多情况下是内圈连接转轴并且随转轴一起转动,外圈与轴承座或机体采用固定或相对固定的连接方式相连接。在一定的载荷和转速下,内部因素和外部因素的共同作用,使得转轴对轴承和轴承座或机匣组成的系统产生激励,进而引发系统振动,如图 9-1 所示。其中,内部因素包括轴承在制造加工和安装过程中导致的缺陷、轴承自身结构特点和轴承故障缺陷等因素;外部因素主要指转轴上其他零部件的运动和力的作用。

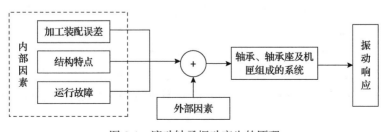

图 9-1 滚动轴承振动产生的原理

正常轴承在运行过程中，其振动主要由制造装配及自身结构因素所引起。由轴承制造装配因素造成的轴承激振力的实际构成十分复杂，激振力背后的各种因素亦不存在明确的关系。也就是说，由轴承制造装配造成的激振力中含有多种频率成分、随机性较强，并导致随之而生的振动信号中也具有类似特点。

故障轴承在运行过程中，其振动的成因除了制造装配与自身结构因素外，还包含故障本身引起的振动。根据信号特征的差异，滚动轴承故障分为：①磨损类故障；②表面损伤类故障。相对来说，磨损类故障对设备危害较小，表面损伤类故障对设备危害较大，故而表面损伤类故障更受重视。

对于表面损伤类故障，当轴承表面缺陷与轴承其他零部件相接触时，将产生快速衰减的冲击力并激发轴承系统的共振。当转速一定时，轴承损伤表面每隔一段时间都会产生一次冲击，这种冲击的出现是周期性的，也将反映在被测得的振动信号中，其对应的频率常称为故障特征频率。轴承不同零部件表面损伤对应的故障特征频率不同，因此若能有效辨识信号中的轴承故障特征频率将能实现滚动轴承表面损伤的故障定位。

9.2　滚动轴承故障的不同发展阶段及其频率特征

滚动轴承的故障频率分布有一个明显的特点，往往在低频段、中频段和高频段都有表现。

(1)低频段的频率为 0～1kHz，覆盖了轴承的通过频率，但是这一频段易受机械中其他零件及结构的影响，并且在故障初期反映损伤类故障冲击的特征频率成分信息的能量很小，信噪比较低，故难以将滚动轴承初期微小的故障诊断出来。

(2)中频段的频率为 1～20kHz，主要是轴承固有频率及其倍频。所以如果轴承元件表面有损伤则将引起轴承元件的共振，通过分析此频段内的振动信号，可以比较好地诊断出轴承的损伤类故障。共振解调法即利用的是该频段信号。

(3)高频段(20kHz 以上)，如果测量用的压电加速度及谐振频率较高(40kHz以上)，那么轴承故障引起的冲击在 20kHz 以上的高频也有能量分布，所以测取的信号中含有 20kHz 以上的高频成分。瑞典的 SPM 计的谐振频率大于 20kHz，利用的就是这个频带，不过，当加速度计的谐振频率较低，且安装不牢固时，很难测得这一频带的信号。

图 9-2 为滚动轴承故障发展的四个典型阶段。

(1)第 1 阶段：早期故障冲击产生压缩波，其频率在 20kHz 以上，利用冲击脉冲方法可以检测该频率信号。瑞典的 SPM 计即利用该频段信号进行滚动轴承故障诊断。

(2)第 2 阶段：轻微的轴承故障开始"敲击"出轴承元件的固有频率，引起轴

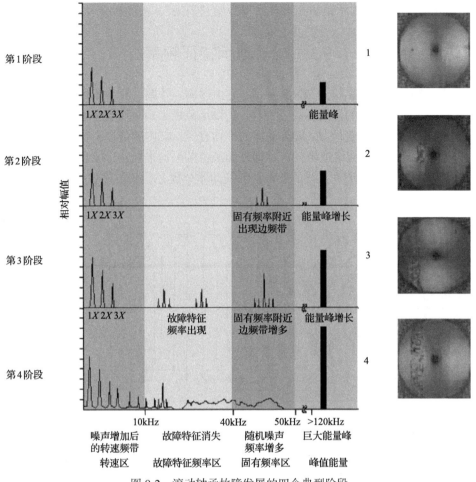

图 9-2　滚动轴承故障发展的四个典型阶段

承元件的共振, 其频率一般为 1~20kHz, 同时, 轴承元件的固有频率振动受到轴承故障特征频率调制, 因此在频谱上表现为, 在固有频率附近出现以滚动轴承特征频率为宽度的调制边频带。通过对共振频带的信号进行包络检波和频谱分析即可得到信号的特征频率。共振解调法和基于小波分析的振动方法均是基于该频段信号进行分析。

(3) 第 3 阶段: 频谱在低频段(1kHz 以下)出现了轴承故障特征频率及其谐波, 磨损加重时出现更多故障频率及其谐波, 并且边频带数目增多。频谱分析往往是基于该频段信号。

(4) 第 4 阶段: 随着故障的继续发展, 磨损加剧, 滚动轴承将出现很大的间隙, 导致轴承偏心, 等周旋转时, 内圈重心(轴心)将绕外圈重心摆动, 此时轴承间隙松动故障起到主导作用, 这一阶段甚至影响 1X 分量, 并引起其他倍频分量 2X、

3X等的增大。轴承故障频率和固有频率开始"消失"，被随机振动或噪声代替。

9.3　滚动轴承特征频率

　　滚动轴承的典型结构如图9-3所示，它由内圈、外圈、滚动体和保持架四部分组成。图示滚动轴承的几何参数主要有：①轴承节径 D，即轴承滚动体中心所在的圆的直径；②滚动体直径 d，即滚动体的平均直径；③内圈滚道半径 r_1，即内圈滚道的平均半径；④外圈滚道半径 r_2，即外圈滚道的平均半径；⑤接触角 α，即滚动体受力方向与内外滚道垂直线的夹角；⑥滚动体个数 Z，即滚子或滚子的数目。

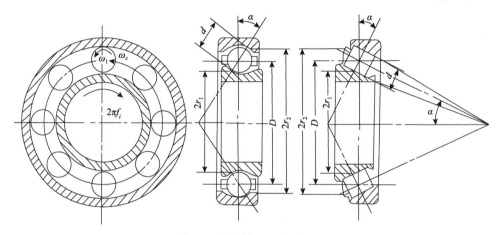

图9-3　滚动轴承的典型结构

　　为分析轴承各部运动参数，先做如下假设：①滚道与滚动体之间无相对滑动；②承受径向、轴向载荷时各部分无变形；③内圈滚道回转频率为 f_i；④外圈滚道回转频率为 f_o；⑤保持架回转频率，即滚动体公转频率为 f_c。

　　参见图9-3，则滚动轴承工作时各点的转动速度如下。

　　内滑道上一点的速度为

$$V_i = 2\pi r_1 f_i = \pi f_i(D - d\cos\alpha) \tag{9-1}$$

　　外滑道上一点的速度为

$$V_o = 2\pi r_2 f_o = \pi f_o(D + d\cos\alpha) \tag{9-2}$$

　　保持架上一点的速度为

$$V_c = \frac{1}{2}(V_i + V_o) = \pi f_c D \tag{9-3}$$

由此可得保持架回转频率(即滚动体公转频率)为

$$f_c = \frac{V_i + V_o}{2\pi D} = \frac{1}{2}\left[\left(1 - \frac{d}{D}\cos\alpha\right)f_i + \left(1 + \frac{d}{D}\cos\alpha\right)f_o\right] \tag{9-4}$$

单个滚动体在外滚道上的通过频率，即保持架相对外圈的回转频率为

$$f_{oc} = f_o - f_c = \frac{1}{2}(f_o - f_i)\left(1 - \frac{d}{D}\cos\alpha\right) \tag{9-5}$$

单个滚动体在内滚道上的通过频率，即保持架相对内圈的回转频率为

$$f_{ic} = f_i - f_c = \frac{1}{2}(f_i - f_o)\left(1 + \frac{d}{D}\cos\alpha\right) \tag{9-6}$$

从固定在保持架上的动坐标系来看，滚动体与内圈做无滑动滚动，滚动体相对于保持架的回转频率，即滚动体的自转频率(滚动体通过内滚道或外滚道的频率)为 f_{bc}，有 $f_{bc}\dfrac{d}{2} = f_{ic}r_1$，则

$$\frac{f_{bc}}{f_{ic}} = \frac{2r_1}{d} = \frac{D - d\cos\alpha}{d} = \frac{D}{d}\left(1 - \frac{d}{D}\cos\alpha\right)$$

$$f_{bc} = \frac{1}{2} \times \frac{D}{d}(f_i - f_o)\left[1 - \left(\frac{d}{D}\right)^2\cos^2\alpha\right] \tag{9-7}$$

根据滚动轴承的实际工作情况，不考虑频率的正负，定义滚动轴承内、外圈的相对转动频率为 $f_{io} = |f_i - f_o|$。一般情况下，滚动轴承外圈固定，内圈旋转，即 $f_o = 0$，$f_{io} = |f_i - f_o| = f_i$。同时，考虑到滚动轴承有 Z 个滚动体，则滚动轴承的特征频率如下。

(1)滚动体在外圈滚道上的通过频率，即外圈故障特征频率 f_O 为

$$f_O = Zf_{oc} = \frac{1}{2}Z\left(1 - \frac{d}{D}\cos\alpha\right)f_{io} \tag{9-8}$$

(2)滚动体在内圈滚道上的通过频率，即内圈故障特征频率 f_I 为

$$f_I = Zf_{ic} = \frac{1}{2}Z\left(1 + \frac{d}{D}\cos\alpha\right)f_{io} \tag{9-9}$$

(3)滚动体在保持架上的通过频率，即滚动体故障特征频率 f_B 为

$$f_B = Zf_{bc} = \frac{D}{2d}Z\left[1-\left(\frac{d}{D}\right)^2\cos^2\alpha\right]f_{io} \qquad (9\text{-}10)$$

9.4　滚动轴承早期疲劳剥落故障诊断原理

9.4.1　滚动轴承早期疲劳剥落故障信号形成机理

　　众所周知，滚动轴承的早期疲劳剥落将引起轴承对转子系统的周期冲击激励，测试到的故障信号即为该激励下的响应。以外圈故障为例，分析滚动轴承故障信号的形成机理及诊断原理。设定参数：系统阻尼比 $\xi = 0.15$，转子-轴承系统的固有频率 $f_n = 1500\text{Hz}$，转子旋转频率 $f_r = 50\text{Hz}$，外圈故障特征频率 $f_O = 175\text{Hz}$，冲击激励间隔 $T_O = 1/175\text{s}$。

　　(1)图 9-4(a)为激振点到测试点的单位脉冲响应函数及振励点到测点的幅频响应函数。显然，单位脉冲响应函数为非周期函数，幅频响应函数为连续谱。

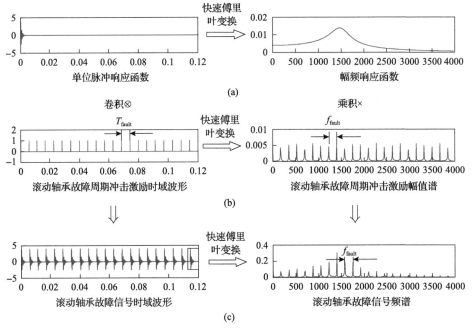

图 9-4　滚动轴承故障信号的产生机理

　　(2)当轴承转速一定时，每当滚动体通过缺陷时，即每经过时间 $T_O = 1/f_O$，均会产生一次冲击激励，完整的轴承故障冲击激励是由一系列脉冲激励进行叠加得到的，且每一次的冲击激励间隔为 T_O，如图 9-4(b)所示，显然，周期脉冲激励函数的频谱也为周期脉冲函数，其频谱为离散谱，频谱间隔为 $1/T_O = f_O$。对外圈故障而言，由于外圈缺陷位置固定，每次冲击强度相同，因此，图 9-4(b) 可以认为是周期脉冲函数；如果是内圈故障，由于缺陷位置随内圈旋转而变化，冲击强度受转子旋转频率调制，其频谱也为离散谱，频谱间隔为 $1/T_O = f_O$，但是在谱线两侧将出现以转子旋转频率 f_r 为间隔的边频；同理，如果是滚动体故障，由于冲击位置随保持架旋转而变化，冲击强度受保持架回转频率调制，其频谱也为离散谱，频谱间隔为 $1/T_O = f_O$，但是在谱线两侧将出现以保持架回转频率 f_c 为间隔的边频。显然如图 9-4(b) 是针对外圈故障所产生的周期冲击激励。

（3）根据线性系统的响应求解原理，系统响应为激励信号与单位脉冲响应函数的卷积，即转子-轴承系统在轴承故障的激励下产生的故障信号（振动响应）为系统单位脉冲响应函数和轴承故障产生的周期冲击激励函数的卷积，图 9-4(c) 是最终得到的轴承故障信号的时域波形和频谱，即图 9-4(c) 为图 9-4(a) 和图 9-4(b) 的卷积。根据傅里叶变换的时域卷积定理，即两个信号在时域卷积的频谱等于两个信号的频谱的乘积，因此，故障信号的频谱为系统频率响应函数与轴承故障产生的周期激励信号的频谱相乘得到。因此，故障信号的频谱呈现出间隔均为 $f_O = 175\text{Hz}$ 的谱线，且在 $f_n = 1500\text{Hz}$ 附近存在共振峰。

综上所述，通过分析可以发现，滚动轴承疲劳剥落故障将对滚动轴承系统产生周期冲击，引起系统共振，其信号特征本质上是故障产生的周期冲击激励力与系统单位脉冲响应函数的自由衰减信号的卷积，频谱特征表现为离散谱，谱线间距为故障特征频率，在内圈和滚动体故障时，在特征频率两侧还将产生以转子旋转频率和保持架回转频率为间隔的边频。因此，在对滚动轴承进行故障诊断时，其关键是首先提取有效的共振频带（如小波分析等），然后对共振频带的信号进行降噪处理（如自相关降噪、最小熵解卷积、包络分析等），从中提取如图 9-4(b) 所示的周期冲击信号。由于如图 9-4(b) 所示的周期冲击信号可以看成是图 9-4(c) 所示的故障信号的包络信号，因此，包络分析被广泛应用于滚动轴承的故障特征提取。其中经典的方法有共振解调分析和小波包络分析，其中，小波包络分析克服了共振解调分析的共振频带选择困难的问题，利用小波分析的带通滤波特性，可通过选择合适的小波对信号进行分解得到一系列共振频带，进而得到每一频带内振动信号进行包络分析，最后对包络信号进行频谱分析得到小波包络谱。最终从小波包络谱中提取出轴承的故障特征频率[1]。

9.4.2　小波包络分析方法

1. 二进离散小波变换基本原理

多分辨率小波分析由 Mallat 算法给出，其作用相当于快速傅里叶变换算法。设有信号 $f(t)$ 的离散序列 $f(n)(n = 1, 2, \cdots, N)$，若以 $f(n)$ 表示信号在尺度

$j=0$ 时的近似值，记为 $c_0(n)=f(n)$，则 $f(t)$ 的离散二进小波变换由式(9-11)确定：

$$\begin{cases} c_{j+1}(n) = \sum_{k \in \mathbf{Z}} h(k-2n)c_j(k) \\ d_{j+1}(n) = \sum_{k \in \mathbf{Z}} g(k-2n)c_j(k) \end{cases} \tag{9-11}$$

式中，$h(n)$ 和 $g(n)$ 为由小波函数 $\psi(x)$ 确定的两列共轭滤波器系数。

尺度函数由以下两尺度关系完全确定：

$$h(k) = \left\langle \frac{1}{\sqrt{2}}\phi\left(\frac{x}{2}\right), \phi(x-k) \right\rangle$$

其中，$\phi(x) = \sum_{k=-\infty}^{\infty} h(k)\phi(2x-k)$。

相应地，小波函数由以下公式完全确定：

$$\psi(x) = \sum_{k=-\infty}^{\infty} g(k)\phi(2x-k)$$

其中，$g(k) = (-1)^k h(1-k)$。

式(9-11)中，c_j 和 d_j 分别称为信号在尺度 j 上的近似部分和细节部分。离散信号 c_0 经过尺度 1, 2, $\cdots$, J 的分解，最终分解为 $d_1, d_2, \cdots, d_J, c_J$，它们分别包含了从高频到低频的不同频带信息。

记 $H_{n,k} = h_{k-2n}, G_{n,k} = g_{k-2n}$，则有矩阵 $H = (H_{n,k}), G = (G_{n,k})$。式(9-11)可写为

$$\begin{cases} c_{j+1}(n) = Hc_j(k) \\ d_{j+1}(n) = Gc_j(k) \end{cases} \tag{9-12}$$

则有

$$c_j(k) = H^* c_{j+1} + G^* d_{j+1} \tag{9-13}$$

式中，H^*、G^* 分别为 H、G 的对偶算子。式(9-13)即为重构算法，显然，可以由分解的序列一步步恢复出原始信号。

2. 二进离散小波变换的信号分解频带分布

设信号采样频率为 f_s，确定分解层数，通常取 $L=5$。图 9-5 为二进小波的 5 层分解频带关系图。从图中可以看出，当采样频率为 10kHz 时，各层的细节信号频带分别为：d_1：[2500，5000]Hz，d_2：[1250，2500)Hz，d_3：[625，1250)Hz，d_4：

[312.5，625)Hz，d_5：[156.25，312.5)Hz，a_5：[0，156.25)Hz。显然，这些频带范围基本上覆盖了轴承损伤所引起的共振频带，因此可以对各层的细节信号进行包络谱分析。

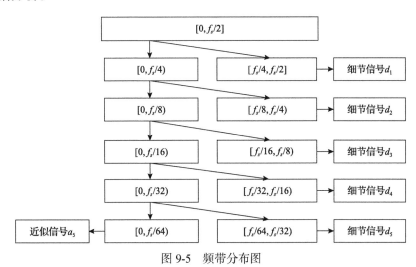

图 9-5　频带分布图

3. 包络谱分析

1）包络谱的定义

对时域信号进行包络检波分析，得到信号的包络线，即调制信号，然后对调制信号进行频谱分析得到的频谱即为包络谱。显然，小波包络谱就是首先对小波分解得到的各频段的细节信号进行包络分析，然后对包络解调得到的调制信号进行傅里叶变换，最后得到的频谱即为小波包络谱。

2）调幅信号的分类

（1）抑制性调幅。

设高频载波信号为 $y(t)=Y\sin(\Omega t)$，低频调制信号为：$x(t)=X\sin(\omega t+\phi)$，两路信号相乘，得

$$
\begin{aligned}
z(t)=y(t)x(t)&=Y\sin(\Omega t)X\sin(\omega t+\phi)\\
&=\frac{1}{2}YX\cos\left[(\Omega-\omega)t-\phi\right]-\frac{1}{2}YX\cos\left[(\Omega+\omega)t+\phi\right]
\end{aligned}
\tag{9-14}
$$

显然，抑制性调幅后的信号中没有频率为 Ω 的载波信号，只有附近的一对边频。调幅后的信号包络线不是调制信号，该类调幅信号必须要采用同步解调方法恢复得到原调制信号。

（2）非抑制性调幅。

将调制信号叠加一个直流分量，使调制信号大于0，即 $x(t)=A+X\sin(\omega t+\phi)$

$(A \geqslant X)$，将该调制信号与载波信号相乘，得

$$
\begin{aligned}
z(t) &= y(t)x(t) \\
&= Y\sin(\Omega t)[A + X\sin(\omega t + \phi)] \\
&= YA\sin(\Omega t) + \frac{1}{2}YX\cos[(\Omega - \omega)t - \phi] - \frac{1}{2}YX\cos[(\Omega + \omega)t + \phi]
\end{aligned}
\tag{9-15}
$$

显然，此时调幅后的信号中有频率为 Ω 的载波信号及其附近的一对边频，调幅后的信号包络线就是调制信号。非抑制调幅波只要使用简单的包络检波就能恢复原调制信号。

3）希尔伯特（Hilbert）变换及其解调原理

设实数信号 $x(t)$，定义其希尔伯特变换为

$$
H[x(t)] = \frac{1}{\pi}\int_{-\infty}^{+\infty} x(\tau)\frac{1}{t - \tau}\mathrm{d}\tau = x(t) \otimes \frac{1}{\pi t}
\tag{9-16}
$$

函数 $\dfrac{1}{\pi t}$ 的傅里叶变换为

$$
F\left[\frac{1}{\pi t}\right] = -\mathrm{j}\,\mathrm{sign}(f) = = \begin{cases} -\mathrm{j}, & f > 0 \\ \mathrm{j}, & f < 0 \end{cases}
\tag{9-17}
$$

根据时域卷积定理，即时域卷积函数的傅里叶变换为两频域函数之积，设信号 $x(t)$ 的傅里叶变换为 $X(f)$，有

$$
F\left[x(t) \otimes \frac{1}{\pi t}\right] = X(f) \cdot F\left[\frac{1}{\pi t}\right] = X(f) \times [-\mathrm{j}\,\mathrm{sign}(f)]
\tag{9-18}
$$

所以有

$$
H[x(t)] = x(t) \otimes \frac{1}{\pi t} = F^{-1}\left[X(f) \times [-\mathrm{j}\,\mathrm{sign}(f)]\right]
\tag{9-19}
$$

下面将分析利用希尔伯特变换进行信号的包络解调。设信号 $x(t)$ 为调幅信号，即 $x(t) = a(t)\cos(2\pi f_0 t)$，其中，$a(t)$ 为调制信号，利用欧拉公式，有

$$
\begin{cases}
\sin(2\pi f_0 t) = \dfrac{\mathrm{j}}{2}\left(\mathrm{e}^{-\mathrm{j}2\pi f_0 t} - \mathrm{e}^{\mathrm{j}2\pi f_0 t}\right) \\
\cos(2\pi f_0 t) = \dfrac{1}{2}\left(\mathrm{e}^{\mathrm{j}2\pi f_0 t} + \mathrm{e}^{-\mathrm{j}2\pi f_0 t}\right)
\end{cases}
\tag{9-20}
$$

则 $x(t) = a(t)\cos(2\pi f_0 t)$ 的傅里叶变换为

$$
\begin{aligned}
F\big[x(t)\big] &= F\big[a(t)\cos(2\pi f_0 t)\big] \\
&= F\left[a(t)\cdot\frac{1}{2}\Big(\mathrm{e}^{\mathrm{j}2\pi f_0 t} + \mathrm{e}^{-\mathrm{j}2\pi f_0 t}\Big)\right] \\
&= F\left[\frac{1}{2}a(t)\mathrm{e}^{\mathrm{j}2\pi f_0 t}\right] + F\left[\frac{1}{2}a(t)\mathrm{e}^{-\mathrm{j}2\pi f_0 t}\right] \\
&= \frac{1}{2}A(f - f_0) + \frac{1}{2}A(f + f_0)
\end{aligned}
\tag{9-21}
$$

所以有

$$
\begin{aligned}
H[x(t)] &= F^{-1}\big[X(f)\times[-\mathrm{j}\cdot\mathrm{sign}(f)]\big] \\
&= F^{-1}\left[-\mathrm{j}\frac{1}{2}A(f - f_0) + \mathrm{j}\frac{1}{2}A(f + f_0)\right] \\
&= F^{-1}\left[-\mathrm{j}\frac{1}{2}A(f - f_0)\right] + F^{-1}\left[\mathrm{j}\frac{1}{2}A(f + f_0)\right] \\
&= -\mathrm{j}\frac{1}{2}a(t)\mathrm{e}^{\mathrm{j}2\pi f_0 t} + \mathrm{j}\frac{1}{2}a(t)\mathrm{e}^{-\mathrm{j}2\pi f_0 t} \\
&= a(t)\frac{\mathrm{j}}{2}\Big(\mathrm{e}^{-\mathrm{j}2\pi f_0 t} - \mathrm{e}^{\mathrm{j}2\pi f_0 t}\Big) \\
&= a(t)\sin(2\pi f_0 t)
\end{aligned}
\tag{9-22}
$$

因此，将信号 $x(t)$ 作为实部，$x(t)$ 的希尔伯特变换作为虚部，定义复信号 $z(t)$ 为

$$
\begin{aligned}
z(t) &= x(t) + \mathrm{j}H[x(t)] \\
&= a(t)\cos(2\pi f_0 t) + \mathrm{j}a(t)\sin(2\pi f_0 t)
\end{aligned}
\tag{9-23}
$$

显然，信号 $x(t)$ 对应的幅值包络函数为

$$
a(t) = \sqrt{x^2(t) + H^2[x(t)]}
\tag{9-24}
$$

这就是利用希尔伯特变换进行包络解调的原理。需要注意的是，由希尔伯特包络解调得到的包络函数为正值，因此只能进行非抑制性调制信号解调。

4）基于希尔伯特变换的包络解调实例分析

设载波频率为 f_z=200Hz，模拟信号为

$$
y(t) = 5\sin(2\pi \times 200 t)
\tag{9-25}
$$

调幅信号频率为 f_m=50Hz，模拟信号为

$$
x(t) = 0.5\sin(2\pi \times 50 t)
\tag{9-26}
$$

模拟抑制性调幅模拟信号为

$$z_1(t) = x(t) \times y(t) \tag{9-27}$$

模拟非抑制性调幅模拟信号为

$$z_2(t) = [1 + x(t)] \times y(t) \tag{9-28}$$

图 9-6(a)和(b)分别为抑制性调幅模拟信号 $z_1(t)$ 的时域波形及幅值谱，从图中可以看出抑制性调幅信号的频谱中没有出现载波频率 f_z=200Hz 分量，而出现了 $f_z - f_m$=150Hz 和 $f_z + f_m$=250Hz 两个调制边频分量。图 9-6(c)和(d)分别为抑制性调幅模拟信号 $z_1(t)$ 经过希尔伯特变换解调后得到的包络信号 $e_1(t)$ 的时域波形及其幅值谱。由于希尔伯特变换后，根据式(9-24)得到的包络信号为复数的模，因此为恒为正值，从图 9-6(c)可以看出解调后得到的包络信号与原调制信号存在很大差异，主要是幅值均变为了正值，因此，在图 9-6(d)所示的频谱图中，可以看出信号的基频分量为 $2f_m$=100Hz，且出现了 200Hz、300Hz 等倍频。显然，该仿真结果验证了抑制性调幅信号的特征。

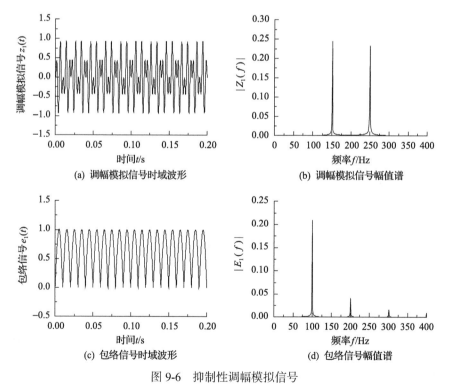

(a) 调幅模拟信号时域波形

(b) 调幅模拟信号幅值谱

(c) 包络信号时域波形

(d) 包络信号幅值谱

图 9-6 抑制性调幅模拟信号

图 9-7(a)和(b)分别为非抑制性调幅模拟信号 $z_2(t)$ 的时域波形及幅值谱，从

图中可以看出非抑制性调幅模拟信号的频谱中出现了载波频率 f_z =200Hz 分量，同时也出现了 $f_z - f_m$ =150Hz 和 $f_z + f_m$ =250Hz 两个调制边频分量。图 9-7(c) 和 (d) 分别为非抑制性调幅模拟信号 $z_2(t)$ 经过希尔伯特变换解调后得到的包络信号 $e_2(t)$ 及其幅值谱。由于希尔伯特变换后，根据式(9-24)得到的包络信号为复数的模，因此恒为正值，从图 9-7(c)可以看出解调后得到的包络信号与原调制信号完全一样，其原因在于非抑制性调幅信号实现将调制信号加了一个直流分量使其每时刻的函数值均变为正值，因此，在图 9-7(d)所示的频谱图中，仅仅出现了 f_m = 50Hz 的频率分量，且没有出现倍频分量。显然，该仿真结果验证了非抑制性调幅信号的特征。

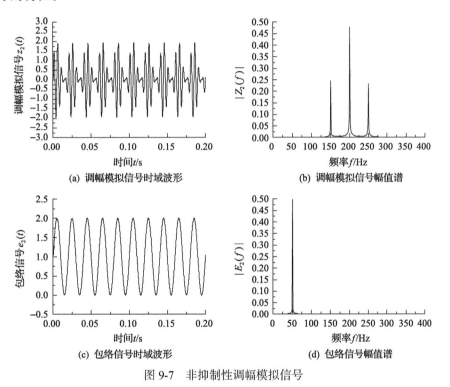

(a) 调幅模拟信号时域波形　　　(b) 调幅模拟信号幅值谱

(c) 包络信号时域波形　　　(d) 包络信号幅值谱

图 9-7　非抑制性调幅模拟信号

9.5　滚动轴承故障早期表面疲劳剥落损伤建模

9.5.1　滚动轴承外圈故障建模

滚动轴承外圈故障模型[2]如图 9-8 所示，当轴承外圈产生损伤时，如剥落、裂纹、点蚀等，在滚动体通过时通常会产生冲击振动。假设外圈固定不动，图 9-8(a) 为轴承外圈损伤的示意图，图 9-8(b) 为损伤的展开图。图 9-8(b) 中，设损伤为一凹坑，形状为一球缺，其横截面即为损伤表面，L_D 为损伤表面的直径，a 为损伤的深度，r_B 为滚动体的半径。

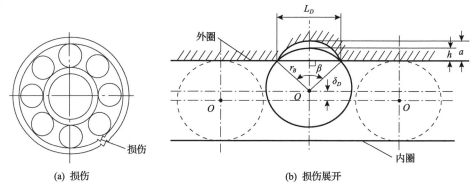

(a) 损伤　　　　　　　　　　　　　(b) 损伤展开

图 9-8　滚动轴承外圈故障模型

由几何关系可以知道，滚动体在损伤处是否形成冲击取决于损伤直径和损伤深度。因为 $h = r_B - \sqrt{r_B^2 - (L_D/2)^2}$，令 $h = a$，得 $a = r_B - \sqrt{r_B^2 - (L_D/2)^2}$，解得 $L_D = 2\sqrt{2r_B a - a^2}$，所以，仅仅当满足条件

$$L_D < 2\sqrt{2r_B a - a^2} \tag{9-29}$$

时外圈的损伤才形成冲击，否则将产生谐波激振。事实上，滚动轴承的局部损伤，尤其是早期的损伤，损伤面积较小，满足式(9-29)，因此通常形成冲击振动。不失一般性，本节假设轴承外圈的局部损伤均满足式(9-29)，产生冲击振动。

为了模拟外圈的损伤故障，认为滚动体进入损伤区域后，轴承间隙突然增加，可能导致该滚动体与轴承内外圈的赫兹接触力突然降低或变为零，因此，需要确定滚动体在损伤区域的轴承间隙变化量。事实上，从图 9-8(b)可以看出，由损伤引起的轴承间隙变化量 $\delta_D = h$，即

$$\delta_D = r_B - \sqrt{r_B^2 - (L_D/2)^2} \tag{9-30}$$

接下来需要确定由损伤引起的轴承间隙变化条件。设第 j 个滚动体处的角位置为 θ_j，保持架旋转频率为 ω_{Cage}，有 $\theta_j = \omega_{\text{Cage}}t + \dfrac{2\pi}{Z}(j-1)(j=1,2,\cdots,Z)$。外圈损伤的角位置为 θ_{OUT}。显然，在旋转过程中，当滚动体的角位置与外圈损伤角位置之间的差值在损伤角度 β 范围内时，将产生式(9-31)所示的轴承间隙变化量，即

$$\left|\left(\theta_{\text{OUT}} - \theta_j\right)\text{MOD}\,(2\pi)\right| < \beta, \quad j = 1,2,\cdots,Z \tag{9-31}$$

其中，损伤角 $\beta = \arcsin(L_D / D_{OUT})$ ，D_{OUT} 为外圈直径。

9.5.2　滚动轴承内圈故障建模

滚动轴承内圈故障模型[2]如图 9-9 所示，当轴承内滚道产生损伤时，如剥落、裂纹、点蚀等，根据损伤部位与滚动体发生冲击接触位置的不同，振动的振幅大小会发生周期性的变化，即发生振幅调制。

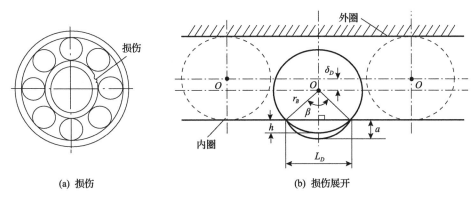

(a) 损伤　　　　　　　　　　　　　(b) 损伤展开

图 9-9　滚动轴承内圈故障模型

图 9-9(a) 为轴承内圈损伤示意图，图 9-9(b) 为损伤的展开图。图 9-9(b) 中，设损伤为一凹坑，形状为一球缺，其横截面即为损伤表面，L_D 为损伤表面的直径，a 为损伤的深度，r_B 为滚动体的半径。与外圈损伤类似，不失一般性，认为损伤满足式(9-29)，形成冲击振动。

同理，为了模拟内圈的损伤故障，认为滚动体进入损伤区域后，轴承间隙突然增加，可能导致该滚动体与轴承内外圈的赫兹接触力突然降低或变为零，因此，需要确定滚动体在损伤区域的轴承间隙变化量。从图 9-9(b) 可以看出，由损伤引起的轴承间隙变化量 $\delta_D = h$ ，即

$$\delta_D = r_B - \sqrt{r_B^2 - (L_D / 2)^2} \tag{9-32}$$

假设内圈随转子一起旋转，接下来需要确定由损伤引起的轴承间隙变化条件。设第 j 个滚动体处的角位置为 θ_j ，有 $\theta_j = \omega_{Cage}t + \dfrac{2\pi}{Z}(j-1)(j=1,2,\cdots,Z)$ 。t 时刻内圈损伤的角位置为 $\theta_{IN} = \omega_{Rotor}t$ ，其中 ω_{Rotor} 为转子自转角速度。显然，在旋转过程中，当滚动体的角位置与内圈损伤角位置之间的差值在损伤角 β 范围内时，将产生式(9-33)所示的轴承间隙变化量，即

$$\left|(\theta_{IN} - \theta_j)\, \text{MOD}\, (2\pi)\right| < \beta, \quad j=1,2,\cdots,Z \tag{9-33}$$

其中，损伤角 $\beta = \arcsin(L_D / D_{\mathrm{IN}})$，$D_{\mathrm{IN}}$ 为内圈直径。

9.5.3　滚动轴承滚动体故障建模

滚动轴承滚动体故障模型[2]如图 9-10 所示，当轴承滚动体产生损伤时，如剥落、裂纹、点蚀等，缺陷部位通过内圈或外圈滚道表面时会产生冲击振动。同内圈存在点蚀时的情况一样，根据损伤部位与内圈或外圈发生冲击接触的位置不同，也会发生振幅调制的情况。

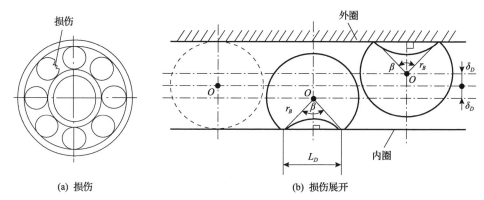

(a) 损伤　　　　　　　　　　　　　　(b) 损伤展开

图 9-10　滚动轴承滚动体故障模型

图 9-10(a)为滚动体损伤示意图，图 9-10(b)为损伤的展开图。图 9-10(b)中，设损伤剥落块为球缺，其横截面即为损伤表面，L_D 为损伤表面的直径，r_B 为滚动体的半径。显然滚动体损伤处与轴承内外圈接触时，将产生冲击振动。

同理，为了模拟滚动体的损伤故障，认为滚动体进入损伤区域后，轴承间隙突然增加，可能导致该滚动体与轴承内外圈的赫兹接触力突然降低或变为零，因此，需要确定滚动体在损伤区域的轴承间隙变化量。从图 9-10(b)可以看出，由损伤引起的轴承间隙变化量 $\delta_D = h$，即

$$\delta_D = r_B - \sqrt{r_B^2 - (L_D / 2)^2} \tag{9-34}$$

由式(9-10)可知，滚动体的自转频率，即滚动体上的一点通过内圈或外圈上的线频率及角频率为

$$f_B = \frac{Z}{2}\frac{D}{d}\left[1-\left(\frac{d}{D}\cos\alpha\right)^2\right]f_r，\quad \omega_B = \frac{Z}{2}\frac{D}{d}\left[1-\left(\frac{d}{D}\cos\alpha\right)^2\right]\omega_{\mathrm{Rotor}}$$

其中，ω_B 为滚动体的自转角速度；ω_{Rotor} 为转子的自转角速度。即设在随滚动体一起旋转的坐标系统内，第 k 个滚动体有损伤，t 时刻其所处的角位置为 θ_k'，有 $\theta_k' =$

$\omega_B t + \dfrac{2\pi}{Z}(k-1)$。$t$ 时刻第 k 个滚动体的损伤与内圈接触时，其角位置 θ_k' 应该满足

$$\left|\left(\theta_k' - \frac{3}{2}\pi\right)\mathrm{MOD}(2\pi)\right| < \beta \tag{9-35}$$

t 时刻滚动体损伤与外圈接触时，其角位置 θ_k' 应该满足

$$\left|\left(\theta_k' - \frac{1}{2}\pi\right)\mathrm{MOD}(2\pi)\right| < \beta \tag{9-36}$$

其中，损伤角 $\beta = \arcsin(L_D / d)$，d 为滚动体直径。

9.5.4　滚动轴承故障导入

1. 滚珠轴承的故障导入

在第 2 章中对滚珠轴承建立了 5 自由度球轴承模型。5 自由度球轴承模型包括 X、Y、Z 方向平动及绕 X 和 Y 方向转动的 5 个自由度，是最完善和复杂的模型，设滚珠与内外圈接触满足赫兹接触应力理论。这样，第 j 个滚珠对轴承内圈沿法线方向的接触力 Q_j 与其法向变形 δ_j 之间的关系为

$$Q_j = k_n \delta_j^{\,n} \tag{9-37}$$

式中，k_n 为滚珠与内外圈之间的总载荷-变形系数（单位为 N/m^n）；n 为接触指数，对于滚珠轴承可以设为 $n = 1.5$。

由此可见，要求出第 j 个轴承的接触力，需要分别求出总载荷-变形系数 k_n 和法向变形 δ_j。

当滚动轴承外圈、内圈或滚动体出现损伤时，设第 j 个滚珠产生的法向间隙变化量为 δ_{Dj}，其他因素产生的法向压缩量为 δ_{0j}，则第 j 个滚珠的法向接触力为

$$\begin{cases} Q_j = k_n(\delta_{0j} - \delta_{Dj})^n, & \delta_{0j} - \delta_{Dj} > 0 \\ Q_j = 0, & \delta_{0j} - \delta_{Dj} \leqslant 0 \end{cases} \tag{9-38}$$

2. 圆柱滚子轴承的故障导入

在第 2 章中采用切片法进行滚子轴承的变形分析，即假设任何滚子-滚道接触在平行于轴承径向平面内都可以划分为一定数量的"切片"。同时还假定，由于接触变形很小，可以忽略切片间的切应力，仅仅考虑接触变形。

设滚子轴承的游隙为 S_d、滚子数为 Z、切片数为 K、切片宽度 $w=l/K$。当滚动轴承外圈、内圈或滚动体出现损伤时，设第 j 个滚子第 λ 个切片产生的法向间隙变化量为 $\delta_{D\lambda j}$，其他因素产生的法向压缩量为 $\delta_{0\lambda j}$。对于滚动轴承，假设损伤产生的法向间隙变化量仅仅影响中间的切片（即 $\lambda = K/2$），则有

$$\delta_{D\lambda j} = \begin{cases} \delta_{Dj}, & \lambda = K/2 \\ 0, & \lambda \neq K/2 \end{cases} \tag{9-39}$$

考虑轴承损伤后的第 j 个滚子第 λ 个切片的法向压缩量为

$$\delta_{\lambda j} = \begin{cases} \delta_{0\lambda j} - \delta_{D\lambda j}, & \delta_{0\lambda j} - \delta_{D\lambda j} > 0 \\ 0, & \delta_{0\lambda j} - \delta_{D\lambda j} \leqslant 0 \end{cases} \tag{9-40}$$

根据第 j 个滚子的 K 个切片变形可以计算第 j 个滚子的接触力 Q_j，即

$$Q_j = \frac{w^{-0.89}}{1.24 \times 10^{-5} \times K^{0.11}} \sum_{\lambda=1}^{K} \delta_{\lambda j}^{1.11} \tag{9-41}$$

9.5.5 基于转子-滚动轴承试验器的滚动轴承故障模型验证

1. 滚动轴承外圈故障模拟

利用转子-滚动轴承试验器进行滚动轴承外圈故障模拟，该试验器的有限元模型详见第 3 章。其两端轴承型号为 HRB6304。表 9-1 和表 9-2 中分别列出了轴承的几何尺寸和各部件的故障频率倍数。

表 9-1　轴承几何尺寸

型号	内滚道半径 /mm	外滚道半径 /mm	节圆直径 /mm	接触刚度 /(N/m$^{3/2}$)	滚动体直径 /mm	滚动体数	质量 /kg
6304	13.2	22.8	36	11.67×10^9	9.6	7	0.15

表 9-2　轴承各部件故障频率倍数

型号	内圈	外圈	保持架	滚动体
6304	4.43	2.566	0.367	1.742

滚动轴承模拟试验中测试设备为：①丹麦 B&K 公司 4508 型加速度传感器；②NI 公司 USB9234 数据采集器；③旋转机械故障智能诊断软件 RFIDS。采样频

率为 10kHz。试验现场如图 9-11(a)所示。滚动轴承损伤是用电火花线切割加工的，在滚动轴承外圈滚道加工了一个宽度为 0.6mm 的裂缝，用以模拟外滚道损伤所产生的冲击，如图 9-11(b)所示。

外圈故障

(a) 试验现场　　　　　　　　　　　　　　(b) 外圈故障轴承

图 9-11　试验现场及外圈故障轴承

2. 转速 1500r/min 下的滚动轴承外圈故障特征的仿真和试验对比

设置外圈损伤直径为 0.6mm 进行动力学仿真，图 9-12(a)和(b)分别为转速 1500r/min 下仿真得到的故障轴承处轴承座的垂向振动加速度原始信号时域波形及其频谱，图 9-12(c)和(d)分别为试验得到的故障轴承处轴承座的垂向振动加速度原始信号时域波形及其频谱。可以看出，仿真和试验的加速度原始波形及其频谱差别很大，主要是由于在仿真计算中由于梁单元模型仅仅对实际转子-滚动轴承试验器结构的转子-支承结构的刚度和阻尼进行了模拟，而对结构的其他高阶固有特性无法正确模拟，导致在滚动轴承故障激励下，无法得到多个固有频率下的共振峰，从而导致振动的差别。为此，需要对信号进行小波包络分析，得到滚动轴承故障产生的周期冲击信号。

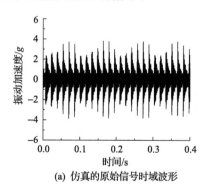
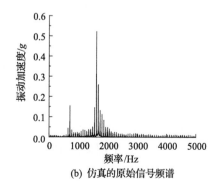

(a) 仿真的原始信号时域波形　　　　　　　　(b) 仿真的原始信号频谱

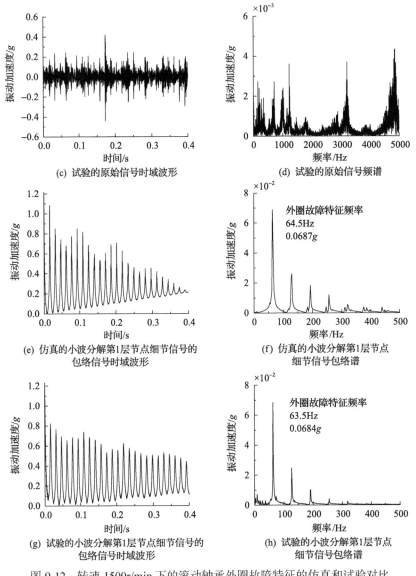

图 9-12 转速 1500r/min 下的滚动轴承外圈故障特征的仿真和试验对比

图 9-12(e)和(f)分别为转速 1500r/min 下仿真得到的故障轴承处轴承座的垂向振动加速度信号的小波分解第 1 层节点细节信号的包络信号时域波形及其频谱，图 9-12(g)和(h)分别为对应条件下的试验结果。由滚动轴承参数外圈故障特征频率计算公式可以得到，外圈故障的特征频率 f_O=64Hz，对比图 9-12(f)和(h)，可以看出小波分解第 1 层节点细节信号的包络谱非常一致，均出现了外圈故障特征频率及其倍频，而且对比外圈故障特征频率处的加速度幅值，仿真和试验的结果基本一致，分别为 0.0687g 和 0.0684g。

3. 转速 1846r/min 下的滚动轴承外圈故障特征的仿真和试验对比

设置外圈损伤直径为 0.6mm 进行动力学仿真，图 9-13(a) 和(b) 分别为转速 1846r/min 下仿真得到的故障轴承处轴承座的垂向振动加速度信号的小波分解第 1 层节点细节信号的包络信号时域波形及其频谱，图 9-13(c) 和(d) 分别为对应条件下的试验结果。由滚动轴承参数外圈故障特征频率计算公式可以得到，外圈故障的特征频率 f_O=79Hz，可以看出仿真和试验结果均表明小波分解第 1 层节点细节信号的包络谱出现了外圈故障特征频率及其倍频，而且外圈故障特征频率处的加速度幅值基本一致，仿真为 0.0511g，试验为 0.0518g。

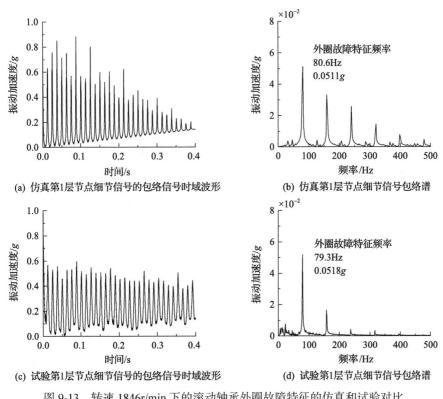

(a) 仿真第1层节点细节信号的包络信号时域波形　　(b) 仿真第1层节点细节信号包络谱

(c) 试验第1层节点细节信号的包络信号时域波形　　(d) 试验第1层节点细节信号包络谱

图 9-13　转速 1846r/min 下的滚动轴承外圈故障特征的仿真和试验对比

4. 转速 2041r/min 下的滚动轴承外圈故障特征的仿真和试验对比

设置外圈损伤直径为 0.6mm 进行动力学仿真，图 9-14(a) 和(b) 分别为转速 2041r/min 下仿真得到的故障轴承处轴承座的垂向振动加速度信号的小波分解第 1 层节点细节信号的包络信号时域波形及其频谱，图 9-14(c) 和(d) 分别为对应条件下的试验结果。由滚动轴承参数外圈故障特征频率计算公式可以得到，外圈故障

的特征频率 f_0=87.9Hz，可以看出仿真和试验结果均表明小波分解第1层节点细节信号的包络谱出现了外圈故障特征频率及其倍频，而且外圈故障特征频率处加速度幅值基本一致，仿真为 0.0257g，试验为 0.0238g。

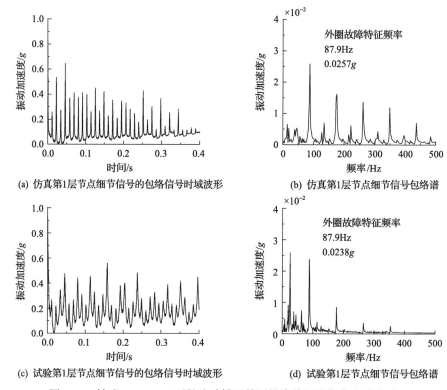

(a) 仿真第1层节点细节信号的包络信号时域波形　　(b) 仿真第1层节点细节信号包络谱

(c) 试验第1层节点细节信号的包络信号时域波形　　(d) 试验第1层节点细节信号包络谱

图 9-14　转速 2041r/min 下的滚动轴承外圈故障特征的仿真和试验对比

5. 仿真和试验结果对比汇总

表 9-3 为仿真和试验结果的对比汇总，可以看出，针对外圈故障，在相同的损伤尺寸情况下，特征频率及其加速度幅值的仿真和试验结果达到了很好的一致性，其误差均在 10%以下，由此可以验证滚动轴承外圈故障模型的正确性。

表 9-3　仿真和试验结果对比汇总

对比	1500r/min		1846r/min		2041r/min	
	特征频率/Hz	加速度幅值/g	特征频率/Hz	加速度幅值/g	特征频率/Hz	加速度幅值/g
仿真结果	64.5	0.0687	80.6	0.0511	87.9	0.0257
试验结果	63.5	0.0684	79.3	0.0518	87.9	0.0238
误差/%	1.57	0.44	1.64	1.35	0.00	7.98

9.6　带机匣的航空发动机转子试验器滚动轴承故障仿真分析

9.6.1　带机匣的航空发动机转子试验器简介

带机匣的航空发动机转子试验器的转子-支承-机匣耦合动力学模型详见第 3 章。该试验器压气机端的前支承为圆柱滚子轴承，涡轮端的后支承为深沟球轴承。本章以涡轮端的后支承为深沟球轴承为研究对象，建立轴承表面损伤模型，进而进行含滚动轴承表面损伤的航空发动机转子试验器整机振动仿真分析。表 9-4 为 6206 RZ 深沟球轴承详细参数。

表 9-4　深沟球轴承型号及参数

型号	内径/mm	外径/mm	节圆直径/mm	滚动体数	滚动体直径/mm
6206 RZ	30	62	46	9	9.5

当轴承元件(包括外圈、内圈、滚动体)的工作表面出现局部缺陷时，会以一定的通过频率产生一系列的宽带冲击，同时，轴承系统将被这些冲击激励，产生一系列的冲击衰减响应。通过频率通常取决于转速和轴承型号。已知 f_O、f_I、f_B、f_C 分别为外圈、内圈、滚动体及保持架的故障特征频率；f_r 为转子的旋转频率；Z 为滚珠数，d 为滚珠直径；D 为轴承节径；α 为接触角(设 $\alpha = 0°$)。通常设内圈与转轴一起转动，外圈固定在轴承座上。表 9-5 为 6206 RZ 滚动轴承各部件故障特征频率。

表 9-5　6206 RZ 滚动轴承通过频率(故障特征频率)

轴承元件	内圈轨道回转频率 f_i	外圈轨道回转频率 f_o	特征频率
外圈	f_r	0	$f_O = \dfrac{Z}{2}\left(1 - \dfrac{d}{D}\cos\alpha\right)\lvert f_i - f_o \rvert = 3.5707 f_r$
内圈	f_r	0	$f_I = \dfrac{Z}{2}\left(1 + \dfrac{d}{D}\cos\alpha\right)\lvert f_i - f_o \rvert = 5.4293 f_r$
滚动体	f_r	0	$f_B = \dfrac{Z}{2}\dfrac{D}{d}\left[1 - \left(\dfrac{d}{D}\cos\alpha\right)^2\right]\lvert f_i - f_o \rvert = 2.3178 f_r$
保持架	f_r	0	$f_C = \dfrac{1}{2}\left[\left(1 - \dfrac{d}{D}\cos\alpha\right)f_i + \left(1 + \dfrac{d}{D}\cos\alpha\right)f_o\right] = 0.3967 f_r$

注：保持架故障特征频率即保持架回转频率。

9.6.2　外圈故障仿真

1. 仿真计算条件

(1)为了凸显滚动轴承的冲击故障特征，不考虑转子不平衡激励。

(2)外圈的损伤直径初始值设置为 0.25mm，损伤角度为外圈圆周 6 点钟的位置，即圆周角 270°，垂直下方。

2. 故障特征分析

图 9-15（a）和（b）分别为转速 1200r/min 下的后支承处轴承座垂向振动加速度原始信号时域波形及其频谱。图 9-15（c）和（d）分别为小波分解第 3 层节点细节信号的包络信号时域波形及其频谱。将滚动轴承参数代入表 9-5 计算得到，外圈故障特征频率 $f_O = 71.414\text{Hz}$。从图 9-15 可以看出，在轴承座振动加速度原始信号和分解得到的节点细节信号的包络信号中均表现出了明显以 $1/f_O$ 为间隔的周期冲击响应特征，在包络线的频谱上表现为外圈故障特征频率及其倍频。图 9-16 为后支承处机匣节点垂向振动加速度信号的原始信号时域波形及其频谱、小波分解第 4 层节点细节信号的包络信号时域波形及其频谱。比较图 9-15 和图 9-16 可以发现，轴承座上的冲击响应是机匣上的 20 倍左右，由此可见，轴承的早期局部损伤通过轴承座传递到机匣，产生了很大程度的衰减[3,4]，这也是导致基于机匣振动信号进行滚动轴承故障诊断困难的重要原因。

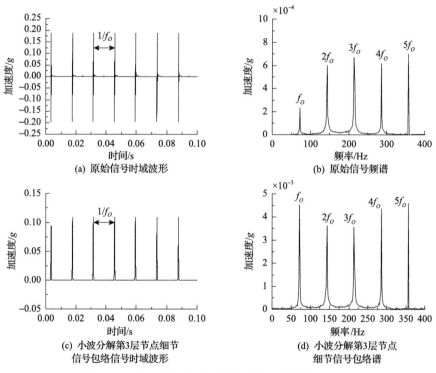

(a) 原始信号时域波形

(b) 原始信号频谱

(c) 小波分解第3层节点细节
信号包络信号时域波形

(d) 小波分解第3层节点
细节信号包络谱

图 9-15　后支承处轴承座垂向振动加速度(外圈故障)

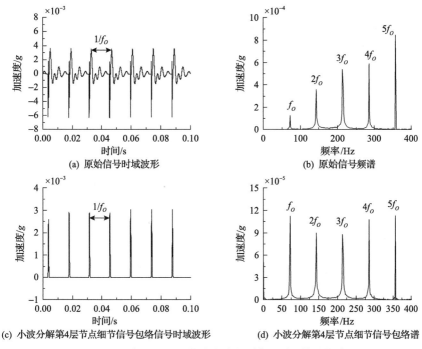

图 9-16　后支承处机匣节点垂向振动加速度(外圈故障)

表 9-6 为滚动轴承外圈故障引起的冲击响应随转速的变化,外圈的损伤直径初始值设置为 0.25mm。可以看出,随着转速的变化,滚动轴承的早期疲劳剥落故障引起的轴承外圈、轴承座及机匣响应变化不大,且无明显规律。表 9-7 为滚动轴承外圈故障大小对冲击响应的影响,转速为 1200r/min。可以看出,在故障早期,即疲劳剥落的面积较小时,故障所引起的冲击响应随剥落面积的增大而剧增,但是,随着疲劳剥落面积继续增加,冲击响应增加的速度明显降低,在损伤直径达到 1.00mm 以后,其冲击响应增加非常小。该现象也与实际滚动轴承故障规律相似,当滚动轴承出现早期剥落时,振动有效值剧增,随着损伤面积增大,有效值出现了增加缓慢,并且还出现下降的趋势。

表 9-6　滚动轴承外圈故障引起的冲击响应随转速的变化

转速/(r/min)	垂向振动加速度峰值/g		
	外圈	轴承座	机匣
1200	121.78	0.19	0.0051
2400	108.26	0.18	0.0039
3600	136.03	0.23	0.0053
4800	162.50	0.23	0.0056
6000	162.50	0.22	0.0056
7200	158.70	0.20	0.0054

表 9-7　滚动轴承外圈故障大小对冲击响应的影响

损伤直径/mm	垂向振动加速度峰值/g		
	外圈	轴承座	机匣
0.25	121.78	0.19	0.005
0.50	476.91	0.72	0.027
0.75	929.38	1.42	0.072
1.00	1087.02	1.70	0.100
1.25	1089.14	1.72	0.117
1.50	1090.86	1.74	0.127

9.6.3　内圈故障仿真

1. 仿真计算条件

(1)为了凸显滚动轴承的冲击故障特征，不考虑转子不平衡激励。

(2)内圈的损伤直径初始值设置为 0.25mm。

2. 故障特征分析

图 9-17(a)和(b)分别为转速 1200r/min 下的后支承处轴承座垂向振动加速度

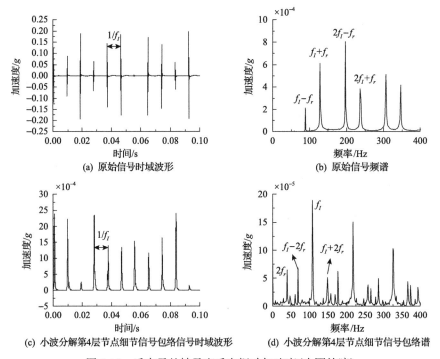

(a) 原始信号时域波形　　　　　　　(b) 原始信号频谱

(c) 小波分解第4层节点细节信号包络信号时域波形　　(d) 小波分解第4层节点细节信号包络谱

图 9-17　后支承处轴承座垂向振动加速度(内圈故障)

原始信号时域波形及其频谱。将滚动轴承参数代入表 9-5 计算得到，内圈故障特征频率 $f_I = 108.586\text{Hz}$，转子旋转频率 $f_r = 20\text{Hz}$。从图 9-17 可以看出，在轴承座振动加速度原始信号中表现出了明显的以 $1/f_I$ 为间隔的周期冲击响应特征，且幅值受到转子旋转频率调制。在频谱图上没有出现内圈故障特征频率 f_I，但是出现了 $f_I - f_r$、$f_I + f_r$、$2f_I - f_r$、$2f_I + f_r$ 等频率分量，表明了该调幅信号为典型的抑制性调幅信号。图 9-17(c) 和 (d) 分别为小波分解第 4 层节点细节信号的包络信号时域波形及其频谱。根据希尔伯特包络解调原理和抑制性调幅信号的特征，可以看出，图 9-17(c) 所示的包络信号均为正值，包络谱中出现了 f_I、$f_I - 2f_r$、$f_I + 2f_r$、$2f_r$ 等频率分量，并没有出现 $f_I - f_r$、$f_I + f_r$ 等频率分量。

图 9-18 为后支承处机匣节点垂向振动加速度信号的原始信号时域波形及其频谱、小波分解第 3 层节点细节信号的包络信号时域波形及其频谱。比较图 9-17 和图 9-18 可以发现，机匣振动加速度特征与轴承座完全一致，只是轴承座上的冲击响应是机匣上的 20 倍左右[3,4]，显然，轴承的早期局部损伤通过轴承座传递到机匣，产生了很大程度的衰减，机匣振动信号中的滚动轴承故障特征更加微弱。

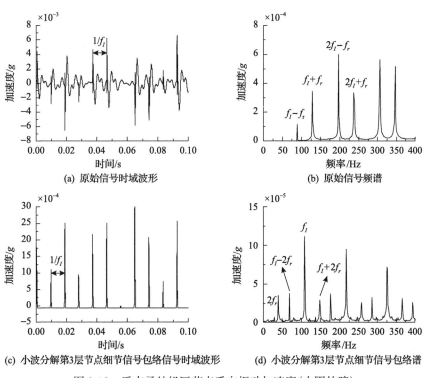

(a) 原始信号时域波形　　　　　　(b) 原始信号频谱

(c) 小波分解第3层节点细节信号包络信号时域波形　　(d) 小波分解第3层节点细节信号包络谱

图 9-18　后支承处机匣节点垂向振动加速度(内圈故障)

表 9-8 为滚动轴承内圈故障引起的冲击响应随转速的变化，内圈的损伤直径初始值设置为 0.25mm。可以看出，随着转速的变化，滚动轴承的早期疲劳剥落故

障引起的轴承外圈、轴承座及机匣响应变化不大，且无明显规律。表 9-9 为滚动轴承内圈故障大小对冲击响应的影响，转速为 1200r/min。可以看出，在故障的早期，即疲劳剥落面积较小时，故障所引起的冲击响应随剥落面积的增大而剧增，但是，随着疲劳剥落面积继续增加，冲击响应增加的速度明显降低，达到 1mm 以后，其冲击响应增加非常小。该现象也与实际滚动轴承故障规律相似，当滚动轴承出现早期剥落时，振动有效值剧增，随着损伤面积增大，有效值出现了增加缓慢，并且还出现下降的趋势。

表 9-8　滚动轴承内圈故障引起的冲击响应随转速的变化

转速/(r/min)	垂向振动加速度峰值/g		
	外圈	轴承座	机匣
1200	125.97	0.20	0.0066
2400	126.41	0.20	0.0063
3600	147.81	0.27	0.0065
4800	200.95	0.26	0.0065
6000	201.64	0.26	0.0060
7200	193.96	0.23	0.0058

表 9-9　滚动轴承内圈故障大小对冲击响应的影响

损伤直径/mm	垂向振动加速度峰值/g		
	外圈	轴承座	机匣
0.25	125.97	0.20	0.0066
0.50	496.12	0.73	0.030
0.75	1019.29	1.52	0.079
1.00	1317.32	1.99	0.129
1.25	1322.36	2.02	0.156
1.50	1326.28	2.07	0.180

9.6.4　滚动体故障仿真

1. 仿真计算条件

(1)为了凸显滚动轴承的冲击故障特征，不考虑转子不平衡激励。

(2)滚动体的损伤直径初始值设置为 0.25mm。

2. 故障特征分析

图 9-19(a)和(b)分别为转速 1200r/min 下的后支承处轴承座垂向振动加速度原始信号时域波形及其频谱。将滚动轴承参数代入表 9-5 计算得到，滚动体旋转

频率 $f_B = 46.356\text{Hz}$，但是由于滚动体每旋转一周将在内外圈各冲击一次，因此滚动体故障特征频率 $2f_B = 92.712\text{Hz}$。转子旋转频率 $f_r = 20\text{Hz}$，保持架故障特征频率 $f_C = 7.934\text{Hz}$。从图 9-19 可以看出，在轴承座振动加速度原始信号中表现出了明显的以 $1/(2f_B)$ 为间隔的周期冲击响应特征，且幅值受到保持架故障特征频率调制。在频谱图上没有出现滚动体故障特征频率 $2f_B$，但是出现了 $2f_B - f_C$、$2f_B + f_C$、$4f_B - f_C$、$4f_B + f_C$ 等频率分量，表明了该调幅信号为典型的抑制性调幅信号。图 9-19(c) 和 (d) 分别为小波分解第 3 层节点细节信号的时域波形及其频谱。根据希尔伯特包络解调原理和抑制性调幅信号的特征，可以看出，图 9-19(c) 所示的包络信号均为正值，图 9-19(d) 所示包络谱中出现了 $2f_C$、$2f_B$、$2f_B - 2f_C$、$2f_B + 2f_C$ 等频率分量，并没有出现 $2f_B - f_C$、$2f_B + f_C$ 等频率分量。

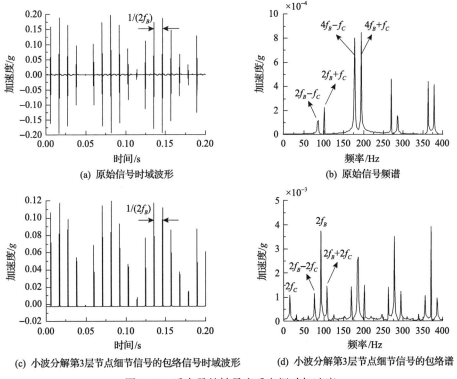

图 9-19　后支承处轴承座垂向振动加速度

图 9-20 为后支承处机匣节点垂向振动加速度信号的原始信号时域波形及其频谱、小波分解第 3 层节点细节信号的包络信号时域波形及其频谱。比较图 9-19 和图 9-20 可以发现，机匣振动加速度特征与轴承座完全一致，只是轴承座上的冲击响应是机匣上的 20 倍左右[3,4]，显然，轴承的早期局部损伤通过轴承座传递到机匣，产生了很大程度的衰减，机匣振动信号中的滚动轴承故障特征更加微弱。

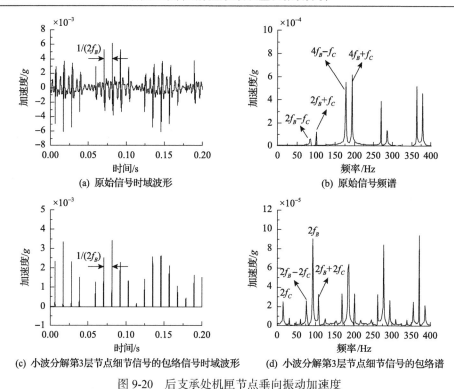

(a) 原始信号时域波形　　　(b) 原始信号频谱

(c) 小波分解第3层节点细节信号的包络信号时域波形　　(d) 小波分解第3层节点细节信号的包络谱

图 9-20　后支承处机匣节点垂向振动加速度

　　表 9-10 为滚动轴承滚动体故障引起的冲击响应随转速的变化，滚动体的损伤直径初始值设置为 0.25mm。可以看出，随着转速的变化，滚动轴承的早期疲劳剥落故障引起的轴承外圈、轴承座及机匣响应变化不大，且无明显规律。表 9-11 为滚动轴承滚动体故障大小对冲击响应的影响，转速为 1200r/min。可以看出，在故障的早期，即疲劳剥落的面积较小时，故障所引起的冲击响应随剥落面积的增大而剧增，但是，随着疲劳剥落面积继续增加，冲击响应增加的速度明显降低，在损伤直径达到 1mm 以后，其冲击响应增加非常小。该现象也与实际滚动轴承故

表 9-10　滚动轴承滚动体故障引起的冲击响应随转速的变化

转速/(r/min)	垂向振动加速度峰值/g		
	外圈	轴承座	机匣
1200	126.50	0.20	0.0061
2400	126.55	0.20	0.0065
3600	147.81	0.27	0.0062
4800	201.39	0.26	0.0067
6000	201.31	0.25	0.0063
7200	197.03	0.21	0.0062

表 9-11　滚动轴承滚动体故障大小对冲击响应的影响

损伤直径/mm	垂向振动加速度峰值/g		
	外圈	轴承座	机匣
0.25	126.50	0.20	0.0061
0.50	493.21	0.74	0.027
0.75	1022.05	1.53	0.079
1.00	1318.86	2.02	0.132
1.25	1325.43	2.07	0.159
1.50	1330.21	2.11	0.181

障规律相似，当滚动轴承出现早期剥落时，振动有效值剧增，随着损伤面积增大，有效值出现了增加缓慢，并且还出现下降的趋势。

9.7　某型高推重比双转子航空发动机滚动轴承故障仿真分析

9.7.1　某型高推重比双转子航空发动机简介

某型高推重比双转子航空发动机的转子-支承-机匣耦合动力学模型详见第 3 章。该航空发动机有 5 个支点，其中支点 1 和支点 3 为深沟球轴承；支点 2、支点 4 和支点 5 为圆柱滚子轴承。

本章以 5 个支点的滚动轴承损伤为研究对象，建立轴承表面损伤模型，进而进行含滚动轴承表面损伤的航空发动机整机振动仿真分析。表 9-12 为支点 1、3 的角接触球轴承参数。表 9-13 为支点 2、4、5 的圆柱滚子轴承参数。表 9-14 为各支点轴承的特征频率列表(其中 f_H、f_L 分别表示高、低压转子旋转频率)。需要指出的是，由于角接触球轴承的接触在实际使用中会随着工况的变化而在一个范围内变化，为了简化问题，表中角接触球轴承的特征频率值均是假设接触角为 0° 的情况下计算得到的。

表 9-12　角接触球轴承参数

支点	内径/mm	外径/mm	节圆直径/mm	滚动体数	滚子直径/mm
1	140	200	170	22	19.05
3	133.35	201.725	167.5375	20	22.225

表 9-13　圆柱滚子轴承参数

支点	内径/mm	外径/mm	节圆直径/mm	滚动体数	滚子直径/mm
2	130	180	155	30	12
4	118.94	164.064	141.502	28	12
5	130.0	180	155	30	12

表 9-14 各支点轴承的特征频率列表（角接触球轴承的接触角均假设为 0°）

轴承	内圈轨道回转频率 f_i	外圈轨道回转频率 f_o	外圈故障特征频率 f_O	内圈故障特征频率 f_I	滚动体故障特征频率 $2f_B$	保持架故障特征频率 f_C
支点 1	f_L	0	9.7674 f_L	12.2326 f_L	8.8118 f_L	0.4440 f_L
支点 2	f_L	0	13.8387 f_L	16.1613 f_L	12.8392 f_L	0.4613 f_L
支点 3	f_H	0	8.6734 f_H	11.3266 f_H	7.4056 f_H	0.4337 f_H
支点 4	f_L	f_H	12.8127 $(f_H\text{-}f_L)$	15.1873 $(f_H\text{-}f_L)$	11.7070 $(f_H\text{-}f_L)$	0.4576 f_L +0.5424 f_H
支点 5	f_L	0	13.8387 f_L	16.1613 f_L	12.8392 f_L	0.4613 f_L

9.7.2 支点 1 滚动轴承故障仿真分析

1. 外圈故障仿真分析

1）仿真计算条件

（1）转速：80%N_2（N_1=5090r/min，N_2=11752r/min），支点 1 为低压转子支点轴承，其内圈转速为 N_1=5090r/min，外圈转速为 0。

（2）支点 1 为角接触球轴承，假设其接触角为 0°，其轴向力为 20000N。

（3）外圈损伤直径为 0.25mm，不考虑高低压转子不平衡激励。

2）仿真结果分析

图 9-21（a）和（b）分别为转速 80%N_2（N_1=5090r/min，N_2=11752r/min）下的支点 1 处轴承座的垂向振动加速度原始信号时域波形及其频谱。图 9-21（c）和（d）分别为小波分解第 1 层节点细节信号的包络信号时域波形及其频谱。将滚动轴承参数代入表 9-14 计算得到，外圈故障特征频率 f_O=828.6Hz。从图 9-21 可以看出，在轴承座振动加速度原始信号和分解得到的节点细节信号的包络信号中均表现出了明显的以 $1/f_O$ 为间隔的周期冲击响应特征，在包络线的频谱上表现为外圈故障特征频率及其倍频。

图 9-22 为支点 1 处风扇机匣测点垂向振动加速度信号的原始信号时域波形及其频谱、小波分解第 2 层节点细节信号的包络信号时域波形及其频谱。从图 9-22 的原始信号频谱和小波包络谱均可发现外圈故障特征频率及其倍频。比较图 9-21 和图 9-22 可以发现，轴承座上的冲击响应是机匣上的 1000 倍左右，由此可见，轴承的早期局部损伤通过轴承座传递到机匣，产生了很大程度的衰减，这也是导致基于机匣振动信号进行滚动轴承故障诊断困难的重要原因。但是，支点 1 处轴承外圈产生故障时，在靠支点 1 最近的风扇机匣测点尽管故障信号微弱，但也能够从中提取出滚动轴承外圈故障特征，表明该故障在基于机匣加速度信号分析的基础上具有可诊断性。

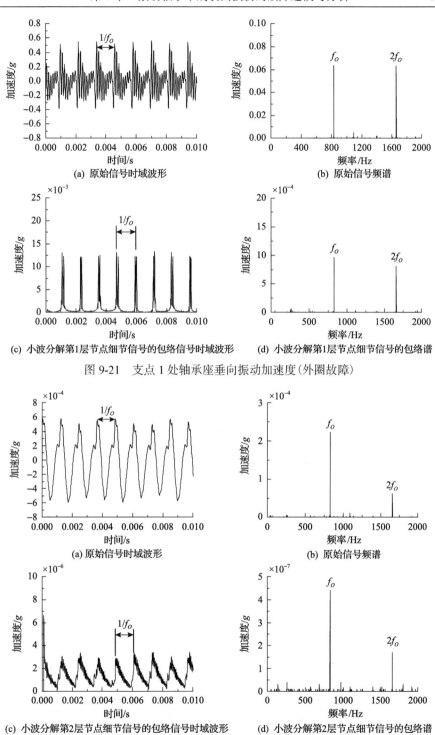

(a) 原始信号时域波形　　　　　　　　(b) 原始信号频谱

(c) 小波分解第1层节点细节信号的包络信号时域波形　　(d) 小波分解第1层节点细节信号的包络谱

图 9-21　支点 1 处轴承座垂向振动加速度(外圈故障)

(a) 原始信号时域波形　　　　　　　　(b) 原始信号频谱

(c) 小波分解第2层节点细节信号的包络信号时域波形　　(d) 小波分解第2层节点细节信号的包络谱

图 9-22　支点 1 处风扇机匣测点垂向振动加速度(外圈故障)

表 9-15 为滚动轴承外圈故障引起的冲击响应随转速的变化，外圈的损伤直径初始值设置为 0.25mm。可以看出，随着转速的变化，滚动轴承的早期疲劳剥落故障引起的轴承座及机匣响应变化不大，且无明显规律。表 9-16 为滚动轴承外圈故障大小对冲击响应的影响，转速为 $80\%N_2(N_1=5090\text{r/min}，N_2=11752\text{r/min})$。可以看出，在故障的早期，即疲劳剥落的面积较小时，故障所引起的冲击响应随剥落面积的增大而剧增，但是，随着疲劳剥落面积继续增加，冲击响应增加的速度明显降低，在损伤直径达到 1.75mm 以后，其冲击响应增加非常小。该现象也与实际滚动轴承故障规律相似，当滚动轴承出现早期剥落时，振动有效值剧增，当随着损伤面积增大，有效值增加缓慢，并且还出现下降的趋势。

表 9-15　支点 1 滚动轴承外圈故障引起的冲击响应随转速的变化

转速	支点 1 轴承座加速度/g	风扇机匣测点加速度/g	中介机匣前测点加速度/g	中介机匣后测点加速度/g	涡轮机匣测点加速度/g
$80\%N_2$ $N_1=5090\text{r/min}$ $N_2=11752\text{r/min}$	0.4710	5.9×10^{-4}	5.5×10^{-4}	3.9×10^{-4}	7.1×10^{-5}
$90\%N_2$ $N_1=6980\text{r/min}$ $N_2=13210\text{r/min}$	0.5535	7.4×10^{-4}	6.1×10^{-4}	5.3×10^{-4}	8.4×10^{-5}
$100\%N_2$ $N_1=8880\text{r/min}$ $N_2=14675\text{r/min}$	0.6189	2.8×10^{-4}	3.0×10^{-4}	1.9×10^{-4}	2.9×10^{-5}

表 9-16　支点 1 滚动轴承外圈故障大小对冲击响应的影响

损伤直径/mm	支点 1 轴承座加速度/g	风扇机匣测点加速度/g	中介机匣前测点加速度/g	中介机匣后测点加速度/g	涡轮机匣测点加速度/g
0.25	0.4710	0.00059	0.00055	0.00039	7.1×10^{-5}
0.50	1.8373	0.00228	0.00217	0.00155	0.00028
0.75	4.0250	0.00501	0.00476	0.00342	0.00062
1.00	6.8602	0.00854	0.00814	0.00583	0.00105
1.25	10.0535	0.01254	0.01193	0.00854	0.00153
1.50	13.0982	0.01641	0.01556	0.01118	0.00201
1.75	15.02	0.0189	0.018	0.0129	0.00235
2.00	15.02	0.0189	0.018	0.0129	0.00235

2. 内圈故障仿真分析

1) 仿真计算条件

(1) 转速：$80\%N_2(N_1=5090\text{r/min}，N_2=11752\text{r/min})$，支点 1 为低压转子支点轴承，其内圈转速为 $N_1=5090\text{r/min}$，外圈转速为 0。

(2)支点 1 为角接触球轴承，假设其接触角为 0°，其轴向力为 20000N。

(3)内圈损伤直径为 0.25mm，不考虑高低压转子不平衡激励。

2)仿真结果分析

图 9-23(a)和(b)分别为转速 $80\%N_2$(N_1=5090r/min，N_2=11752r/min)下的支点 1 处轴承座的垂向振动加速度原始信号时域波形及其频谱。图 9-23(c)和(d)分别为小波分解第 1 层节点细节信号的时域波形及其频谱。将滚动轴承参数代入表 9-14 计算得到，内圈故障特征频率为 f_I=1037.73Hz，转子旋转频率为 f_r=84.833Hz。从图 9-23 可以看出，在轴承座振动加速度原始信号中表现出了明显的以 $1/f_I$ 为间隔的周期冲击响应特征，且幅值受到转子旋转频率调制。在频谱图上没有出现内圈故障特征频率 f_I，但是出现了 f_I-f_r、f_I+f_r 频率分量，表明了该调幅信号为典型的抑制性调幅信号。图 9-23(c)和(d)分别为小波分解第 1 层节点细节信号的包络信号时域波形及其频谱。根据希尔伯特包络解调原理和抑制性调幅信号的特征，可以看出，图 9-23(c)所示的包络信号均为正值，包络谱中出现了 $2f_r$、f_I、f_I-2f_r、f_I+2f_r 等频率分量，并没有出现 f_I-f_r、f_I+f_r 等频率分量。

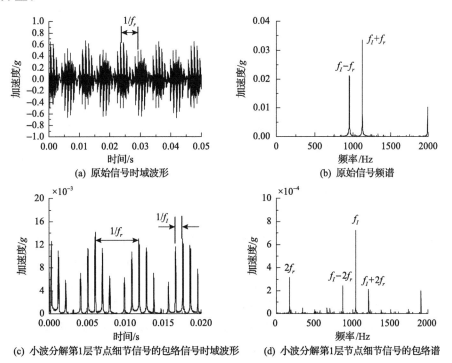

图 9-23　支点 1 处轴承座垂向振动加速度(内圈故障)

图 9-24 为支点 1 处风扇机匣测点垂向振动加速度信号的原始信号时域波形及

其频谱、小波分解第2层节点细节信号的包络信号时域波形及其频谱。比较图9-23和图9-24可以发现，机匣振动加速度特征与轴承座完全一致，只是轴承座上的冲击响应基本上为机匣上的1000倍左右，在机匣振动信号中冲击特征已经很不明显了，显然，轴承的早期局部损伤通过轴承座传递到机匣，产生了很大程度的衰减，机匣振动信号中的滚动轴承故障特征更加微弱。但是，支点1处轴承内圈产生故障时，在风扇机匣测点信号中也能够提取出滚动轴承内圈故障特征，表明该故障在基于机匣加速度信号分析的基础上具有可诊断性。

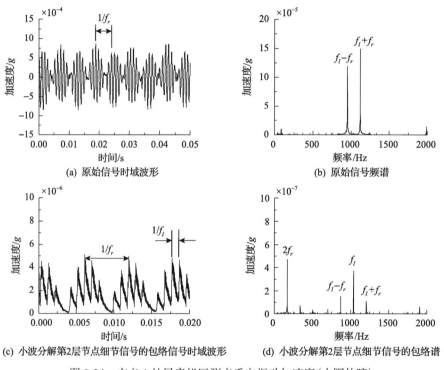

图 9-24   支点 1 处风扇机匣测点垂向振动加速度(内圈故障)

表9-17为滚动轴承内圈故障引起的冲击响应随转速的变化，内圈的损伤直径初始值设置为0.25mm。可以看出，随着转速的变化，滚动轴承的早期疲劳剥落故障引起的轴承座及机匣响应变化不大，且无明显规律。表9-18为滚动轴承内圈故障大小对冲击响应的影响，转速为$80\%N_2$(N_1=5090r/min，N_2=11752r/min)。可以看出，在故障的早期，即疲劳剥落的面积较小时，故障所引起的冲击响应随剥落面积的增大而剧增，但是，随着疲劳剥落面积继续增加，冲击响应增加的速度明显降低，在损伤直径达到1.75mm以后，其冲击响应增加非常小。该现象也与实际滚动轴承故障规律相似，当滚动轴承出现早期剥落时，振动有效值剧增，当随着损伤面积增大，有效值增加缓慢，并且还出现下降的趋势。

表 9-17　支点 1 滚动轴承内圈故障引起的冲击响应随转速的变化

转速	支点 1 轴承座加速度/g	风扇机匣测点加速度/g	中介机匣前测点加速度/g	中介机匣后测点加速度/g	涡轮机匣测点加速度/g
80%N_2 N_1=5090r/min N_2=11752r/min	0.6571	$8.5×10^{-4}$	$7.6×10^{-4}$	$5.2×10^{-4}$	$7.8×10^{-5}$
90% N_2 N_1=6980r/min N_2=13210r/min	0.6560	$5.9×10^{-4}$	$4.1×10^{-4}$	$3.3×10^{-4}$	$6.6×10^{-5}$
100% N_2 N_1= 8880r/min N_2=14675r/min	0.5879	$3.7×10^{-4}$	$2.9×10^{-4}$	$1.9×10^{-4}$	$3.7×10^{-5}$

表 9-18　支点 1 滚动轴承内圈故障大小对冲击响应的影响

损伤直径/mm	支点 1 轴承座加速度/g	风扇机匣测点加速度/g	中介机匣前测点加速度/g	中介机匣后测点加速度/g	涡轮机匣测点加速度/g
0.25	0.6571	0.00085	0.00076	0.00052	$7.8×10^{-5}$
0.50	2.5880	0.00326	0.00301	0.00202	0.00031
0.75	5.7322	0.00735	0.00653	0.00437	0.00068
1.00	9.6407	0.01247	0.01142	0.00756	0.00115
1.25	14.2878	0.01835	0.01641	0.01118	0.00167
1.50	18.5151	0.02375	0.02115	0.01468	0.00217
1.75	21.32	0.027	0.024	0.0163	0.0025
2.00	21.31	0.027	0.024	0.0163	0.0025

3. 滚动体故障仿真分析

1)仿真计算条件

(1)转速：80%N_2(N_1=5090r/min，N_2=11752r/min)，支点 1 为低压转子支点轴承，其内圈转速为 N_1=5090r/min，外圈转速为 0。

(2)支点 1 为角接触球轴承，假设其接触角为 0°，其轴向力为 20000N。

(3)滚动体损伤直径为 0.25mm，不考虑高低压转子不平衡激励。

2)仿真结果分析

图 9-25(a)和(b)分别为转速 80%N_2(N_1=5090r/min，N_2=11752r/min)下的支点 1 处轴承座的垂向振动加速度原始信号时域波形及其频谱。将滚动轴承参数代入表 9-14 计算得到，滚动体故障特征频率 $2f_B$ =747.53Hz。转子旋转频率为 f_r= 84.833Hz，保持架故障特征频率为 f_C=37.67Hz。从图 9-25 可以看出，在轴承座振动加速度原始信号中表现出了明显的以 $1/(2f_B)$ 为间隔的周期冲击响应特征，且幅值受到保持架故障特征频率调制。在图 9-25(b)所示的频谱图上出现了 $2f_B$ -

f_C、$2f_B + f_C$、$4f_B - f_C$、$4f_B + f_C$ 频率分量，没有出现 $2f_B$ 和 $4f_B$ 分量，表明了该调幅信号为典型的非抑制性调幅信号。图 9-25(c)和(d)分别为小波分解第 1 层节点细节信号的包络信号时域波形及其频谱。可以看出，图 9-25(c)所示的包络信号均为正值，包络谱中出现了 f_C、$2f_B$、$2f_B - f_C$、$2f_B + f_C$、$4f_B$、$4f_B - f_C$、$4f_B + f_C$ 等频率分量，充分表现出滚动体故障受保持架频率调制的特征。

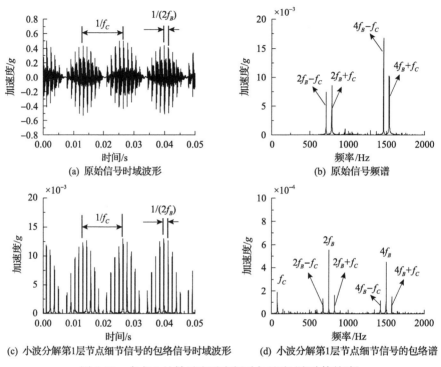

(a) 原始信号时域波形　　　　　　　　(b) 原始信号频谱

(c) 小波分解第1层节点细节信号的包络信号时域波形　　(d) 小波分解第1层节点细节信号的包络谱

图 9-25　支点 1 处轴承座垂向振动加速度(滚动体故障)

图 9-26 为支点 1 处风扇机匣测点垂向振动加速度信号的原始信号时域波形及其频谱、小波分解第 1 层节点细节信号的包络信号时域波形及其频谱。比较图 9-25

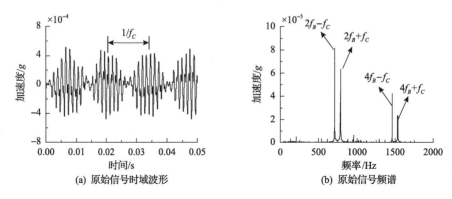

(a) 原始信号时域波形　　　　　　　　(b) 原始信号频谱

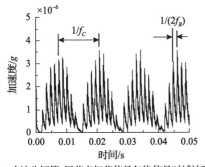

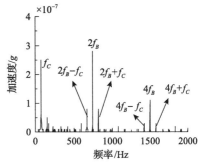

(c) 小波分解第1层节点细节信号包络信号时域波形　　　(d) 小波分解第1层节点细节信号包络谱

图 9-26　支点 1 处风扇机匣测点垂向振动加速度（滚动体故障）

和图 9-26 可以发现，机匣振动加速度特征与轴承座完全一致，只是轴承座上的冲击响应基本上是机匣上的 1000 倍左右，显然，轴承的早期局部损伤通过轴承座传递到机匣，产生了很大程度的衰减，机匣振动信号中的滚动轴承故障特征更加微弱。但是，支点 1 处轴承滚动体产生故障时，在风扇机匣测点信号中也能够提取出滚动轴承故障特征，表明该故障在基于机匣加速度信号分析基础上具有可诊断性。

表 9-19 为滚动轴承滚动体故障引起的冲击响应随转速的变化，滚动体的损伤直径初始值设置为 0.25mm。可以看出，随着转速的变化，滚动轴承的早期疲劳剥落故障引起的轴承座及机匣响应变化不大，且无明显规律。表 9-20 为滚动轴承滚动体故障大小对冲击响应的影响，转速为 $80\%N_2$（$N_1=5090$r/min，$N_2=11752$r/min）。可以看出，在故障的早期，即疲劳剥落的面积较小时，故障所引起的冲击响应随剥落面积的增大而剧增，但是，随着疲劳剥落面积继续增加，冲击响应增加的速度明显降低，在损伤直径达到 1.75mm 以后，其冲击响应增加非常小。该现象也与实际滚动轴承故障规律相似，当滚动轴承出现早期剥落时，振动有效值剧增，当随着损伤面积增大，有效值增加缓慢，并且还出现下降的趋势。

表 9-19　支点 1 滚动轴承滚动体故障引起的冲击响应随转速的变化

转速	支点 1 轴承座加速度/g	风扇机匣测点加速度/g	中介机匣前测点加速度/g	中介机匣后测点加速度/g	涡轮机匣测点加速度/g
$80\%N_2$ $N_1=5090$r/min $N_2=11752$r/min	0.1139	7.5×10^{-5}	6.7×10^{-5}	5.6×10^{-5}	1.3×10^{-5}
$90\% N_2$ $N_1=6980$r/min $N_2=13210$r/min	0.1471	1.1×10^{-4}	1.1×10^{-4}	7.6×10^{-5}	1.5×10^{-5}
$100\% N_2$ $N_1=8880$r/min $N_2=14675$r/min	0.1204	8.3×10^{-5}	7.7×10^{-5}	6.0×10^{-5}	1.5×10^{-5}

表 9-20　支点 1 滚动轴承滚动体故障大小对冲击响应的影响

损伤直径 /mm	支点 1 轴承座 加速度/g	风扇机匣测点 加速度/g	中介机匣前测点 加速度/g	中介机匣后测点 加速度/g	涡轮机匣测点 加速度/g
0.25	0.52	4.90×10^{-4}	5.20×10^{-4}	3.67×10^{-4}	7.36×10^{-5}
0.50	2.09	2.73×10^{-3}	2.14×10^{-3}	1.41×10^{-3}	2.85×10^{-4}
0.75	4.53	4.25×10^{-3}	4.50×10^{-3}	3.16×10^{-3}	6.36×10^{-4}
1.00	7.69	7.20×10^{-3}	7.66×10^{-3}	5.43×10^{-3}	1.09×10^{-3}
1.25	11.37	1.06×10^{-2}	1.12×10^{-2}	7.94×10^{-3}	1.59×10^{-3}
1.50	14.90	1.40×10^{-2}	1.47×10^{-2}	1.04×10^{-2}	2.08×10^{-3}
1.75	16.67	1.60×10^{-2}	1.71×10^{-2}	1.20×10^{-2}	2.30×10^{-3}
2.00	16.67	1.60×10^{-2}	171×10^{-2}	1.20×10^{-2}	2.30×10^{-3}

9.7.3　支点 2 滚动轴承故障仿真分析

1. 外圈故障仿真分析

1)仿真计算条件

(1)转速：$80\%N_2$（N_1=5090r/min，N_2=11752r/min），支点 2 为低压转子支点轴承，其内圈转速为 N_1=5090r/min，外圈转速为 0。

(2)支点 2 为圆柱滚子轴承，其轴向力为 0。

(3)外圈损伤直径为 0.25mm，不考虑高低压转子不平衡激励。

2)仿真结果分析

图 9-27(a)和(b)分别为转速 $80\%N_2$（N_1=5090r/min，N_2=11752r/min)下的支点 2 处轴承座的垂向振动加速度原始信号时域波形及其频谱。图 9-27(c)和(d)分别为小波分解第 1 层节点细节信号的包络信号时域波形及其频谱。将滚动轴承参数代入表 9-14 计算得到，外圈故障特征频率 f_O=1174Hz。从图 9-23 可以看出，在轴

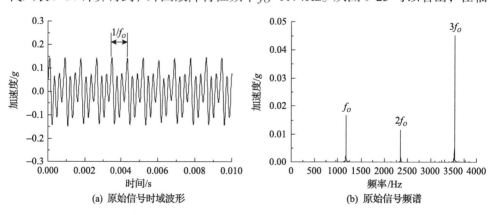

(a) 原始信号时域波形　　　　　　　　　　(b) 原始信号频谱

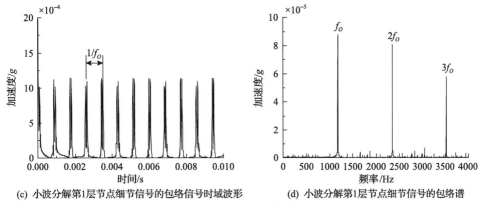

(c) 小波分解第1层节点细节信号的包络信号时域波形　　　(d) 小波分解第1层节点细节信号的包络谱

图 9-27　支点 2 处轴承座垂向加速度(外圈故障)

承座振动加速度原始信号和分解得到的节点细节信号的包络信号中均表现出了明显的以 $1/f_O$ 为间隔的周期冲击响应特征，在包络线的频谱上表现为外圈故障特征频率及其倍频。

　　图 9-28 为支点 2 处中介机匣前测点垂向振动加速度信号的原始信号时域波形及其频谱、小波分解第 2 层节点细节信号的包络信号时域波形及其频谱，从图 9-28 的原始信号频谱和小波包络谱均可发现外圈故障特征频率及其倍频。比较图 9-27 和图 9-28 可以发现，轴承座上的冲击响应基本是机匣上的 1000 倍左右，由此可见，轴承的早期局部损伤通过轴承座传递到机匣，产生了很大程度的衰减，这也是导致基于机匣振动信号进行滚动轴承故障诊断困难的重要原因。但是，支点 2 轴承外圈产生故障时，在靠支点 2 最近的中介机匣前测点尽管故障信号微弱，但也能够从中提取出滚动轴承外圈故障特征，表明该故障在基于机匣加速度信号分析基础上具有可诊断性。

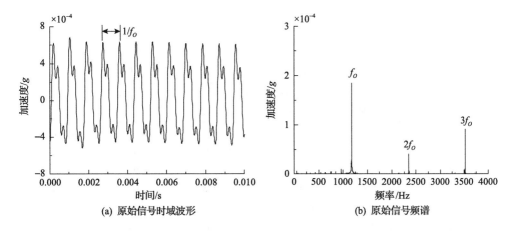

(a) 原始信号时域波形　　　　　　　　　　(b) 原始信号频谱

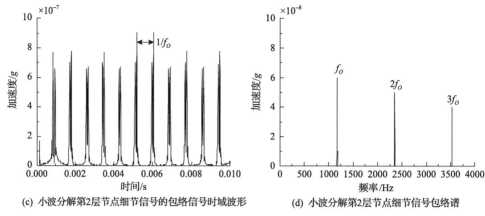

(c) 小波分解第2层节点细节信号的包络信号时域波形　　(d) 小波分解第2层节点细节信号包络谱

图 9-28　支点 2 处中介机匣前测点垂向振动加速度(外圈故障)

表 9-21 为滚动轴承外圈故障引起的冲击响应随转速的变化，外圈的损伤直径初始值设置为 0.25mm。可以看出，随着转速的变化，滚动轴承的早期疲劳剥落故障引起的轴承座及机匣响应变化不大，且无明显规律。表 9-22 为滚动轴承外圈故障大小对冲击响应的影响，转速为 $80\%N_2$(N_1=5090r/min，N_2=11752r/min)。可以看出，在故障的早期，即疲劳剥落面积较小时，故障所引起的冲击响应随剥落面

表 9-21　支点 2 滚动轴承外圈故障引起的冲击响应随转速的变化

转速	支点 2 轴承座加速度/g	风扇机匣测点加速度/g	中介机匣前测点加速度/g	中介机匣后测点加速度/g	涡轮机匣测点加速度/g
$80\%N_2$ N_1=5090r/min N_2=11752r/min	0.1469	0.00271	0.00061	0.00044	9.1×10^{-5}
$90\%N_2$ N_1=6980r/min N_2=13210r/min	0.0811	9×10^{-5}	0.00029	0.00020	2.9×10^{-5}
$100\%N_2$ N_1=8880r/min N_2=14675r/min	0.0854	8.1×10^{-5}	0.00021	0.00014	3.7×10^{-5}

表 9-22　支点 2 滚动轴承外圈故障大小对冲击响应的影响

损伤直径/mm	支点 2 轴承座加速度/g	风扇机匣测点加速度/g	中介机匣前测点加速度/g	中介机匣后测点加速度/g	涡轮机匣测点加速度/g
0.25	0.1469	0.00271	0.00061	0.00044	9.1×10^{-5}
0.50	0.3758	0.00067	0.00154	0.00112	0.00023
0.75	0.3762	0.00067	0.00155	0.00112	0.00024
1.00	0.3755	0.00067	0.00155	0.00113	0.00022
1.25	0.3756	0.00066	0.00155	0.00113	0.00023
1.50	0.3758	0.00067	0.00154	0.00112	0.00022

积的增大而剧增，但是，随着疲劳剥落面积继续增加，冲击响应增加的速度明显降低，在损伤直径达到 0.5mm 以后，其冲击响应增加非常小。

2. 内圈故障仿真分析

1) 仿真计算条件

(1) 转速：80% N_2 (N_1=5090r/min，N_2=11752r/min)，支点 2 为低压转子支点轴承，其内圈转速为 N_1=5090r/min，外圈转速为 0。

(2) 支点 2 为圆柱滚子轴承，其轴向力为 0。

(3) 内圈损伤直径为 0.25mm，不考虑高、低压转子不平衡激励。

2) 仿真结果分析

图 9-29 (a) 和 (b) 分别为转速 80% N_2 (N_1=5090r/min，N_2=11752r/min) 下的支点 2 处轴承座的垂向振动加速度原始信号时域波形及其频谱。图 9-29 (c) 和 (d) 分别为小波分解第 1 层节点细节信号的包络信号时域波形及其频谱。将滚动轴承参数代入表 9-14 计算得到，内圈故障特征频率 f_I=1371Hz，转子旋转频率 f_r = 84.83Hz。

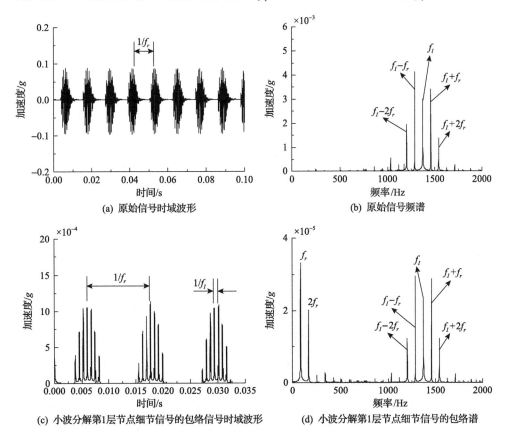

(a) 原始信号时域波形

(b) 原始信号频谱

(c) 小波分解第1层节点细节信号的包络信号时域波形

(d) 小波分解第1层节点细节信号的包络谱

图 9-29　支点 2 处轴承座垂向振动加速度(内圈故障)

从图 9-29 可以看出，在轴承座振动加速度原始信号中表现出了明显的以$1/f_I$为间隔的周期冲击响应特征，且幅值受到转子旋转频率调制。在频谱图上出现了f_I、f_I-f_r、f_I+f_r、f_I-2f_r、f_I+2f_r频率分量，表明了该调幅信号为典型的非抑制性调幅信号。图 9-29（c）和（d）分别为小波分解第 1 层节点细节信号的包络信号时域波形及其频谱。根据希尔伯特包络解调原理和非抑制性调幅信号的特征，可以看出，图 9-29（c）所示的包络信号均为正值，图 9-29（d）所示的包络谱中出现了f_r、$2f_r$、f_I、f_I-f_r、f_I+f_r、f_I-2f_r、f_I+2f_r等频率分量。

图 9-30 为支点 2 处中介机匣前测点垂向振动加速度信号的原始信号时域波形及其频谱、小波分解第 1 层节点细节信号的包络信号时域波形及其频谱。比较图 9-29 和图 9-30 可以发现，机匣振动加速度特征与轴承座完全一致，只是轴承座上的冲击响应基本上为机匣上的 250 倍左右，在机匣振动信号中冲击特征已经很不明显了，显然，轴承的早期局部损伤通过轴承座传递到机匣，产生了很大程度的衰减，机匣振动信号中的滚动轴承故障特征更加微弱。但是，支点 2 轴承内

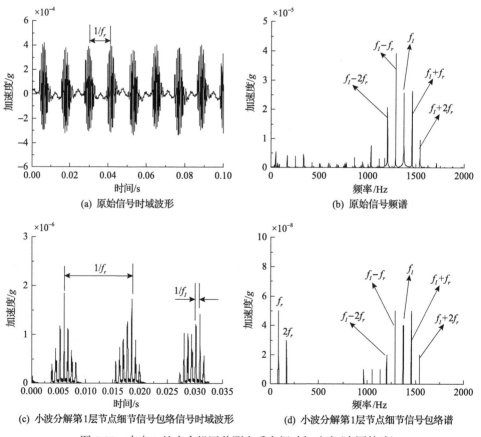

(a) 原始信号时域波形

(b) 原始信号频谱

(c) 小波分解第1层节点细节信号包络信号时域波形

(d) 小波分解第1层节点细节信号包络谱

图 9-30　支点 2 处中介机匣前测点垂向振动加速度（内圈故障）

圈产生故障时，在靠支点 2 最近的中介机匣前测点尽管故障信号微弱，但也能够从中提取出滚动轴承内圈故障特征，表明该故障在基于机匣加速度信号分析基础上具有可诊断性。

表 9-23 为滚动轴承内圈故障引起的冲击响应随转速的变化，外圈的损伤直径初始值设置为 0.25mm。可以看出，随着转速的变化，滚动轴承的早期疲劳剥落故障引起的轴承外圈、轴承座及机匣响应变化不大，且无明显规律。表 9-24 为滚动轴承内圈故障大小对冲击响应的影响，转速为 $80\%N_2$（N_1=5090r/min，N_2=11752r/min）。可以看出，在故障的早期，即疲劳剥落面积较小时，故障所引起的冲击响应随剥落面积的增大而剧增，但是，随着疲劳剥落面积继续增加，冲击响应增加的速度明显降低，在损伤直径达到 0.5mm 以后，其冲击响应增加非常小。

表 9-23　支点 2 滚动轴承内圈故障引起的冲击响应随转速的变化

转速	支点 2 轴承座加速度/g	风扇机匣测点加速度/g	中介机匣前测点加速度/g	中介机匣后测点加速度/g	涡轮机匣测点加速度/g
$80\%N_2$ N_1=5090r/min N_2=11752r/min	0.0911	1.1×10^{-4}	3.6×10^{-4}	2.4×10^{-4}	5.5×10^{-5}
$90\%N_2$ N_1=6980r/min N_2=13210r/min	0.1403	1.2×10^{-4}	3.0×10^{-4}	1.8×10^{-4}	3.4×10^{-5}
$100\%N_2$ N_1=8880r/min N_2=14675r/min	0.0395	1.1×10^{-4}	1.5×10^{-4}	1.0×10^{-4}	5.5×10^{-5}

表 9-24　支点 2 滚动轴承内圈故障大小对冲击响应的影响

损伤直径/mm	支点 2 轴承座加速度/g	风扇机匣测点加速度/g	中介机匣前测点加速度/g	中介机匣后测点加速度/g	涡轮机匣测点加速度/g
0.25	0.0911	1.1×10^{-4}	3.6×10^{-4}	2.4×10^{-4}	5.5×10^{-5}
0.50	0.2315	3.4×10^{-4}	9.3×10^{-4}	6.5×10^{-4}	1.2×10^{-4}
0.75	0.2386	3.3×10^{-4}	9.5×10^{-4}	6.3×10^{-4}	1.2×10^{-4}
1.00	0.2391	3.3×10^{-4}	9.3×10^{-4}	6.5×10^{-4}	1.2×10^{-4}
1.25	0.2365	3.3×10^{-4}	9.2×10^{-4}	6.3×10^{-4}	1.2×10^{-4}
1.50	0.2388	3.4×10^{-4}	9.5×10^{-4}	6.5×10^{-4}	1.1×10^{-4}

3. 滚动体故障仿真分析

1）仿真计算条件

（1）转速：$80\%N_2$（N_1=5090r/min，N_2=11752r/min），支点 2 为低压转子支点轴承，其内圈转速为 N_1=5090r/min，外圈转速为 0。

（2）支点 2 为圆柱滚子轴承，其轴向力为 0。

(3)外圈损伤直径为0.25mm，不考虑高、低压转子不平衡激励。

2)仿真结果分析

图9-31(a)和(b)分别为转速80%N_2(N_1=5090r/min，N_2=11752r/min)下的支点2处轴承座的垂向振动加速度原始信号时域波形及其频谱。图9-31(c)和(d)分别为小波分解第1层节点细节信号的包络信号时域波形及其频谱。将滚动轴承参数代入表9-14计算得到，滚动体故障特征频率2f_B=1089.2Hz。转子旋转频率f_r=84.83Hz，保持架故障特征频率f_C=39.13Hz。从图9-31可以看出，在轴承座振动加速度原始信号中表现出了明显的以1/(2f_B)为间隔的周期冲击响应特征，且幅值受到保持架故障特征频率调制。在频谱图上没有出现滚动体故障特征频率，但是出现了2f_B、2f_B-f_C、2f_B+f_C、2f_B-2f_C、2f_B+2f_C等频率分量，表明了该调幅信号为典型的非抑制性调幅信号。图9-31(c)和(d)分别为小波分解第1层节点细节信号的包络信号时域波形及其频谱。根据希尔伯特包络解调原理和非抑制性调幅信号的特征，可以看出，图9-31(c)所示的包络信号均为正值，包络谱中出现了f_C、2f_C、2f_B、2f_B-f_C、2f_B+f_C、2f_B-2f_C、2f_B+2f_C等频率分量。

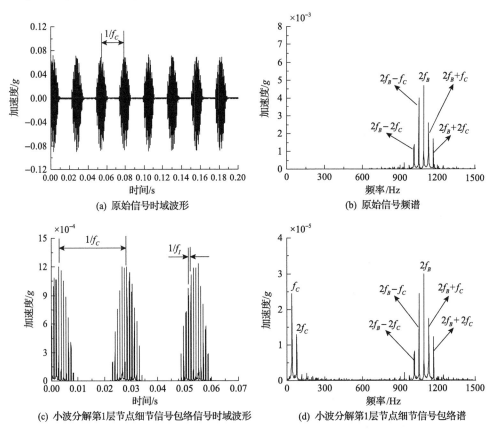

(a) 原始信号时域波形

(b) 原始信号频谱

(c) 小波分解第1层节点细节信号包络信号时域波形

(d) 小波分解第1层节点细节信号包络谱

图9-31 支点2处轴承座垂向振动加速度(滚动体故障)

图 9-32 为支点 2 处中介机匣前测点垂向振动加速度信号的原始信号时域波形及其频谱、小波分解第 4 层节点细节信号的包络信号时域波形及其频谱。比较图 9-31 和图 9-32 可以发现，机匣振动加速度特征与轴承座完全一致，只是轴承座上的冲击响应基本上是机匣上的 1000 倍左右，显然，轴承的早期局部损伤通过轴承座传递到机匣，产生了很大程度的衰减，机匣振动信号中的滚动轴承故障特征更加微弱。但是，支点 2 轴承滚动体产生故障时，在靠支点 2 最近的中介机匣前测点尽管故障信号微弱，但也能够从中提取出滚动轴承滚动体故障特征，表明该故障在基于机匣加速度信号分析基础上具有可诊断性。

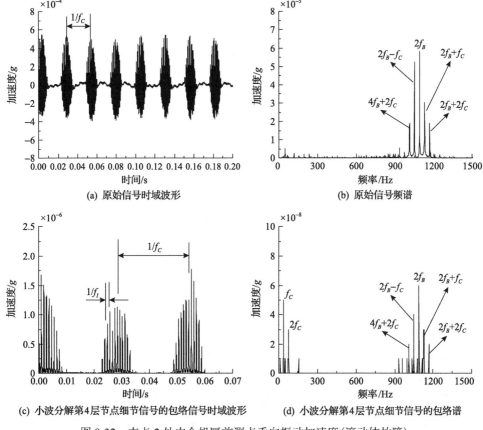

图 9-32 支点 2 处中介机匣前测点垂向振动加速度(滚动体故障)

表 9-25 为滚动轴承滚动体故障引起的冲击响应随转速的变化，滚动体的损伤直径初始值设置为 0.25mm。可以看出，随着转速的变化，滚动轴承的早期疲劳剥落故障引起的轴承外圈、轴承座及机匣响应变化不大，且无明显规律。表 9-26 为滚动轴承滚动体故障大小对冲击响应的影响，转速为 $80\%N_2$(N_1=5090r/min，N_2=11752r/min)。可以看出，在故障的早期，即疲劳剥落面积较小时，故障所引起的

冲击响应随剥落面积的增大而剧增，但是，随着疲劳剥落面积继续增加，冲击响应增加的速度明显降低，在损伤直径达到 0.5mm 以后，其冲击响应增加非常小。

表 9-25　支点 2 滚动轴承滚动体故障引起的冲击响应随转速的变化

转速	支点 2 轴承座加速度/g	风扇机匣测点加速度/g	中介机匣前测点加速度/g	中介机匣后测点加速度/g	涡轮机匣测点加速度/g
80%N_2 N_1=5090r/min N_2=11752r/min	0.0779	2.0×10^{-4}	4.4×10^{-4}	3.5×10^{-4}	7.3×10^{-5}
90% N_2 N_1=6980r/min N_2=13210r/min	0.0542	9.9×10^{-5}	2.3×10^{-4}	1.6×10^{-4}	2.7×10^{-5}
100% N_2 N_1=8880r/min N_2=14675r/min	0.1086	7.4×10^{-5}	2.7×10^{-4}	1.7×10^{-4}	2.2×10^{-5}

表 9-26　支点 2 滚动轴承滚动体故障大小对冲击响应的影响

损伤直径/mm	支点 2 轴承座加速度/g	风扇机匣测点加速度/g	中介机匣前测点加速度/g	中介机匣后测点加速度/g	涡轮机匣测点加速度/g
0.25	0.0779	2.0×10^{-4}	4.4×10^{-4}	3.5×10^{-4}	7.3×10^{-5}
0.50	0.2025	5.0×10^{-4}	1.15×10^{-3}	8.7×10^{-4}	1.9×10^{-4}
0.75	0.2036	5.1×10^{-4}	1.12×10^{-3}	8.6×10^{-4}	1.9×10^{-4}
1.00	0.1997	5.1×10^{-4}	1.15×10^{-3}	8.8×10^{-4}	1.8×10^{-4}
1.25	0.2020	4.9×10^{-4}	1.13×10^{-3}	8.7×10^{-4}	1.8×10^{-4}
1.50	0.1977	5.0×10^{-4}	1.09×10^{-3}	8.8×10^{-4}	1.8×10^{-4}

9.7.4　支点 3 滚动轴承故障仿真分析

1. 外圈故障仿真分析

1）仿真计算条件

（1）转速：80%N_2（N_1=5090r/min，N_2=11752r/min）。支点 3 为高压转子支点轴承，其内圈转速为 N_2=11752r/min，外圈转速为 0。

（2）支点 3 为角接触球轴承，假设其接触角为 0°，其轴向力为 20000N。

（3）外圈损伤直径为 0.25mm，不考虑高低压转子不平衡激励。

2）仿真结果分析

图 9-33（a）和（b）分别为转速 80%N_2（N_1=5090r/min，N_2=11752r/min）下的支点 3 处轴承座的垂向振动加速度原始信号时域波形及其频谱。图 9-33（c）和（d）分别为小波分解第 1 层节点细节信号的包络信号时域波形及其频谱。将滚动轴承参数代入表 9-14 计算得到，外圈故障特征频率 f_O=1699Hz。从图 9-33 可以看出，在轴承座振动加速度原始信号和小波分解得到的节点细节信号的包络信号中均表现出

了明显的以 $1/f_O$ 为间隔的周期冲击响应特征，在包络线的频谱上表现为外圈故障特征频率及其倍频。

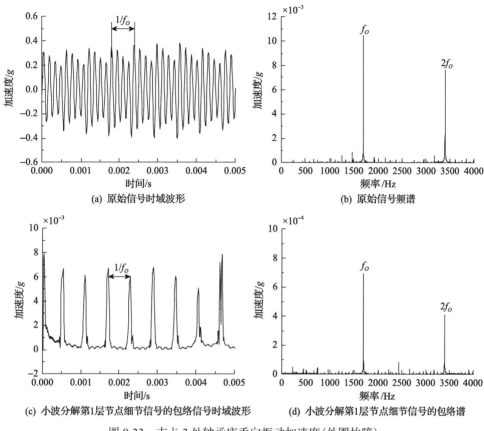

(a) 原始信号时域波形　　　　　　　　　(b) 原始信号频谱

(c) 小波分解第1层节点细节信号的包络信号时域波形　　(d) 小波分解第1层节点细节信号的包络谱

图 9-33　支点 3 处轴承座垂向振动加速度(外圈故障)

图 9-34 为支点 3 处中介机匣后测点垂向振动加速度信号的原始信号时域波形及其频谱、小波分解第 1 层节点细节信号的包络信号时域波形及其频谱，从图 9-34 的原始信号频谱和小波包络谱均可发现外圈故障特征频率及其倍频。比较图 9-33 和图 9-34 可以发现，轴承座上的冲击响应基本上是机匣上的 1000 倍左右，显然机匣信号中轴承故障特征已非常微弱，但是，支点 3 轴承外圈产生故障时，在靠支点 3 最近的中介机匣后测点尽管故障信号微弱，但也能够从中提取出滚动轴承外圈故障特征，表明该故障在基于机匣加速度信号分析基础上具有可诊断性。

表 9-27 为滚动轴承外圈故障引起的冲击响应随转速的变化，外圈的损伤直径初始值设置为 0.25mm。可以看出，随着转速的变化，滚动轴承的早期疲劳剥落故障引起的轴承外圈、轴承座及机匣响应变化不大，且无明显规律。表 9-28 为滚动轴承外圈故障大小对冲击响应的影响，转速为 $80\%N_2$($N_1=5090$r/min，$N_2=$

11752r/min)。可以看出，在故障的早期，即疲劳剥落面积较小时，故障所引起的冲击响应随剥落面积的增大而剧增，但是，随着疲劳剥落面积继续增加，冲击响应增加的速度明显降低，在损伤直径达到 1.75mm 以后，其冲击响应增加非常小。

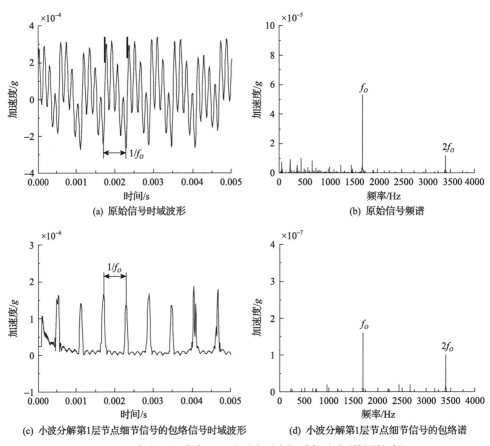

(a) 原始信号时域波形　　　　　　　　　　(b) 原始信号频谱

(c) 小波分解第1层节点细节信号的包络信号时域波形　　(d) 小波分解第1层节点细节信号的包络谱

图 9-34　支点 3 处中介机匣后测点垂向振动加速度(外圈故障)

表 9-27　支点 3 滚动轴承外圈故障引起的冲击响应随转速的变化

转速	支点 3 轴承座加速度/g	风扇机匣测点加速度/g	中介机匣前测点加速度/g	中介机匣后测点加速度/g	涡轮机匣测点加速度/g
80%N_2 N_1=5090r/min N_2=11752r/min	3.80×10^{-1}	9.19×10^{-5}	2.46×10^{-4}	3.23×10^{-4}	4.84×10^{-5}
90%N_2 N_1=6980r/min N_2=13210r/min	1.41×10^{-1}	8.21×10^{-5}	1.90×10^{-4}	2.37×10^{-4}	5.35×10^{-5}
100%N_2 N_1=8880r/min N_2=14675r/min	1.77×10^{-1}	2.08×10^{-5}	1.13×10^{-4}	1.53×10^{-4}	1.23×10^{-5}

表 9-28　支点 3 滚动轴承外圈故障大小对冲击响应的影响

损伤直径 /mm	支点 3 轴承座 加速度/g	风扇机匣测点 加速度/g	中介机匣前测点 加速度/g	中介机匣后测点 加速度/g	涡轮机匣测点 加速度/g
0.25	0.38	9.19×10^{-5}	2.46×10^{-4}	3.23×10^{-4}	4.84×10^{-5}
0.50	1.50	3.53×10^{-4}	1.05×10^{-3}	1.36×10^{-3}	1.88×10^{-4}
0.75	3.27	7.68×10^{-4}	2.10×10^{-3}	2.75×10^{-3}	4.21×10^{-4}
1.00	5.61	1.33×10^{-3}	3.59×10^{-3}	4.70×10^{-3}	7.51×10^{-4}
1.25	8.45	1.93×10^{-3}	5.38×10^{-3}	7.53×10^{-3}	1.93×10^{-3}
1.50	11.2	2.70×10^{-3}	6.99×10^{-3}	9.08×10^{-3}	1.42×10^{-3}
1.75	12.7	3.17×10^{-3}	8.10×10^{-3}	1.06×10^{-2}	1.62×10^{-3}
2.00	12.9	3.24×10^{-3}	8.10×10^{-3}	1.06×10^{-2}	1.64×10^{-3}

该现象也与实际滚动轴承故障规律相似，当滚动轴承出现早期剥落时，振动有效值剧增，随着损伤面积增大，有效值增加缓慢，并且还出现下降的趋势。

2. 内圈故障仿真分析

1）仿真计算条件

（1）转速：$80\%N_2$（N_1=5090r/min，N_2=11752r/min）。支点 3 为高压转子支点轴承，其内圈转速为 N_2=11752r/min，外圈转速为 0。

（2）支点 3 为角接触球轴承，假设其接触角为 0°，其轴向力为 20000N。

（3）内圈损伤直径为 0.25mm，不考虑高低压转子不平衡激励。

2）仿真结果分析

图 9-35（a）和（b）分别为转速 $80\%N_2$（N_1=5090r/min，N_2=11752r/min）下的支点 3 处轴承座的垂向振动加速度原始信号时域波形及其频谱。图 9-35（c）和（d）分别为小波分解第 1 层节点细节信号的包络信号时域波形及其频谱。将滚动轴承参数代入表 9-14 计算得到，内圈故障特征频率 f_I =2218Hz，转子旋转频率 f_r =195.9Hz。从图 9-35 可以看出，在轴承座振动加速度原始信号中表现出了明显的以1/ f_I 为间隔的周期冲击响应特征，且幅值受到转子旋转频率调制。在频谱图上没有出现内圈故障特征频率 f_I，但是出现了 $f_I - f_r$、$f_I + f_r$ 频率分量，表明了该调幅信号为典型的抑制性调幅信号。图 9-35（c）和（d）分别为小波分解第 1 层节点细节信号的包络信号及其频谱。根据希尔伯特包络解调原理和抑制性调幅信号的特征，可以看出，图 9-35（c）所示的包络信号均为正值，包络谱中出现了 $2f_r$、f_I、$f_I - 2f_r$、$f_I + 2f_r$ 等频率分量，并没有出现 $f_I - f_r$、$f_I + f_r$ 等频率分量。

图 9-36 为支点 3 处中介机匣后测点垂向振动加速度信号的原始信号时域波形及其频谱、小波分解第 1 层节点细节信号的包络信号时域波形及其频谱。比较

图 9-35 和图 9-36 可以发现，机匣振动加速度特征与轴承座完全一致，只是轴承座上的冲击响应基本上为机匣上的 500 倍左右，在机匣振动信号中冲击特征已经很不明显了，显然，轴承的早期局部损伤通过轴承座传递到机匣，产生了很大程

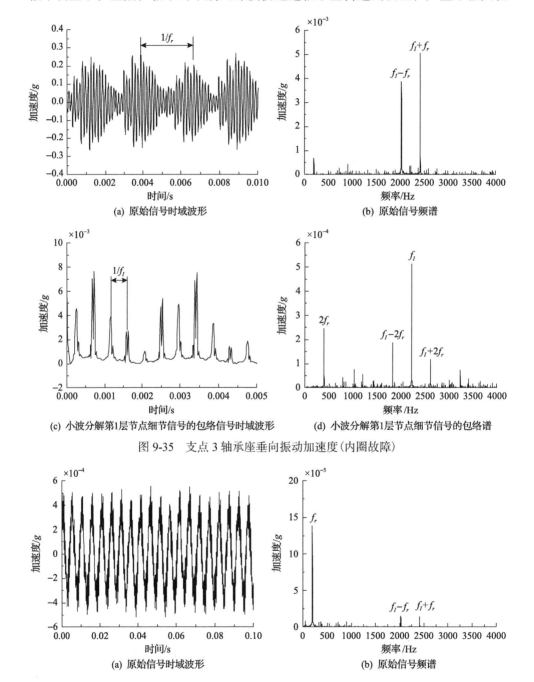

(a) 原始信号时域波形

(b) 原始信号频谱

(c) 小波分解第1层节点细节信号的包络信号时域波形

(d) 小波分解第1层节点细节信号的包络谱

图 9-35　支点 3 轴承座垂向振动加速度(内圈故障)

(a) 原始信号时域波形

(b) 原始信号频谱

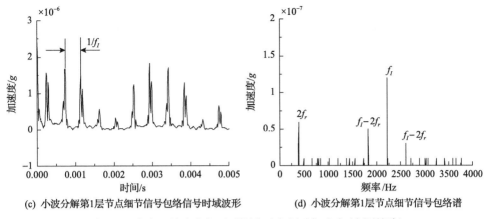

(c) 小波分解第1层节点细节信号包络信号时域波形　　(d) 小波分解第1层节点细节信号包络谱

图 9-36　支点 3 处中介机匣后测点垂向振动加速度(内圈故障)

度的衰减,机匣振动信号中的滚动轴承故障特征更加微弱。但是,当支点 3 轴承内圈产生故障时,在靠支点 3 最近的中介机匣后测点尽管故障信号微弱,但也能够从中提取出滚动轴承内圈故障特征,表明该故障在基于机匣加速度信号分析基础上具有可诊断性。

表 9-29 为滚动轴承内圈故障引起的冲击响应随转速的变化,内圈的损伤直径初始值设置为 0.25mm。可以看出,随着转速的变化,滚动轴承的早期疲劳剥落故障引起的轴承外圈、轴承座及机匣响应变化不大,且无明显规律。表 9-30 为滚动轴承内圈故障大小对冲击响应的影响,转速为 $80\%N_2$ (N_1=5090r/min,N_2=11752r/min)。可以看出,在故障的早期,即疲劳剥落面积较小时,故障所引起的冲击响应随剥落面积的增大而剧增,但是,随着疲劳剥落面积继续增加,冲击响应增加的速度明显降低,在损伤直径达到 1.75mm 以后,其冲击响应增加非常小。该现象也与实际滚动轴承故障规律相似,当滚动轴承出现早期剥落时,振动有效值剧增,随着损伤面积增大,有效值增加缓慢,并且还出现下降的趋势。

表 9-29　支点 3 滚动轴承内圈故障引起的冲击响应随转速的变化

转速	支点 3 轴承座加速度/g	风扇机匣测点加速度/g	中介机匣前测点加速度/g	中介机匣后测点加速度/g	涡轮机匣测点加速度/g
$80\%N_2$ N_1=5090r/min N_2=11752r/min	0.27	6.42×10^{-4}	4.63×10^{-4}	5.12×10^{-4}	3.06×10^{-4}
$90\%N_2$ N_1=6980r/min N_2=13210r/min	0.14	4.49×10^{-4}	3.23×10^{-4}	3.35×10^{-4}	1.68×10^{-4}
$100\%N_2$ N_1=8880r/min N_2=14675r/min	0.11	2.82×10^{-4}	2.11×10^{-4}	2.51×10^{-4}	1.83×10^{-4}

表 9-30　支点 3 滚动轴承内圈故障大小对冲击响应的影响

损伤直径 /mm	支点 3 轴承座 加速度/g	风扇机匣测点 加速度/g	中介机匣前测点 加速度/g	中介机匣后测点 加速度/g	涡轮机匣测点 加速度/g
0.25	0.27	6.42×10^{-4}	4.63×10^{-4}	5.12×10^{-4}	3.06×10^{-4}
0.50	1.07	2.52×10^{-3}	1.84×10^{-3}	1.96×10^{-3}	1.25×10^{-3}
0.75	2.36	5.26×10^{-3}	4.03×10^{-3}	4.47×10^{-3}	2.48×10^{-3}
1.00	4.07	9.61×10^{-3}	6.95×10^{-3}	7.65×10^{-3}	4.69×10^{-3}
1.25	5.97	1.29×10^{-2}	9.88×10^{-3}	1.13×10^{-2}	5.91×10^{-3}
1.50	7.97	1.87×10^{-2}	1.34×10^{-2}	1.47×10^{-2}	9.11×10^{-3}
1.75	9.25	2.07×10^{-2}	1.58×10^{-2}	1.75×10^{-2}	9.81×10^{-3}
2.00	9.57	2.25×10^{-2}	1.64×10^{-2}	1.81×10^{-2}	1.09×10^{-1}

3. 滚动体故障仿真分析

1)仿真计算条件

(1)转速：$80\%N_2$(N_1=5090r/min，N_2=11752r/min)。支点 3 为高压转子支点轴承，其内圈转速为 N_2=11752r/min，外圈转速为 0。

(2)支点 3 为角接触球轴承，假设其接触角为 0°，其轴向力为 20000N。

(3)内圈损伤直径为 0.25mm，不考虑高低压转子不平衡激励。

2)仿真结果分析

图 9-37(a)和(b)分别为转速 $80\%N_2$(N_1=5090r/min，N_2=11752r/min)下的支点 3 处轴承座的垂向振动加速度原始信号时域波形及其频谱。图 9-37(c)和(d)分别为小波分解第 1 层节点细节信号的包络信号时域波形及其频谱。将滚动轴承参数代入表 9-14 计算得到，滚动体故障特征频率 $2f_B$ =1450.39Hz。转子旋转频率 f_r=195.9Hz，保持架故障特征频率 f_C=84.94Hz。从图 9-37 可以看出，在轴承座振动加速度原始信号中表现出了明显的以 $1/(2f_B)$ 为间隔的周期冲击响应特征，且幅值受到保持架故障特征频率调制。在频谱图上没有出现滚动体故障特征频率 $2f_B$，但是出现了 $2f_B - f_C$、$2f_B + f_C$、$4f_B - f_C$、$4f_B + f_C$ 等频率分量，表明了该调幅信号为典型的抑制性调幅信号。图 9-37(c)和(d)分别为小波分解第 1 层节点细节信号的包络信号时域波形及其频谱。根据希尔伯特包络解调原理和抑制性调幅信号的特征，可以看出，图 9-37(c)所示的包络信号均为正值，包络谱中出现了 $2f_C$、$2f_B$、$2f_B - 2f_C$、$2f_B + 2f_C$、$4f_B - 2f_C$、$4f_B$、$4f_B + 2f_C$ 等频率分量，并没有出现 $2f_B - f_C$、$2f_B + f_C$ 等频率分量。

图 9-38 为中介机匣后测点垂向振动加速度信号的原始信号时域波形及其频谱、小波分解第 1 层节点细节信号的包络信号时域波形及其频谱。比较图 9-37 和

图 9-38 可以发现，机匣振动加速度特征与轴承座完全一致，只是轴承座上的冲击响应基本上是机匣上的 500 倍左右，显然，轴承的早期局部损伤通过轴承座传递到机匣，产生了很大程度的衰减，机匣振动信号中的滚动轴承故障特征更加微弱。

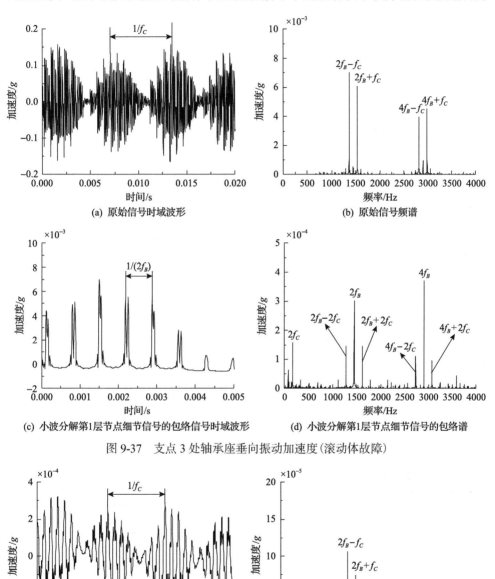

(a) 原始信号时域波形　　　　　　　　　　　(b) 原始信号频谱

(c) 小波分解第1层节点细节信号的包络信号时域波形　　(d) 小波分解第1层节点细节信号的包络谱

图 9-37　支点 3 处轴承座垂向振动加速度(滚动体故障)

(a) 原始信号时域波形　　　　　　　　　　　(b) 原始信号频谱

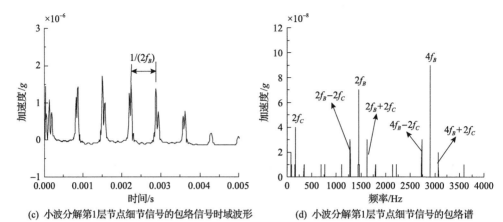

(c) 小波分解第1层节点细节信号的包络信号时域波形　　(d) 小波分解第1层节点细节信号的包络谱

图 9-38　支点 3 处中介机匣后测点垂向振动加速度(滚动体故障)

但是，支点 3 轴承滚动体产生故障时，在靠支点 3 最近的中介机匣后测点尽管故障信号微弱，但也能够从中提取出滚动轴承滚动体故障特征，表明该故障在基于机匣加速度信号分析基础上具有可诊断性。

表 9-31 为滚动轴承滚动体故障引起的冲击响应随转速的变化，滚动体的损伤直径初始值设置为 0.25mm。可以看出，随着转速的变化，滚动轴承的早期疲劳剥落故障引起的轴承外圈、轴承座及机匣响应变化不大，且无明显规律。表 9-32 为滚动轴承滚动体故障大小对冲击响应的影响，转速为 80% N_2(N_1=5090r/min、N_2= 11752r/min)。可以看出，在故障的早期，即疲劳剥落面积较小时，故障所引起的冲击响应随剥落面积的增大而剧增，但是，随着疲劳剥落面积继续增加，冲击响应增加的速度明显降低，在损伤直径达到 1.75mm 以后，其冲击响应增加非常小。该现象也与实际滚动轴承故障规律相似，当滚动轴承出现早期剥落时，振动有效值剧增，随着损伤面积增大，有效值增加缓慢，并且还出现下降的趋势。

表 9-31　支点 3 滚动轴承滚动体故障引起的冲击响应随转速的变化

转速	支点 3 轴承座加速度/g	风扇机匣测点加速度/g	中介机匣前测点加速度/g	中介机匣后测点加速度/g	涡轮机匣测点加速度/g
80%N_2 N_1=5090r/min N_2=11752r/min	0.16	8.75×10⁻⁵	2.26×10⁻⁴	2.73×10⁻⁴	7.00×10⁻⁵
90% N_2 N_1=6980r/min N_2=13210r/min	0.29	9,74×10⁻⁵	2.56×10⁻⁴	2.95×10⁻⁴	6.27×10⁻⁵
100% N_2 N_1=8880r/min N_2=14675r/min	0.16	6.67×10⁻⁵	1.72×10⁻⁴	2.00×10⁻⁴	4.08×10⁻⁵

表 9-32　支点 3 滚动轴承滚动体故障大小对冲击响应的影响

损伤直径 /mm	支点 3 轴承座 加速度/g	风扇机匣测点 加速度/g	中介机匣前测点 加速度/g	中介机匣后测点 加速度/g	涡轮机匣测点 加速度/g
0.25	0.16	8.75×10^{-5}	2.26×10^{-4}	2.73×10^{-4}	7.00×10^{-5}
0.50	0.65	2.65×10^{-4}	9.59×10^{-4}	1.24×10^{-3}	2.62×10^{-4}
0.75	1.36	7.71×10^{-4}	2.22×10^{-3}	2.62×10^{-3}	5.73×10^{-4}
1.00	2.27	1.29×10^{-3}	3.57×10^{-3}	4.17×10^{-3}	8.10×10^{-4}
1.25	3.59	2.01×10^{-3}	5.36×10^{-3}	5.95×10^{-3}	1.03×10^{-3}
1.50	4.80	2.32×10^{-3}	7.37×10^{-3}	8.15×10^{-3}	1.44×10^{-3}
1.75	5.88	2.79×10^{-3}	7.76×10^{-3}	9.70×10^{3}	1.86×10^{-3}
2.00	5.92	2.90×10^{-3}	8.00×10^{-3}	9.81×10^{-3}	1.97×10^{-3}

9.7.5　支点 4 滚动轴承故障仿真分析

1. 外圈故障仿真分析

1）仿真计算条件

（1）转速：80% N_2（N_1=5090r/min，N_2=11752r/min）。支点 4 为中介轴承，其内圈支承在低压转子时，外圈支承在高压转子上，因此其内圈转速为 N_1=5090r/min，外圈转速为 N_2=11752r/min。又由于内外圈反向旋转，因此，内圈轨道回转频率 f_i 为正值，外圈轨道回转频率 f_o 为负值。

（2）支点 4 为圆柱滚子轴承，其轴向力为 0。

（3）外圈损伤直径为 0.25mm，不考虑高低压转子不平衡激励。

2）仿真结果分析

图 9-39（a）和（b）分别为转速 80%N_2（N_1=5090r/min，N_2=11752r/min）下的支点 4 处轴承座的垂向振动加速度原始信号时域波形及其频谱。图 9-39（c）和（d）分别为小波分解第 1 层节点细节信号的包络信号时域波形及其频谱。将滚动轴承参数代入表 9-14 计算得到，需要注意的是，由于支点 4 为中介轴承，其内外圈反转，通过计算可以得到，外圈故障特征频率 f_O =3596.3Hz，内圈轨道回转频率 f_i =84.833Hz 外圈轨道回转频率 f_o =−195.85Hz。从图 9-39 可以看出，在轴承座振动加速度原始信号和分解得到的节点细节信号的包络信号中均表现出了明显的以 1/f_o 为间隔的周期冲击响应特征，由于外圈旋转，因此，外圈上的损伤将随着外圈的旋转产生周期性变化，因此，滚动轴承外圈上的损伤产生的冲击大小将受到外圈轨道回转频率 f_o 的调制，从图 9-39（b）可以发现明显的外圈故障特征频率 f_O，以及其边频 $f_O - f_o$、$f_O + f_o$、$f_O - 2f_o$、$f_O + 2f_o$，表明了该调幅信号为典型的抑制性调幅信号。图 9-39（c）和（d）分别为小波分解第 1 层节点细节信号的

包络信号时域波形及其频谱。根据希尔伯特包络解调原理和非抑制性调幅信号的特征，可以看出，图 9-39(c) 所示的包络信号均为正值，包络谱中出现了 f_O、$f_O - f_o$、$f_O + f_o$、$f_O - 2f_o$、$f_O + 2f_o$ 等频率分量，同时，在低频段还出现了 f_o 和 $2f_o$ 频率分量。

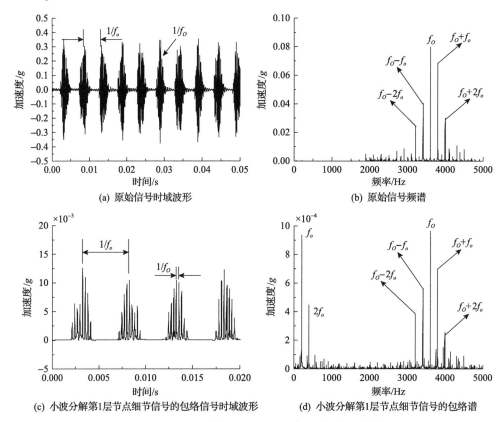

(a) 原始信号时域波形　　　　　　　　　　(b) 原始信号频谱

(c) 小波分解第1层节点细节信号的包络信号时域波形　　(d) 小波分解第1层节点细节信号的包络谱

图 9-39　支点 4 处轴承座垂向振动加速度(外圈故障)

图 9-40 为支点 4 对应的中介机匣后测点垂向振动加速度信号的原始信号时域波形及其频谱、小波分解第 1 层节点细节信号的包络信号时域波形及其频谱。从图 9-35 的原始信号频谱和小波包络谱中已经不能发现滚动轴承损伤产生的故障特征，同时，比较图 9-39 和图 9-40 可以发现，轴承座上的冲击响应基本上是机匣上的 300 倍左右，由此可见，轴承的早期局部损伤通过轴承座传递到机匣，产生了很大程度的衰减，滚动轴承故障特征基本上完全被衰减掉了，因此通过机匣振动加速度信号不能够对中介轴承的故障实施有效的诊断，必须通过测取轴承座的振动加速度信号才能进行中介轴承的故障诊断。这也是在实际航空发动机中介轴承故障难以诊断的重要原因。

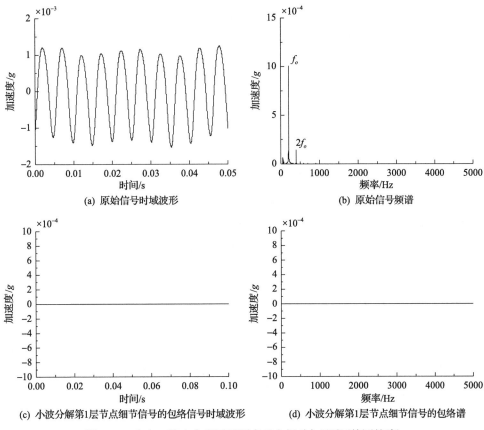

图 9-40　支点 4 处中介机匣后测点垂向振动加速度（外圈故障）

表 9-33 为滚动轴承外圈故障引起的冲击响应随转速的变化，外圈的损伤直径初始值设置为 0.25mm。可以看出，随着转速的变化，滚动轴承的早期疲劳剥落故障引起的轴承外圈、轴承座及机匣响应变化不大，且无明显规律。表 9-34 为滚动轴承外圈故障大小对冲击响应的影响，转速为 $80\%N_2$（N_1=5090r/min，N_2=

表 9-33　支点 4 滚动轴承外圈故障引起的冲击响应随转速的变化

转速	支点 4 轴承座加速度/g	风扇机匣测点加速度/g	中介机匣前测点加速度/g	中介机匣后测点加速度/g	涡轮机匣测点加速度/g
$80\%N_2$ N_1=5090r/min N_2=11752r/min	0.35	4.62×10^{-4}	2.67×10^{-4}	2.50×10^{-4}	2.42×10^{-4}
$90\%N_2$ N_1=6980r/min N_2=13210r/min	0.40	1.69×10^{-4}	8.98×10^{-5}	7.43×10^{-5}	7.63×10^{-5}
$100\%N_2$ N_1=8880r/min N_2=14675r/min	0.19	6.10×10^{-5}	3.58×10^{-5}	3.42×10^{-5}	3.72×10^{-5}

表 9-34　支点 4 滚动轴承外圈故障大小对冲击响应的影响

损伤直径 /mm	支点 4 轴承座 加速度/g	风扇机匣测点 加速度/g	中介机匣前测点 加速度/g	中介机匣后测点 加速度/g	涡轮机匣测点 加速度/g
0.25	0.35	4.62×10^{-4}	2.67×10^{-4}	2.50×10^{-4}	2.42×10^{-4}
0.50	1.38	1.44×10^{-3}	8.25×10^{-4}	7.68×10^{-4}	7.58×10^{-4}
0.75	1.51	1.49×10^{-3}	8.57×10^{-4}	8.08×10^{-4}	7.79×10^{-4}
1.00	1.51	1.50×10^{-3}	8.58×10^{-4}	8.02×10^{-4}	7.80×10^{-4}
1.25	1.52	1.50×10^{-3}	8.59×10^{-4}	8.00×10^{-4}	7.84×10^{-4}
1.50	1.51	1.50×10^{-3}	8.60×10^{-4}	8.05×10^{-4}	7.77×10^{-4}

11752r/min）。可以看出，在故障的早期，即疲劳剥落面积较小时，故障所引起的冲击响应随剥落面积的增大而剧增，但是，随着疲劳剥落面积继续增加，冲击响应增加的速度明显降低，在损伤直径达到 0.50mm 以后，其冲击响应增加非常小。

2. 内圈故障仿真分析

1）仿真计算条件

（1）转速：80% N_2（N_1=5090r/min，N_2=11752r/min）。支点 4 为中介轴承，其内圈支承在低压转子时，外圈支承在高压转子上，因此其内圈转速为 N_1=5090r/min，外圈转速为 N_2=11752r/min。又由于内外圈反向旋转，因此，内圈轨道回转频率 f_i 为正值，外圈轨道回转频率 f_o 为负值。

（2）支点 4 为圆柱滚子轴承，其轴向力为 0。

（3）外圈损伤直径为 0.25mm，不考虑高低压转子不平衡激励。

2）仿真结果分析

图 9-41（a）和（b）分别为转速 80%N_2（N_1=5090r/min，N_2=11752r/min）下的支点 4 处轴承座的垂向振动加速度原始信号时域波形及其频谱。图 9-41（c）和（d）分别为小波分解第 1 层节点细节信号的包络信号时域波形及其频谱。将滚动轴承参数代入表 9-14 计算得到，需要注意的是，由于支点 4 为中介轴承，其内外圈反转，通过计算可以得到，内圈故障特征频率 f_I=4262.82Hz，内圈轨道回转频率 f_i=84.833Hz。从图 9-41 可以看出，在轴承座振动加速度原始信号和分解得到的节点细节信号的包络信号中均表现出了明显的以1 / f_I 为间隔的周期冲击响应特征，由于内圈旋转，因此，内圈上的损伤将随着内圈的旋转产生周期性变化，因此，滚动轴承内圈上的损伤产生的冲击大小将受到内圈轨道回转频率 f_i 的调制，从图 9-41（b）可以发现明显的内圈故障特征频率 f_I，以及其边频 $f_I - f_i$、$f_I + f_i$、$f_I - 2f_i$、$f_I + 2f_i$，表明了该调幅信号为典型的非抑制性调幅信号。图 9-41（c）和（d）分别为小波分解第 1 层节点细节信号的包络信号时域波形及其频谱。根据希尔伯特包络解调原理和抑制性调幅信号的特征，可以看出，图 9-41（c）所示的包络

信号均为正值，包络谱中出现了 f_I、f_I-f_i、f_I+f_i、f_I-2f_i、f_I+2f_i 等频率分量，同时，低频段出现了 f_i 和 $2f_i$ 频率分量。

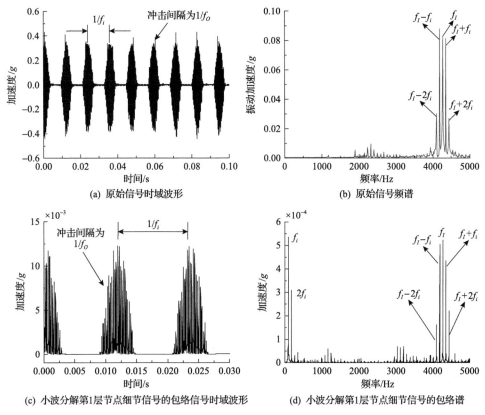

(a) 原始信号时域波形　　(b) 原始信号频谱

(c) 小波分解第1层节点细节信号的包络信号时域波形　　(d) 小波分解第1层节点细节信号的包络谱

图 9-41　支点 4 处轴承座垂向振动加速度(内圈故障)

图 9-42 为支点 4 处中介机匣后测点垂向振动加速度信号的原始信号时域波形及其频谱、小波分解第 1 层节点细节信号的包络信号时域波形及其频谱。从图 9-42 的原始信号频谱和小波包络谱中已经不能发现滚动轴承损伤产生的故障特征，同时，比较图 9-41 和图 9-42 可以发现，轴承座上的冲击响应为机匣上的 10000 倍左右，由此可见，轴承的早期局部损伤通过轴承座传递到机匣，产生了很大程度的衰减，滚动轴承故障特征基本上完全被衰减掉了，因此通过机匣振动加速度信号不能够对中介轴承的故障实施有效的诊断，必须要通过测取轴承座的振动加速度信号才能进行中介轴承的故障诊断。这也是在实际航空发动机中介轴承故障难于诊断的重要原因。

表 9-35 为滚动轴承内圈故障引起的冲击响应随转速的变化，内圈的损伤直径初始值设置为 0.25mm。可以看出，随着转速的变化，滚动轴承的早期疲劳剥落故障引起的轴承外圈、轴承座及机匣响应变化不大，且无明显规律。表 9-36

为滚动轴承内圈故障大小对冲击响应的影响,转速为 80% N_2(N_1=5090r/min,N_2=11752r/min)。可以看出,在故障的早期,即疲劳剥落面积较小时,故障所引起的冲击响应随剥落面积的增大而剧增,但是,随着疲劳剥落面积继续增加,冲击响应增加的速度明显降低,在损伤直径达到 0.50mm 以后,其冲击响应增加非常小。

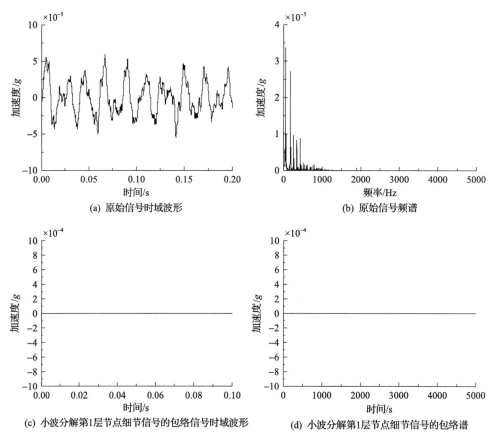

(a) 原始信号时域波形

(b) 原始信号频谱

(c) 小波分解第1层节点细节信号的包络信号时域波形

(d) 小波分解第1层节点细节信号的包络谱

图 9-42 支点 4 处中介机匣后测点垂向振动加速度(内圈故障)

表 9-35 支点 4 滚动轴承内圈故障引起的冲击响应随转速的变化

转速	支点 4 轴承座加速度/g	风扇机匣测点加速度/g	中介机匣前测点加速度/g	中介机匣后测点加速度/g	涡轮机匣测点加速度/g
80%N_2 N_1=5090r/min N_2=11752r/min	0.36	2.38×10⁻⁵	1.70×10⁻⁵	1.74×10⁻⁵	3.78×10⁻⁵
90% N_2 N_1=6980r/min N_2=13210r/min	0.19	5.76×10⁻⁵	4.68×10⁻⁵	3.64×10⁻⁵	4.61×10⁻⁵
100% N_2 N_1=8880r/min N_2=14675r/min	0.15	8.92×10⁻⁵	5.06×10⁻⁵	4.51×10⁻⁵	1.34×10⁻⁴

表 9-36　支点 4 滚动轴承内圈故障大小对冲击响应的影响

损伤直径 /mm	支点 4 轴承座 加速度/g	风扇机匣测点 加速度/g	中介机匣前测点 加速度/g	中介机匣后测点 加速度/g	涡轮机匣测点 加速度/g
0.25	0.44	3.25×10^{-5}	1.92×10^{-5}	1.55×10^{-5}	3.99×10^{-5}
0.50	1.61	1.22×10^{-4}	7.63×10^{-5}	6.73×10^{-5}	1.06×10^{-4}
0.75	1.79	1.27×10^{-4}	8.54×10^{-5}	7.64×10^{-5}	1.13×10^{-4}
1.00	1.78	1.33×10^{-4}	9.23×10^{-5}	8.35×10^{-5}	1.12×10^{-4}
1.25	1.79	1.30×10^{-4}	9.17×10^{-5}	7.73×10^{-5}	1.15×10^{-4}
1.50	1.79	1.27×10^{-4}	8.80×10^{-5}	8.14×10^{-5}	1.05×10^{-4}

3. 滚动体故障仿真分析

1) 仿真计算条件

(1) 转速：$80\% N_2$（N_1=5090r/min，N_2=11752r/min）。支点 4 为中介轴承，其内圈支承在低压转子时，外圈支承在高压转子上，因此其内圈转速为 N_1=5090r/min，外圈转速为 N_2=11752r/min。又由于内外圈反向旋转，因此，内圈轨道回转频率 f_i 为正值，外圈轨道回转频率 f_o 为负值。

(2) 支点 4 为圆柱滚子轴承，其轴向力为 0。

(3) 外圈损伤直径为 0.25mm，不考虑高低压转子不平衡激励。

2) 仿真结果分析

图 9-43(a) 和 (b) 分别为转速 $80\% N_2$（N_1=5090r/min，N_2=11752r/min）下的支点 4 处轴承座的垂向振动加速度原始信号时域波形及其频谱。图 9-43(c) 和 (d) 分别为小波分解第 1 层节点细节信号的包络信号时域波形及其频谱。需要注意的是，由于支点 4 为中介轴承，其内外圈反转，通过计算可以得到，将滚动轴承参数代入表 9-14 计算得到，滚子旋转频率 f_B=1642.98Hz，但是由于滚子每旋转一周将在内外圈各冲击一次，因此滚子故障特征频率为 $2f_B$=3285.96Hz。保持架故障特征频率为 f_C=68.5Hz。从图 9-43 可以看出，在轴承座振动加速度原始信号中表现出了明显的以 $1/(2f_B)$ 为间隔的周期冲击响应特征，且幅值受到保持架故障特征频率调制。从图 9-43(b) 可以发现明显的内圈故障特征频率 $2f_B$，以及其边频 $2f_B - f_C$、$2f_B + f_C$、$2f_B - 2f_C$、$2f_B + 2f_C$ 等，表明了该调幅信号为典型的非抑制性调幅信号。图 9-43(c) 和 (d) 分别为小波分解第 1 层节点细节信号的包络信号时域波形及其频谱。根据希尔伯特包络解调原理和非抑制性调幅信号的特征，可以看出，图 9-43(c) 所示的包络信号均为正值，包络谱中出现了 $2f_B$、$2f_B - f_C$、$2f_B + f_C$、$2f_B - 2f_C$、$2f_B + 2f_C$ 等频率分量，同时，在低频段还出现了 f_C 和 $2f_C$ 频率分量。

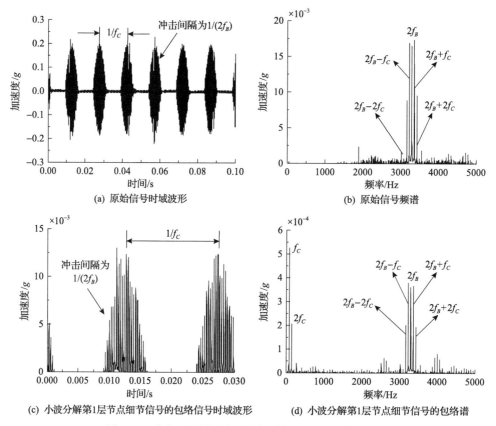

(a) 原始信号时域波形

(b) 原始信号频谱

(c) 小波分解第1层节点细节信号的包络信号时域波形

(d) 小波分解第1层节点细节信号的包络谱

图 9-43　支点 4 处轴承座垂向振动加速度(滚动体故障)

图 9-44 为中介机匣后测点垂向振动加速度信号的原始信号时域波形及其频谱、小波分解第 1 层节点细节信号的包络信号时域波形及其频谱。比较图 9-43 和图 9-44 可以发现，机匣振动加速度信号中的轴承故障特征已经完全消除。

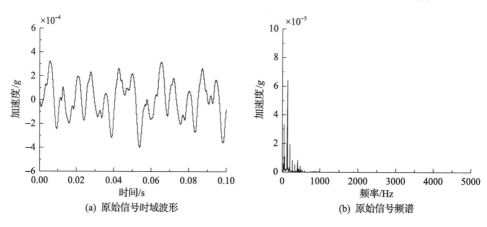

(a) 原始信号时域波形

(b) 原始信号频谱

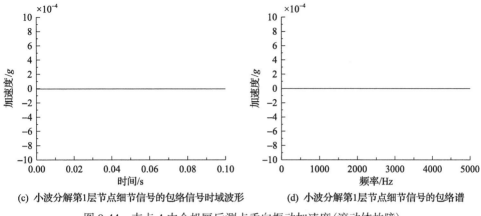

(c) 小波分解第1层节点细节信号的包络信号时域波形　　(d) 小波分解第1层节点细节信号的包络谱

图 9-44　支点 4 中介机匣后测点垂向振动加速度(滚动体故障)

表 9-37 为滚动轴承滚动体故障引起的冲击响应随转速的变化,滚动体的损伤直径初始值设置为 0.25mm。可以看出,随着转速的变化,滚动轴承的早期疲劳剥落故障引起的轴承外圈、轴承座及机匣响应变化不大,且无明显规律。表 9-38 为滚动轴承滚动体故障大小对冲击响应的影响,转速为 80%N_2(N_1=5090r/min,N_2= 11752r/min)。可以看出,在故障早期,即疲劳剥落面积较小时,故障所引起的冲

表 9-37　支点 4 滚动轴承滚动体故障引起的冲击响应随转速的变化

转速	支点 4 轴承座 加速度/g	风扇机匣测点 加速度/g	中介机匣前测点 加速度/g	中介机匣后测点 加速度/g	涡轮机匣测点 加速度/g
80%N_2 N_1=5090r/min N_2=11752r/min	0.22	5.11×10^{-5}	3.24×10^{-5}	3.48×10^{-5}	2.69×10^{-5}
90% N_2 N_1=6980r/min N_2=13210r/min	0.33	4.70×10^{-5}	2.85×10^{-5}	2.99×10^{-5}	2.40×10^{-5}
100% N_2 N_1= 8880r/min N_2=14675r/min	0.25	5.43×10^{-5}	3.35×10^{-5}	3.16×10^{-5}	3.07×10^{-5}

表 9-38　支点 4 滚动轴承滚动体故障大小对冲击响应的影响

损伤直径 /mm	支点 4 轴承座 加速度/g	风扇机匣测点 加速度/g	中介机匣前测点 加速度/g	中介机匣后测点 加速度/g	涡轮机匣测点 加速度/g
0.25	0.22	5.11×10^{-5}	3.24×10^{-5}	3.48×10^{-5}	2.69×10^{-5}
0.50	0.84	2.74×10^{-4}	1.51×10^{-4}	1.44×10^{-4}	1.40×10^{-4}
0.75	0.94	3.03×10^{-4}	1.68×10^{-4}	1.66×10^{-4}	1.52×10^{-4}
1.00	0.94	2.78×10^{-4}	1.69×10^{-4}	1.59×10^{-4}	1.57×10^{-4}
1.25	0.93	2.63×10^{-4}	1.57×10^{-4}	1.51×10^{-4}	1.57×10^{-4}
1.50	0.93	2.70×10^{-4}	1.58×10^{-4}	1.57×10^{-4}	1.53×10^{-4}

击响应随剥落面积的增大而剧增，但是，随着疲劳剥落面积继续增加，冲击响应增加的速度明显降低，在损伤直径达到 0.50mm 以后，其冲击响应增加非常小。

9.7.6 支点5滚动轴承故障仿真分析

1. 外圈故障仿真分析

1)仿真计算条件

(1)转速：80%N_2(N_1=5090r/min，N_2=11752r/min)，支点 5 为低压转子支点轴承，其内圈转速为 N_1=5090r/min，外圈转速为 0。

(2)支点 5 为圆柱滚子轴承，其轴向力为 0。

(3)外圈损伤直径为 0.25mm，不考虑高低压转子不平衡激励。

2)仿真结果分析

图 9-45(a)和(b)分别为转速 80%N_2(N_1=5090r/min，N_2=11752r/min)下的支点 5 处轴承座的垂向振动加速度原始信号时域波形及其频谱。图 9-45(c)和(d)分别

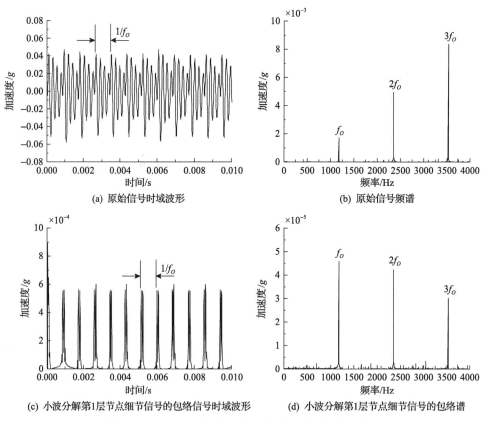

(a) 原始信号时域波形

(b) 原始信号频谱

(c) 小波分解第1层节点细节信号的包络信号时域波形

(d) 小波分解第1层节点细节信号的包络谱

图 9-45 支点 5 处轴承座垂向振动加速度(外圈故障)

为小波分解第 1 层节点细节信号的包络信号时域波形及其频谱。将滚动轴承参数代入表 9-14 计算得到，外圈故障特征频率 f_O=1174Hz。从图 9-45 可以看出，在轴承座振动加速度原始信号和分解得到的节点细节信号的包络信号中均表现出了明显的以 $1/f_O$ 为间隔的周期冲击响应特征，在包络线的频谱上表现为外圈故障特征频率及其倍频。

图 9-46 为支点 5 处涡轮机匣测点垂向振动加速度信号的原始信号时域波形及其频谱、小波分解第 4 层节点细节信号的包络信号时域波形及其频谱，从图 9-46 的原始信号频谱和小波包络谱均很难发现外圈故障特征频率及其倍频，小波分解得到的细节信号由于过于微小（小于 10^{-8}）而显示为 0。比较图 9-45 和图 9-46 可以发现，轴承的早期局部损伤通过轴承座传递到机匣，故障特征产生了很大程度的衰减，该故障在基于机匣加速度信号分析基础上不具有可诊断性，只有基于轴承座的振动信号才能有效实现诊断。

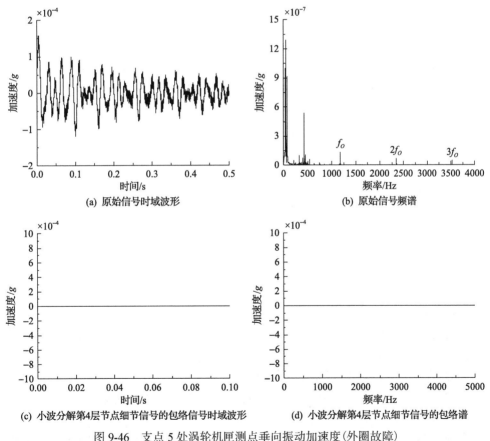

(a) 原始信号时域波形　　　　　　　　(b) 原始信号频谱

(c) 小波分解第4层节点细节信号的包络信号时域波形　　(d) 小波分解第4层节点细节信号的包络谱

图 9-46　支点 5 处涡轮机匣测点垂向振动加速度(外圈故障)

表 9-39 为滚动轴承外圈故障引起的冲击响应随转速的变化，外圈的损伤直

径初始值设置为 0.25mm。可以看出，随着转速的变化，滚动轴承的早期疲劳剥落故障引起的轴承外圈、轴承座及机匣响应变化不大，且无明显规律。表 9-40 为滚动轴承外圈故障大小对冲击响应的影响，转速为 $80\%N_2$（N_1=5090r/min，N_2=11752r/min）。可以看出，在故障早期，即疲劳剥落面积较小时，故障所引起的冲击响应随剥落面积的增大而剧增，但是，随着疲劳剥落面积继续增加，冲击响应增加的速度明显降低，当损伤直径达到 0.50mm 以后，其冲击响应增加非常小。

表 9-39　支点 5 滚动轴承外圈故障引起的冲击响应随转速的变化

转速	支点 5 轴承座 加速度/g	风扇机匣测点 加速度/g	中介机匣前测点 加速度/g	中介机匣后测点 加速度/g	涡轮机匣测点 加速度/g
$80\%N_2$ N_1=5090r/min N_2=11752r/min	0.0528	1.3×10^{-5}	1.5×10^{-5}	1.5×10^{-5}	2.1×10^{-5}
$90\%N_2$ N_1=6980r/min N_2=13210r/min	0.1427	2.3×10^{-5}	1.8×10^{-5}	1.7×10^{-5}	3.9×10^{-5}
$100\%N_2$ N_1=8880r/min N_2=14675r/min	0.1999	4.5×10^{-5}	4.2×10^{-5}	4.6×10^{-5}	8.8×10^{-5}

表 9-40　支点 5 滚动轴承外圈故障大小对冲击响应的影响

损伤直径 /mm	支点 5 轴承座 加速度/g	风扇机匣测点 加速度/g	中介机匣前测点 加速度/g	中介机匣后测点 加速度/g	涡轮机匣测点 加速度/g
0.25	0.0528	1.3×10^{-5}	1.5×10^{-5}	1.5×10^{-5}	2.1×10^{-5}
0.50	0.1998	3.5×10^{-5}	3.2×10^{-5}	3.4×10^{-5}	8.1×10^{-5}
0.75	0.2224	3.9×10^{-5}	4.1×10^{-5}	4.3×10^{-5}	9.0×10^{-5}
1.00	0.2221	4.1×10^{-5}	4.0×10^{-5}	4.3×10^{-5}	9.2×10^{-5}
1.25	0.2221	3.9×10^{-5}	4.0×10^{-5}	4.3×10^{-5}	9.2×10^{-5}
1.50	0.2217	4.1×10^{-5}	3.9×10^{-5}	4.3×10^{-5}	9.0×10^{-5}

2. 内圈故障仿真分析

1）仿真计算条件

（1）转速：$80\%N_2$（N_1=5090r/min，N_2=11752r/min），支点 5 为低压转子支点轴承，其内圈转速为 N_1=5090r/min，外圈转速为 0。

（2）支点 5 为圆柱滚子轴承，其轴向力为 0。

（3）内圈损伤直径为 0.25mm，不考虑高低压转子不平衡激励。

2）仿真结果分析

图 9-47（a）和（b）分别为转速 $80\%N_2$（N_1=5090r/min，N_2=11752r/min）下的支点 5 处轴承座的垂向振动加速度原始信号时域波形及其频谱。图 9-47（c）和（d）分别

为小波分解第 1 层节点细节信号的包络信号时域波形及其频谱。将滚动轴承参数代入表 9-14 计算得到，内圈故障特征频率 f_I =1371.02Hz。转子旋转频率 f_r = 84.833Hz。从图 9-47 可以看出，在轴承座振动加速度原始信号中表现出了明显的以 $1/f_I$ 为间隔的周期冲击响应特征，且幅值受到转子旋转频率调制。在频谱图上出现了 f_I、f_I-f_r、f_I+f_r、f_I-2f_r、f_I+2f_r 频率分量，表明了该调幅信号为典型的非抑制性调幅信号。图 9-47(c) 和 (d) 分别为小波分解第 1 层节点细节信号的包络信号时域波形及其频谱。根据希尔伯特包络解调原理和非抑制性调幅信号的特征，可以看出，图 9-47(c) 所示的包络信号均为正值，图 9-47(d) 所示的包络谱中出现了 f_r、$2f_r$、f_I、f_I-f_r、f_I+f_r、f_I-2f_r、f_I+2f_r 等频率分量。

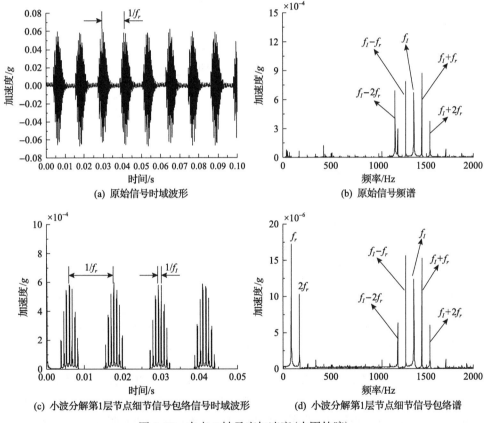

(a) 原始信号时域波形

(b) 原始信号频谱

(c) 小波分解第1层节点细节信号包络信号时域波形

(d) 小波分解第1层节点细节信号包络谱

图 9-47　支点 5 轴承座加速度(内圈故障)

图 9-48 为支点 5 处涡轮机匣测点垂向振动加速度信号的原始信号时域波形及其频谱、小波分解第 3 层节点细节信号的包络信号时域波形及其频谱。比较图 9-47 和图 9-48 可以发现，机匣振动加速度特征与轴承座完全一致，只是轴承座上的冲击响应基本上为机匣上的 250 倍左右，在机匣振动信号中冲击特征已经很不明显

了，显然，轴承的早期局部损伤通过轴承座传递到机匣，产生了很大程度的衰减，机匣振动信号中的滚动轴承故障特征更加微弱。但是，支点 5 轴承内圈产生故障时，在靠支点 5 最近的涡轮机匣测点尽管故障信号微弱，但也能够从中提取出滚动轴承内圈故障特征，表明该故障在基于机匣加速度信号分析基础上具有可诊断性。

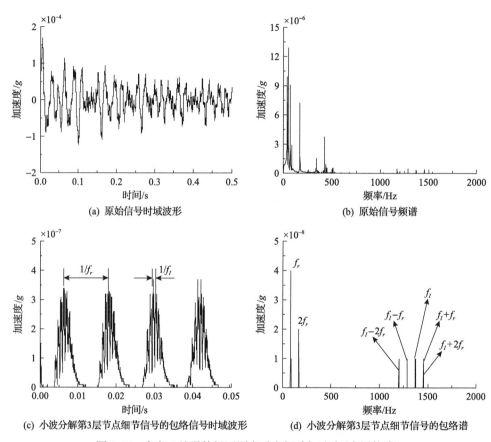

(a) 原始信号时域波形　　　　　　　　　　(b) 原始信号频谱

(c) 小波分解第3层节点细节信号的包络信号时域波形　　(d) 小波分解第3层节点细节信号的包络谱

图 9-48　支点 5 处涡轮机匣测点垂向振动加速度(内圈故障)

　　表 9-41 为滚动轴承内圈故障引起的冲击响应随转速的变化，内圈的损伤直径初始值设置为 0.25mm。可以看出，随着转速的变化，滚动轴承的早期疲劳剥落故障引起的轴承外圈、轴承座及机匣响应变化不大，且无明显规律。表 9-42 为滚动轴承内圈故障大小对冲击响应的影响，转速为 80%N_2(N_1=5090r/min，N_2=11752r/min)。可以看出，在故障的早期，即疲劳剥落面积较小时，故障所引起的冲击响应随剥落面积的增大而剧增，但是，随着疲劳剥落面积继续增加，冲击响应增加的速度明显降低，在损伤直径达到 0.50mm 以后，其冲击响应增加非常小。

表 9-41　支点 5 滚动轴承内圈故障引起的冲击响应随转速的变化

转速	支点 5 轴承座加速度/g	风扇机匣测点加速度/g	中介机匣前测点加速度/g	中介机匣后测点加速度/g	涡轮机匣测点加速度/g
80%N_2 N_1=5090r/min N_2=11752r/min	0.0633	1.6×10^{-5}	1.7×10^{-5}	1.7×10^{-5}	2.8×10^{-5}
90%N_2 N_1=6980r/min N_2=13210r/min	0.0353	1.5×10^{-5}	1.6×10^{-5}	1.5×10^{-5}	2.7×10^{-5}
100%N_2 N_1=8880r/min N_2=14675r/min	0.0422	2.2×10^{-5}	2.3×10^{-5}	2.2×10^{-5}	3.2×10^{-5}

表 9-42　支点 5 滚动轴承内圈故障大小对冲击响应的影响

损伤直径/mm	支点 5 轴承座加速度/g	风扇机匣测点加速度/g	中介机匣前测点加速度/g	中介机匣后测点加速度/g	涡轮机匣测点加速度/g
0.25	0.0633	1.6×10^{-5}	1.7×10^{-5}	1.7×10^{-5}	2.8×10^{-5}
0.50	0.2358	5.7×10^{-5}	4.8×10^{-5}	5.6×10^{-5}	1.1×10^{-4}
0.75	0.2795	4.8×10^{-5}	4.0×10^{-5}	5.7×10^{-5}	1.1×10^{-4}
1.00	0.2627	4.7×10^{-5}	3.8×10^{-5}	5.2×10^{-5}	1.0×10^{-4}
1.25	0.2653	4.8×10^{-5}	4.6×10^{-5}	4.9×10^{-5}	1.1×10^{-4}
1.50	0.2663	4.8×10^{-5}	4.0×10^{-5}	4.6×10^{-5}	1.0×10^{-4}

3. 滚动体故障仿真分析

1）仿真计算条件

（1）转速：80%N_2（N_1=5090r/min，N_2=11752r/min），支点 5 为低压转子支点轴承，其内圈转速为 N_1=5090r/min，外圈转速为 0。

（2）支点 5 为圆柱滚子轴承，其轴向力为 0。

（3）外圈损伤直径为 0.25mm，不考虑高低压转子不平衡激励。

2）仿真结果分析

图 9-49（a）和（b）分别为转速 80%N_2（N_1=5090r/min，N_2=11752r/min）下的支点 5 处轴承座的垂向振动加速度原始信号时域波形及其频谱。图 9-49（c）和（d）分别为小波分解第 1 层节点细节信号的包络信号时域波形及其频谱。将滚动轴承参数代入表 9-14 计算得到，滚动体故障特征频率 $2f_B$=1089.2Hz。转子旋转频率 f_r=84.833Hz，保持架故障特征频率为 f_C=39.13Hz。从图 9-49 可以看出，在轴承座振动加速度原始信号中表现出了明显的以 $1/(2f_B)$ 为间隔的周期冲击响应特征，且幅值受到保持架故障特征频率调制。在频谱图上出现了 $2f_B$、$2f_B-f_C$、$2f_B+f_C$、$2f_B-2f_C$、$2f_B+2f_C$ 等频率分量，表明了该调幅信号为典型的非抑制性调幅信号。图 9-49（c）和（d）分别为小波分解第 1 层节点细节信号的包络信号时域波形及

其频谱。根据希尔伯特包络解调原理和非抑制性调幅信号的特征，可以看出，图 9-49(c)所示的包络信号均为正值，包络谱中出现了 f_C、$2f_C$、$2f_B$、$2f_B - f_C$、$2f_B + f_C$、$2f_B - 2f_C$、$2f_B + 2f_C$ 等频率分量。

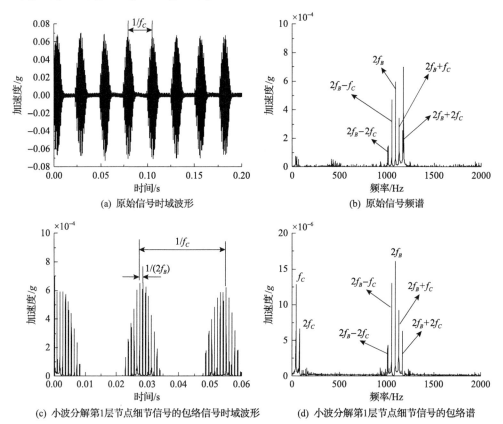

(a) 原始信号时域波形　　　　　　　　(b) 原始信号频谱

(c) 小波分解第1层节点细节信号的包络信号时域波形　　　(d) 小波分解第1层节点细节信号的包络谱

图 9-49　支点 5 轴承座加速度(滚动体故障)

图 9-50 为支点 5 处涡轮机匣测点垂向振动加速度信号的原始信号时域波形及其频谱、小波分解第 4 层节点细节信号的包络信号时域波形及其频谱。比较图 9-49 和图 9-50 可以发现，机匣振动加速度特征与轴承座完全一致，只是轴承座上的冲击响应基本上是机匣上的 1000 倍左右，显然，轴承的早期局部损伤通过轴承座传递到机匣，产生了很大程度的衰减，机匣振动信号中的滚动轴承故障特征更加微弱。但是，支点 5 轴承滚动体产生故障时，在靠支点 5 最近的涡轮机匣测点尽管故障信号微弱，但也能够从中提取出滚动轴承滚动体故障特征，表明该故障在基于机匣加速度信号分析基础上具有可诊断性。

表 9-43 为滚动轴承滚动体故障引起的冲击响应随转速的变化，滚动体的损伤直径初始值设置为 0.25mm。可以看出，随着转速的变化，滚动轴承的早期疲

劳剥落故障引起的轴承座及机匣响应变化不大，且无明显规律。表 9-44 为滚动轴承滚动体故障大小对冲击响应的影响，转速为 $80\%N_2$（$N_1=5090\text{r/min}$，$N_2=11752\text{r/min}$）。可以看出，在故障的早期，即疲劳剥落面积较小时，故障所引起的

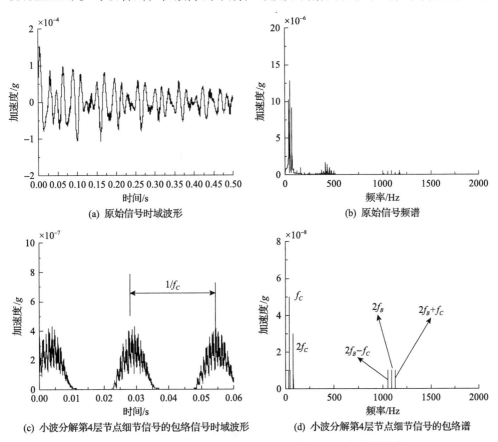

(a) 原始信号时域波形　　　　　　(b) 原始信号频谱

(c) 小波分解第4层节点细节信号的包络信号时域波形　　(d) 小波分解第4层节点细节信号的包络谱

图 9-50　支点 5 处涡轮机匣测点垂向振动加速度（滚动体故障）

表 9-43　支点 5 滚动轴承滚动体故障引起的冲击响应随转速的变化

转速	支点 5 轴承座加速度/g	风扇机匣测点加速度/g	中介机匣前测点加速度/g	中介机匣后测点加速度/g	涡轮机匣测点加速度/g
$80\%N_2$ $N_1=5090\text{r/min}$ $N_2=11752\text{r/min}$	0.0706	1.2×10^{-5}	1.3×10^{-5}	1.0×10^{-5}	1.5×10^{-5}
$90\%N_2$ $N_1=6980\text{r/min}$ $N_2=13210\text{r/min}$	0.0515	1.1×10^{-5}	1.0×10^{-5}	7.5×10^{-6}	1.4×10^{-5}
$100\%N_2$ $N_1=8880\text{r/min}$ $N_2=14675\text{r/min}$	0.0298	1.2×10^{-5}	7.1×10^{-6}	6.5×10^{-6}	1.0×10^{-5}

表 9-44　支点 5 滚动轴承滚动体故障大小对冲击响应的影响

损伤直径 /mm	支点 5 轴承座 加速度/g	风扇机匣测点 加速度/g	中介机匣前测点 加速度/g	中介机匣后测点 加速度/g	涡轮机匣测点 加速度/g
0.25	0.0706	1.2×10^{-5}	1.3×10^{-5}	1.0×10^{-5}	1.5×10^{-5}
0.50	0.2468	2.3×10^{-5}	2.0×10^{-5}	1.8×10^{-5}	4.3×10^{-5}
0.75	0.2747	2.1×10^{-5}	2.3×10^{-5}	2.0×10^{-5}	5.0×10^{-5}
1.00	0.2816	2.7×10^{-5}	2.1×10^{-5}	2.9×10^{-5}	5.2×10^{-5}
1.25	0.2784	2.9×10^{-5}	2.8×10^{-5}	2.5×10^{-5}	4.8×10^{-5}
1.50	0.2856	2.8×10^{-5}	3.0×10^{-5}	2.9×10^{-5}	5.3×10^{-5}

冲击响应随剥落面积的增大而剧增，但是，随着疲劳剥落面积继续增加，冲击响应增加的速度明显降低，在损伤直径达到 0.50mm 以后，其冲击响应增加非常小。

9.8　本 章 小 结

本章建立了滚动轴承表面损伤故障模型，并将其导入转子-支承-机匣耦合动力学模型，利用数值积分法对滚动轴承故障激励下的整机振动响应进行仿真分析。针对滚动轴承故障模型，利用转子-滚动轴承试验器进行了试验验证。在此基础上，针对带机匣的航空发动机转子试验器、某型高推重比双转子航空发动机进行了滚动轴承故障仿真分析，对航空发动机机匣振动加速度信号中的滚动轴承微弱故障特征进行了分析和解释，本章的研究结果为航空发动机滚动轴承的故障分析和诊断提供了理论依据。

参 考 文 献

[1] 陈果. 滚动轴承早期故障的特征提取与智能诊断[J]. 航空学报, 2009, 30(2): 362-367.

[2] 陈果. 转子-滚动轴承-机匣耦合系统中滚动轴承故障的动力学分析[J]. 振动工程学报, 2008, 21(6): 577-587.

[3] 陈果, 郝腾飞, 程小勇, 等. 基于机匣测点信号的航空发动机滚动轴承故障诊断灵敏性分析[J]. 航空动力学报, 2014, 29(12): 2874-2884.

[4] Chen G, Hao T F, Wang H F, et al. Sensitivity analysis and experimental research on ball bearing early fault diagnosis based on testing signal from casing[J]. Journal of Dynamic Systems, Measurement and Control, 2014, 136(6): 061009.